TRAITÉ ÉLÉMENTAIRE

DE LA THÉORIE

DES FONCTIONS

ET

DU CALCUL INFINITÉSIMAL

PARIS. — IMPRIMERIE DE J.-B. GROS ET DONNAUD
RUE CASSETTE, 9

TRAITÉ ÉLÉMENTAIRE

DE LA THÉORIE

DES FONCTIONS

ET

DU CALCUL INFINITÉSIMAL

PAR M. COURNOT

ANCIEN INSPECTEUR GÉNÉRAL DE L'INSTRUCTION PUBLIQUE
RECTEUR DE L'ACADÉMIE DE DIJON

Sophiæ germana Mathesis.
ANTI-LUCRET., lib. IV. v. 1088.

DEUXIÈME ÉDITION REVUE ET CORRIGÉE

TOME SECOND

PARIS
LIBRAIRIE DE L. HACHETTE ET CIE
RUE PIERRE-SARRAZIN, 14
(Près de l'École de médecine)

1857

TRAITÉ ÉLÉMENTAIRE

DE LA THÉORIE

DES FONCTIONS

ET

DU CALCUL INFINITÉSIMAL.

LIVRE CINQUIÈME.

DES INTÉGRALES.

CHAPITRE PREMIER.

INTÉGRATION DES FONCTIONS ALGÉBRIQUES.

294. Nous avons indiqué dans le premier livre [chap. III et IV] les principes de la théorie des quadratures et de l'intégration des fonctions d'une seule variable : principe dont la connaissance nous était dès lors utile, tant pour nous former une idée générale de la nature et des applications de l'analyse infinitésimale, que pour l'éclaircissement de certains points de doctrine que l'on a coutume de rattacher au calcul différentiel. Maintenant nous entrons dans le calcul intégral proprement dit ; et il s'agit d'abord d'étudier les procédés d'après lesquels, étant donnée une fonction différentielle d'une seule variable, on en trouve l'intégrale, quand on peut exprimer analytiquement cette intégrale sous forme finie, en n'employant que les fonctions algébriques ou les fonctions transcendantes déjà connues.

Lorsque, pour intégrer une fonction $fxdx$, on la décompose en plusieurs autres dont on connaît les intégrales, ce procédé s'appelle intégration *par décomposition*. Exemple :

$$\int \frac{dx}{\sin^2 x \cos^2 x} = \int \frac{(\sin^2 x + \cos^2 x)dx}{\sin^2 x \cos^2 x} = \int \frac{dx}{\cos^2 x} + \int \frac{dx}{\sin^2 x}$$
$$= \text{tang}\, x - \cot x + const.$$

Si l'on pose

$$x = \varphi t, \quad dx = \varphi' t dt,$$

la fonction $fxdx$ deviendra une fonction différentielle de t, de la forme

$$f(\varphi t) . \varphi' t dt.$$

En admettant que l'on sache intégrer cette dernière fonction, il suffira de substituer pour t, après l'intégration, sa valeur en x, et l'on aura l'intégrale de la proposée. Ce procédé s'appelle intégration *par substitution.*

Ainsi, pour avoir l'intégrale

$$\int \frac{xdx}{x^2 + a^2},$$

on posera

$$x^2 = t, \text{ d'où } xdx = \frac{1}{2} dt;$$

l'intégrale proposée deviendra

$$\frac{1}{2} \int \frac{dt}{t + a^2} = \frac{1}{2} \log (t + a^2) + const. = \frac{1}{2} \log (x^2 + a^2) + const.$$

Ces deux artifices de calcul, joints à celui de l'*intégration des parties* [55], sont d'un usage continuel, et la pratique apprend à les combiner de manière à arriver par la voie la plus courte au résultat cherché : on en verra de nombreux exemples dans ce qui doit suivre.

§ 1er. Fonctions rationnelles.

295. Une fonction différentielle de x, algébrique, rationnelle et entière, peut toujours se décomposer en monômes

de la forme $ax^m dx$, et par conséquent peut toujours s'intégrer algébriquement, puisqu'on a, par le renversement des règles de la différentiation

$$\int x^m dx = \frac{x^{m+1}}{m+1} + const. \qquad (a)$$

Quelquefois cette opération s'abrége par des substitutions. Soit, par exemple,

$$dy = (ax+b)^m dx:$$

on posera $ax+b=t$, et il viendra

$$y = \frac{1}{a}\int t^m dt = \frac{t^{m+1}}{a(m+1)} + const. = \frac{(ax+b)^{m+1}}{a(m+1)} + const. \qquad (1)$$

Les formules (a) et (1) subsistent pour des valeurs de m positives ou négatives, entières ou fractionnaires, ou même irrationnelles. Elles ne tombent en défaut que pour la valeur $m=-1$, qui rend infini le terme

$$\frac{x^{m+1}}{m+1};$$

et en effet l'on sait que dans ce cas

$$\int \frac{dx}{x} = \log x + const. \qquad (b)$$

En passant aux intégrales définies, on a

$$\int_{x_0}^{x} x^m dx = \frac{x^{m+1} - x_0^{m+1}}{m+1}; \qquad (c)$$

et quand on fait dans le second membre de l'équation précédente $m=-1$, il se présente sous la forme $\frac{0}{0}$, ce qui nous montre que le second membre de l'équation (a), dans la même hypothèse, n'est pas infini, mais indéterminé, à cause de la constante arbitraire qu'il renferme et qui doit être supposée infinie, en même temps que le terme variable.

On a

$$\frac{d(x^{m+1})}{dm} = x^{m+1} \log x;$$

donc, si l'on applique au second membre de l'équation (c) la règle ordinaire pour la détermination des valeurs qui se présentent sous la forme indéterminée $\frac{0}{0}$, on trouvera

$$\int_{x_0}^{x} \frac{dx}{x} = \log x - \log x_0,$$

ainsi qu'on le conclurait directement de la formule (b).

Soit

$$dy = \frac{fx}{(ax+b)^m} . dx,$$

fx désignant une fonction algébrique entière, et m un nombre entier positif : on posera, comme ci-dessus, $ax+b=t$; et après qu'on aura substitué pour x, dans fx, sa valeur en t; et effectué les développements des puissances, la différentielle dy sera la somme de termes de la forme

$$\frac{Nt^n}{t^m} dt = Nt^{n-m} dt,$$

N désignant un coefficient constant; au moyen de quoi la détermination de l'intégrale y sera ramenée à l'intégration d'une suite de différentielles monômes.

296. En général, une fonction différentielle algébrique, rationnelle et fractionnaire, est formée d'une suite de termes de la forme

$$\frac{fx}{Fx} dx, \qquad (d)$$

fx, Fx désignant deux polynômes entiers en x, et l'on peut toujours admettre que le numérateur fx est d'un degré inférieur à celui de Fx : autrement on effectuerait la division algébrique, et l'on transformerait la fonction proposée en

$$\mathfrak{f}x dx + \frac{f_1 x}{Fx} . dx,$$

fx désignant une fonction entière et f_1x une fonction de degré inférieur à celui de Fx; en sorte que l'intégration de la fonction (d) serait ramenée à celle de la fonction

$$\frac{f_1x}{Fx}.dx.$$

Ceci admis, supposons que l'équation algébrique

$$Fx = 0 \tag{F}$$

n'ait point de racines multiples, et soient

$$a, a_1, \ldots \alpha \pm \beta\sqrt{-1}, \quad \alpha_1 \pm \beta_1\sqrt{-1}, \text{ etc.},$$

ses racines, réelles et imaginaires : on pourra poser

$$\frac{fx}{Fx} = \frac{A}{x-a} + \frac{A_1}{x-a_1} + \frac{A_2}{x-a_2} + \ldots + \frac{Mx+N}{(x-\alpha)^2+\beta^2} + \frac{M_1x+N_1}{(x-\alpha_1)^2+\beta_1^2} + \text{etc.} \tag{2}$$

Or, on a (les coefficients A_i, M_i, N_i désignant des constantes)

$$\int \frac{A_i dx}{x-a_i} = A_i \log(x-a_i) + const.,$$

$$\int \frac{(M_ix+N_i)\,dx}{(x-\alpha_i)^2+\beta_i^2} = \int \frac{M_i(x-\alpha_i)\,dx}{(x-\alpha_i)^2+\beta_i^2} + \int \frac{\frac{M_i\alpha_i+N_i}{\beta_i}\cdot\frac{dx}{\beta_i}}{\left(\frac{x-a_i}{\beta_i}\right)^2+1}$$

$$= \frac{M_i}{2}\log[(x-\alpha_i)^2+\beta_i^2] + \frac{M_i\alpha_i+N_i}{\beta_i}\operatorname{arc\,tang}\left(\frac{x-\alpha_i}{\beta_i}\right) + const.;$$

en sorte que l'on obtient l'intégrale de tous les termes dans lesquels se trouve décomposée la fonction (d), et par conséquent l'intégrale de cette fonction même.

On déterminerait les coefficients A_i, M_i, N_i par les règles ordinaires de l'algèbre, en faisant disparaître les dénominateurs dans l'équation (2) qui doit être identique, et en égalant séparément à zéro, après le développement, les facteurs qui multiplient chaque puissance de x. On obtiendrait ainsi autant d'équations du premier degré entre les inconnues qu'il y a d'inconnues à déterminer : mais on peut aussi les calculer directement par le procédé suivant.

On a

$$\frac{fx}{Fx} = \frac{A_i}{x - a_i} + \frac{\mathrm{f}x.(x - \alpha_i)}{Fx},$$

$\mathrm{f}x$ désignant une fonction entière de x que l'on obtient par la réduction au même dénominateur de toutes les fractions, autres que $\frac{A_i}{x - a_i}$, qui entrent dans le second membre de l'équation (2). De là on tire

$$fx = A_i \frac{Fx}{x - a_i} + \mathrm{f}x.(x - a_i).$$

Lorsqu'on fait dans cette dernière équation $x = a_i$, le terme $\mathrm{f}x.\,(x - a_i)$ s'en va, la fraction $\frac{Fx}{x - a_i}$ se présente sous la forme $\frac{0}{0}$, et sa vraie valeur est $F'a_i$, quantité finie et différente de zéro, puisque, par hypothèse, a_i est une racine simple de l'équation (F) : donc on a

$$A_i = \frac{fa_i}{F'a_i}.$$

Il viendrait de même

$$fx = \frac{(M_i x + N_i).Fx}{(x - \alpha_i)^2 + \beta_i^2} + \mathrm{f}x.[(x - \alpha_i)^2 + \beta_i^2],$$

d'où

$$M_i(\alpha_i \pm \beta_i\sqrt{-1}) + N_i = \pm 2\beta_i\sqrt{-1}.\frac{f(\alpha_i \pm \beta_i\sqrt{-1})}{F'(\alpha_i \pm \beta_i\sqrt{-1})}, \qquad (3)$$

équation qui se décompose en deux autres, à cause du radical $\sqrt{-1}$, et qui suffit pour déterminer les coefficients M_i, N_i.

297. Si l'équation (F) a r racines réelles égales à a, on ne peut plus poser

$$\frac{fx}{Fx} = \frac{A'}{x - a} + \frac{A''}{x - a} + \ldots + \frac{A^{(r)}}{x - a} + \frac{A_1}{x - a_1} + \text{etc.};$$

car, à cause de l'indétermination des coefficients A', A', etc., cette équation ne différerait pas de

$$\frac{fx}{Fx} = \frac{A}{x-a} + \frac{A_1}{x-a_1} + \text{etc.},$$

et l'on n'aurait plus le nombre de coefficients nécessaire pour établir l'identité ; mais on fera

$$\frac{fx}{Fx} = \frac{A''}{x-a} + \frac{A'}{(x-a)^2} + \ldots + \frac{A^{(r-1)}}{(x-a)^{r-1}} + \frac{A^{(r)}}{(x-a)^r} + \frac{A_1}{x-a_1} + \text{etc.},$$

d'où

$$fx = A^{(r)}F_1x + A^{(r-1)}(x-a)F_1x + \ldots + A''(x-a)^{r-2}F_1x + A'(x-a)^{r-1}F_1x + (x-a)^r \mathrm{f}x, \quad (4)$$

en désignant, pour abréger, F_1x par le polynôme entier

$$\frac{Fx}{(x-a)^r},$$

et par $\mathrm{f}x$ la fonction entière qui est le numérateur de la somme des fractions

$$\frac{A_1}{x-a_1} + \frac{A_2}{x-a_2} + \text{etc.},$$

après qu'on les a réduites au même dénominateur.

On soumet l'équation (4) à $r-1$ différentiations successives, et l'on fait ensuite $x=a$, tant dans cette équation que dans ses différentielles, ce qui donne :

$$\left.\begin{array}{l} fa = A^{(r)}F_1a, \\ f'a = A^{(r)}F'_1a + A^{(r-1)}F_1a, \\ f''a = A^{(r)}F''_1a + 2A^{(r-1)}F'_1a + 2A^{(r-2)}F_1a, \\ \ldots\ldots\ldots\ldots\ldots\ldots\ldots\ldots \end{array}\right\} \quad (5)$$

et par le moyen de ces équations on détermine successivement les coefficients $A^{(r)}$, $A^{(r-1)}$, $A^{(r-2)}$, ... A'', A'. Il est visible d'ailleurs qu'après la décomposition de la fonction fractionnaire proposée, chaque terme de la forme

$$\frac{A^{(i)}}{(x-a)^i}\,dx$$

s'intègre algébriquement, à l'exception du terme

$$\frac{A'}{x-a}\,dx,$$

qui s'intègre par logarithmes.

Lorsque la racine a est incommensurable, le polynôme $F'x$ a des coefficients incommensurables, même dans le cas où le polynôme Fx n'aurait que des coefficients rationnels : il est donc utile de savoir calculer les quantités $F'a$, F'_1a, F''_1a, etc., qui entrent dans les équations (5), sans avoir besoin de former e polynôme F_1x. Or, puisque, par hypothèse

$$Fx = (x-a)^r\, F_1x,$$

on a

$$F^{(i)}x = (x-a)^r\, F_1^{(i)}x + \frac{i}{1}\,.\,r\,(x-a)^{r-1}\, F_1^{(i-1)}x$$
$$+ \frac{i(i-1)}{1\,.\,2}\, r(r-1)\,(x-a)^{r-2}\, F_1^{(i-2)}x + \text{etc.},$$

la suite se prolongeant jusqu'au terme

$$r(r-1)\,(r-2)\ldots(r-i+1)\,(x-a)^{r-i}\, F_1x,$$

pour les valeurs de $i<r$, et jusqu'au terme

$$\frac{i(i-1)\,(1-2)\ldots(i-r+1)}{1\,.\,2\,.\,3\ldots r}\,.\,r(r-1)\ldots3\,.\,2\,.\,1\,(x-a)^0\, F_1^{(i-r)}x$$
$$= i(i-1)\,(i-2)\ldots(i-r+1)\, F_1^{(i-r)}x,$$

pour les valeurs de $i>r$. Ce dernier terme étant le seul qui ne s'évanouisse pas quand on fait $x=a$, il vient

$$F^{(r)}a = r(r-1)\,(r-2)\ldots3\,.\,2\,.\,1\,.\,F_1a,$$
$$F^{(r+1)}a = (r+1)\,r(r-1)\ldots4\,.\,3\,.\,2\,.\,F'_1a,$$
$$F^{(r+2)}a = (r+2)\,(r+1)\,r\ldots5\,.\,4\,.\,3\,.\,F''_1a, \text{ etc.};$$

et par suite on pourra chasser F_1a, F'_1a, F''_1a, etc., des équations (5).

298. Si l'équation (F) avait des racines imaginaires multiples, Fx admettant pour facteur

$$[(x-\alpha)^2+\beta^2]^r,$$

on poserait

$$\frac{fx}{Fx}=\frac{M'x+N'}{(x-\alpha)^2+\beta^2}+\frac{M''x+N''}{[(x-\alpha)^2+\beta^2]^2}+\dots$$
$$+\frac{M^{(r)}x+N^{(r)}}{[(x-\alpha)^2+\beta^2]^r}+\frac{A_1}{x-a_1}+\text{etc.},$$

et l'équation (4) se trouverait remplacée par

$$fx=(M^{(r)}x+N^{(r)})F_1x+M^{(r-1)}[(x-\alpha)^2+\beta^2]F_1x+\dots$$
$$+(M'x+N')[(x-\alpha)^2+\beta^2]^{r-1}F_1x+[(x-\alpha)^2+\beta^2]^r fx.$$

On prendrait les dérivées successives de cette dernière équation; on ferait ensuite $x=\alpha\pm\beta\sqrt{-1}$, et l'on aurait le nombre d'équations nécessaire pour déterminer tous les coefficients $M^{(i)}$, $N^{(i)}$.

Admettons que ce calcul soit effectué : il s'agira d'intégrer une suite de termes de la forme

$$\frac{(M^{(i)}x+N^{(i)})\,dx}{[(x-\alpha)^2+\beta^2]^i},$$

pour les valeurs de i plus grandes que l'unité. Or, on a

$$\int\frac{(M^{(i)}x+N^{(i)})\,dx}{[(x-\alpha)^2+\beta^2]^i}=\int\frac{M^{(i)}(x-\alpha)\,dx}{[(x-\alpha)^2+\beta^2]^i}+\int\frac{\frac{M^{(i)}\alpha+N^{(i)}}{\beta^{2i-1}}\cdot\frac{dx}{\beta}}{\left[\left(\frac{x-\alpha}{\beta}\right)^2+1\right]^i}$$
$$=-\frac{M^{(i)}}{2(i-1)[(x-\alpha)^2+\beta^2]^{i-1}}+\frac{M^{(i)}\alpha+N^{(i)}}{\beta^{2i-1}}\int\frac{dt}{(t^2+1)^i},$$

en posant, pour simplifier,

$$\frac{x-\alpha}{\beta}=t.$$

Il vient ensuite

$$\int\frac{dt}{(t^2+1)^i}=\int\frac{dt}{(t^2+1)^{i-1}}-\int\frac{t^2dt}{(t^2+1)^i}. \qquad (6)$$

D'ailleurs, le procédé de l'intégration par parties, appliqué à la fonction

$$\frac{t^2dt}{(t^2+1)^i}=\frac{t}{2}\cdot\frac{2tdt}{(t^2+1)^i},$$

donne

$$\int\frac{t^2dt}{(t^2+1)^i}=-\frac{t}{2}\cdot\frac{1}{(i-1)(t^2+1)^{i-1}}+\frac{1}{2(i-1)}\int\frac{dt}{(t^2+1)^{i-1}}.$$

Par la substitution de cette valeur dans l'équation (6), on obtient

$$\int\frac{dt}{(t^2+1)^i}=\frac{t}{2(i-1)(t^2+1)^{i-1}}+\frac{2i-3}{2(i-1)}\int\frac{dt}{(t^2+1)^{i-1}}.$$

Mais en appliquant le même procédé, on ramène l'intégrale

$$\int\frac{dt}{(t^2+1)^{i-1}}\text{ à dépendre de }\int\frac{dt}{(t^2+1)^{i-2}},$$

et finalement de l'intégrale

$$\int\frac{dt}{t^2+1}=\text{arc tang }t+const.;$$

après quoi, il n'y a plus qu'à remettre pour t sa valeur en fonction de x.

En résumé, cette analyse montre que l'on ramène à la résolution des équations algébriques l'intégration de toute fonction différentielle, rationnelle et fractionnaire ; et que l'intégrale d'une fonction de cette espèce s'exprime toujours par des fonctions algébriques rationnelles, et par des fonctions logarithmiques et circulaires.

299. Quand la fonction différentielle, sans cesser d'être algébrique, devient irrationnelle, son intégrale, lorsqu'elle existe sous forme algébrique, doit renfermer tous les radicaux irréductibles qui entrent dans la fonction différentielle, et n'en peut pas renfermer d'autres : ce qui revient à dire que l'aire d'une courbe algébrique doit avoir, en fonction de l'abscisse, précisément autant de valeurs (réelles ou ima-

ginaires) que l'ordonnée en comporte, ou autant que la courbe a de branches (réelles ou imaginaires).

Deux habiles géomètres de cette époque, Abel et M. Liouville, ont fait connaître des méthodes d'après lesquelles on peut reconnaître si une fonction irrationnelle comporte une intégrale algébrique ou logarithmique, et trouver directement cette intégrale, quand elle est possible. Mais nous ne les suivrons pas dans ces généralités, plus intéressantes pour le perfectionnement de la théorie que pour l'utilité des applications.

Les fonctions dont l'irrationnalité tient à la présence d'un radical carré sont celles qui se présentent le plus souvent dans les questions de géométrie et de mécanique, et il convient que nous nous occupions plus spécialement de l'intégration des fonctions de cette classe.

§ 2. Fonctions à radical carré, recouvrant un polynôme du premier ou du second degré.

300. Si, dans la fonction à intégrer, entrent rationnellement la variable x et le radical

$$R = \sqrt{a+bx},$$

en sorte que, cette fonction étant mise sous la forme

$$f(x, R).dx, \tag{e}$$

f soit une fonction algébrique rationnelle de x et de R, on posera

$$\sqrt{a+bx} = t, \tag{7}$$

d'où

$$x = \frac{t^2 - a}{b}, \quad dx = \frac{2tdt}{b}; \tag{8}$$

au moyen de quoi la fonction proposée deviendra de la forme $Ftdt$, Ft désignant une fonction rationnelle de t.

Admettons que le radical recouvre un polynôme du second degré, ou qu'on ait

$$R=\sqrt{a+bx\pm cx^2}.$$

On pourra, sans restreindre la généralité, poser $c=1$, ce qui revient à changer x en $\frac{x}{\sqrt{c}}$, en conservant d'ailleurs aux constantes a, b leur indétermination.

Soit en premier lieu

$$R=\sqrt{a+bx+x^2}:$$

on posera

$$\sqrt{a+bx+x^2}=t-x,$$

ce qui donne

$$x=\frac{t^2-a}{2t+b},\quad R=\frac{a+bt+t^2}{2t+b},\quad dx=\frac{2(a+bt+t^2)}{(2t+b)^2}\,dt;$$

et par la substitution de ces valeurs la fonction (e) sera rendue rationnelle.

S'il s'agit de se débarrasser d'un radical de la forme

$$R=\sqrt{a+bx-x^2},$$

on représentera par α, β les racines de l'équation

$$x^2-bx-a=0,$$

racines que nous supposerons réelles, sans quoi le radical, restant constamment imaginaire, rendrait imaginaires tous les éléments de l'intégrale, et par conséquent l'intégrale même.

On posera ensuite

$$\sqrt{a+bx-x^2}=\sqrt{(x-\alpha)(\beta-x)}=(x-\alpha)\,t,$$

d'où

$$x=\frac{\alpha t^2+\beta}{t^2+1},\quad R=-\frac{(\alpha-\beta)t}{t^2+1},\quad dx=\frac{2(\alpha-\beta)t}{(t^2+1)^2}\,dt;$$

et la substitution fera disparaître l'irrationnalité, comme dans le cas précédent.

L'irrationnalité peut encore être levée, lorsqu'elle tient à la présence simultanée dans la fonction f de deux radicaux

$$R = \sqrt{a + bx}, \quad R_1 = \sqrt{a_1 + b_1 x};$$

car, en vertu des équations (7) et (8), on aura

$$R_1 = \sqrt{\frac{b_1}{b}} \cdot \sqrt{t^2 + \frac{a_1 t}{b_1} - a},$$

ce qui fait retomber sur le cas précédemment traité.

Exemples :

1°
$$dy = \frac{dx}{\sqrt{a + bx + cx^2}},$$

$$y = \frac{1}{\sqrt{c}} \cdot \log\left\{\frac{b}{2\sqrt{c}} + x\sqrt{c} + \sqrt{a + bx + cx^2}\right\} + const. \quad (9)$$

2°
$$dy = \frac{dx}{\sqrt{a + bx - cx^2}},$$

$$y = -\frac{2}{\sqrt{c}} \cdot \text{arc tang} \sqrt{\frac{-2cx + b + \sqrt{b^2 + 4ac}}{2cx - b + \sqrt{b^2 + 4ac}}} + const. \quad (10)$$

Pour

$$dy = \frac{dx}{\sqrt{1 + x^2}},$$

la formule (9) donne

$$y = \log(x + \sqrt{1 + x^2}) + const.,$$

ce qui s'accorde avec l'une des équations du n° 68.

Pour

$$dy = \frac{dx}{\sqrt{1 - x^2}},$$

on tire de la formule (10)

$$y = -2 \text{ arc tang} \sqrt{\frac{1 - x}{1 + x}} + const.$$

$$= -\text{arc tang} \frac{\sqrt{1 - x^2}}{x} + const. \quad (11)$$

Mais on sait d'ailleurs que la valeur de y est dans ce cas

$$y = \text{arc sin } x + const. \quad (12)$$

Il faut donc que les expressions (11) et (12) rentrent l'une dans l'autre ; et en effet, si l'on pose

$$\text{arc sin } x = \varphi, \quad \text{ou} \quad x = \sin \varphi,$$

les équations (11) et (12) donneront

$$y = -\frac{\pi}{2} + \varphi + const., \quad y = \varphi + const.,$$

expressions équivalentes, à cause de l'indétermination des constantes arbitraires.

*§ 3. Fonctions à radical carré, recouvrant un polynôme du quatrième degré.

301. Nous allons entrer dans une analyse beaucoup plus compliquée en discutant le cas important où le radical qui entre dans la fonction f est de la forme

$$R = \sqrt{a + bx + cx^2 + dx^3 + ex^4}; \qquad (f)$$

et nous remarquerons d'abord qu'on peut y ramener celui où la fonction renfermerait deux radicaux

$$\sqrt{\alpha + \beta x + \gamma x^2}, \quad \sqrt{\alpha_1 + \beta_1 x + \gamma_1 x^2};$$

car on chasserait le premier en posant, d'après ce qui a été dit ci-dessus,

$$x = \frac{\gamma t^2 - \alpha}{2\gamma t + \beta};$$

et la substitution de cette valeur de x dans le second radical le changerait en un radical de la forme (f).

Nous ferons remarquer en second lieu que toute intégrale de la forme

$$\int f(x, R)\, dx,$$

f désignant une fonction algébrique par rapport à x et à R, peut être ramenée à dépendre d'une autre intégrale de la forme

$$\int \frac{Fx}{R}\, dx,$$

F désignant une fonction rationnelle. En effet, $f(x, R)$ ne peut avoir que la forme

$$\frac{\varphi + R\psi}{\Phi + R\Psi},$$

$\varphi, \psi, \Phi, \Psi$ désignant des fonctions rationnelles de x. Or, si l'on multiplie les deux termes de cette fraction par $\Phi - R\Psi$, on la mettra sous la forme

$$\frac{\varphi\Phi - R^2\psi\Psi}{\Phi^2 - R^2\Psi^2} - \frac{(\varphi\Psi - \psi\Phi)R^2}{\Phi^2 - R^2\Psi^2} \cdot \frac{1}{R},$$

qui équivaut à

$$fx - \frac{Fx}{R},$$

f, F désignant deux fonctions rationnelles de x.

302. Pour simplifier l'expression du radical R, sans nuire à la généralité du problème d'intégration qui nous occupe, désignons par t une nouvelle variable, et posons

$$x = \frac{r + st}{1 + t}:$$

nous pourrons disposer des coefficients r et s, de manière à faire évanouir dans le polynôme R^2 les coefficients des puissances impaires de t; et il s'agit de prouver qu'on satisfait toujours à cette double condition par des valeurs réelles de r, s.

Mettons le polynôme R^2 sous la forme

$$e(x - \alpha)(x - \beta)(x - \gamma)(x - \delta),$$

$\alpha, \beta, \gamma, \delta$ étant les racines de l'équation $R^2 = 0$. On aura, en substituant pour x sa valeur en t,

$$R^2 = \frac{e[r - \alpha + (s - \alpha)t][r - \beta + (s - \beta)t][r - \gamma + (s - \gamma)t][r - \delta + (s - \delta)t]}{(1 + t)^4};$$

et l'on fera évanouir les puissances impaires de t, si l'on pose

$$(r - \alpha)(s - \beta) + (r - \beta)(s - \alpha) = 0,$$
$$(r - \gamma)(s - \delta) + (r - \delta)(s - \gamma) = 0,$$

ou bien

$$2rs - (\alpha + \beta)(r + s) + 2\alpha\beta = 0,$$
$$2rs - (\gamma + \delta)(r + s) + 2\gamma\delta = 0;$$

d'où

$$r+s=\frac{2(\alpha\beta-\gamma\delta)}{\alpha+\beta-(\gamma+\delta)},$$

$$rs=\frac{\alpha\beta(\gamma+\delta)-\gamma\delta(\alpha+\beta)}{\alpha+\beta-(\gamma+\delta)},$$

Or, d'après la composition des équations du second degré, r et s seront des quantités réelles, si les valeurs de $r+s$ et de rs sont elles-mêmes réelles, et si l'on a en outre

$$(r+s)^2-4rs>0,$$

ou, en substituant,

$$\frac{(\alpha-\gamma)(\alpha-\delta)(\beta-\gamma)(\beta-\delta)}{[\alpha+\beta-(\gamma+\delta)]}>0. \tag{13}$$

Lorsque les quatre racines α, β, γ, δ sont réelles, il est permis de supposer que ces lettres les désignent suivant leur ordre de grandeur; la troisième condition sera satisfaite, et les deux autres le seront indépendamment de toute supposition.

Si deux racines sont imaginaires, en sorte qu'on ait

$$\alpha=\mu+\nu\sqrt{-1},\quad \beta=\mu-\nu\sqrt{-1},$$

les valeurs de $r+s$ et de rs ne cesseront pas d'être réelles : l'inégalité (13) deviendra

$$\frac{[(\mu-\gamma)^2+\nu^2]\,[(\mu-\delta)^2+\nu^2]}{[2\mu-(\gamma+\delta)]^2}>0,$$

et sera par conséquent vérifiée. On prouverait aussi facilement qu'il en est encore de même, quand les quatre racines sont imaginaires.

A la vérité, si l'on supposait $\alpha+\beta=\gamma+\delta$, les valeurs de $r+s$ et de rs deviendraient infinies; mais on aurait en même temps

$$R^2=e[x^2-(\alpha+\beta)x+\alpha\beta]\,[x^2-(\alpha+\beta)x+\gamma\delta];$$

en sorte qu'il suffirait de poser

$$x=t+\frac{\alpha+\beta}{2},$$

pour faire évanouir dans R les puissances impaires de t.

Une autre exception se présenterait, si l'on avait $\alpha = \gamma$, $\beta = \delta$; car alors les valeurs de $r + s$, rs prendraient la forme $\frac{0}{0}$; mais il est visible que dans ce cas le polynôme R^2 deviendrait un carré parfait, et que la fonction à intégrer serait rationnelle.

303. Nous admettrons donc que l'intégrale

$$\int \frac{Fx dx}{R} \qquad (g)$$

est toujours ramenée à dépendre d'une autre intégrale

$$\int \frac{F_1 t dt}{R_1},$$

R_1^2 étant un polynôme du quatrième degré en t, qui ne contient point de puissances impaires de la variable ; ou, ce qui revient au même, nous admettrons que, dans l'intégrale (g), le radical R ne contient point de puissances impaires de x.

On peut aller plus loin, et admettre que la fonction rationnelle Fx est également paire. En effet, si elle était impaire, sa forme la plus générale serait

$$\frac{\theta + x\omega}{\Theta + x\Omega},$$

θ, ω, Θ, Ω désignant des fonctions paires de x. On aurait donc, par une transformation analogue à celle du n° 391,

$$\int \frac{Fx dx}{R} = \int \left(\frac{\theta\Theta - \omega\Omega}{\Theta^2 - x^2\Omega^2}\right) \cdot \frac{dx}{R} + \int \left(\frac{\omega\Theta - \theta\Omega}{\Theta^2 - x^2\Omega^2}\right) \cdot \frac{x dx}{R}.$$

Or, dans la première intégrale du second membre, la fonction qui multiplie $\frac{dx}{R}$ ne contient que des puissances paires de x; et si l'on fait dans la seconde $x^2 = t$, la fonction sous le signe $\int$ deviendra de la forme

$$\frac{F_1 t dt}{\sqrt{a_1 + b_1 t + c_1 t^2}},$$

et pourra être rendue rationnelle, d'après le § 2.

304. Nous disons de plus que, sans restreindre la généralité du problème qui consiste à obtenir l'intégrale (g), il est permis de supposer le polynôme R^2 de la forme

$$R^2 = (1 \pm p^2 x^2)(1 \pm q^2 x^2), \qquad (R)$$

les termes p^2x^2, q^2x^2 devant être affectés du même signe, positif ou négatif.

En effet, puisque R^2 ne contient point de puissances impaires de x, et qu'un polynôme du 4e degré se décompose toujours en facteurs réels du second, rien n'empêche de poser

$$R^2 = (m + nx^2)(m' + n'x^2),$$

m, n, m', n' désignant des quantités réelles. Donc si l'on fait

$$t = \frac{xR}{m(m' + n'x^2)} = \frac{x}{m}\sqrt{\frac{m + nx^2}{m' + n'x^2}},$$

la variable t sera réelle en même temps que x. On tire de ces équations

$$x^2 = \frac{n'm^2t^2 - m \pm m\sqrt{1 + 2(2m'n - mn')t^2 + m^2n'^2t^4}}{2n},$$

$$\frac{dx}{R} = \frac{xdx}{mt(m' + n'x^2)} = \frac{mdt}{m + 2nx^2 - n'm^2t^2}$$

$$= \pm \frac{dt}{\sqrt{1 + 2(2m'n - mn')t^2 + m^2n'^2t^4}}.$$

Posons maintenant

$$p^2 + q^2 = \pm 2(2m'n - mn'), \quad p^2q^2 = m^2n'^2 :$$

il viendra

$$p^2 = \pm (2m'n - mn') + 2\sqrt{m'n(m'n - mn')}$$
$$q^2 = \pm (2m'n - mn') - 2\sqrt{m'n(m'n - mn')}$$

d'où, en vertu d'une formule connue d'algèbre,

$$p = \sqrt{\pm m'n} + \sqrt{\pm(m'n - mn')},$$
$$q = \sqrt{\pm m'n} - \sqrt{\pm(m'n - mn')},$$

On pourra disposer du signe, de manière à rendre réel le radical $\sqrt{\pm m'n}$; et en admettant, ce qui est bien permis, que l'on a

$$\left(\frac{m'}{n'}\right)^2 > \left(\frac{m}{n}\right)^2,$$

le second radical qui entre dans les valeurs de p et de q sera pareillement réel.

En conséquence, il viendra

$$x^2 = \frac{n'm^2t^2 - m \pm m\sqrt{(1 \pm p^2t^2)(1 \pm q^2t^2)}}{2n},$$

$$\frac{dx}{R} = \pm \frac{dt}{\sqrt{(1 \pm p^2t^2)(1 \pm q^2t^2)}}.$$

Si l'on substitue ces valeurs dans la fonction

$$\frac{F(x^2)\,dx}{R},$$

on la mettra sous la forme

$$\frac{F_1(t^2)\,dt}{\sqrt{(1 \pm p^2t^2)(1 \pm q^2t^2)}};$$

ou, ce qui revient au même, on peut admettre que dans la fonction (h), le radical a la forme indiquée par l'équation (R).

305. La fonction F peut être entière ou fractionnaire. Supposons d'abord qu'elle soit entière, en sorte qu'il s'agisse d'obtenir une somme d'intégrales de la forme

$$A_i \int \frac{x^{2i}\,dx}{R};$$

et posons, pour abréger,

$$R^2 = (1 \pm p^2x^2)(1 \pm q^2x^2) = 1 + rx^2 + sx^4:$$

on aura identiquement

$$\frac{d.\mathrm{R}x^{2i-3}}{dx}=(2i-3)\,\mathrm{C}x^{2i-4}+\frac{(r+2sx^2)\,x^{2i-2}}{\mathrm{R}}$$
$$=\frac{1}{\mathrm{R}}\left[(2i-3)\,\mathrm{R}^2x^{2i-4}+(r+2sx^2)\,x^{2i-2}\right]$$
$$=\frac{1}{\mathrm{R}}\left[(2i-3)\,x^{2i-4}+(2i-2)\,rx^{2i-2}+(2i-1)\,sx^{2i}\right];$$

et par conséquent

$$\mathrm{R}x^{2i-3}+const.=(2i-3)\int\frac{x^{2i-4}dx}{\mathrm{R}}+(2i-2)r\int\frac{x^{2i-2}dx}{\mathrm{R}}$$
$$+(2i-2)s\int\frac{x^{2i}dx}{\mathrm{R}}.$$

Ainsi l'intégrale (i) est ramenée à dépendre de deux autres de même forme

$$\int\frac{x^{2i-2}dx}{\mathrm{R}},\quad\int\frac{x^{2i-4}dx}{\mathrm{R}};$$

et comme on peut opérer ainsi de proche en proche, il en résulte qu'en définitive l'intégrale (i) sera ramenée à dépendre, quel que soit i, des deux intégrales

$$\int\frac{dx}{\sqrt{(1\pm p^2x^2)(1\pm q^2x^2)}},\tag{A}$$
$$\int\frac{x^2\,dx}{\sqrt{(1\pm p^2x^2)(1\pm q^2x^2)}}.\tag{B}$$

Si la fonction $\mathrm{F}(x^2)$ est fractionnaire, on en extraira la partie entière; et le reste étant décomposé en fractions partielles [§ 1er], on aura à obtenir une somme d'intégrales de la forme

$$\mathrm{A}_i\int\frac{dx}{(x^2+a)^i\mathrm{R}}.\tag{j}$$

Or, on a identiquement

$$\frac{d\left(\dfrac{\mathrm{R}x}{(x^2+a)^{i-1}}\right)}{dx}$$
$$=\frac{(1+2rx^2+3sx^4)\,(x^2+a)-2(i-1)\,(1+rx^2+sx^4)x^2}{(x^2+a)^i\mathrm{R}};$$

d'ailleurs on peut poser

$$\frac{(1+2rx^2+3sx^4)(x^2+a)-2(i-1)(1+rx^2+sx^4)x^2}{(x^2+a)^i}$$
$$=\frac{g}{(x^2+2)^{i-3}}+\frac{h}{(x^2+a)^{i-2}}+\frac{k}{(x^2+a)^{i-1}}+\frac{l}{(x^2+a)^i}:$$

g, h, k, l étant des coefficients que l'on déterminera sans difficulté en identifiant les deux membres, et qui ont pour valeurs

$$g=-(2i-5)s,\quad h=-(2i-4)(r-3as),$$
$$k=-(2i-3)(3a^2s-2ar+1),\, l=(2i-2)(a^3r-a^2r+a).$$

Il viendra en conséquence

$$\frac{\mathrm{R}x}{(x^2+a)^{i-1}}+const.=g\int\frac{dx}{(x^2+a)^{i-3}\mathrm{R}}+h\int\frac{dx}{(x^2+a)^{i-2}\mathrm{R}}$$
$$+k\int\frac{dx}{(x^2+a)^{i-2}\mathrm{R}}+l\int\frac{dx}{(x^2+a)^i\mathrm{R}}.$$

En vertu de cette dernière formule, et par un calcul de proche en proche semblable à celui qui vient d'être indiqué pour l'intégrale (i), on ramènera l'intégrale (j) à dépendre des deux intégrales (A), (B) et d'une troisième

$$\int\frac{dx}{(x^2+a)\sqrt{(1\pm p^2x^2)(1\pm q^2x^2)}}. \qquad (\mathrm{C})$$

Donc, en définitive, l'intégration de toute fraction rationnelle de x et d'un radical carré recouvrant un polynôme du quatrième degré en x, se ramène à la détermination des trois intégrales (A), (B), (C).

Nous verrons plus loin quelles transformations ultérieures les analystes ont fait subir à ces dernières fonctions, quelles sont les principales propriétés dont elles jouissent, et comment on a pu dresser des tables des valeurs numériques qu'elles acquièrent, quand on assigne numériquement les limites de l'intégration.

§ 4. Irrationnelles binômes.

306. Nous appellerons *irrationnelles binômes* les fonctions de la forme

$$R = x^{m-1}(a + bx^n)^{\frac{p}{q}}, \qquad (R_1)$$

p, q désignant des nombres entiers, et m, n des nombres quelconques. Si m et n sont rationnels, on peut les supposer entiers, sans restreindre la généralité de l'expréssion, ainsi qu'il est facile de s'en assurer. Les fonctions $R\,dx$ sont désignées communément par la dénomination fort impropre de *différentielles binômes*.

Si l'on pose

$$a + bx^n = t^q,$$

il viendra

$$x = \left(\frac{t^q - a}{b}\right)^{\frac{1}{n}}, \quad dx = \frac{qt^{q-1}}{nb}\left(\frac{t^q - a}{b}\right)^{\frac{1}{n}-1} dt,$$

$$Rdx = \frac{qt^{p+q-1}}{nb}\left(\frac{t^q - a}{b}\right)^{\frac{m}{n}-1} dt;$$

ainsi $R\,dx$ sera rendue rationnelle par cette transformation, si $\frac{m}{n}$ est un nombre entier.

L'équation (R_1) peut être écrite ainsi :

$$R = x^{m+\frac{np}{q}-1}(ax^{-n} + b)^{\frac{p}{q}};$$

donc, d'après ce qu'on vient de voir, la fonction $R\,dx$ sera encore rendue rationnelle, si le rapport

$$\frac{m + \frac{np}{q}}{n} = \frac{m}{n} + \frac{p}{q},$$

se réduit à un nombre entier. Hors des deux cas que l'on vient d'indiquer, la différentielle $R\,dx$ ne pourra en général être délivrée de l'irrationnalité qui l'affecte.

Quand on fait $x^n = t$, il vient

$$Rdx = \frac{1}{n} t^{\frac{m}{n}-1}(a + bt)^{\frac{p}{q}} dt;$$

donc la détermination de l'intégrale $\int R\,dx$ se ramène à celle de l'intégrale

$$\int x^{\mu-1}(a+bx)^{\nu}dx, \qquad (k)$$

les constantes μ, ν, pouvant avoir des valeurs quelconques, entières ou fractionnaires, et même irrationnelles. Or, nous allons faire voir que la détermination de l'intégrale (k) se ramène toujours à celle d'une autre intégrale où les valeurs des constantes μ, ν seraient comprises entre zéro et l'unité.

307. En effet, l'on a en intégrant par parties,

$$\int x^{\mu-1}(a+bx)^{\nu}dx = \frac{x^{\mu-1}(a+bx)^{\nu+1}}{(\nu+1)b} - \frac{\mu-1}{(\nu+1)b}\int x^{\mu-2}(a+bx)^{\nu+1}dx,$$

et d'autre part,

$$\int x^{\mu-2}(a+b)^{\nu+1}dx = a\int x^{\mu-2}(a+bx)^{\nu}dx + b\int x^{\mu-1}(a+bx)^{\nu}dx.$$

Ces deux équations combinées donnent

$$\int x^{\mu-1}(a+bx)^{\nu}dx = \frac{1}{(\mu+\nu)b}\left[x^{\mu-1}(a+bx)^{\nu+1} - a(\mu-1)\int x^{\mu-2}(a+bx)^{\nu}dx\right]. \qquad (l)$$

En conséquence, si la constante μ est positive, on ramènera l'intégrale (k) à dépendre de l'intégrale

$$\int x^{\mu-2}(a+bx)^{\nu}dx, \qquad (k_1)$$

dans laquelle l'exposant de x, en dehors des parenthèses, est diminué de l'unité, l'exposant de la parenthèse restant le même. Si au contraire la constante μ est négative, on fera dépendre l'intégrale (k_1) de l'intégrale (k), où la valeur numérique de l'exposant de x, hors des parenthèses, se trouve diminuée de l'unité. On peut répéter l'une ou l'autre opération autant de fois qu'il est nécessaire pour ramener l'intégrale (k) à dépendre d'une autre intégrale de même forme, où la valeur de la constante μ tombe entre zéro et 1.

Une réduction semblable est applicable à l'exposant ν; car on a

$$\int x^{\mu-1}(a+bx)^{\nu}dx = a\int x^{\mu-1}(a+b)^{\nu-1}dx + b\int x^{\mu}(a+bx)^{\nu-1}dx;$$

la formule (l) donne, quand on y change μ en $\mu+1$ et ν en $\nu-1$,

$$\int x^{\mu}(a+bx)^{\nu-1}dx = \frac{x^{\mu}(a+bx)^{\nu} - a\mu\int x^{\mu-1}(a+bx)^{\nu-1}dx}{(\mu+\nu)b};$$

et de ces deux dernières équations combinées, on tire

$$\int x^{\mu-1}(a+bx)^{\nu}dx = \frac{x^{\mu}(a+b)^{\nu} + a\nu\int x^{\mu-1}(a+bx)^{\nu-1}dx}{\mu+\nu}.$$

Enfin on réduirait de même les exposants μ, ν dans l'intégrale

$$\int (g+hx)^{\mu}(a+bx)_{\nu}dx.$$

CHAPITRE II.

INTÉGRATION DES FONCTIONS TRANSCENDANTES.

308. En vertu du principe du n° 294, si l'on a sous forme finie l'intégrale

$$\int ftdt = \mathrm{F}t + const.,$$

on aura aussi :

$$\int f(\log x).\frac{dx}{x} = \mathrm{F}(\log x) + const.,$$

$$\int f(e^x).e^x dx = \mathrm{F}(e) + const.,$$

$$\int f(\sin x).\cos x dx = \mathrm{F}(\sin x) + const.,$$

$$\int f(\cos x).\sin x dx = -\mathrm{F}(\cos x) + const.,$$

$$\int f(\mathrm{tang}\, x).\frac{dx}{1+x^2} = \mathrm{F}(\mathrm{tang}\, x) + const.,$$

$$\int f(\mathrm{arc}\sin x).\frac{dx}{\sqrt{1-x^2}} = \mathrm{F}(\mathrm{arc}\sin x) + const.$$

Par exemple, il viendra

$$\int\frac{\cos x dx}{1+\sin^2 x} = \mathrm{arc}(\mathrm{tang} = \sin x) + const.,$$

Lorsque la fonction F ne peut pas s'obtenir sous forme finie, les intégrales précédentes, dans le cas où la fonction f est algébrique, sont au moins ramenées à dépendre de l'intégration de la fonction algébrique $ft\, dt$.

f désignant toujours une fonction algébrique, on pourra rendre algébriques les fonctions

$$f(e^{mx}).dx, \quad f(\sin mx, \cos mx).dx,$$

en posant, pour la première, $e^{mx} = t$, et pour la seconde, $\sin mx = t$, ou $\cos mx = t$.

Ainsi cette substitution donnera :

$$\int\frac{dx}{1+e^x}=\int\frac{dt}{t(1+t)}=\log\left(\frac{t}{1+t}\right)+\textit{const.}=\log\left(\frac{e^x}{1+e^x}\right)+\textit{const.},$$

$$\int\frac{dx}{1+\sin x}=\int\frac{dt}{(1+t)\sqrt{1-t^2}}=-\sqrt{\frac{1-t}{1+t}}+\textit{const.},$$

$$=-\sqrt{\frac{1-\sin x}{1+\sin x}}+\textit{const.},$$

$$\int\frac{dx}{1-2\alpha\cos x+\alpha}=-\int\frac{dt}{(1-2\alpha t+\alpha^2)\sqrt{1-t^2}}$$

$$=\frac{2}{1-\alpha^2}.\text{arc tang}\left[\frac{1+\alpha}{1-\alpha}.\sqrt{\frac{1-\cos x}{1+\cos x}}\right]+\textit{const.}$$

On rendrait encore algébrique la fonction

$$f(\sin mx,\ \cos mx;\ \sin imx,\ \cos imx;\ \sin i'mx,\ \cos i'mx;\ldots)\,dx,$$

f désignant une fonction algébrique, et i, i' ... des nombres entiers; attendu que dans ce cas $\sin imx$, $\cos imx$,..... s'expriment en termes finis, au moyen des puissances entières de $\sin mx$, $\cos mx$ [77].

Une fonction rationnelle et entière de sinus et de cosinus peut toujours s'intégrer, après qu'on a changé par les formules connues [78] les puissances de sinus et de cosinus en sinus et cosinus d'arcs multiples, et les produits de sinus et de cosinus d'arcs différents, en simples sinus et cosinus. Par exemple, on a

$$\int\sin(mx+n)\cos(px+q)\,dx=\frac{1}{2}\int\sin[(m+p)x+n+q]\,dx$$

$$+\frac{1}{2}\int\sin[(m-p)x+n-q]\,dx$$

$$=-\frac{\cos[(m+p)x+n+q]}{2(m+p)}-\frac{\cos[(m-p)x+n-q]}{2(m-p)}+\textit{const.}$$

309. La détermination de l'intégrale

$$\int\sin^\mu x\cos^\nu x\,dx \qquad (\mu,\nu)$$

dépend de l'intégration d'une irrationnelle binôme; car si l'on pose $\sin x=\sqrt{t}$, cette fonction devient

$$\frac{1}{2}\int t^{\frac{\mu-1}{2}}(1-t)^{\frac{\nu-1}{2}}\,dt.$$

On pourrait donc employer les formules du n° 307 à la réduction des exposants μ, ν; mais il vaut mieux effectuer ce calcul de réduction en conservant la fonction (μ, ν) sous sa forme primitive.

Si l'exposant μ est positif, on diminue cet exposant sans augmenter ν, en vertu des équations

$$\int \sin^{\mu} x \cos^{\nu} x dx = \int \sin^{\mu-1} x \cos^{\nu} x . \sin x dx$$

$$= -\frac{\sin^{\mu-1} x \cos^{\nu+1} x}{\nu+1} + \frac{\mu-1}{\nu+1}\int \sin^{\mu-2} x \cos^{\nu+2} x dx,$$

$$\int \sin^{\mu-2} x \cos^{\nu+2} x dx = \int \sin^{\mu-2} x \cos^{\nu} x dx - \int \sin^{\mu} x \cos^{\nu} x dx,$$

d'où l'on tire

$$\int \sin^{\mu} x \cos^{\nu} x dx = -\frac{\sin^{\mu-1} x \cos^{\nu+1} x}{\mu+\nu} + \frac{\mu-1}{\mu+\nu}\int \sin^{\mu-2} x \cos^{\nu} x dx. \quad (\mu)$$

Si l'exposant ν est positif, on diminue cet exposant sans augmenter μ, en employant la formule suivante à laquelle on est conduit par un calcul analogue :

$$\int \sin^{\mu} x \cos^{\nu} x dx = \frac{\sin^{\mu+1} x \cos^{\nu} x}{\mu+\nu} + \frac{\nu-1}{\mu+\nu}\int \sin^{\mu} x \cos^{\nu-2} x dx. \quad (\nu)$$

On tire de l'équation (μ)

$$\int \sin^{\mu-2} \cos^{\nu} x dx = \frac{\sin^{\mu-1} x \cos^{\nu+1} x}{\mu-1} + \frac{\mu+\nu}{\mu-1}\int \sin^{\mu} x \cos^{\nu} x dx,$$

et en changeant μ en $-\mu+2$,

$$\int \frac{\cos^{\nu} x}{\sin^{\mu} x} dx = -\frac{\cos^{\nu+1} x}{(\mu-1)\sin^{\mu-1} x} + \frac{\mu-\nu-2}{\mu-1}\int \frac{\cos^{\nu} x}{\sin^{\mu-2} x} dx. \quad (\mu')$$

On tirerait de même de l'équation (ν)

$$\int \frac{\sin^{\mu} x}{\cos^{\nu} x} dx = \frac{\sin^{\mu+1} x}{(\nu-1)\cos^{\nu-1} x} + \frac{\nu-\mu-2}{\nu-1}\int \frac{\sin^{\mu} x}{\cos^{\nu-2} x} dx. \quad (\nu')$$

Ces deux dernières formules servent à réduire les valeurs numériques des exposants μ, ν dans l'intégrale (μ, ν), quand ces exposants sont négatifs.

A l'aide des quatre formules de réduction (μ), (ν), (μ'), (ν'), on fait toujours dépendre l'intégrale (μ, ν) d'intégrales de même forme, dans lesquelles les exposants μ,ν tombent entre -1 et $+1$; et lorsque les exposants primitifs μ, ν sont entiers, l'intégrale (μ,ν) est amenée à dépendre de l'une des neuf intégrales suivantes :

$$\int dx = x + C, \int \sin x dx = -\cos x + C, \int \cos x dx = \sin x + C,$$

$$\int \sin x \cos x dx = \frac{1}{2}\sin^2 x + C, \int \frac{\sin x}{\cos x} dx = -\log \cos x + C,$$

$$\int \frac{\cos x}{\sin x} dx = \log \sin x + C, \int \frac{dx}{\sin x \cos x} = \log \operatorname{tang} x + C,$$

$$\int \frac{dx}{\sin x} = \log \operatorname{tang} \frac{x}{2} + C, \int \frac{dx}{\cos x} = \log \operatorname{tang}\left(\frac{\pi}{4} + \frac{x}{2}\right) + C.$$

* 310. Au lieu de ramener l'intégrale d'une fonction transcendante à dépendre de l'intégrale d'une fonction algébrique, on peut faire l'inverse et obtenir ainsi, pour certaines transcendantes à différentielles algébriques, des expressions d'une forme plus simple ou d'une discussion plus facile. C'est ce qui se pratique notamment pour les intégrales (A), (B), (C) du n° 305. Soit en effet p^2 le plus grand des coefficients p^2, q^2 qui entrent dans la composition du radical

$$R = \sqrt{(1+p^2x^2)(1+q^2x^2)},$$

on posera

$$px = \operatorname{tang} \varphi, \frac{p^2 - q^2}{p^2} = c^2,$$

et les trois intégrales précitées se trouveront comprises sous la formule générale

$$\int \left(\frac{A + B\sin^2\varphi}{C + D\sin^2\varphi}\right) \frac{d\varphi}{\sqrt{1 - c^2\sin^2\varphi}}. \tag{1}$$

Si au contraire le radical a la forme

$$R = \sqrt{(1-p^2x^2)(1-q^2x^2)},$$

il deviendra imaginaire pour les valeurs de x^2 comprises entre $\frac{1}{p^2}$ et $\frac{1}{q^2}$; en sorte que les trois intégrales dans la composition desquelles entre ce radical, seront elles-mêmes affectées d'imaginarité, à moins qu'on n'ait $p^2x^2 < 1$ pour toutes les valeurs de x comprises entre les limites de l'intégration. On sera donc autorisé à poser

$$px = \sin\varphi,\ \frac{q^2}{p^2} = c^2;$$

au moyen de quoi l'expression (1) sera encore la forme générale des intégrales (A), (B), (C), c^2 désignant toujours un paramètre compris entre 0 et 1.

Mais cette formule (1) équivaut à

$$A'\int\frac{d\varphi}{\sqrt{1-c^2\sin^2\varphi}} + B'\int\sqrt{1-c^2\sin^2\varphi}\,.\,d\varphi + C'\int\frac{d\varphi}{(1+a\sin^2\varphi)\sqrt{1-c^2\sin^2\varphi}},$$

A', B', C', a étant de nouveaux coefficients que l'on déduirait sans peine de A, B, C, D par la réduction au même dénominateur, et la comparaison des termes qui affectent les mêmes puissances de $\sin\varphi$. En conséquence, le calcul des trois intégrales (A), (B), (C) est ramené à celui des trois intégrales suivantes, que l'on regarde avec raison comme plus simples,

$$\int\frac{d\varphi}{\sqrt{1-c^2\sin^2\varphi}}, \tag{I}$$

$$\int\sqrt{1-c^2\sin^2\varphi}\,.\,d\varphi, \tag{II}$$

$$\int\frac{d\varphi}{(1+a\sin^2\varphi)\sqrt{1-c^2\sin^2\varphi}}. \tag{III}$$

* 311. Parmi les intégrales qui rentrent dans les formes (I), (II), nous citerons les suivantes, qui se présentent dans diverses applications importantes,

$$\int\frac{d\psi}{\sqrt{1-2c.\cos\psi+c^2}},\quad \int\frac{\cos\psi\,d\psi}{\sqrt{1-2c.\cos\psi+c^2}}.$$

Si l'on change de variable en posant l'équation

$$\sin(\varphi+\psi)=c\sin\varphi,$$

on aura

$$d\psi=\frac{[c.\cos\varphi-\cos(\varphi+\psi)]\,d\varphi}{\cos(\varphi+\psi)}=\frac{(c.\cos\varphi-\sqrt{1-c^2\sin^2\varphi})\,d\varphi}{\sqrt{1-c^2\sin^2\varphi}},$$

$$\cos\psi=\sin\varphi\sin(\varphi+\psi)+\cos\varphi\cos(\varphi+\psi)$$
$$=c\sin^2+\cos\varphi\sqrt{1-c^2\sin^2\varphi},$$

$$\sqrt{1-2c.\cos\psi+c^2}=c.\cos\varphi-\sqrt{1-c^2\sin^2\varphi},$$

et par suite

$$\int\frac{d\psi}{\sqrt{1-2c.\cos\psi+c^2}}=\int\frac{d\varphi}{\sqrt{1-c^2\sin^2\varphi}},$$

$$\int\frac{\cos\psi d\psi}{\sqrt{1-2c.\cos\psi+c^2}}=c\int\frac{\sin^2\varphi d\varphi}{\sqrt{1-c^2\sin^2\varphi}}+\int\cos\varphi d\varphi$$
$$=\frac{1}{c}\int\frac{d\varphi}{\sqrt{1-c^2\sin^2\varphi}}-\frac{1}{c}\int\sqrt{1-c^2\sin^2\varphi}.d\varphi+\sin\varphi.$$

312. Soient f, φ deux fonctions de x, la première algébrique, la seconde transcendante, mais ayant une dérivée algébrique φ', et posons

$$\int \mathrm{f}dx=\mathrm{f}_1,\quad \int \mathrm{f}_1\varphi'.dx=\mathrm{f}_2,\quad \int \mathrm{f}_2\varphi'.dx=\mathrm{f}_3,\ \text{etc.};$$

l'intégration par parties donnera

$$\int \mathrm{f}\varphi^n.dx=\mathrm{f}_1\varphi^n-n\int \mathrm{f}_1\varphi'.\varphi^{n-1}.dx,$$
$$\int \mathrm{f}_1\varphi'.\varphi^{n-1}.dx=\mathrm{f}_2\varphi^{n-1}-(n-1)\int \mathrm{f}_2\varphi'.\varphi^{n-2}.dx,\ \text{etc.};$$

d'où

$$\int \mathrm{f}\varphi^n.dx=\mathrm{f}_1\varphi^n-nf_2\varphi^{n-1}+n(n-1)\,\mathrm{f}_3\varphi^{n-2}-\ldots$$
$$\ldots\pm n(n-1)\ldots3.2.1.\mathrm{f}_{n+1},$$

l'exposant n étant un nombre positif entier. En conséquence, dans cette hypothèse, et lorsque toutes les intégrales f_1, $\mathrm{f}_2,\ldots \mathrm{f}_{n+1}$ peuvent s'exprimer en termes finis, l'intégrale

$$\int \mathrm{f}\varphi^n.dx \qquad (\mathrm{f},\ \varphi)$$

s'exprime aussi en termes finis.

Admettons maintenant que n soit un nombre entier négatif; ou, ce qui revient au même, considérons l'intégrale

$$\int \frac{f}{\varphi^n} . dx, \qquad \left(f, \frac{1}{\varphi}\right)$$

en traitant n comme un nombre entier positif, et posons, pour simplifier,

$$\frac{f}{\varphi'} = \pi_1, \quad \frac{\pi'_1}{\varphi'} = \pi_2, \quad \frac{\pi'_2}{\varphi'} = \pi_3, \text{ etc.}:$$

nous aurons

$$\int \frac{f}{\varphi^n} . dx = \int \frac{\pi_1 d\varphi}{\varphi^n} = -\frac{\pi_1}{(n-1)\varphi^{n-1}} + \frac{1}{n-1}\int \frac{\pi'_1}{\varphi^{n-1}} . dx,$$

$$\int \frac{\pi'_1}{\varphi^{n-1}} . dx = \int \frac{\pi_2 d\varphi}{\varphi^{n-1}} = -\frac{\pi_2}{(n-2)\varphi^{n-2}} + \frac{1}{n-2}\int \frac{\pi'_2}{\varphi^{n-1}} . dx, \text{ etc.}$$

et par suite

$$\int \frac{f}{\varphi^n} . dx = -\left[\frac{\pi_1}{(n-1)\varphi^{n-1}} + \frac{\pi_2}{(n-1)(n-2)\varphi^{n-2}} + \text{etc.}\right]$$
$$+ \frac{1}{(n-1)(n-2)\ldots 3.2.1}\int \frac{\pi'_n}{\varphi} . dx.$$

En conséquence, l'intégrale $\left(f, \frac{1}{\varphi}\right)$ est ramenée à dépendre de la transcendante

$$\int \frac{\pi'_n}{\varphi} . dx.$$

Si l'exposant n n'était pas entier, le calcul qui vient d'être indiqué développerait les intégrales (f, φ), $\left(f, \frac{1}{\varphi}\right)$ en séries d'un nombre infini de termes.

313. Prenons pour exemple

$$f = x^{a-1}, \quad \varphi = \log x:$$

les formules précédentes nous donneront

$$\int x^{a-1} (\log x)^n \, dx = \frac{x^a}{a}\left[(\log x)^n - \frac{n}{a}(\log x)^{n-1}\right.$$
$$\left. + \frac{n(n-1)}{a^2}(\log x)_{n-2} - \ldots \pm \frac{n(n-1)\ldots 3.2.1}{a^n}\right] + const.$$

$$\int \frac{x^{a-1}dx}{(\log x)^n} = -x^a\left[\frac{1}{(n-1)(\log x)^{n-1}} + \frac{a}{(n-1)(n-2)(\log x)^{n-2}} + \dots\right.$$
$$\left. + \dots \frac{a^{n-2}}{(n-1)(n-2)\dots 3.2.1 \log x}\right] + \frac{a^{n-1}}{(n-1)(n-2)\dots 3.2.1}\int \frac{x^{a-1}dx}{\log x}.$$

En posant $x^a = y$, on ramène l'intégrale

$$\int \frac{x^{a-1}dx}{\log x} \text{ à } \int \frac{dy}{\log y},$$

En vertu de la relation $z = \log x$, on a aussi

$$\int x^{a-1}(\log x)^n dx = \int z^n e^{az}dz, \quad \int \frac{x^{a-1}dx}{(\log x)^n} = \int \frac{e^{az}dz}{z^n}.$$

En conséquence, les deux formules obtenues ci-dessus donneront, sans nouveau calcul, par la permutation des lettres z et x,

$$\int x^n e^{ax}dx = \frac{e^{ax}}{a}\left[x^n - \frac{n}{a}x^{n-1} + \frac{n(n-1)}{a^2}x^{n-2} - \dots\right.$$
$$\left.\dots \pm \frac{n(n-1)\dots 3.2.1}{a^n}\right] + const. \qquad (a)$$

$$\int \frac{e^{ax}dx}{x^n} = -e^{ax}\left[\frac{1}{(n-1)x^{n-1}} + \frac{a}{(n-1)(n-2)x^{n-2}} + \dots\right.$$
$$\left.\dots + \frac{a^{n-2}}{(n-1)(n-2)\dots 3.2.x}\right] + \frac{a^{n-1}}{(n-1)(n-2)\dots 3.2.1}\int \frac{e^{ax}dx}{x}.$$

Puisque les intégrales

$$\int x^{n-1}(\log x)^n dx, \quad \int x^n e^{ax}dx,$$

peuvent toujours s'obtenir sous forme finie, quand n est un nombre entier positif, il est clair qu'on peut assigner aussi en termes finis les intégrales

$$\int fx.(\log x)^n dx, \quad \int fx.e^{ax}dx,$$

f désignant une fonction algébrique, rationnelle et entière.

314. Changeons a en $a\sqrt{-1}$ dans la formule (a); remplaçons l'exponentielle imaginaire par sa valeur en sinus et cosinus, et identifions séparément les parties réelles et imaginaires des deux membres, nous aurons :

$$\int x^n \cos ax.dx = \frac{\sin ax}{a}\left[x^n - \frac{n(n-1)}{a^2}x^{n-2} + n(n-1)(n-2)(n-3)x^{n-4} - \ldots\right]$$
$$+ \frac{\cos ax}{a}\left[\frac{n}{a}x^{n-1} - \frac{n(n-1)(n-2)}{a^3}x^{n-3} + \ldots\right] + const.$$

$$\int x^n \sin ax.dx = -\frac{\cos ax}{a}\left[x^n - \frac{n(n-1)}{a^2}x^{n-2} + \frac{n(n-1)(n-2)(n-3)}{a^4}x^{n-4} - \ldots\right]$$
$$- \frac{\sin ax}{a}\left[\frac{n}{a}x^{n-1} - \frac{n(n-1)(n-2)}{a^3}x^{n-3} + \ldots\right] + const.$$

On trouverait aussi toutes ces formules directement, en appliquant aux intégrales des premiers membres la règle de l'intégration par parties.

On ramènerait de même les intégrales

$$\int \frac{\cos ax.dx}{x^n}, \quad \int \frac{\sin ax.dx}{x^n}$$

à dépendre des intégrales plus simples

$$\int \frac{\cos ax.dx}{x}, \quad \int \frac{\sin ax.dx}{x}.$$

L'intégration par parties donne encore

$$\int e^{ax} \cos bx.dx = \frac{e^{ax}.\cos bx}{a} + \frac{b}{a}\int e^{ax} \sin bx.dx,$$
$$\int e^{ax} \sin bx\ dx = \frac{e^{ax} \sin bx}{a} - \frac{b}{a}\int e^{ax} \cos bx.dx,$$

équations d'où l'on tire par l'élimination

$$\left.\begin{aligned} \int e^{ax} \sin bx.dx &= \frac{a \sin bx - b \cos bx}{a^2+b^2}.e^{ax} + const. \\ \int e^{ax} \cos bx.dx &= \frac{a \cos bx + b \sin bx}{a^2+b^2}.e^{ax} + const \end{aligned}\right\} \quad (b)$$

D'ailleurs on tirerait de la formule (a) les valeurs des intégrales

$$\int x^n e^{ax} \cos bx.dx, \quad \int x^n e^{ax} \sin bx.dx,$$

en y remplaçant a par $a+b\sqrt{-1}$, mettant pour l'exponentielle imaginaire $e^{bx\sqrt{-1}}$ sa valeur en sinus et cosinus, et identifiant séparément les parties réelles et imaginaires des deux membres.

Donc on pourra assigner en termes finis les intégrales

$$\int fx.e^{ax}\cos bx.dx,\quad \int fx.e^{ax}\sin bx.dx,$$

f désignant toujours une fonction algébrique, rationnelle et entière.

CHAPITRE III.

DES INTÉGRALES DÉFINIES. — INTÉGRATION PAR LES SÉRIES. — CAS OU LA DÉRIVÉE DEVIENT INFINIE. — CAS OU L'UNE DES LIMITES DE L'INTÉGRATION DEVIENT INFINIE.

---

§ 1er. Définitions.

315. Jusqu'ici nous avons cherché à effectuer l'intégration quand la fonction intégrale peut être exprimée sous forme finie, au moyen des fonctions algébriques ou transcendantes déjà connues. Avant d'aller plus loin, il importe de définir d'une manière précise ce qu'on entend par fonction intégrale quand on ne peut pas l'exprimer de cette manière.

Soit fx une fonction qui reste finie et continue, quand x varie de x_0 à X. Prenons entre ces deux quantités x_0 et X un certain nombre de grandeurs intermédiaires, $x_1, x_2, \ldots\ldots x_{n-1}$, de manière à partager l'intervalle $X - x_0$ en intervalles très petits

$$x_1 - x_0, x_2 - x_1, \ldots\ldots, X - x_{n-1}.$$

Il est aisé de voir que la somme

$$fx_0 . (x_1 - x_0) + fx_1 . (x_2 - x_1) + \ldots\ldots + fx_{n-1} . (X - x_{n-1})$$

tend vers une limite finie et déterminée, quand on augmente indéfiniment le nombre des divisions infiniment petites. Car, si l'on considère la courbe qui a pour équation $y = fx$ et l'aire comprise entre la courbe, l'axe des x et les deux ordonnées qui correspondent aux abscisses x_0 et X, chacun des termes de la somme mesurant l'aire d'un rectangle infinitésimal, il est clair que la somme de tous ces rectangles aura pour limite l'aire de la courbe. Cette limite de la somme est ce que nous appelons l'*intégrale définie*, et nous la désignerons par le symbole

$$\int_{x_0}^{X} fx.dx.$$

Considérons maintenant l'intégrale définie

$$\int_{x_0}^{x} fx.dx,$$

dans laquelle nous supposons que la limite supérieure x varie de x_0 à X ; nous formerons ainsi une fonction finie et continue de x admettant pour dérivée fx, et qui en sera la *fonction intégrale* ; car nous savons que l'aire d'une courbe, considérée comme fonction de l'abscisse, admet pour dérivée l'ordonnée considérée aussi comme fonction de l'abscisse. Il est évident que l'on peut, si l'on veut, ajouter une constante arbitraire à la fonction intégrale, qui aura encore fx pour dérivée, après cette addition.

Lorsque la fonction proposée fx ne devient infinie pour aucune valeur finie de x, on peut faire varier la limite supérieure, d'une part, de x_0 à $+\infty$, d'autre part, de x_0 à $-\infty$, et la fonction intégrale s'étend à toutes les valeurs de x. Cette fonction, augmentée d'une constante arbitraire, est ce que nous avons appelé jusqu'à présent l'*intégrale indéfinie*.

316. Voici une propriété des intégrales définies qui nous sera très utile par la suite. Soit φx une nouvelle fonction qui reste finie et de plus conserve le même signe de x_0 à X. Si l'on considère les fractions

$$\frac{fx_0.(x_1-x_0)}{\varphi x_0\,(x_1-x_0)},\ \frac{fx_1.(x_2-x_1)}{\varphi x_1.(x_2-x_1)},\ldots\ldots\ \frac{fx_{n-1}.(X-x_{n-1})}{\varphi x_{n-1}.(X-x_{n-1})},$$

dont les dénominateurs ont tous le même signe, et si l'on fait la somme des numérateurs et celle des dénominateurs, on sait que la valeur de la fraction ainsi obtenue est comprise entre la plus grande et la plus petite des fractions proposées ; ces deux sommes ayant pour limites les intégrales définies

$$\int_{x_0}^{X} fx.dx,\quad \int_{x_0}^{X} \varphi x.dx,$$

on a

$$\frac{\int_{x_0}^{X} fx.dx}{\int_{x_0}^{X} \varphi x.dx} = \frac{f\xi}{\varphi\xi},$$

ξ désignant une valeur de x comprise entre x_0 et X.

En particulier, si $\varphi x = 1$, il vient

$$\int_{x_0}^{X} fx.dx = (X - x_0).f\xi.$$

§ 2. Intégration par les séries.

317. Supposons que la fonction fx soit développable en série convergente pour toutes les valeurs de x comprises entre x_0 et X, et soit

$$fx = u_0 + u_1 + \ldots\ldots + u_{n-1} + \psi x$$

ce développement, ψx désignant le reste de la série. En intégrant entre des limites x' et x'' comprises entre x_0 et X, on a

$$\int_{x'}^{x''} fx.dx = \int_{x'}^{x''} u_0\, dx + \int_{x'}^{x''} u_1\, dx \ldots + \int_{x'}^{x''} u_{n-1}\, dx + \int_{x'}^{x''} \psi x.\, dx.$$

Puisque

$$\int_{x'}^{x''} \psi x.dx = (x'' - x').\psi\,\xi,$$

ξ désignant une valeur de x comprise entre x' et x'', et que $\psi\xi$ tend vers zéro, quand on prend un nombre de termes de plus en plus grand, il est clair que la nouvelle série est aussi convergente.

318. Prenons pour exemple l'intégrale

$$\int_{x_0}^{x_1} \frac{e^{nx}dx}{x},$$

dont il a été question à la fin du dernier chapitre; on aura en série convergente (x_0 et x_1 étant deux quantités positives quelconques), pour toutes les valeurs positives de x,

$$\frac{e^{ax}}{x}=\frac{1}{x}+\frac{a}{1}+\frac{a^2x}{1.2}+\frac{a^3x^2}{1.2.3}+\text{etc.} \qquad (1)$$

d'où

$$\int_{x_0}^{x_1}\frac{e^{ax}dx}{x}=\int_{x_0}^{x_1}dx\left\{\frac{1}{x}+a+\frac{a^2x}{1.2}+\frac{a^3x^2}{1.2.3}+\text{etc.}\right\}, \qquad (2)$$

ou bien

$$\int_{x_0}^{x_1}\frac{e^{ax}\,dx}{x}=\log\frac{x_1}{x_0}+a\,(x_1-x_0)+\frac{a^2\,(x_1^2-x_0^2)}{1.2.2}$$
$$+\frac{a^3(x_1^3-x_0^3)}{1.2.3.3}+\text{etc.} \qquad (3)$$

La série (1) étant convergente, la série (3) est elle-même convergente pour toutes les valeurs positives de x_0 et x_1.

En développant en série le radical $\sqrt{1-c^2\sin^2\varphi}$ dans lequel on suppose $c^2<1$, on trouve

$$\int_0^\varphi \sqrt{1-c^2\sin^2\varphi}.d\varphi=\int_0^\varphi d\varphi\,[1-\frac{1}{2}c^2\sin^2\varphi-\frac{1.1}{2.4}c^4\sin^4\varphi$$
$$-\frac{1.1.3}{2.4.6}c^6\sin^6\varphi-\text{etc.}]$$
$$=\varphi-\frac{1}{2}c^2\int_0^\varphi\sin^2\varphi d\varphi-\frac{1.1}{2.4}c^4\int_0^\varphi\sin^4\varphi d\varphi$$
$$-\frac{1.1.3}{2.4.6}c^6\int_0\sin^6\varphi d\varphi-\text{etc.}$$

Chaque intégrale partielle de la forme $\int_0^\varphi\sin^{2i}\varphi d\varphi$, i étant un nombre entier, s'obtiendra d'après les règles données dans le précédent chapitre.

La valeur de l'intégrale définie se trouve ainsi développée en une série convergente, quelle que soit φ, et dont, pour l'ordinaire, la convergence sera très rapide.

319. Quand on intègre par les séries une fonction diffé-

rentielle dont l'intégrale sous forme finie est une fonction connue, on obtient (souvent de la manière la plus simple) le développement en série de cette dernière fonction. Ainsi l'on trouve, x étant < 1,

$$\text{arc sin}\, x = \int_0^x \frac{dx}{\sqrt{1-x^2}} = \int_0^x dx\left[1 + \frac{1}{2}x^2 + \frac{1.3}{2.4}x^4 + \frac{1.3.5}{2.4.6}x^6 + \text{etc.}\right]$$

$$= x + \frac{1}{2}.\frac{x^3}{3} + \frac{1.3}{2.4}.\frac{x^5}{5} + \frac{1.3.5}{2.4.6}.\frac{x^7}{7} + \text{etc.}, \quad (1)$$

la fonction *arc sin* x variant de 0 à $\frac{\pi}{2}$, quand x varie de 0 à 1.

Le développement de la fonction arc sin x, suivant les puissances de x, que l'on vient d'obtenir très simplement au moyen de l'intégration par les séries, aurait amené des calculs compliqués, si l'on avait voulu faire usage de la formule de Maclaurin.

320. L'intégration par parties donne

$$\int_0^x fxdx = xfx - \int_0^x f'x.xdx,$$

$$\int_0^x f'x.xdx = \frac{1}{2}x^2 f'x - \frac{1}{2}\int_0^x f''x.xdx,$$

$$\int_0^x f''x.x^2dx = \frac{1}{3}x^3 f''x - \frac{1}{3}\int_0^x f'''x.xdx, \text{ etc.};$$

d'où résulte la série suivante, due à Jean Bernoulli,

$$\int_0^x fxdx = fx.\frac{x}{1} - f'x.\frac{x^2}{1.2} + f''x.\frac{x^3}{1.2.3}\cdots\cdots$$

$$\cdots\cdots \pm f^{n-1}x\,\frac{x^n}{1.2\ldots n} \mp \int_0^x f^n x.\frac{x^n}{1.2\ldots n}.dx.$$

On aurait pu la déduire directement de la série de Taylor

$$F(x+h) = Fx + F'x.\frac{h}{1} + F''x.\frac{h^2}{1.2} + F'''x.\frac{h^3}{1.2.3}\cdots\cdots$$

$$\cdots\cdots + F^{n-1}x.\frac{h^n}{1.2\ldots n} + F^n(x+\theta h)\frac{h^{n+1}}{1.2\ldots(n+1)};$$

car, si l'on fait dans celle-ci $h = -x$, on en tirera

$$Fx = F(0) + F'x.\frac{x}{1} - F''x.\frac{x^2}{1.2} + F'''x.\frac{x^3}{1.2.3} \ldots\ldots$$

$$\ldots\ldots \pm F^{n-1}x.\frac{x^n}{1.2\ldots n} \mp F^n(\theta_1 x).\frac{x^{n+1}}{1.2\ldots.(n+1)},$$

et en posant $F'x = fx$,

$$\int_0^x fxdx = fx.\frac{x}{1} - f'x.\frac{x^2}{1.2} + f''x.\frac{x^3}{1.2.3} \ldots\ldots$$

$$\ldots\ldots + f^{n-2}x.\frac{x^n}{1.2\ldots n} \mp f^{n-1}(\theta_1 x).\frac{x^{n+1}}{1.2\ldots(n+1)}.$$

C'est la même série que celle trouvée précédemment ; seulement le reste est exprimé d'une manière différente.

321. Lorsque la fonction fx n'est pas susceptible de se développer en séries dont la convergence soit assez rapide, ou lorsqu'on n'en connaît pas l'expression analytique et qu'on a seulement une table de ses valeurs pour des valeurs de la variable indépendante suffisamment rapprochées, on peut toujours calculer approximativement l'intégrale $\int fxdx$, ou l'aire de la courbe qui a pour ordonnée fx, en divisant l'intervalle des limites de l'intégrale en parties suffisamment petites Δx et en prenant la somme des aires des rectangles qui ont pour base Δx, et pour hauteur, soit l'ordonnée fx, soit l'ordonnée $f(x + \Delta x)$, soit une ordonnée intermédiaire [33]. L'intégrale $\int fxdx$ pourra être calculée par ce procédé avec une approximation indéfinie, si la fonction fx a une expression mathématique d'où l'on puisse tirer les valeurs de fx pour des valeurs de x indéfiniment rapprochées : en admettant toujours que cette fonction ne devienne point infinie pour des valeurs de x comprises entre les limites de l'intégration. Quand nous traiterons en particulier du calcul des différences finies et de leurs sommes, nous entrerons dans les détails nécessaires sur cette manière de

calculer approximativement les valeurs numériques des intégrales.

§ 3. Cas où la dérivée devient infinie.

322. Pour définir la fonction intégrale

$$Fx = \int_{x_0}^{x} fx.dx,$$

nous supposons que x, partant de la valeur initiale x_0, varie d'une manière continue; tant que fx reste finie, la fonction intégrale étant finie et continue, a une signification bien nette. Voyons ce qui arrive lorsque x se rapproche d'une valeur x_1 qui rend fx infinie. Pour fixer les idées, soit $x_1 > x_0$ et supposons que x croisse de x_0 à x_1. Désignons par h une quantité très petite, mais fixe, et par ε une quantité plus petite que h et que nous ferons décroître ensuite indéfiniment, on a

$$\int_{x_0}^{x_1-\varepsilon} fx.dx = \int_{x_0}^{x_1-h} fx.dx + \int_{x_1-h}^{x_1-\varepsilon} fx.dx;$$

la première intégrale écrite dans le second membre ayant une valeur déterminée, il suffit d'examiner la seconde dont les limites sont très rapprochées, mais dans laquelle la fonction fx acquiert une valeur très grande, et que M. Cauchy nomme pour cette raison *intégrale singulière*.

En général, lorsqu'une fonction fx est rendue infinie par la valeur $x = x_1$, on peut la mettre sous la forme

$$\frac{\varphi x}{(x_1 - x)^k},$$

k désignant un exposant tel que la fonction φx ne devienne ni nulle ni infinie pour $x = x_1$. Cela posé, on a

$$\frac{\int_{x_1-h}^{x_1-\varepsilon} fx.dx}{\int_{x_1-h}^{x_1-\varepsilon} \frac{dx}{(x_1-x)^k}} = \varphi\xi,$$

d'où

$$\int_{x_1-h}^{x_1-\varepsilon} fx.dx = \varphi\xi . \int_{x_1-h}^{x_1-\varepsilon} \frac{dx}{(x_1-x)^k}, \qquad (5)$$

ξ étant comprise entre $x_1 - h$ et $x_1 - \varepsilon$. Lorsque l'exposant k est plus petit que l'unité, l'intégrale

$$\int_{x_1-h}^{x_1-\varepsilon} \frac{dx}{(x_1-x)^k} = \frac{h^{1-k} - \varepsilon^{1-k}}{1-k} \qquad (6)$$

ayant une valeur très petite, l'intégrale singulière considérée a elle-même une valeur très petite, et la fonction intégrale Fx conserve une valeur finie et déterminée quand x tend vers x_1. Si la seconde intégrale singulière

$$\int_{x_1+\varepsilon}^{x_1+h} fx.dx$$

a aussi une valeur très petite, rien n'empêchera de prolonger l'intégration au-delà de la valeur x_1 qui rend fx infinie.

Lorsque l'exposant k est égal ou supérieur à l'unité, l'intégrale (6) ayant une valeur infiniment grande quand ε est infiniment petit et $\varphi\xi$ ayant par hypothèse une valeur finie différente de zéro, l'intégrale singulière (5) acquiert une valeur très grande et par conséquent la fonction Fx devient infinie quand x atteint la valeur x_1. Dans ce cas, il est impossible de prolonger l'intégration au-delà de la valeur x_1 qui rend la dérivée infinie. Cependant si l'on fait passer x par une série continue de valeurs imaginaires, on pourra tourner l'obstacle et prolonger l'intégration au-delà de x_1; cette question se ratache à une théorie générale sur le passage des fonctions par des valeurs imaginaires, théorie dont les géomètres se sont beaucoup occupés depuis quelques années et dont on trouvera les principes dans une addition placée à la suite du présent volume.

323. Nous avons supposé que la fonction fx qui devient

infinie pour $x = x_1$, pouvait s'écrire sous la forme

$$\frac{\varphi x}{(x_1 - x)^k},$$

φx ne devenant ni nulle ni infinie. Ceci n'a pas toujours lieu. Dans ce cas, voici comment il faut modifier la règle précédente : 1° si l'on peut trouver un exposant k plus petit que l'unité et tel que la fonction $(x_1 - x)^k fx = \varphi x$ conserve une valeur finie ou devienne nulle pour $x = x_1$, il est certain que l'intégrale singulière a une valeur très petite et que par conséquent la fonction intégrale Fx reste finie ; 2° si l'on peut trouver un exposant k égal ou supérieur à l'unité et tel que la fonction $(x_1 - x)^k fx = \varphi x$ soit supérieure en valeur absolue à une quantité fixe A, différente de zéro, l'intégrale singulière aura une valeur infiniment grande et par conséquent il y aura discontinuité dans l'intégration.

Soit, par exemple,

$$\int_0^x \frac{\log(1-x)}{\sqrt{1-x}}\, dx :$$

quand x tend vers 1, fx devient infinie ; on ne peut pas mettre cette fonction sous la forme

$$\frac{\varphi x}{(1 - x)^k},$$

de telle sorte que φx ne devienne ni nulle, ni infinie ; car on a

$$\varphi x = (1 - x)^{k-\frac{1}{2}} \log(1 - x);$$

la fonction fx devient nulle pour toute valeur de k supérieure à $\frac{1}{2}$, infinie pour toute valeur de k égale ou inférieure à $\frac{1}{2}$. Si l'on donne à l'exposant k une valeur comprise entre $\frac{1}{2}$ et 1, φx devenant nulle, il est certain, d'après ce que nous venons de dire, que l'intégrale conserve une valeur finie, quand x tend vers 1. Cependant on ne peut pas dépasser la valeur 1, sans avoir recours à la considération des valeurs imaginaires, parce que *log* $(1-x)$ devient imaginaire ainsi que $\sqrt{1-x}$.

§ 4. Cas où l'une des limites devient infinie.

324. Lorsqu'on fait augmenter indéfiniment la limite supérieure d'une intégrale définie, il faut examiner si la valeur de l'intégrale tend vers une limite finie et déterminée. Ceci n'a pas toujours lieu : par exemple, l'intégrale

$$\int_0^X \sin x\, dx = 1 - \cos X,$$

quand on fait augmenter X indéfiniment, varie sans cesse de 0 à 2 sans tendre vers une limite déterminée.

Quand la dérivée est périodique, la décomposition de l'intégrale en une somme de termes formant une série convergente est un moyen très commode pour reconnaître si l'intégrale tend vers une limite finie. Soit l'intégrale

$$\int_0^X \frac{\cos \alpha x}{1+x^2}\, dx,$$

dans laquelle la limite supérieure X est très grande ; on peut la décomposer de la manière suivante :

$$\int_0^X \frac{\cos\alpha x}{1-x^2} dx = \int_0^{\frac{\pi}{2\alpha}} \frac{\cos \alpha x}{1+x^2} dx + \int_{\frac{\pi}{2\alpha}}^{\frac{3\pi}{2\alpha}} \frac{\cos \alpha x}{1+x^2} dx + \int_{\frac{3\pi}{2\alpha}}^{\frac{5\pi}{2\alpha}} \frac{\cos \alpha x}{1+x^2} dx$$

$$\ldots + \int_{\frac{(2n-3)\pi}{2\alpha}}^{\frac{(2n-1)\pi}{2\alpha}} \frac{\cos \alpha x}{1+x^2} dx + \int_{\frac{(2n-1)\pi}{2\alpha}}^{X} \frac{\cos \alpha x}{1+x^2} dx,$$

X étant compris entre $\frac{(2n-1)\pi}{2\alpha}$ et $\frac{(2n+1)\pi}{2\alpha}$. Comme les termes sont alternativement positifs et négatifs et vont en diminuant, la série est convergente. Ainsi l'intégrale proposée tend vers une limite finie quand X augmente indéfiniment. On représente cette limite par le symbole

$$\int_0^\infty \frac{\cos \alpha x}{1+x^2} dx.$$

Lorsque la dérivée ne change pas de signe au-delà d'une certaine valeur, il faut évidemment, pour que l'intégrale conserve une valeur finie, que cette dérivée tende vers zéro quand x augmente indéfiniment. Mais cette condition n'est pas nécessaire quand la dérivée change de signe indéfiniment; on a, par exemple,

$$\int_0^X \sin x^2 . dx = \int_0^{\sqrt{\pi}} \sin x^2 . dx + \int_{\sqrt{\pi}}^{\sqrt{2\pi}} \sin x^2 . dx + \ldots$$

$$\ldots + \int_{\sqrt{(n-1)\pi}}^{\sqrt{n\pi}} \sin x^2 . dx + \int_{\sqrt{n\pi}}^{X} \sin x^2 . dx;$$

les termes sont alternativement positifs et négatifs; les limites se resserrant de plus en plus, ils vont en diminuant; donc la série est convergente et cependant la dérivée *sin* x^2 ne tend pas vers zéro.

325. Supposons que fx tende vers zéro quand x augmente indéfiniment, cette fonction pourra en général être mise sous la forme

$$\frac{\varphi x}{x^k},$$

k étant un exposant tel que la fonction φx ne devienne ni nulle ni infinie, pour de très grandes valeurs de x. En désignant par H un nombre très grand, mais fixe, nous aurons

$$\int_{x_0}^X fx.dx = \int_{x_0}^{H} fx.dx + \int_H^X fx.dx.$$

Comme la première partie a une valeur finie et déterminée, il suffit de considérer la seconde. On a

$$\frac{\int_H^X fx.dx}{\int_H^X \frac{dx}{x^k}} = \varphi\xi,$$

d'où

$$\int_H^X fx.dx = \varphi\xi.\int_H^X \frac{dx}{x^k}. \qquad (7)$$

Lorsque l'exposant k est plus grand que l'unité, l'intégrale

$$\int_H^X \frac{dx}{x^k} = \frac{1}{k-1}\left(\frac{1}{H^{k-1}} - \frac{1}{X^{k-1}}\right) \qquad (8)$$

ayant une valeur très petite, si grand que soit X, l'intégrale (7), aura elle-même une valeur très petite et l'intégrale proposée tendra vers une limite finie, que l'on représentera par le symbole

$$\int_{x_0}^{\infty} fx.dx.$$

Lorsque l'exposant k est égal ou inférieur à l'unité, l'intégrale (8) ayant une valeur très grande, ainsi que l'intégrale (7), l'intégrale proposée ne tendra pas vers une limite finie et déterminée.

On modifiera aisément ce théorème pour le rendre applicable au cas où la fonction fx ne peut pas être mise sous la forme

$$\frac{\varphi x}{x^k},$$

φx ne devenant ni nulle ni infinie; si l'on peut trouver un exposant k plus grand que l'unité et tel que la fonction $\varphi x = x^k fx$ conserve une valeur finie ou devienne nulle pour $x = \infty$, il est certain que l'intégrale tendra vers une limite finie et déterminée.

Au reste, on peut ramener le cas où la dérivée devient infinie à celui où l'une des limites de l'intégration devient infinie ; supposons que dans l'intégrale

$$\int_{x_0}^{x_1} fx.dx,$$

la dérivée fx devienne infinie pour $x = x_1$; posons

$$fx = y,$$

d'où

$$x = \varphi y, \quad dx = \varphi' y.dy ;$$

l'intégrale deviendra

$$\int_{y_0}^{\infty} y\varphi y'.dy.$$

326. Il arrive souvent que l'on cherche la valeur d'une intégrale définie renfermant un paramètre arbitraire que l'on fait augmenter indéfiniment. Ce cas se ramène au précédent : considérons, par exemple, l'intégrale définie

$$\int_a^b \frac{\sin k\alpha \, d\alpha}{\sin \alpha},$$

dans laquelle les deux limites a et b sont comprises entre o et $\frac{\pi}{2}$; cette intégrale définie a une valeur finie et déterminée. Supposons maintenant que l'on fasse augmenter le paramètre k indéfiniment ; posons $k\alpha = x$, il vient

$$\int_a^b \frac{\sin k\alpha . d\alpha}{\sin \alpha} = \int_{ka}^{kb} \frac{\sin x \; dx}{k \sin \frac{x}{k}}$$

$$= \int_{ka}^{m\pi} \frac{\sin x.dx}{k \sin \frac{x}{k}} + \int_{m\pi}^{(m+1)\pi} \frac{\sin x.dx}{k \sin \frac{x}{k}} + \cdots\cdots$$

$$\cdots\cdots + \int_{(n-1)\pi}^{n\pi} \frac{\sin x.dx}{k \sin \frac{x}{k}} + \int_{n\pi}^{kb} \frac{\sin x.dx}{k \sin \frac{x}{k}},$$

ka étant compris entre $(m-1)\pi$ et $m\pi$, kb entre $n\pi$ et $(n+1)\pi$. Si b est inférieur ou égal à $\frac{\pi}{2}$, l'arc $\frac{x}{k}$ reste compris dans le premier quadrant, $\sin \frac{x}{k}$ va en croissant ; on voit par là que les termes de la série sont alternativement positifs et négatifs et vont en diminuant ; la série est convergente, et sa valeur à partir du second terme est moindre que ce second terme, qui est lui-même moindre que $\frac{\pi}{k \sin a}$; le premier terme étant aussi moindre que $\frac{\pi}{k \sin a}$, la valeur de l'intégrale définie est plus petite que $\frac{2\pi}{k \sin a}$; elle tend donc vers zéro quand k augmente indéfiniment.

CHAPITRE IV.

PRINCIPES DE LA THÉORIE DES FONCTIONS ELLIPTIQUES.

327. Nous avons vu, dans les deux premiers chapitres du présent livre, comment l'intégration d'une classe nombreuse de fonctions algébriques et trigonométriques est ramenée à dépendre de la détermination des trois intégrales

$$\int \frac{d\varphi}{\sqrt{1 - c^2 \sin^2 \varphi}}, \qquad \text{(I)}$$

$$\int \sqrt{1 - c^2 \sin^2 \varphi} . d\varphi, \qquad \text{(II)}$$

$$\int \frac{d\varphi}{(1 + a \sin^2 \varphi)\sqrt{1 - c^2 \sin^2 \varphi}}; \qquad \text{(III)}$$

de sorte que, si ces trois intégrales peuvent s'exprimer en fonction de φ, sous forme finie, par des radicaux, des logarithmes, des sinus ou des arcs de cercle, on aurait sous la même forme les intégrales indéfinies, et par suite les intégrales définies d'une infinité d'autres fonctions plus compliquées.

Une telle expression n'est pas possible. Les intégrales (I), (II), (III) sont des transcendantes nouvelles, auxquelles on peut, pour l'abréviation de l'écriture, affecter des caractéristiques spéciales, de même qu'on désigne par l'abréviation $\log x$, l'intégrale définie

$$\int_0^x \frac{dx}{x},$$

qui n'a pas d'expression algébrique [70 *et* 138].

En conséquence, Legendre a proposé et l'on est convenu d'adopter les notations suivantes :

$$F(c, \varphi) = \int_0^\varphi \frac{d\varphi}{\sqrt{1 - c^2 \sin^2 \varphi}},$$

$$E(c, \varphi) = \int_0^\varphi \sqrt{1 - c^2 \sin^2 \varphi}.d\varphi,$$

$$\Pi(c, a, \varphi) = \int_0^\varphi \frac{d\varphi}{(1 + a \sin^2 \varphi)\sqrt{1 - c^2 \sin^2 \varphi}};$$

de manière que les intégrales indéfinies (I), (II), (III) aient respectivement pour expressions

$$F(c, \varphi) + const., \quad E(c, \varphi) + const., \quad \Pi(c, a, \varphi) + const.$$

328. Soit

$$\frac{x^2}{a^2} + \frac{y^2}{b^2} = 1$$

l'équation d'une ellipse rapportée à son centre et à ses axes ; si nous posons

$$\frac{a^2 - b^2}{a^2} = c^2,$$

en sorte que c désigne l'excentricité de l'ellipse, nous aurons pour la longueur de l'arc Bm (*fig.* 77), mesuré depuis le sommet B du petit axe jusqu'au point m dont l'abscisse est x [174],

$$s = \int_0^x \sqrt{1 + \frac{dy^2}{dx^2}}.dx = \int_0^x \sqrt{\frac{a^2 - c^2x^2}{a^2 - x^2}}.dx.$$

Faisons

$$x = a \sin \varphi :$$

il viendra

$$\frac{s}{a} = \int_0^\varphi \sqrt{1 - c^2 \sin^2 \varphi}.d\varphi = E(c, \varphi).$$

A cause de cette propriété remarquable de la fonction E de mesurer l'arc d'une ellipse dont c est l'excentricité, quand on prend l'angle φ pour variable indépendante et le sommet du petit axe pour origine des arcs, les trois fonctions F, E, Π ont reçu la dénomination de *fonctions elliptiques*, et on les distingue en les qualifiant respectivement de fonctions elliptiques de *première*, de *seconde* et de *troisième espèces*.

La constante c qui représente, dans la fonction de seconde espèce, l'excentricité d'une ellipse, se nomme en général le *module* : la constante a, qui n'entre que dans la fonction de troisième espèce, et qui peut être positive ou négative, réelle ou imaginaire, conserve spécialement le nom de *paramètre*.

La variable indépendante φ se nomme l'*amplitude*. Si du point O, comme centre, avec le rayon OA, on décrit un cercle, et qu'on prolonge l'ordonnée pm jusqu'à la rencontre du cercle en n, on a $Op = On.\sin BOn$. Ainsi l'amplitude φ est représentée géométriquement par l'angle BOn, quand la fonction $E(c, \varphi)$ est représentée géométriquement par l'arc elliptique Bm.

329. Les trois fonctions elliptiques sont évidemment des fonctions impaires de φ [18], puisque la différentielle $d\varphi$ change de signe par le changement de φ en $-\varphi$, tandis que le facteur qui multiplie $d\varphi$ sous le signe $\int$ ne change pas.

Quand l'amplitude φ est égale à un quart de circonférence, ou lorsqu'on prend $\frac{1}{2}\pi$ pour limite supérieure des intégrales, les fonctions sont dites *complètes*, et on les désigne simplement par

$$F(c),\quad E(c),\quad \Pi(c, a).$$

Si les valeurs des fonctions elliptiques sont calculées pour un quart de circonférence, c'est-à-dire, pour toutes les valeurs de φ comprises entre 0 et $\frac{1}{2}\pi$, elles se trouveront déterminées pour des valeurs quelconques de φ, à cause de la périodicité de la fonction $\sin^2\varphi$ qui entre sous le signe d'intégration. Ainsi l'on a

$$F(c, \tfrac{1}{2}\pi + \varphi) = 2F(c) - F(c, \tfrac{1}{2}\pi - \varphi),$$
$$F(c, \pi + \varphi) = 2F(c) + F(c, \varphi),$$

$$F(c, \tfrac{3}{2}\pi + \varphi) = 4F(c) - F(c, \tfrac{1}{2}\pi - \varphi),$$
$$F(c, 2\pi + \varphi) = 4F(c) + F(c, \varphi),$$

et ainsi des autres.

Le module c doit toujours être supposé < 1 [310] : deux modules c, c' liés par l'équation $c^2 + c'^2 = 1$, sont dits *complémentaires*.

330. Désignons par φ, ψ, μ les trois côtés d'un triangle sphérique, dans lequel l'angle M, opposé au côté μ, serait donné par l'équation $\sin M = c \sin \mu$; de façon que, si l'on pose pour abréger

$$\cos M = \sqrt{1 - c^2 \sin^2 \mu} = \Delta\mu,$$

la formule fondamentale de la trigonométrie sphérique donnera la relation

$$\cos \mu = \cos \varphi \cos \psi + \sin \varphi \sin \psi . \Delta\mu, \tag{1}$$

et par suite

$$1 - \frac{1 - (\Delta\mu)^2}{c^2} = (\cos \varphi \cos \psi + \sin \varphi \sin \psi . \Delta\mu)^2.$$

En résolvant cette dernière équation par rapport à $\Delta\mu$, et en rejetant la racine qui donnerait pour $\Delta\mu$ une valeur négative, on trouve

$$\Delta\mu (1 - c^2 \sin^2 \varphi \sin^2 \psi) = c^2 \sin \varphi \sin \psi \cos \varphi \cos \psi$$
$$+ \sqrt{1 - c^2 (1 - \cos^2 \varphi \cos^2 \psi + \sin^2 \varphi \sin^2 \psi - c^2 \sin^2 \varphi \sin^2 \psi)}.$$

Mais il est aisé de vérifier que la quantité sous le radical se réduit à

$$(1 - c^2 \sin^2 \varphi)(1 - c^2 \sin^2 \psi) = (\Delta\varphi)^2 . (\Delta\psi)^2,$$

en désignant par $\Delta\varphi$, $\Delta\psi$, des quantités composées en φ, ψ, comme $\Delta\mu$ l'est en μ : donc, suivant cette notation,

$$\Delta\mu = \frac{\Delta\varphi . \Delta\psi + c^2 \sin \varphi \sin \psi \cos \varphi \cos \psi}{1 - c^2 \sin^2 \varphi \sin^2 \psi}. \tag{2}$$

On en conclut, après quelques transformations,

$$\sin^2\mu = \frac{1-(\Delta\mu)^2}{c^2} = \frac{(\sin\varphi\cos\psi\Delta\psi - \sin\psi\cos\varphi\Delta\varphi)^2}{(1-c^2\sin^2\varphi\sin^2\psi)^2},$$

ou

$$\sin\mu = \frac{\sin\varphi\cos\psi\Delta\psi - \sin\psi\cos\varphi\Delta\varphi}{1-c^2\sin^2\varphi\sin^2\psi}. \qquad (3)$$

Si l'on différentie cette dernière équation, en y considérant φ et ψ comme des arcs variables, et μ comme un arc constant, il vient

$$\frac{d\varphi}{\Delta\varphi}\cdot\frac{\Omega(\varphi,\psi)}{(1-c^2\sin^2\varphi\sin^2\psi)^2} - \frac{d\psi}{\Delta\psi}\cdot\frac{\Omega(\varphi,\psi)}{(1-c^2\sin^2\varphi\sin^2\psi)^2} = 0. \qquad (4)$$

Pour abréger, nous désignons par $\Omega(\varphi, \psi)$ la fonction

$$(1+c^2\sin^2\varphi\sin^2\psi)\cos\varphi\cos\psi\Delta\varphi\Delta\psi - \sin\varphi\sin\psi$$
$$-c^2\sin\varphi\sin\psi(\sin^2\varphi+\sin^2\psi - \cos^2\varphi\cos^2\psi - c^2\sin^2\varphi\sin^2\psi).$$

Comme l'équation (3) est symétrique par rapport à φ et à ψ, il suffira de former le coefficient de $d\varphi$, d'où l'on conclura celui de $d\psi$. On pourrait donner à la fonction Ω d'autres formes : il convient seulement d'en choisir une qui mette en évidence la propriété de cette fonction d'être symétrique par rapport aux deux variables φ, ψ.

L'équation (4) se réduit à

$$0 = \frac{d\varphi}{\Delta\varphi} - \frac{d\psi}{\Delta\psi} = \frac{d\varphi}{\sqrt{1-c^2\sin^2\varphi}} - \frac{d\psi}{\sqrt{1-c^2\sin^2\psi}},$$

d'où, en intégrant,

$$F(c,\varphi) - F(c,\psi) = const.$$

Pour déterminer la constante arbitraire que cette intégration a introduite, on fait dans l'équation (1) $\psi = 0$, ce qui donne $\varphi = \mu$; et comme $F(c, 0)$ 0, = il en résulte, entre les variables φ, ψ et la constante μ, déjà liées par l'équation (1), et assujetties à former les trois côtés d'un triangle sphérique dans lequel l'angle opposé au côté constant est aussi constant, cette autre équation

$$F(c,\varphi) - F(c,\psi) = F(c; \mu). \qquad (5)$$

Donc, si l'on a les valeurs de la fonction elliptique de première espèce pour deux amplitudes φ, ψ, on obtiendra par l'addition de ces valeurs celle de la fonction de même espèce pour une amplitude μ, μ étant déterminé en fonction de φ, ψ par l'équation (1), ou par l'équation (3) qui en est une transformation.

331. Posons

$$u = F(c, \varphi), \quad v = F(c, \psi).$$

Afin d'exprimer que φ est l'amplitude pour laquelle la fonction F a la valeur u, nous écrirons avec Jacobi

$$\varphi = \operatorname{am} u;$$

de sorte que les lettres *am*, initiales du mot *amplitude*, désigneront la fonction inverse de celle à laquelle a été affectée la caractéristique F.

On écrira aussi d'après cette convention

$$\psi = \operatorname{am} v,$$

$$\Delta\varphi = \Delta \operatorname{am} u, \quad \Delta\psi = \Delta \operatorname{am} v;$$

et en conséquence la combinaison des équations (3) et (5) donnera

$$\sin \operatorname{am}(u - v) = \frac{\sin \operatorname{am} u . \cos \operatorname{am} v . \Delta \operatorname{am} v - \sin \operatorname{am} v . \cos \operatorname{am} u . \Delta \operatorname{am} u}{1 - c^2 \sin^2 \operatorname{am} u . \sin^2 \operatorname{am} v}. \quad (a)$$

Lorsque le module c se réduit à zéro, l'équation précédente se change dans la formule

$$\sin(u - v) = \sin u \cos v - \sin v \cos u.$$

On trouverait de même, en employant l'autre racine de l'équation (9),

$$\sin \operatorname{am}(u + v) = \frac{\sin \operatorname{am} u . \cos \operatorname{am} v . \Delta \operatorname{am} v + \sin \operatorname{am} v \cos \operatorname{am} u . \Delta \operatorname{am} u}{1 - c^2 \sin^2 \operatorname{am} u . \sin^2 \operatorname{am} v} \quad (a')$$

$$\cos \operatorname{am}(u \pm v) = \frac{\cos \operatorname{am} u . \cos \operatorname{am} v . \mp \sin \operatorname{am} u . \sin \operatorname{am} v . \Delta \operatorname{am} u . \Delta \operatorname{am} v}{1 - c^2 \sin^2 \operatorname{am} u . \sin^2 \operatorname{am} v};$$

et en général, toutes les formules dont les analystes font un si fréquent usage pour la transformation des fonctions trigonométriques, ont leurs analogues pour la transformation des fonctions elliptiques inverses de première espèce, ou plutôt peuvent être considérées comme des cas particuliers des formules elliptiques, dans lesquelles on suppose le module nul, ce qui entraîne

$$\text{am}\, u = u, \quad \Delta\text{am}\, u = 1.$$

Le développement de ces curieuses analogies a fait l'objet des beaux travaux d'Abel et de Jacobi, accueillis dans le monde savant avec un intérêt que la jeunesse des deux émules (tous deux destinés à une mort prématurée) rendait encore plus vif. La sagacité de ces géomètres s'est appliquée surtout à suivre dans leur extension aux fonctions elliptiques inverses, les relations remarquables par laquelle l'analyse des sections angulaires se rattache à la théorie des nombres et à la haute algèbre [79]. En raison de toutes ces analogies, on doit aujourd'hui considérer la fonction sin am u (pour laquelle on a proposé diverses notations entre lesquelles les géomètres n'ont pas encore fait un choix définitif) comme constituant vraiment la fonction directe, dont u serait la fonction inverse. C'est ainsi qu'au point de vue de la géométrie, comme dans l'ordre d'idées plus générales d'où procède la théorie des fonctions, il est naturel de considérer le sinus comme fonction de l'arc, plutôt que l'arc comme fonction du sinus.

332. Il est aisé de voir, d'après ce qui précède, comment on pourrait construire pour une valeur donnée du module, entre les limites d'amplitude 0 et $\frac{1}{2}\pi$, une table des valeurs de la fonction F, ou (ce qui serait encore plus simple) une table des valeurs de la fonction sin am u, entre les limites $u = 0$, $u = \frac{1}{2}\pi$. Faisons dans la formule (a') $v = \delta u$, et sup-

posons δu assez petit pour qu'on puisse prendre sans erreur sensible

$$\sin \operatorname{am} \delta u = \sin \delta u = \delta u,$$
$$\cos \operatorname{am} \delta u = \cos \delta u = 1, \quad \Delta(\delta u) = 1 :$$

cette formule donnera

$$\sin \operatorname{am}(u + \delta u) = \sin \operatorname{am} u + \delta u . \cos \operatorname{am} u . \Delta \operatorname{am} u.$$

En faisant successivement, dans cette dernière équation,

$$u = \delta u, \quad u = 2\delta u, \quad u = 3\delta u, \text{ etc.},$$

on aura les valeurs de la fonction sin am u pour une suite de valeurs équidifférentes de u, dont la différence est δu. Ce procédé comporterait des simplifications et des vérifications analogues à celles qu'on indique pour le calcul des tables trigonométriques ordinaires. D'ailleurs on renverserait sans difficulté la table des valeurs de la fonction sin am u, pour former celle des valeurs de la fonction $u = F(c, \varphi)$, qui est plus spécialement appropriée aux besoins du calcul intégral.

333. Il s'agit de montrer maintenant comment on peut calculer directement la fonction $F(c, \varphi)$ pour chaque valeur du module et de l'amplitude, sans être obligé de construire une table spéciale pour chaque module, en répétant le système d'opérations indiqué dans le n° précédent. Désignons donc par c, c_1 des modules quelconques, et proposons-nous de déterminer un coefficient constant k, de manière qu'on ait

$$F(c, \varphi) = kF(c_1, \varphi_1),$$

ou

$$\frac{d\varphi}{\sqrt{1 - c^2 \sin^2 \varphi}} = k \frac{d\varphi_1}{\sqrt{1 - c_1^2 \sin^2 \varphi_1}}. \tag{6}$$

Il y a une infinité de manières de satisfaire à cette équation, en assignant des relations convenables entre les modules c, c_1 et entre les variables φ, φ_1. Sans traiter le problème par des méthodes directes qui exigeraient de trop longs développements, admettons que l'on fasse

$$\sin^2\varphi(1-c_1^2\sin^2\varphi_1)=k^2\sin^2\varphi_1(1-\sin^2\varphi_1), \qquad (7)$$

ce qui donne par la différentiation

$$\frac{\sin\varphi_1\cos\varphi_1\,d\varphi_1}{\sin\varphi(1-c_1^2\sin^2\varphi_1)}=\frac{\cos\varphi d\varphi}{c_1^2\sin^2\varphi+k^2(1-2\sin^2\varphi_1)}.$$

Mettons dans le premier membre la valeur de $\sin\varphi$ et dans le second celle de $\sin\varphi_1$, l'une et l'autre tirées de l'équation (7) ; nous aurons

$$\frac{d\varphi_1}{k\sqrt{1-c_1^2\sin^2\varphi_1}}=\frac{\cos\varphi d\varphi}{\sqrt{(k^2+c_1^2\sin^2\varphi)^2-4k^2\sin^2\varphi}},$$

équation dont la comparaison avec l'équation (6) donne

$$\frac{d\varphi}{k^2\cos\varphi\sqrt{1-c^2\sin^2\varphi}}=\frac{d\varphi}{\sqrt{(k^2+c_1^2\sin^2\varphi)^2-4k^2\sin^2\varphi}},$$

ou

$$k^4(1-\sin^2\varphi)(1-c^2\sin^2\varphi)=(k^2+c_1^2\sin^2\varphi)^2-4k^2\sin^2\varphi;$$

et pour que celle-ci soit identique par rapport à φ, il faut qu'on ait

$$c_1^4=k^4c^2,\quad 4-2c_1^2=k^2(c^2+1),$$

d'où l'on tire

$$c_1=\frac{2\sqrt{c}}{1+c},\quad k=\frac{c_1}{\sqrt{c}}=\frac{2}{1+c}.$$

Substituons dans l'équation (7) ces valeurs de c_1, k, et elle donnera

$$\sin(2\varphi_1-\varphi)=c\sin\varphi.$$

334. La valeur de c_1 ainsi déterminée est toujours plus grande que c. D'après cela, imaginons que l'on calcule une suite, ou, comme on dit, une *échelle* de modules $c_1, c_2, c_3, \ldots$ liés entre eux et au module primitif c par les équations

$$c_1=\frac{2\sqrt{c}}{1+c},\quad c_2=\frac{2\sqrt{c_1}}{1+c_1},\quad c_3=\frac{2\sqrt{c_2}}{1+c_2},\ \text{etc.}, \qquad (b)$$

jusqu'à ce qu'on arrive à une valeur c_n, peu différente de l'unité; et que l'on détermine en outre une série d'amplitudes φ_1, φ_2, φ_3, ... au moyen des équations

$$\left.\begin{array}{l} \sin(2\varphi_1 - \varphi) = c \sin\varphi, \\ \sin(2\varphi_2 - \varphi_1) = c_1 \sin\varphi_1, \\ \sin(2\varphi_3 - \varphi_2) = c_2 \sin\varphi_2, \\ \text{etc.} \end{array}\right\} \qquad (c)$$

on aura aussi

$$F(c_1, \varphi_1) = \frac{1+c}{2} . F(c, \varphi),$$

$$F(c_2, \varphi_2) = \frac{1+c_1}{2} . F(c_1, \varphi_1) = \left(\frac{1+c_1}{2}\right)\left(\frac{1+c}{2}\right) . F(c, \varphi),$$

$$F(c_3, \varphi_3) = \frac{1+c_2}{2} . F(c_2, \varphi_2) = \left(\frac{1+c_2}{2}\right)\left(\frac{1+c_1}{2}\right)\left(\frac{1+c}{2}\right) . F(c, \varphi),$$

etc.

Mais lorsque, dans l'échelle des modules, on sera arrivé à un terme c_n peu différent de l'unité (et il suffira ordinairement de calculer un petit nombre de termes), on aura sensiblement

$$F(c_n, \varphi_n) = \int_0^{\varphi_n} \frac{d\varphi}{\sqrt{1-\sin^2\varphi}} = \int_0^{\varphi_n} \frac{d\varphi}{\cos\varphi} = \log\operatorname{tang}\left(\frac{\pi}{4} + \frac{1}{2}\varphi_n\right),$$

d'où

$$F(c, \varphi) = \frac{2}{1+c} . \frac{2}{1+c_1} . \frac{2}{1+c_2} \cdots \frac{2}{1+c_{n-1}} . \log\operatorname{tang}\left(\frac{\pi}{4} + \frac{1}{2}\varphi_n\right) . \qquad (d)$$

Rien n'empêche de prolonger la série (b) en arrière de c par une suite de termes c_{-1}, c_{-2}, c_{-3}, ... dérivant les uns des autres selon la même loi, en sorte qu'on ait

$$c = \frac{2\sqrt{c_{-1}}}{1+c_{-1}}, \quad c_{-1} = \frac{2\sqrt{c_{-2}}}{1+c_{-2}}, \quad c_{-2} = \frac{2\sqrt{c_{-3}}}{1+c_{-3}}, \text{ etc.} \qquad (b')$$

$$\left.\begin{array}{l} \sin(2\varphi - \varphi_{-1}) = c_{-1} \sin\varphi_{-1}, \\ \sin(2\varphi_{-1} - \varphi_{-2}) = c_{-2} \sin\varphi_{-2}, \\ \text{etc.} \end{array}\right\} \qquad (c')$$

On tombera bientôt sur un terme c_{-n}, très peu différent de zéro, et alors on aura sensiblement

$$F(c_{-n}, \varphi_{-n}) = \int_0^{\varphi_{-n}} d\varphi = \varphi_{-n},$$

d'où

$$F(c, \varphi) = \frac{1+c_{-1}}{2} \cdot \frac{1+c_{-2}}{2} \cdots \frac{1+c_{-n}}{2} \cdot \varphi_{-n}. \qquad (d')$$

On choisira entre les formules (d) et (d') celle qui conduira le plus rapidement à la valeur de $F(c, \varphi)$. C'est ainsi qu'ont pu être calculées les tables données par Legendre dans son grand ouvrage sur les fonctions elliptiques.

Quand on prend $\varphi = \frac{1}{2}\pi$, les équations (c') donnent

$$\varphi_{-1} = \pi, \quad \varphi_{-2} = 2\pi, \ldots \quad \varphi_{-n} = 2^{n-1}\pi.$$

Donc si l'on désigne par K la limite vers laquelle converge le produit

$$(1 + c_{-1})(1 + c_{-2})(1 + c_{-3}) \ldots$$

composé d'un nombre infini de facteurs qui vont en convergeant vers l'unité, la valeur de la fonction complète $F(c)$ est $K\frac{\pi}{2}$.

335. Passons à la fonction elliptique de seconde espèce

$$E(c, \varphi) = \int_0^{\varphi} \sqrt{1 - c^2 \sin^2\varphi} \cdot d\varphi = \int_0^{\varphi} \frac{(1 - c^2 \sin^2\varphi)\, d\varphi}{\Delta\varphi}.$$

Si l'on désigne toujours par φ, ψ deux angles assujettis à vérifier l'équation (1) du n° 330, et par conséquent l'équation différentielle

$$\frac{d\varphi}{\Delta\varphi} + \frac{d\psi}{\Delta\psi} = 0, \qquad (8)$$

on a

$$d.E(c, \varphi) - d.E(c, \psi) = \frac{d\varphi}{\Delta\varphi} - \frac{d\psi}{\Delta\psi} - c^2 \left(\sin^2\varphi \frac{d\varphi}{\Delta\varphi} - \sin^2\psi \frac{d\psi}{\Delta\psi} \right)$$
$$= c^2 (\sin^2\psi - \sin^2\varphi) \frac{d\varphi}{\Delta\varphi}.$$

Or l'équation (1) donne

$$\Delta\mu . d.\sin\varphi \sin\psi = \sin\varphi \cos\psi \, d\varphi + \sin\psi \cos\varphi \, d\psi,$$

et en substituant pour $d\psi$ sa valeur tirée de l'équation (8),

$$\Delta\mu . d.\sin\varphi\sin\psi = (\sin\varphi\cos\psi\Delta\varphi - \sin\psi\cos\varphi\Delta\psi)\frac{d\varphi}{\Delta\varphi}. \qquad (9)$$

On a d'ailleurs, en vertu des équations (2) et (3),

$$\frac{\sin\mu}{\Delta\mu} = \frac{\sin\varphi\cos\psi\Delta\psi - \sin\psi\cos\varphi\Delta\varphi}{\Delta\varphi\Delta\psi - c^2\sin\varphi\sin\psi\cos\varphi\cos\psi}; \qquad (10)$$

et de la combinaison des équations (9) et (10) on tire aisément

$$\sin\mu\, d.\sin\varphi\sin\psi = (\sin^2\varphi - \sin^2\psi)\frac{d\varphi}{\Delta\varphi}. \qquad (11)$$

Donc

$$d.\mathrm{E}(c,\varphi) - d.\mathrm{E}(c,\psi) = -c^2\sin\mu\, d.\sin\varphi\sin\psi,$$
$$\mathrm{E}(c,\varphi) - \mathrm{E}(c,\psi) = const. - c^2\sin\mu\sin\varphi\sin\psi,$$

et en déterminant la constante arbitraire de manière qu'on ait à la fois $\psi = 0$, $\varphi = \mu$,

$$\mathrm{E}(c,\varphi) - \mathrm{E}(c,\psi) = \mathrm{E}(c,\mu) - c^2\sin\mu\sin\varphi\sin\psi. \qquad (12)$$

336. Considérons maintenant, comme dans le n° 333, un module c, et une amplitude φ_1, liés à c et à φ par les équations

$$c_1 = \frac{2\sqrt{c}}{1+c},\ \sin(2\varphi_1 - \varphi) = c\sin\varphi. \qquad (13)$$

On tirera de celle-ci par la différentiation

$$d\varphi_1 = d\varphi.\frac{c\cos\varphi + \cos(2\varphi_1 - \varphi)}{2\cos(2\varphi_1 - \varphi)},$$

ou bien en remplaçant $\cos(2\varphi_1 - \varphi)$ par sa valeur $\Delta\varphi$, tirée de la seconde équation (13),

$$d\varphi_1 = \frac{d\varphi}{\Delta\varphi}.\frac{c\cos\varphi + \Delta\varphi}{2}. \qquad (14)$$

Mais l'équation (6) donne

$$d\varphi_1 = \frac{d\varphi}{\Delta\varphi}.\frac{\sqrt{1-c_1^2\sin^2\varphi}}{k},$$

ou, en remettant pour k sa valeur,

$$d\varphi_1 = \frac{d\varphi}{\Delta\varphi}.\frac{1+c}{2}.\sqrt{1-c_1^2\sin\varphi_1}. \qquad (15)$$

Comme les équations (14) et (15) doivent s'accorder, il faut qu'on ait

$$(1+c)\sqrt{1-c_1^2\sin^2\varphi_1}=c\cos\varphi+\Delta\varphi. \quad (16)$$

Multiplions les équations (14) et (16) membre à membre, et il viendra

$$(1+c)\sqrt{1-c_1^2\sin^2\varphi_1}.d\varphi_1=\frac{d\varphi}{\Delta\varphi}.\frac{(c\cos\varphi+\Delta\varphi)^2}{2}$$

$$=\sqrt{1-c^2\sin^2\varphi}.d\varphi-\frac{1-c^2}{2}.\frac{d\varphi}{\sqrt{1-c^2\sin^2\varphi}}+c\cos\varphi d\varphi;$$

d'où, en intégrant,

$$(1+c)\mathrm{E}(c_1,\varphi_1)=\mathrm{E}(c,\varphi)-\frac{1-c^2}{2}.\mathrm{F}(c,\varphi)+c\sin\varphi. \quad (17)$$

Nous n'ajoutons pas de constante arbitraire, parce que tous les termes de cette équation s'évanouissent séparément pour $\varphi=0$.

Si l'on prend $\varphi=\pi$, on aura $\varphi_1=\frac{1}{2}\pi$,

$$\mathrm{E}(c,\pi)=2\mathrm{E}(c,\tfrac{1}{2}\pi)=2\mathrm{E}(c),$$
$$\mathrm{F}(c,\pi)=2\mathrm{F}(c,\tfrac{1}{2}\pi)=2\mathrm{F}(c),$$

et la formule (17) donnera cette relation entre les fonctions complètes

$$(1+c)\mathrm{E}(c_1)=2\mathrm{E}(c)-(1-c^2)\mathrm{F}(c). \quad (18)$$

337. En suivant l'échelle des modules et des amplitudes dont la loi a été donnée dans le n° 334, on trouve

$$(1+c_1)\mathrm{E}(c_2,\varphi_2)=\mathrm{E}(c_1,\varphi_1)-\frac{1-c_1^2}{2}.\mathrm{F}(c_1,\varphi_1)+c_1\sin\varphi_1, \quad (19)$$

$$\mathrm{F}(c_1,\varphi_1)=\frac{1+c}{2}.\mathrm{F}(c,\varphi). \quad (20)$$

On peut éliminer $\mathrm{F}(c,\varphi)$, $\mathrm{F}(c_1,\varphi_1)$ entre les équations (17), (19) et (20), puis substituer pour c_1 sa valeur en c, et il vient définitivement

$$E(c, \varphi) = \frac{(1 + c)(3 - c)}{1 - c} E(c_1, \varphi_1) - \frac{2(1 - c)}{(1 - \sqrt{c})^2} . E(c_2, \varphi_2)$$
$$- c \sin \varphi + \frac{4\sqrt{c}}{1 - c} . \sin \varphi_1 .$$

Comme le même calcul peut être indéfiniment répété, en suivant l'échelle ascendante ou descendante des modules, on ramènera toujours la fonction E (c, φ) à dépendre de deux fonctions de même espèce, pour lesquelles le module aura une valeur très peu différente de zéro ou de l'unité. Or, quand le module c_n est très peu différent de zéro ou de l'unité, on a, sans erreur sensible,

$$E(c_n, \varphi_n) = \int_0^{\varphi_n} \sqrt{1 - c_n^2 \sin^2 \varphi} . d\varphi = \int_0^{\varphi_n} d\varphi = \varphi_n,$$

ou bien

$$E(c_n, \varphi_n) = \int_0^{\varphi_n} \cos \varphi . d\varphi = \sin \varphi_n .$$

Nous n'insisterons pas sur l'application des calculs analogues aux fonctions elliptiques de troisième espèce. Cette distinction de trois espèces de fonctions elliptiques répond, ainsi qu'on l'a indiqué au commencement de ce chapitre, à un problème particulier de calcul intégral : mais dans l'état actuel de la théorie des fonctions [331], et du moment que l'on considère la fonction sin am u comme celle qui joue le rôle direct et principal, et dont les autres dérivent par inversion, le nombre des fonctions inverses qui peuvent s'y rattacher, ainsi que celui des paramètres qu'elles peuvent impliquer, n'ont plus rien de limité ni de défini.

CHAPITRE V.

APPLICATIONS GÉOMÉTRIQUES DU CALCUL DES INTÉGRALES DÉFINIES SIMPLES.

§ 1er. Quadrature des courbes planes.

338. Nous avons eu maintes fois occasion de rappeler que l'intégrale

$$u = \int_{x_0}^{x_1} fx . dx$$

mesure l'aire d'une courbe dont x et fx sont les coordonnées rectangulaires : l'aire mesurée ayant pour limites, d'une part l'arc de la courbe intercepté entre les ordonnées fx_0, fx_1, d'autre part ces ordonnées mêmes, et enfin l'axe des x. Cette application du calcul intégral s'offre si naturellement que, dès l'origine, il a été qualifié de *Méthode des quadratures*, et qu'aujourd'hui encore on donne communément le nom de *quadrature* [33] à l'opération par laquelle on obtient, exactement ou d'une manière approchée, la valeur d'une intégrale définie. Sans répéter la démonstration d'un théorème qui nous est devenu si familier, nous allons l'appliquer à quelques courbes choisies parmi celles qui méritent particulièrement de fixer l'attention.

L'équation de la parabole ordinaire étant mise sous la forme

$$y = \sqrt{2px},$$

on trouve pour l'aire de cette courbe, mesurée à partir du sommet

$$u = \sqrt{2p} . \int_0^x \sqrt{x} . dx = \frac{2}{3} \sqrt{2p} . x \sqrt{x} = \frac{2}{3} xy.$$

Ainsi l'aire du triangle parabolique Omp (*fig.* 78) est les deux tiers de celle du rectangle Opmq construit sur l'ordonnée et sur l'abscisse du point m. Cette proposition, découverte par Archimède, est l'objet d'un opuscule de ce grand géomètre, où il applique à deux tours de démonstration fort singuliers, l'un fondé sur des principes de statique dont lui-même était l'inventeur, l'autre sur la sommation d'une progression géométrique décroissante, la méthode de réduction à l'absurde, qui seule pouvait, aux yeux des anciens, établir rigoureusement le passage du fini à l'infiniment petit [49].

En prenant pour l'équation de l'ellipse rapportée à son centre et à ses axes

$$y = \frac{b}{a}\sqrt{a^2 - x^2},$$

l'aire du trapèze elliptique OpmB (*fig.* 77), dont l'un des côté est l'abscisse O$p = x$, a pour valeur

$$u = \frac{b}{a}\int_0^x \sqrt{a^2 - x^2}.dx.$$

On pourrait en conclure de suite, ainsi qu'on le fait dans les traités élémentaires des sections coniques, le rapport du trapèze elliptique OpmB au trapèze circulaire OpnC, pris dans le cercle concentrique à l'ellipse et dont le rayon est a (¹). Pour arriver au même résultat en appliquant les règles ordinaires de l'intégration, on fera

$$\sqrt{a^2 - x^2} = tx, \quad \text{ou} \quad x^2 = \frac{a^2}{1 + t^2},$$

(¹) Archimède connaissait cette manière de ramener la quadrature de l'ellipse à celle du cercle, mais elle lui paraissait dépendre de *lemmes difficiles à accorder* (Lettre à Dosithée, servant de préface au Traité de la quadrature de la parabole). Les lemmes dont il s'agit ne peuvent être que les principes de la méthode des limites.

d'où

$$\int_0^x \sqrt{a^2-x^2}.dx = \int_0^x txdx = \frac{1}{2}tx^2 - \frac{1}{2}\int_\infty^t x^2dt$$
$$= \frac{1}{2}tx^2 + \frac{a^2}{2}\left(\frac{\pi}{2} - \text{arc tang } t\right).$$

et par suite

$$\int_0^x \sqrt{a^2-x^2}.dx = \frac{1}{2}x\sqrt{a^2-x^2} + \frac{1}{2}a^2\left(\frac{\pi}{2} - \text{arc tang}\frac{\sqrt{a^2-x^2}}{x}\right)$$
$$= \frac{1}{2}x\sqrt{a^2-x^2} + \frac{1}{2}a^2 \text{ arc sin}\frac{x}{a};$$

ce qui donne enfin

$$u = \frac{bx}{2a}\sqrt{a^2-x^2} + \frac{ab}{2}\text{ arc sin}\frac{x}{a} = \frac{xy}{2} + \frac{ab}{2}\text{ arc sin }\frac{x}{a}.$$

On en conclut que $\frac{\pi ab}{4}$ est l'aire du quadrant elliptique OAmB, et que πab est l'aire de l'ellipse entière.

Comme $\frac{xy}{2}$ est l'aire du triangle Omp, celle du secteur elliptique BOm a pour valeur $\frac{ab}{2}\sin\frac{x}{a}$.

339. Si l'on emploie l'équation de l'hyperbole sous la forme

$$y = \frac{b}{a}\sqrt{x^2-a^2},$$

et que l'on pose, pour faciliter le calcul, la relation auxiliaire

$$\sqrt{x^2-a^2} = tx,$$

on a

$$\int_a^x \sqrt{x^2-a^2}.dx = \frac{1}{2}x\sqrt{x^2-a^2} + \frac{a^2}{4}\log\left[\frac{x-\sqrt{x^2-a^2}}{x+\sqrt{x^2-a^2}}\right].$$

En conséquence, on trouve pour la valeur de l'aire hyperbolique Apm (*fig.* 84) :

$$u = \frac{b}{a}\int_a^x \sqrt{x^2-a^2}.dx = \frac{bx}{2a}\sqrt{x^2-a^2} - \frac{ab}{2}\log\left(\frac{x+\sqrt{x^2-a^2}}{a}\right)$$
$$= \frac{xy}{2} - \frac{ab}{2}\log\left(\frac{x}{a}+\frac{y}{b}\right).$$

Donc

$$\text{secteur } OmA = \frac{ab}{2} \log\left(\frac{x}{a} + \frac{y}{b}\right),$$

ce qui entraîne comme conséquence que l'aire comprise entre l'hyperbole et ses asymptotes est infinie.

L'aire de l'hyperbole dépend d'une fonction logarithmique, de même que l'aire de l'ellipse dépend d'une fonction circulaire. L'analogie géométrique de l'ellipse et de l'hyperbole correspond à l'analogie des fonctions trigonométriques et exponentielles, et de leurs inverses, les arcs de cercles et les logarithmes.

L'équation de l'hyperbole équilatère, rapportée à ses asymptotes, étant

$$xy = \frac{a^2}{2},$$

l'aire de l'espace asymptotique compris entre les coordonnées qui répondent aux abscisses x_0, x, a pour valeur

$$u = \frac{a^2}{2} \int_{x_0}^{x} \frac{dx}{x} = \frac{a^2}{2} \log\left(\frac{x}{x_0}\right); \qquad (1)$$

et si l'on prend $a = \sqrt{2}$, $x_0 = 1$, il vient simplement $u = \log x$. Ainsi les logarithmes népériens peuvent être considérés comme donnés par les aires d'une hyperbole équilatère. C'est pour ce motif qu'on les a longtemps désignés par la dénomination de logarithmes *hyperboliques;* mais cette dénomination était mal choisie, puisque, si l'on donne à la constante a une valeur convenable, la fonction u déterminée par l'équation (1), représentera également bien tout autre système de logarithmes. On sait en effet [64] que les logarithmes à base quelconque se déduisent des logarithmes népériens quand on multiplie ceux-ci par un module constant pour chaque base.

On peut toujours passer, par des additions ou des soustractions de polygones rectilignes, de l'aire d'une courbe rapportée à un système de coordonnées rectilignes, obliques ou rectangulaires, à l'aire de cette courbe prise dans un autre système de coordonnées rectilignes. Telle est la raison pour laquelle la fonction logarithmique, qui s'offre immédiatement dans le calcul de l'aire de l'hyperbole rapportée à ses asymptotes, reparaît à la suite de diverses transformations, quand on rapporte l'hyperbole à ses axes.

340. En mettant l'équation de la logarithmique sous la forme $y = e^x$, on aura

$$u = \int_0^x e^x dx = e^x - 1,$$

valeur qui se réduit à -1 quand on fait $x = -\infty$. Ainsi l'aire de l'espace compris entre l'ordonnée OB (*fig.* 79), la courbe BM' prolongée à l'infini du côté des abscisses négatives, et l'asymptote OX', aussi prolongée à l'infini, a une valeur finie, égale au carré construit sur la droite OB.

La cycloïde étant donnée, comme dans le n° 176, par le système des deux équations,

$$x = R(\varphi - \sin\varphi), \ y = R(1 - \cos\varphi),$$

on aura

$$u = \int_0^x y dx = R^2 \int_0^\varphi (1 - \cos\varphi)^2 d\varphi$$
$$= R^2 \left(\tfrac{3}{2}\varphi - 2\sin\varphi + \tfrac{1}{4}\sin 2\varphi\right).$$

On prendra pour la limite supérieure de l'intégrale $\varphi = 2\pi$, afin d'avoir l'aire comprise entre un arceau et la base de la cycloïde, ce qui donnera $u = 3\pi R^2$, c'est-à-dire le triple de l'aire du cercle générateur. La formule qui précède s'étend d'elle-même à des valeurs quelconques de φ et à la quadrature d'un nombre quelconque d'arceaux.

341. L'aire limitée par une courbe plane fermée est une quantité indépendante du système des coordonnées auxquelles on rapporte la courbe; et cette aire, que nous désignerons par U, est ordinairement celle que l'on se propose de déterminer dans un problème de quadrature. Si la courbe est algébrique, son équation $F(x,y)=0$ donne au moins deux racines $y=f_1 x$, $y=f_2 x$, correspondant à la même abscisse, et dans ce cas on a

$$U=\int_{x_0}^{x_1}(f_1 x-f_2 x)\,dx=\int_{x_0}^{x_1}f_1 x\,dx-\int_{x_0}^{x_1}f_2 x\,dx:$$

$f_1 x$ désignant l'ordonnée de l'arc $m_0 n_1 m_1$ (*fig.* 80), $f_2 x$ celle de l'arc $m_0 n_0 m_1$, x_0 et x_1, les abscisses des droites $m_0 p_0$ et $m_1 p_1$ qui limitent la courbe parallèlement à l'axe des y. Les arcs $m_0 n_1 m_1$, $m_0 n_0 m_1$, pourraient d'ailleurs appartenir à des courbes algébriques différentes, ou à des courbes non algébriques, et éprouver dans leur cours des solutions de continuité du second ordre ou des ordres supérieurs. L'intégrale U se décomposerait sans difficulté en un plus grand nombre d'intégrales partielles, si la courbe fermée affectait des sinuosités, comme celles qui sont indiquées sur la *fig.* 81.

342. L'aire d'une courbe, telle qu'on la définit dans le système des coordonnées polaires [180], ayant pour différentielle

$$du=\tfrac{1}{2}r^2 d\varphi,$$

sera donnée par la formule

$$u=\frac{1}{2}\int_0^{\varphi} r^2 d\varphi,$$

dans laquelle il faudra substituer pour r^2 sa valeur en fonction de φ donnée par l'équation polaire. Si la courbe est fermée et comprend dans son intérieur l'origine des rayons vecteurs, de manière que, pour chaque valeur de φ comprise entre 0 et 2π, r^2 ait une valeur réelle et unique, il vient

$$U=\frac{1}{2}\int_0^{2\pi} r^2 d\varphi.$$

La courbe étant toujours fermée, et le pôle se trouvant dans l'intérieur de la courbe, il peut se faire, si elle offre des sinuosités, que, pour les valeurs de φ comprises entre de certaines limites, r^2 ait 3 ou 5, ou en général un nombre impair de racines réelles. Au contraire, si le pôle se trouvait hors de l'enceinte formée par la courbe, r^2 aurait toujours un nombre pair de racines réelles. Dans toutes ces circonstances qu'il suffit d'indiquer, l'intégrale U se décompose en diverses intégrales partielles, ayant chacune des limites particulières.

§ 2. Rectification des courbes.

343. Le problème de la rectification des courbes est une application importante du calcul intégral dont les particularités exigent que nous donnions un choix d'exemples plus nombreux.

En désignant par s la longueur de l'arc d'une courbe plane, dont x et fx sont les coordonnées rectangulaires, on a [174]

$$ds = \sqrt{1+(f'x)^2}.dx,$$

et par conséquent,

$$s = \int_{x_0}^{x} \sqrt{1+(f'x)^2}.dx, \qquad (s)$$

x_0 étant l'abscisse du point de la courbe, à partir duquel l'arc est mesuré.

344. Appliquons d'abord cette formule à la parabole ordinaire, dont nous mettrons l'équation sous la forme

$$y = \frac{m}{2}.x^2.$$

En plaçant l'origine des arcs au sommet de la parabole, nous aurons

$$s = \int_0^x \sqrt{1+m^2x^2}.dx = \frac{1}{2}x\sqrt{1+m^2x^2} + \frac{1}{2m}\log(mx+\sqrt{1+m^2x^2}). \qquad (2)$$

Il est aisé de voir que cette expression change de signe en conservant la même valeur numérique, lorsqu'on change x en $-x$; ce qui s'accorde avec la situation de la parabole par rapport aux axes.

Considérons maintenant la parabole de Neil [197], en donnant à l'équation de cette courbe la forme

$$my^2 = x^3,$$

et prenons pour origine des arcs l'origine des coordonnées où la courbe subit un rebroussement de première espèce (*fig.* 53). La formule (s) donnera

$$= \int_0^x \sqrt{1 + \frac{9}{4} \cdot \frac{x}{m}} \cdot dx = \frac{8}{27} \cdot m \left[\sqrt{\left(1 + \frac{9}{4} \cdot \frac{x}{m}\right)^3} - 1 \right]. \quad (3)$$

On sait que la parabole de Neil est la développée d'une parabole ordinaire [197] ; il résulte de la théorie des développées des courbes planes, que l'on peut toujours assigner algébriquement la différence des rayons osculateurs d'une courbe algébrique en deux points différents (x_0, y_0), (x_1, y_1), ou, ce qui est la même chose [191], la longueur de l'arc de la développée de cette courbe, compris entre les points (ξ_0, η_0), (ξ_1, η_1), qui sont les centres de courbures de la développante, correspondant respectivement aux points (x_0, y_0), (x_1, y_1). D'autre part les coordonnées ξ_0, η_0; ξ_1, η_1 peuvent toujours s'exprimer algébriquement en fonction de x_0, y_0; x_1, y_1, et réciproquement. Par conséquent, toutes les courbes qui sont les développées de courbes algébriques doivent être *rectifiables* comme la parabole de Neil ; c'est-à-dire que l'on peut exprimer la longueur de l'arc en fonction algébrique des coordonnées des points extrêmes.

*345. On applique immédiatement à la comparaison des arcs d'ellipse tout ce qui a été dit dans le dernier chapitre des propriétés de la fonction elliptique de seconde espèce. Ainsi l'équation (12) du n° 335 établit une relation linéaire entre les longueurs de trois arcs pris sur la même ellipse, et dont les amplitudes mesurent les trois côtés d'un certain triangle sphérique. En vertu de la formule (21), la rectification d'une ellipse quelconque se ramène à la rectification d'une ellipse très excentrique, dont les arcs se confondraient sensiblement avec des portions de ligne droite, ou inversement à la rectification d'une ellipse très peu excentrique dont les arcs se confondraient sensiblement avec des arcs de cercle.

L'équation de l'hyperbole rapportée à son centre et à ses axes étant

$$\frac{x^2}{a^2}-\frac{y^2}{b^2}=1,$$

si nous posons

$$\frac{a^2}{a^2+b^2}=c^2,\quad x=\frac{a}{\sin\varphi},$$

la longueur de l'arc, mesuré à partir du sommet de l'une des branches de la courbe, est

$$s=\frac{1}{c}\int_a^x\sqrt{\frac{x^2-a^2c^2}{x^2-a^2}}\,.\,dx=-\frac{a}{c}\int_{\frac{\pi}{2}}^{\varphi}\sqrt{1-c^2\sin^2\varphi}\,\frac{d\varphi}{\sin^2\varphi}.$$

Mais l'intégration par parties donne

$$\int_{\frac{\pi}{2}}^{\varphi}\sqrt{1-c^2\sin^2\varphi}\,.\,\frac{d\varphi}{\sin^2\varphi}=-\cot\varphi\,.\sqrt{1-c^2\sin^2\varphi}-c^2\int_{\frac{\pi}{2}}^{\varphi}\frac{\cos^2\varphi\,d\varphi}{\sqrt{1-c^2\sin^2\varphi}},$$

et l'on a d'autre part identiquement

$$\frac{\cos^2\varphi}{\sqrt{1-c^2\sin^2\varphi}}=\frac{1}{c^2}\,.\sqrt{1-c^2\sin^2\varphi}-\frac{1-c^2}{c^2}\,.\,\frac{1}{\sqrt{1-c^2\sin^2\varphi}}.$$

En conséquence

$$s=\frac{a}{c}\left[\cot\varphi\,.\sqrt{1-c^2\sin^2\varphi}+\mathrm{E}(c,\varphi)-\mathrm{E}(c)-(1-c^2)[\mathrm{F}(c,\varphi)-\mathrm{F}(c)]\right];$$

en sorte que l'arc d'hyperbole s'exprime au moyen de deux fonctions elliptiques de première et de seconde espèce.

On peut chasser les fonctions $F(c,\varphi)$, $F(c)$ au moyen des équations (17) et (18) du n° 336, ce qui donne :

$$\frac{cs}{a} = \cot\varphi.\sqrt{1-c^2\sin^2\varphi} - 2c\sin\varphi + E(c) - E(c,\varphi)$$
$$+ 2(1+c)E(c_1,\varphi_1) - (1+c)E(c_1).$$

Ainsi la rectification de l'hyperbole est ramenée à dépendre de celle de deux ellipses d'excentricités différentes, théorème dont on doit la découverte à Landen.

Pour trouver ce que représente dans ce cas l'amplitude φ, décrivons un cercle du point O comme centre, et du demi-axe OA comme rayon (*fig.* 84); du point m, dont l'abscisse est x, abaissons l'ordonnée mp, et par le pied p menons une droite qui touchera le cercle en t : on a

$$x = \frac{a}{\cos tOp} = \frac{a}{\sin BOt},$$

et par conséquent *angle* $BOt = \varphi$.

Si l'on prolonge l'ordonnée pm jusqu'à la rencontre de l'asymptote en n, et qu'on appelle r la longueur On, il viendra

$$r = \sqrt{x^2 + \frac{b^2}{a^2}x^2} = \frac{x}{c} = \frac{a}{c\sin\varphi},$$

d'où

$$\frac{c}{a}(r-s) = \frac{1-\cos\varphi\sqrt{1-c^2\sin^2\varphi}}{\sin\varphi} + 2c\sin\varphi - E(c) + E(c,\varphi)$$
$$-2(1+c)E(c_1,\varphi_1) + (1+c)E(c_1).$$

Si l'on fait dans cette expression $\varphi = 0$, ce qui correspond à $x = 0$, on a

$$\sin\varphi = 0,\quad E(c,\varphi) = 0,\quad \varphi_1 = 0,\quad E(c_1,\varphi_1) = 0;$$

quant au terme

$$\frac{1-\cos\varphi\sqrt{1-c^2\sin^2\varphi}}{\sin\varphi},$$

il se présente sous la forme $\frac{0}{0}$, et se réduit à zéro d'après la règle connue ; donc on a dans ce cas

$$\frac{c}{a}(r-s)=(1+c)\,\mathrm{E}(c_1)-\mathrm{E}(c).$$

En d'autres termes, lorsque les longueurs Am, On vont en croissant indéfiniment, la différence On — Am converge vers la limite

$$\frac{a}{c}[(1+c)\,\mathrm{E}(c_1)-\mathrm{E}(c)].$$

*346. On a trouvé [180] pour la différentielle d'un arc de courbe plane, en coordonnées polaires,

$$ds=\sqrt{dr^2+r^2d\varphi^2}:$$

d'où l'on tire

$$s=\int_{\varphi_0}^{\varphi}\sqrt{f\varphi}.d\varphi,\quad \text{ou}\quad s=\int_{r_0}^{r}\sqrt{fr}.dr,$$

selon qu'on veut éliminer la variable r ou la variable φ, au moyen de l'équation polaire de la courbe.

Par exemple, l'éqaution de la lemniscate de Bernoulli

$$(x^2+y^2)^2=a^2(x^2-y^2)$$

devient en coordonnées polaires

$$r^2=a^2(\cos^2\varphi-\sin^2\varphi);$$

ce qui donne, quand on prend pour origine des arcs le point A (*fig.* 60), où la lemniscate coupe l'axe des x,

$$\frac{s}{a}=\int_0^{\varphi}\frac{d\varphi}{\sqrt{\cos^2\varphi-\sin^2\varphi}}. \qquad (4)$$

Posons

$$\sin\varphi=\frac{1}{\sqrt{2}}.\sin\psi,$$

cette expression deviendra

$$\frac{s}{a}=\frac{1}{\sqrt{a}}.\int_0^{\psi}\frac{d\psi}{\sqrt{1-\frac{1}{2}\sin^2\psi}}=\frac{1}{\sqrt{2}}.\mathrm{F}\left(\frac{1}{\sqrt{2}},\psi\right). \qquad (5)$$

En conséquence, les propriétés de la fonction elliptique de

première espèce peuvent se traduire en propriétés de la lemniscate, qui sous ce rapport offre des analogies très curieuses avec le cercle. Le géomètre Fagnani est le premier qui ait étudié la lemnicaste à ce point de vue, et ses recherches ont été l'origine de la théorie des fonctions elliptiques.

Il faut remarquer que les équations (4) ou (5) ne donnent les valeurs de s que pour les valeurs de φ comprises entre $-\frac{1}{4}\pi$ et $\frac{1}{4}\pi$, ou pour les valeurs de ψ comprises entre $-\frac{1}{2}\pi$ et $\frac{1}{2}\pi$, en sorte qu'elles ne s'étendent pas au-delà du point d'inflexion de la lemniscate.

347. La cycloïde ayant pour équation différentielle [177]

$$\frac{dy}{dx} = \frac{\sqrt{2Ry - y^2}}{y},$$

si l'on compte les arcs de l'origine des coordonnées, on trouve

$$s = \sqrt{2R} \cdot \int_0^y \frac{dy}{\sqrt{2R - y}} = 4R - 2\sqrt{2R} \cdot \sqrt{2R - y};$$

formule dans laquelle y peut croître de 0 à 2R.

Quand on prend $y = 2R$, on a pour la longueur d'un demi-arceau $s = 4R$, ce qui s'accorde avec ce qu'on a trouvé en cherchant la développée de la cycloïde [198].

L'expression de l'arc de cycloïde affecterait une forme extrêmement simple, si le point Q (*fig.* 42), sommet d'un arceau, était pris pour origine des arcs et en même temps pour origine des ordonnées y, comptées de Q en S. Ceci revient à écrire $4R - s$ au lieu de s, et $2R - y$ au lieu de y, d'où

$$s = 2\sqrt{2Ry},$$

valeur qu'il faudrait prendre avec le double signe, à cause de la symétrie de la courbe par rapport à la droite QS.

L'arc de la spirale logarithmique [181], qui a pour équation polaire $r = e^{m\varphi}$, sera donné par la formule

$$s=\int_{\varphi_0}^{x}\sqrt{1+m^2}.e^{m\varphi}d\varphi=\frac{\sqrt{1+m^2}}{m}(e^{m\varphi}-e^{m\varphi_0})=\frac{\sqrt{1+m^2}}{m}.(r-r_0):$$

formule qui est une conséquence très simple de la propriété caractéristique de cette spirale, celle de couper tous ses rayons vecteurs sous un angle constant, dont le cosinus est $\frac{m}{\sqrt{1+m^2}}$.

348. Soient $y=fx$, $z=\mathrm{f}x$ les équations d'une ligne dans l'espace ; et x_0, l'abscisse du point de la courbe que l'on prend pour origine des arcs ; on a [223]

$$s=\int_{x_0}^{x}\sqrt{1+(f'x)^2+(\mathrm{f}'x)^2}.dx. \tag{S}$$

Pour donner une application de cette formule, prenons l'hélice représentée [234] par le système des trois équations

$$x=\mathrm{R}\cos\varphi,\ y=\mathrm{R}\sin\varphi,\ z=a\mathrm{R}\varphi,$$

qui donnent

$$dx=-\mathrm{R}\sin\varphi d\varphi,\ dy=\mathrm{R}\cos\varphi d\varphi,\ dz=a\mathrm{R}d\varphi,$$

et par suite

$$f'x=\frac{dy}{dx}=-\cot\varphi,\ \mathrm{f}'x=\frac{dz}{dx}=-\frac{a}{\sin\varphi};$$

$$s=\mathrm{R}\sqrt{1+a^2}.\int_{\varphi_0}^{\varphi}d\varphi=\mathrm{R}\sqrt{1+a^2}.(\varphi-\varphi_0).$$

On aurait pu obtenir directement la même expression, en considérant que l'hélice se transforme en ligne droite quand on développe la surface cylindrique sur laquelle elle est tracée.

§ 3. Cubature des solides de révolution.

349. La mesure du volume d'un solide de révolution se ramène facilement aux quadratures ou à l'intégration de fonctions différentielles d'une seule variable. Prenons en effet

l'axe de révolution pour celui des x, et soit $y = fx$ l'ordonnée de la courbe méridienne, v le volume de la tranche comprise entre deux plans perpendiculaires à l'axe de révolution, ayant respectivement pour abscisses, l'un la constante x_0, l'autre la variable x. L'accroissement Δv sera compris entre le cylindre qui a pour volume $\pi y^2 \Delta x$, et celui qui a pour volume $\pi(y + \Delta y)^2 \Delta x$; du moins quand on prendra Δx assez petit pour que l'ordonnée y soit constamment croissante ou décroissante dans l'intervalle Δx. Or on a

$$lim. \frac{\pi y^2 \Delta x}{\pi(y + \Delta y)^2 \Delta x} = 1;$$

donc

$$lim. \frac{\Delta v}{\pi y^2 \Delta x} = 1, \text{ ou } dv = \pi y^2 dx.$$

et par suite

$$v = \pi \int_{x_0}^{x} (fx)^2 dx.$$

Supposons que la courbe méridienne soit l'ellipse

$$y^2 = \frac{b^2}{a^2}(a^2 - x^2),$$

et posons $x_0 = 0$; il viendra

$$v = \pi \frac{b^2}{a^2} \int_0^x (a^2 - x^2) dx = \frac{\pi b^2}{a^2}\left(a^2 x - \frac{x^3}{3}\right)$$

x variant de 0 à a. La formule donne $\frac{4}{3}\pi ab^2$ pour le volume entier de l'ellipsoïde de révolution.

Proposons-nous encore de cuber le solide annulaire engendré par la rotation du cercle MNM'N' (*fig.* 73) autour de la droite PP' menée dans le plan de ce cercle et prise pour arc des x. Nous ferons passer l'axe des y par le centre du cercle dont le rayon sera r, l'ordonnée du centre étant désignée par R, de manière que

$$y_1 = R + \sqrt{r^2 - x^2},$$
$$y_2 = R - \sqrt{r^2 - x^2},$$

soient les ordonnées des demi-circonférences MNM', MN'M'. Le volume de l'anneau aura pour valeur

$$v = \pi \int_{-r}^{r} (y_1^2 - y_2^2) dx = 4\pi R \int_{-r}^{r} \sqrt{r^2 - x^2} . dx.$$

Mais on a [338]

$$\int_0^x \sqrt{r^2 - x^2} . dx = \frac{1}{2} x \sqrt{r^2 - x^2} + \frac{1}{2} r^2 . \text{arc sin} \frac{x}{r};$$

donc

$$v = 2\pi^2 r^2 R.$$

§ 4. Quadrature des surfaces de révolution.

350. Si l'on inscrit un polygone à la section méridienne d'une surface de révolution, et qu'on face tourner le polygone avec la courbe circonscrite, chaque côté du polygone engendrera la surface développable d'un tronc de cône. Or, l'on entend par aire d'une surface de révolution, la limite dont s'approche la somme des aires de ces troncs de cônes, quand les côtés du polygone inscrit décroissent indéfiniment, ou quand le polygone inscrit approche de plus en plus de se confondre avec la courbe. Cette définition est analogue à celle que nous avons donnée de la longueur des courbes [174]; et nous reviendrons encore sur ce sujet, en parlant, dans le chapitre suivant, de la mesure des aires des surfaces quelconques.

Conservons toutes les notations du n° précédent, et appelons u l'aire de la portion de surface de révolution interceptée entre les deux plans perpendiculaires à l'axe des x. L'aire du tronc de cône engendré par le côté du polygone inscrit qui joint les points (x,y), $(x+\Delta x, y+\Delta y)$, est exprimée par

$$\pi(2y + \Delta y)\sqrt{\Delta x^2 + \Delta y^2},$$

et son rapport à l'accroissement Δx a pour limite

$$2\pi y \sqrt{1+\frac{dy^2}{dx^2}};$$

donc, d'après la définition de la grandeur u,

$$\frac{du}{dx}=2\pi y \sqrt{1+\frac{dy^2}{dx^2}},$$

d'où

$$u=2\pi\int_x^x fx.\sqrt{1+(f'x)^2}.dx.$$

Appliquant cette formule à l'ellipsoïde de révolution considéré plus haut, nous aurons

$$u=2\pi\frac{b}{a}.\int_0^x\sqrt{a^2-\frac{a^2-b^2}{a^2}x^2}.dx.$$

Supposons d'abord l'ellipsoïde *allongé* ou $a>b$, et posons $\frac{a^2-b^2}{a^2}=c^2$: il viendra

$$u=\pi b\left(x\sqrt{1-\frac{c^2x^2}{a^2}}+\frac{a}{c}.\text{arc sin}\frac{cx}{a}\right).$$

La formule donne pour l'aire totale de l'ellipsoïde allongé

$$2\pi(b^2+\frac{ab}{c}\text{arc sin } c).$$

Quand $c=0$, on a $a=b$, $\frac{\text{arc sin } c}{c}=1$, et l'on retrouve l'expression connue de la surface de la sphère.

Supposons en second lieu l'ellipsoïde *aplati*, ou $a<b$, et posons $\frac{b^2-a^2}{b}=c^2$; on obtiendra

$$u=\pi b\left[x\sqrt{1+\frac{b^2c^2x^2}{a^4}}+\frac{a^2}{bc}\log\left(\frac{bcx}{a^2}+\sqrt{1+\frac{b^2c^2x^2}{a^4}}\right)\right],$$

expression d'où l'on déduit, pour l'aire totale de l'ellipsoïde aplati,

$$2\pi\left[b^2+\frac{a^2}{2c}\log\left(\frac{1+c}{1-c}\right)\right].$$

Quand $c = 0$, on trouve que l'expression

$$\frac{\log\left(\frac{1+c}{1-c}\right)}{c}$$

a pour valeur 2, et l'on retombe encore de cette manière sur l'expression de la surface de la sphère.

La surface annulaire engendrée par la révolution du cercle MNM'N' (*fig.* 73) a pour valeur

$$2\pi\int_{-r}^{r}\left[y_1\sqrt{1+\frac{dy_1^2}{dx^2}}+y_2\sqrt{1+\frac{dy_2^2}{dx^2}}\right]dx$$
$$= 4\pi r\mathrm{R}\int_{-r}^{r}\frac{dx}{\sqrt{r^2-x^2}} = 4\pi^2 r\mathrm{R},$$

c'est à-dire le produit des deux circonférences dont les rayons sont r et R.

CHAPITRE VI.

INTÉGRALES DÉFINIES MULTIPLES. — APPLICATIONS GÉOMÉTRIQUES ET PHYSIQUES.

§ 1er. Intégrales doubles. — Application à la cubature des volumes terminés par des surfaces courbes quelconques.

351. Soit $f(x,y)$ une fonction de deux variables indépendantes x,y, laquelle est supposée conserver toujours des valeurs finies entre les limites x_0, x_1; y_0, y_1. On pourra prendre d'abord la somme des valeurs infiniment petites de $f(x,y)\,dy$ entre les limites y_0, y_1; et cette somme, ou l'intégrale définie

$$\int_{y_0}^{y_1} f(x, y)\,dy$$

sera une certaine fonction de x. Si l'on prend ensuite la somme des valeurs infiniment petites de

$$\left(\int_{y_0}^{y_1} f(x, y)\,dy\right) dx,$$

entre les limites x_0, x_1, on aura l'*intégrale définie double*

$$\int_{x_0}^{x_1} \left(\int_{y_0}^{y_1} f(x, y)\,dy\right) dx,$$

ou, en supprimant les parenthèses pour plus de simplicité dans l'écriture,

$$\int_{x_0}^{x_1}\int_{y_0}^{y_1} f(x, y)\,dy dx; \qquad (a)$$

et cette somme est manifestement celle de toutes les valeurs infiniment petites du second ordre que peut prendre la fonction

$$f(x, y)\,dy dx,$$

quand on y fait varier x par intervalles infiniment petits dx, y par intervalles infiniment petits dy, entre les limites x_0, x_1; y_0, y_1.

En d'autres termes, si l'on divise l'intervalle $x_1 - x_0$ en m parties égales Δx, l'intervalle $y_1 - y_0$ en n parties égales Δy; que l'on prenne la somme de toutes les valeurs de la fonction

$$f(x, y)\,\Delta y \Delta x \qquad (b)$$

en combinant toutes les valeurs de x comprises dans la série

$$x_0,\ x_0 + \Delta x,\ x_0 + 2\Delta x, \ldots x_0 + (m-1)\Delta x,$$

avec toutes les valeurs de y comprises dans cette autre série

$$y_0,\ y_0 + \Delta y,\ y_0 + 2\Delta y, \ldots y_0 + (n-1)\Delta y;$$

à mesure que l'on prendra pour m et n des nombres plus grands, ou pour les intervalles Δx, Δy des fractions plus petites des intervalles primitifs, la somme obtenue convergera vers une certaine limite, qui est précisément la valeur de la double intégrale (a).

Il suit de là, que l'ordre des intégrations n'a aucune influence sur la valeur de l'intégrale double, et qu'on peut écrire indifféremment

$$\int_{x_0}^{x_1}\int_{y_0}^{y_1} f(x, y)\,dy dx, \quad \text{ou} \quad \int_{y_0}^{y_1}\int_{x_0}^{x_1} f(x, y)\,dx dy.$$

352. Si l'on construit la surface dont x, y et $z = f(x, y)$ désignent les coordonnées rectangulaires, la quantité (b) mesurera le volume d'un parallélépipède rectangle qui aurait pour base $\Delta x\,\Delta y$, et pour hauteur l'ordonnée z. Les intersections des plans latéraux de ce parallélépipède avec la surface circonscrivent un quadrilatère courbe dont la projection en xy est le rectangle $\Delta x\,\Delta y$. Le volume compris entre ces plans latéraux, la base du parallélépipède (b) et la surface $z=f(x,y)$, ne diffère du volume du parallélépipède (b) que par un certain volume (β) moindre que $\Delta x\ \Delta y\ (\Delta z)$, ($\Delta z$) étant la différence des valeurs extrêmes que prend l'ordonnée z pour les points de la surface qui se projettent en xy dans l'intérieur ou sur le contour du rectangle $\Delta x\ \Delta y$. Quand la fonction z n'éprouve pas de solution de continuité du premier ordre, (Δz) est une quantité du même ordre de grandeur que Δx, Δy : donc, si Δx, Δy sont des quantités très petites du premier ordre, auquel cas le volume du parallélépipède (b) est une quantité très petite du second ordre, le volume (β) se réduit à une quantité très petite du troisième ordre. Donc l'intégrale (a), qui est la limite vers laquelle converge la somme des quantités (b) par le décroissement indéfini des dimensions Δx, Δy, mesure le volume limité dans un sens par le plan xy, à l'opposite par la surface courbe, et latéralement par quatre plans, dont deux sont menés parallèlement au plan xz aux distances y_0, y.

Le quotient

$$\frac{\int_{x_0}^{x_1}\int_{y_0}^{y_1} f(x,y)\,dx\,dy}{\int_{x_0}^{x_1}\int_{y_0}^{y_1} dx\,dy} = f(\xi,\eta),$$

ξ étant une valeur de x comprise entre x_0 et x_1, η une valeur de y comprise entre y_0 et y_1, exprime encore la moyenne de toutes les valeurs, en nombre infini, que prend (pour les points du plan xy compris dans l'étendue du rectangle déterminé par l'intersection de ce plan avec les quatre plans perpendiculaires que l'on vient de définir) la hauteur z, ou plus généralement la fonction $f(x,y)$ qui peut avoir une signification géométrique ou physique quelconque [33].

353. L'intégrale double

$$\int_{x_0}^{x}\int_{y_0}^{y} f(x,y)\,dx\,dy,$$

dans laquelle on fait varier les limites supérieures de x_0 à x_1 et de y_0 à y_1, est une fonction continue des deux variables indépendantes x et y. En désignant cette fonction par $\mathrm{F}(x, y)$ on a

$$\frac{d\mathrm{F}(x,y)}{dx}=\int_{y_0}^{y} f(x,y)dy,\quad \frac{d\mathrm{F}(x,y)}{dy}=\int_{x_0}^{x} f(x,y)dx,$$

$$\frac{d^2\mathrm{F}(x,y)}{dxdy}=\frac{d^2\mathrm{F}(x,y)}{dydx}=f(x,y). \tag{c}$$

Toute fonction de la forme

$$\mathrm{F}(x,y)+\varphi x+\psi y, \tag{c_1}$$

où φ, ψ désignent des fonctions continues absolument arbitraires satisfait pareillement à l'équation (c). En effet, quand on prend la dérivée partielle de la fonction (c_1) par rapport à x, on fait disparaître la fonction ψy, et ensuite, lorsqu'on prend la dérivée partielle par rapport à y de la fonction

$$\frac{d\mathrm{F}(x,y)}{dx}+\frac{d\varphi x}{dx},$$

on fait disparaître la fonction $\frac{d\varphi x}{dx}$. Le résultat serait le même, si l'on opérait les deux différentiations dans un ordre inverse.

354. Au lieu de prendre l'intégrale

$$\int f(x,y)dy$$

entre des limites y_0, y_1 qui ne varient point avec x, on pourrait la prendre entre des limites variables $\varphi_0 x$, $\varphi_1 x$; et alors l'intégrale définie

$$\int_{\varphi_0 x}^{\varphi_1 x} f(x,y)dy$$

serait encore une fonction où la variable x entrerait seule. En intégrant une seconde fois par rapport à x, entre les limites x_0, x_1, on aurait l'intégrale définie double

$$\int_{x_0}^{x_1}\int_{\varphi_0 x}^{\varphi_1 x} f(x, y)dydx = \text{V}.$$

Pour se faire une idée claire du résultat de cette opération, on peut concevoir que les valeurs extrêmes x_0, x_1 sont représentées (*fig.* 80) par les abscisses $\text{O}p_0$, $\text{O}p_1$; les fonctions $\varphi_0 x$, $\varphi_1 x$ par les ordonnées des lignes ou des portions de lignes $m_0n_0m_1$, $m_0n_1m_1$; enfin que la fonction $f(x,y) = z$ est représentée par l'ordonnée d'une surface courbe, élevée perpendiculairement au plan xy. En vertu de ces hypothèses, et d'après ce qui a été expliqué dans l'avant-dernier numéro, l'intégrale V mesure le volume limité dans un sens par le plan xy, à l'opposite par la surface courbe dont z est l'ordonnée, et enfin par une surface cylindrique qui a pour section droite le périmètre $m_0 n_0 m_1 n_1$.

Plus généralement, si l'on désigne par A l'aire que ce périmètre circonscrit, le rapport $\frac{\text{V}}{\text{A}}$ exprime la moyenne de toutes les valeurs, en nombre infini, que prend, pour tous les points (x, y) compris dans la circonscription du périmètre, la fonction $f(x, y)$ qui peut avoir une signification quelconque, géométrique ou physique.

Menons parallèlement à l'axe des x les droites $n_0 q_0$, $n_1 q_1$, qui limitent le périmètre; désignons par y_0, y_1 les ordonnées $\text{O}q_0$, $\text{O}q_1$, et par $\psi_0 y$, $\psi_1 y$ les valeurs de l'abscisse x en fonction de y pour les portions de lignes $n_0 m_0 n_1$, $n_0 m_1 n_1$; nous aurons évidemment

$$\int_{y_0}^{y_1}\int_{\psi_0 y}^{\psi_1 y} f(x, y)dxdy = \int_{x_0}^{x_1}\int_{\varphi_0 x}^{\varphi_1 x} f(x, y)dydx = \text{V}.$$

355. Quand la ligne $m_0n_0m_1n_1$ (*fig.* 85), qui limite l'étendue de l'intégrale double

$$\text{V} = \iint f(x, y)\, dydx,$$

est donnée par une équation en coordonnées polaires

$r = \mathrm{f}\varphi$, on peut prendre pour élément de l'aire dans l'étendue de laquelle la double intégration s'effectue, au lieu du rectangle infinitésimal $dydx$, l'aire $m\mu\nu n$ limitée par deux rayons vecteurs Omn, $O\mu\nu$, faisant entre eux l'angle infiniment petit $d\varphi$, et par deux arcs de cercles $m\mu$, $n\nu$, l'un décrit du rayon $Om = r$, l'autre décrit du rayon $On = r + dr$. La surface de cette portion de secteur circulaire a pour valeur

$$\tfrac{1}{2}\, d\varphi[(r + dr)^2 - r^2],$$

ou simplement $rdr\, d\varphi$, en négligeant un infiniment petit du troisième ordre. En conséquence, si l'on désigne par $F(r,\varphi)$ ce que devient $f(x, y)$, ensuite de la substitution des valeurs de x, y en r,φ, il viendra

$$V = \int_0^{2\pi}\int_0^{\mathrm{f}\varphi} F(r, \varphi)\, rdrd\varphi.$$

Lorsque la fonction $F(r, \varphi)$ se réduit à l'unité, l'intégrale V exprime simplement l'aire limitée par la courbe $r = \mathrm{f}\varphi$, et l'on a

$$V = \frac{1}{2}\int_0^{2\pi} (\mathrm{f}\varphi)^2 d\varphi,$$

ce qui s'accorde avec le n° 180.

Nous avons supposé, pour plus de simplicité, 1° que l'origine des rayons vecteurs tombe dans l'intérieur de l'aire limitée par la ligne $r = \mathrm{f}\varphi$; 2° que, pour chaque valeur de φ, r n'a qu'une seule valeur réelle et positive. Lorsque ces conditions ne sont pas satisfaites, les intégrales doivent être prises entre d'autres limites, qu'il est aisé d'assigner dans chaque cas particulier.

356. Quand la fonction $f(x,y)$ devient infinie pour un système de valeur $x = \xi$, $y = \eta$, compris dans les limites de l'intégration, il faut examiner si l'intégrale double conserve une valeur finie et déterminée. Imaginons l'origine

transportée en ce point et les coordonnées rectangulaires remplacées par des coordonnées polaires, l'intégrale double devient

$$\int_0^{2\pi}\int_0^{l\varphi} F(r, \varphi)\, r dr d\varphi.$$

De la nouvelle origine comme centre avec des rayons très petits ε et h décrivons deux cercles et considérons le volume de la couronne cylindrique correspondante ; ce volume est exprimé par l'intégrale

$$\int_0^{2\pi}\int_\varepsilon^h F(r, \varphi)\, r dr d\varphi.$$

La fonction $F(r, \varphi)$ devenant infinie pour $r = 0$, se mettra en général sous la forme

$$\frac{\psi(r, \varphi)}{r^k};$$

si l'exposant est moindre que 2, d'après ce qui a été dit précédemment, l'intégrale singulière

$$\int_\varepsilon^h \frac{\psi(r, \varphi)}{r^{k-1}}\, dr$$

aura une valeur très petite quand on fera tendre ε vers zéro; le volume de la couronne cylindrique sera très petit et l'intégrale double conservera une valeur finie et déterminée.

Dans ce cas on peut appliquer à l'intégrale double les règles ordinaires et effectuer les deux intégrations dans un ordre quelconque.

Quand l'intégrale singulière n'est pas infiniment petite pour toutes les valeurs de φ, il est impossible de pousser la double intégration jusqu'au point qui rend $f(x, y)$ infinie. Autrement, on risque d'arriver à des résultats tout à fait inexacts. Prenons pour exemple l'intégrale double

$$\int_{-1}^{1}\int_{-1}^{1} \frac{y^2 - x^2}{(x^2 + y^2)^2}\, dx dy.$$

En intégrant d'abord par rapport à la variable x, on a

$$\int_{-1}^{1} \frac{y^2 - x^2}{(x^2 + y^2)^2} dx = \left(\frac{x}{x^2 + y^2}\right)_{-1}^{+1} = \frac{2}{1 + y^2},$$

et en intégrant ensuite par rapport à y,

$$2\int_{-1}^{1} \frac{dy}{1 + y^2} = \pi.$$

En effectuant les intégrations dans un ordre inverse, on a

$$\int_{-1}^{1} \frac{y^2 - x^2}{(x^2 + y^2)^2} dy = \left(-\frac{y}{x^2 + y^2}\right)_{-1}^{+1} = -\frac{2}{1 + x^2}, -2\int_{-1}^{1} \frac{dx}{1 + x^2} = -\pi;$$

en sorte que l'on obtient deux résultats différents $+\pi$ et $-\pi$, selon l'ordre dans lequel on effectue les intégrations simples. Mais ceci n'a rien d'étonnant : la fonction $f(x, y)$ devient infinie pour $x = 0$, $y = 0$, et l'intégrale double est effectivement indéterminée.

357. Il arrive souvent que par un changement de variables, correspondant géométriquement à un changement de coordonnées, le calcul de la double intégrale V devient plus simple ; et en tout cas, il importe d'examiner ce que devient cette intégrale par un changement de variables. Soient donc α, β deux nouvelles variables liées à x, y par les équations

$$x = \varphi(\alpha, \beta), \quad y = \psi(\alpha, \beta),$$

et posons

$$f(x, y) = \mathrm{F}(\alpha, \beta),$$

$$dx = \varphi_1 d\alpha + \varphi_2 d\beta, \tag{e}$$

$$dy = \psi_1 d\alpha + \psi_2 d\beta. \tag{f}$$

Pour chasser d'abord de l'intégrale V la différentielle dy, on remarquera que cette différentielle est prise en supposant x constant, et par conséquent $dx = 0$, ou

$$\varphi_1 d\alpha + \varphi_2 d\beta = 0.$$

Tirant de cette équation la valeur de $d\beta$, et la substituant dans l'équation (f), on aura

$$dy = \frac{\psi_1\varphi_2 - \psi_2\varphi_1}{\varphi_2} d\alpha,$$

ce qui donne

$$dydx = \frac{\psi_1\varphi_2 - \psi_2\varphi_1}{\varphi_2} d\alpha dx,$$

$$V = \iint F(\alpha, \beta) . \frac{\psi_1\varphi_2 - \psi_2\varphi_1}{\varphi_2} d\alpha dx.$$

Maintenant il faudra prendre la diférentielle dx en traitant α comme une quantité constante, ou en posant dans l'équation (e) $d\alpha = 0$, d'où $dx = \varphi_2 d\beta$, et par suite

$$V = \iint F(\alpha, \beta) . (\psi_1\varphi_2 - \psi_2\varphi_1) d\alpha d\beta.$$

En opérant l'élimination de dx, dy dans un ordre inverse, on aurait eu symétriquement

$$V = \iint F(\alpha, \beta) . (\varphi_1\psi_2 - \varphi_2\psi_1) d\alpha d\beta,$$

expression qui ne diffère de la précédente que par le signe : or, comme l'intégrale

$$\iint dydx = \iint (\varphi_1\psi_2 - \varphi_2\psi_1) d\alpha d\beta,$$

prise entre les mêmes limites que V, est la mesure d'une aire, qui mesure elle-même l'étendue de l'intégrale V, on ne doit considérer que la valeur absolue de cette intégrale, et le signe du facteur $\varphi_1\psi_2 - \varphi_2\psi_1$ est indifférent.

Si l'on prend

$$\alpha = r, \ \beta = \varphi, \ x = r \cos \varphi, \ y = r \sin \varphi,$$

on a

$$\varphi_1 = \cos \varphi, \ \psi_1 = \sin \varphi, \ \varphi_2 = -r \sin \varphi, \ \psi_2 = r \cos \varphi,$$

d'où

$$\varphi_1\psi_2 - \varphi_2\psi_1 = r \cos^2 \varphi + r \sin^2 \varphi = r,$$

comme on l'a trouvé directement par des considérations géométriques, trop simples pour n'être pas présentées en premier lieu.

358. Afin de donner un exemple de l'application du calcul des intégrales doubles à la cubature des corps terminés par des surfaces quelconques, proposons-nous d'évaluer le volume de l'ellipsoïde à trois axes inégaux, dont la surface, rapportée à son centre et à ses axes, a pour équation

$$\frac{x^2}{a^2}+\frac{y^2}{b^2}+\frac{z^2}{c^2}=1, \text{ ou } z=\pm\frac{c}{b}\sqrt{\frac{b^2(a^2-x^2)}{a^2}-y^2}.$$

L'équation de la section de la surface par le plan xy est

$$y=\pm\frac{b}{a}\sqrt{a^2-x^2};$$

donc, si l'on pose, pour abréger,

$$\frac{b}{a}\sqrt{a^2-x^2}=u,$$

la tranche de l'ellipsoïde, limitée par deux plans parallèles à celui des yz, et correspondant aux abscisses x_0, x, aura pour valeur

$$V=\frac{2c}{b}\int_{x_0}^{x}\int_{-u}^{u}\sqrt{u^2-y^2}.dydx.$$

Or il vient

$$\int_{-u}^{u}\sqrt{u^2-y^2}.dy=\frac{\pi}{2}u^2=\frac{\pi}{2}.\frac{b^2}{a^2}(a^2-x^2),$$

ce qui donne

$$V=\pi\frac{bc}{a^2}\int_{x_0}^{x}(a^2-x^2)dx=\pi bc\left[x-x_0-\frac{1}{3a^2}(x^3-x_0^3)\right].$$

En prenant $x_0=-a$, $x=a$, on a $\frac{4}{3}\pi abc$ pour le volume de l'ellipsoïde entier.

§ 2. Aires des surfaces courbes quelconques.

359. Étant donnée une surface courbe quelconque S, si, par des points très rapprochés pris sur la surface, on mène des plans tangents, ces plans se couperont de manière à

former un polyèdre, à faces très petites, qui enveloppera la surface, et approchera d'autant plus de se confondre avec S, que les points auront été pris plus voisins les uns des autres. A une portion limitée de la surface S, telle que celle qu'intercepterait une surface cylindrique ayant pour section droite une courbe fermée, tracée dans le plan xy, correspondra une portion limitée de l'enveloppe polyédrique, savoir la portion interceptée par cette même surface cylindrique. Cela posé, on entend par l'aire de la portion de surface courbe ainsi circonscrite, la limite Ω dont s'approche indéfiniment l'aire de la portion correspondante de l'enveloppe polyédrique, quand les dimensions des faces du polyèdre vont en décroissant indéfiniment, par le rapprochement indéfini des points de contact de la surface avec le polyèdre enveloppant.

Menons le plan tangent à la surface S au point (x,y,z), et prenons le point de projection (x,y) pour l'un des sommets d'un rectangle ayant ses côtés Δx, Δy respectivement parallèles aux axes des x et des y [352]. Les plans menés par les côtés de ce rectangle, perpendiculairement au plan xy, circonscriront sur la surface S une aire $\Delta\Omega$, et sur le plan tangent en (x,y,z) un parallélogramme dont l'aire aura pour valeur numérique, d'après un théorème connu de géométrie,

$$\frac{\Delta y \Delta x}{\cos \nu}$$

(ν désignant l'angle aigu du plan tangent avec celui des xy), ou bien [237]

$$\sqrt{1 + p^2 + q^2} . \Delta y \Delta x.$$

Donc, par la définition même de la quantité Ω, considérée maintenant comme fonction des coordonnées indépendantes x,y,

$$d\Omega = \sqrt{1+p^2+q^2}.dydx, \qquad (\omega)$$

$$\Omega = \iint \sqrt{1+p^2+q^2}.dydx. \qquad (\Omega)$$

On tire de l'équation de la surface les valeurs des dérivées partielles p, q en fonction de x, y : les limites de la double intégration sont données par le contour de la ligne qui circonscrit la projection sur le plan xy de la surface ou portion de surface dont il faut évaluer l'aire Ω.

Les éléments $d\Omega$ peuvent être des infiniment petits du second ordre, même quand les dérivées p, q deviennent infinies, si d'ailleurs l'ordonnée z conserve une valeur finie [342], ou si elle n'éprouve qu'une solution de continuité du second ordre.

Nous regardons l'équation (ω) comme la définition de la fonction Ω, de même que nous avons regardé [174] l'équation

$$ds = \sqrt{1+y'^2}.dx$$

comme la définition de la fonction s. La définition physique que l'on donne de la longueur d'un arc de courbe, en imaginant cette courbe formée par un fil parfaitement flexible et inextensible (ou plutôt par un fil dont la roideur et l'extensibilité sont inappréciables), ne comporte pas d'extension aux aires des surfaces courbes, à moins qu'il ne s'agisse de surfaces développables ; et de là même nous pouvons conclure qu'elle n'est pas la vraie définition de la fonction s : car l'analogie mathématique des fonctions s, Ω doit se retrouver dans les définitions de ces deux grandeurs, si elles sont tirées de ce qu'il y a d'essentiel dans la nature des grandeurs définies, et non d'un caractère accidentel ou secondaire.

*360. Cherchons, d'après la formule (Ω), l'expression de la surface de l'ellipsoïde quelconque

$$\frac{x^2}{a^2} + \frac{y^2}{b^2} + \frac{z^2}{c^2} = 1 ;$$

nous aurons

$$p^2 = \frac{c^4 x^2}{a^4 z^2}, \quad q^2 = \frac{c^4 y^2}{b^4 z^2};$$

de manière que, si l'étendue de l'intégrale est limitée, sur le plan xy, par le contour de l'ellipse

$$\frac{x^2}{a^2} + \frac{y^2}{b^2} = 1,$$

et si l'on désigne par Ω l'aire de la portion de surface située d'un côté du plan xy, ou la moitié de l'aire totale de l'ellipsoïde, il viendra

$$\Omega = \iint \sqrt{\frac{1 - \left(1 - \frac{c^2}{a^2}\right)\frac{x^2}{a^2} - \left(1 - \frac{c^2}{b^2}\right)\frac{y^2}{b^2}}{1 - \frac{x^2}{a^2} - \frac{y^2}{b^2}}}\, dy dx.$$

Admettons, ce qui ne restreint point la généralité de la solution, que l'ordre de grandeur des demi-axes a, b, c soit exprimé par

$$a > b > c,$$

et posons

$$\frac{x}{a} = \xi, \ \frac{y}{b} = \eta, \ 1 - \frac{c^2}{a^2} = \alpha^2, \ 1 - \frac{c^2}{b^2} = \beta^2,$$

d'où

$$\alpha < 1, \ \beta < 1, \ \beta < \alpha: \tag{1}$$

nous aurons

$$\Omega = ab \iint \sqrt{\frac{1 - \alpha^2 \xi^2 - \beta^2 \eta^2}{1 - \xi^2 - \eta^2}}\, .d\eta d\xi,$$

de façon que le calcul de Ω sera ramené à celui de l'intégrale double

$$\upsilon = \iint \sqrt{\frac{1 - \alpha^2 \xi^2 - \beta^2 \eta^2}{1 - \xi^2 - \eta^2}}\, .d\eta d\xi = \iint \zeta d\eta d\xi,$$

l'auxiliaire ζ étant déterminée par l'équation

$$\zeta = \sqrt{\frac{1 - \alpha^2 \xi^2 - \beta^2 \eta^2}{1 - \xi^2 - \eta^2}},$$

ou

$$(\zeta^2 - \alpha^2)\xi^2 + (\zeta^2 - \beta^2)\eta^2 = \zeta^2 - 1. \tag{2}$$

Mais rien n'empêche de considérer les nouvelles variables ξ, η, ζ comme des coordonnées rectangulaires, et alors l'intégrale v pourra aussi être considérée comme exprimant le volume limité par le plan $\xi\eta$, par la surface cylindrique

$$\xi^2 + \eta^2 = 1, \tag{3}$$

et par l'ordonnée ζ de la surface (2), prise positivement. Or, si l'on fait mouvoir un plan parallèlement au plan $\xi\eta$, dans le sens des ζ positifs, ce plan, en vertu des inégalités (1), ne rencontrera pas la surface (2) dans l'intérieur du cylindre (3), tant qu'on aura $\zeta < 1$. Quand ζ deviendra égal à l'unité, le plan mobile touchera la surface en un point situé sur l'axe des ζ, et ensuite il la coupera suivant une série d'ellipses qui auront pour demi-axes

$$\Xi = \sqrt{\frac{\zeta^2 - 1}{\zeta^2 - \alpha^2}}, \quad \mathrm{H} = \sqrt{\frac{\zeta^2 - 1}{\zeta^2 - \beta^2}},$$

ces demi-axes devenant égaux entre eux et à l'unité, pour $\zeta = \infty$.

D'après cela on peut encore évaluer le volume v en prenant pour élément du volume la différence infiniment petite de deux cylindres dont la hauteur commune est ζ, et dont les bases sur le plan $\xi\eta$ sont deux ellipses ayant pour aires [338]

$$\pi.\Xi\mathrm{H}, \quad \pi\left(\Xi\mathrm{H} + \frac{d.\Xi\mathrm{H}}{d\zeta}d\zeta\right).$$

Donc on a

$$v = \pi\int_1^\infty \zeta\frac{d.\Xi\mathrm{H}}{d\zeta}d\zeta;$$

et par cette considération ingénieuse, due à M. Catalan ([1]),

---

([1]) Voyez le *Journal de mathématiques* de M. Liouville, t. IV, p. 323, et t. V, p. 115.

l'intégrale double qui exprimait la valeur de υ se trouve transformée en intégrale simple.

Maintenant l'intégration par parties donne

$$\int \zeta \frac{d.\Xi H}{d\zeta} d\zeta = \zeta \Xi H - \int \Xi H d\zeta$$
$$= \frac{\zeta(\zeta^2 - 1)}{\sqrt{(\zeta^2 - \alpha^2)(\zeta^2 - \beta^2)}} - \int \frac{(\zeta^2 - 1)d\zeta}{\sqrt{(\zeta^2 - \alpha^2)(\zeta^2 - \beta^2)}}.$$

Soit

$$\zeta = \frac{\alpha}{\sin\varphi}:$$

il viendra

$$\int \frac{(\zeta^2 - 1)d\zeta}{\sqrt{(\zeta^2 - \alpha^2)(\zeta^2 - \beta^2)}} = \int \frac{(\sin^2\varphi - \alpha^2)d\varphi}{\sin^2\varphi \sqrt{\alpha^2 - \beta^2 \sin^2\varphi}}$$
$$= (1 - \beta^2) \int \frac{d\varphi}{\sqrt{\alpha^2 - \beta^2 \sin^2\varphi}} - \int \frac{\sqrt{\alpha^2 - \beta^2 \sin^2\varphi}.d\varphi}{\sin^2\varphi},$$

$$\int \frac{\sqrt{\alpha^2 - \beta^2 \sin^2\varphi}.d\varphi}{\sin^2\varphi} = -\cot\varphi \sqrt{\alpha^2 - \beta^2 \sin^2\varphi} - \beta^2 \int \frac{\cos^2\varphi d\varphi}{\sqrt{\alpha^2 - \beta^2 \sin^2\varphi}}.$$

En faisant les substitutions convenables, on trouve que la valeur de l'intégrale définie $\frac{\upsilon}{\pi}$ se compose de deux parties : l'une donnée par les termes hors du signe $\int$, et qui est égale à la différence des valeurs que prend la fonction

$$\frac{(\alpha^2 + \beta^2 \cos^2\varphi - 1)\sin\varphi}{\cos\varphi \sqrt{\alpha^2 - \beta^2 \sin^2\varphi}},$$

quand on y fait à la limite supérieure $\sin\varphi = 0$, et à la limite inférieure $\sin\varphi = \alpha$. Cette différence se réduit à

$$\sqrt{(1 - \alpha^2)(1 - \beta^2)} = \frac{c^2}{ab}.$$

L'autre partie est formée de l'intégrale

$$-(1 - \beta^2) \int \frac{d\varphi}{\sqrt{\alpha^2 - \beta^2 \sin^2\varphi}} - \beta^2 \int \frac{\cos^2\varphi \, d\varphi}{\sqrt{\alpha^2 - \beta^2 \sin^2\varphi}}$$
$$= -\int \sqrt{\alpha^2 - \beta^2 \sin^2\varphi}.d\varphi - (1 - \alpha^2) \int \frac{d\varphi}{\sqrt{\alpha^2 - \beta^2 \sin^2}}$$

prise aussi entre les limites $\sin\varphi = 0$, $\sin\varphi = \alpha$, ou $\varphi = 0$, $\varphi = \mu$, en désignant par $\sin\mu$ la constante α, plus petite que l'unité. Renversons l'ordre des limites, et employons la notation des fonctions elliptiques, en posant pour simplifier

$$k = \frac{\beta}{\alpha} = \frac{a\sqrt{b^2 - c^2}}{b\sqrt{a^2 - c^2}};$$

cette partie de la valeur de $\frac{\nu}{\pi}$ s'exprimera par

$$\alpha . \mathrm{E}(k, \mu) + \frac{1 - \alpha^2}{\alpha} \cdot \mathrm{F}(k, \mu),$$

ou par

$$\frac{1}{a\sqrt{a^2 - c^2}} \cdot [(a^2 - c^2)\,\mathrm{E}(k, \mu) + c^2\,\mathrm{F}(k, \mu)],$$

en remettant pour α sa valeur. En conséquence la surface du demi-ellipsoïde a pour expression

$$\Omega = \pi c^2 + \frac{\pi b}{\sqrt{a^2 - c^2}} \cdot [(a^2 - c^2)\,\mathrm{E}(k, \mu) + c^2\,\mathrm{F}(k, \mu)].$$

*361. Proposons-nous encore d'évaluer la surface convexe d'un cône oblique, à base circulaire; et à cet effet, plaçons le sommet du cône à l'origine des coordonnées (*fig.* 86) et la base circulaire dans un plan parallèle à celui des yz, de manière que le point C, centre du cercle, tombe dans le plan xy : on aura, pour les équations de la base du cône,

$$x - \xi = 0,\quad z^2 + (y - \eta)^2 - \rho^2 = 0,$$

et pour celle de la surface conique,

$$\xi^2 z^2 + (\eta x - \xi y)^2 - \rho^2 x^2 = 0. \tag{4}$$

Nous désignons par ξ l'abscisse OP ou la hauteur du cône, par η l'ordonnée PC du centre de la base, par ρ le rayon de la base $\mathrm{CR}_0 = \mathrm{CR}_1$.

En tirant de l'équation (4) les valeurs de p^2, q^2, on a

$$\Omega = \frac{1}{\xi} \cdot \iint \left(\frac{\xi^2 \rho^2 x^2 + [\rho^2 x - \eta(\eta x - \xi y)]^2}{\rho^2 x^2 - (\eta x - \xi y)^2} \right)^{\frac{1}{2}} dy\,dx.$$

Si nous posons, pour faciliter l'intégration [357], $y = \alpha x$, α désignant une nouvelle variable, nous aurons $dy = x d\alpha + \alpha dx$, et pour le cas où l'on fait varier y en traitant x comme une constante, $dy = x d\alpha$, d'où

$$\Omega = \frac{1}{\xi} \cdot \iint \left(\frac{\xi^2 \rho^2 + [\rho^2 - \eta(\eta - \xi\alpha)]^2}{\rho^2 - (\eta - \xi\alpha)^2} \right)^{\frac{1}{2}} x dx d\alpha.$$

Effectuons l'intégration par rapport à x entre les limites $x = 0$, $x = \xi$, et doublons le résultat, afin d'avoir l'aire des deux portions de la surface situées de part et d'autre du plan xy, il viendra

$$\Omega = \xi \int \left(\frac{\xi^2 \rho^2 + [\rho^2 - \eta(\eta - \xi\alpha)]^2}{\rho^2 - (\eta - \xi\alpha)^2} \right)^{\frac{1}{2}} d\alpha.$$

Les limites de l'intégrale sont

$$\alpha = \frac{\eta + \rho}{\xi}, \quad \alpha = \frac{\eta - \rho}{\xi},$$

correspondant à $x = \xi$, et à

$$y = \eta + \rho, \quad y = \eta - \rho.$$

On obtiendra une expression plus simple, en posant

$$\eta - \xi\alpha = \rho \cos \varphi,$$

d'où

$$\Omega = \rho \int_0^\pi \sqrt{\xi^2 + (\rho - \eta \cos \varphi)^2} . d\varphi ;$$

et il est facile de voir que cette intégrale rentre dans la classe de celle qui peuvent s'exprimer par les fonctions elliptiques.

En général, la quadrature des surfaces coniques se ramène au calcul d'une intégrale simple, comme celle des surfaces de révolution ; car l'équation générale des surfaces de la première famille, quand on place, comme cela est permis, le centre de la surface à l'origine des coordonnées, étant [249]

$$z = x \psi \left(\frac{y}{x} \right),$$

on a

$$\frac{dz}{dx} = \psi\left(\frac{y}{x}\right) - \frac{y}{z}\psi'\left(\frac{y}{x}\right), \quad \frac{dz}{dy} = \psi'\left(\frac{y}{x}\right);$$

et après qu'on a posé, comme ci-dessus.

$$y = \alpha x,\ dy = x d\alpha,$$

il vient

$$\begin{aligned}\Omega &= \iint \sqrt{1 + (\psi\alpha - \alpha\psi'\alpha)^2 + (\psi'\alpha)^2}\,.\,x dx d\alpha \\ &= \tfrac{1}{2}\int \sqrt{1 + (\psi\alpha - \alpha\psi'\alpha)^2 + (\psi'\alpha)^2}\,.\,x^2 d\alpha.\end{aligned}$$

§ 3. Intégrales triples.

362. On n'est pas conduit, dans les questions de pure géométrie, à considérer des intégrales *triples* de la forme

$$\mathrm{M} = \iiint f(x, y, z)\, dz dy dx\,;$$

mais, par contre, il est évident que des intégrales de cette nature doivent figurer dans toutes les questions de physique où il n'est pas permis de faire abstraction de quelques-unes des dimensions des corps. Si, par exemple, il s'agit d'évaluer le poids ou la masse d'un corps dont la densité, variable d'un point à l'autre, a pour mesure $f(x, y, z)$, au point dont les coordonnées rectangulaires sont x, y, z, ce poids ou cette masse seront mesurés par l'intégrale M, dont les limites devront être choisies de manière à comprendre précisément l'espace occupé par le corps. Si l'on divise M par le volume du corps, ou par l'intégrale

$$\mathrm{V} = \iiint dz dy dx,$$

prise entre les mêmes limites, on obtiendra la densité moyenne du corps, ou la valeur moyenne de la fonction f dans l'étendue de la triple intégration. Ce sont là autant de conséquences manifestes de la définition même de la fonction f [130], et de l'hypothèse de la continuité de la matière, sur laquelle cette définition repose. Nous donnerons par la suite quelques éclaircissements sur l'interprétation que cette théorie doit recevoir, quand on considère les corps comme des systèmes de particules disjointes.

Si la fonction f mesurait une température, le rapport $\frac{M}{V}$ serait la température moyenne du corps, et ainsi de suite.

La première intégration par rapport à z aura lieu entre des limites qui sont des fonctions des deux autres variables indépendantes x, y, et qui représentent les ordonnées (perpendiculaires au plan xy) des surfaces ou portions de surfaces par lesquelles le corps est limité. L'étendue des deux intégrations subséquentes par rapport à x et à y sera celle de l'aire circonscrite sur le plan xy par l'intersection de ce plan avec un cylindre tangent à la surface du corps, et dont les génératrices sont parallèles aux z.

363. Pour prendre, dans l'étendue de l'espace occupé par un corps, une intégrale définie triple, il convient souvent de substituer au système des coordonnées rectangulaires un système de coordonnées polaires dont l'emploi est d'ailleurs naturellement suggéré par les besoins de l'astronomie et de la géographie. Imaginons un plan fixe mené par l'origine des rayons vecteurs, et un rayon fixe tracé dans ce plan; la position d'un point dans l'espace est déterminée lorsqu'on assigne : 1° la longueur r du rayon vecteur; 2° l'angle θ que forme le rayon vecteur avec une droite perpendiculaire au plan fixe; 3° l'angle ψ que la projection du rayon vecteur sur le plan forme avec le rayon fixe. Si l'on prend pour plan fixe (ou plan *fondamental*, comme quelques-uns l'appellent) celui des xy, et pour rayon fixe le demi-axe des x positifs, on passera des coordonnées rectangulaires aux coordonnées polaires au moyen des formules

$$x = r \sin\theta \cos\psi,\quad y = r \sin\theta \sin\psi,\quad z = r\cos\theta.$$

Dans le système des coordonnées géographiques, l'angle ψ

correspond à la longitude, et l'angle θ est le complément de la latitude, quand on suppose l'origine des rayons vecteurs au centre du globe. Le rayon vecteur décrit un méridien lorsqu'on fait varier l'angle θ, l'angle ψ restant constant, et il décrit un parallèle lorsque θ reste constant et que l'angle ψ varie.

Concevons une surface sphérique ayant pour centre l'origine O (*fig.* 87) et pour rayon $OR = r$, à la surface de laquelle on prend deux points infiniment voisins m, ν; de façon qu'on passe du point m au point ν en faisant varier θ de $d\theta$ et ψ de $d\psi$. Les points m, ν sont deux sommets opposés d'un quadrilatère sphérique, formé par deux arcs de méridiens infiniment voisins $m\mu$, $n\nu$, et par deux arcs de parallèles aussi infiniment voisins mn, $\mu\nu$. On a $m\mu = n\nu = rd\theta$, et mn (qui ne diffère de $\mu\nu$ que par un infiniment petit du second ordre) $= mpd\psi = r \sin\theta d\psi$. Donc la surface du quadrilatère sphérique, que l'on peut prendre pour un rectangle quand on néglige les infiniment petits des ordres supérieurs au second, a pour valeur $r^2 \sin\theta d\theta d\psi$. En multipliant cette aire par dr, on a le volume d'un élément de la pyramide $Omn\nu\mu$. Le volume entier du corps se décompose en éléments ainsi définis, et par conséquent

$$M = \iiint F(r, \theta, \psi) r^2\, dr \sin\theta d\theta d\psi,$$

$F(r, \theta, \psi)$ étant ce que devient la fonction $f(x, y, z)$ par la substitution des valeurs de x, y, z en r, θ, ψ.

Le volume du corps, ou l'étendue de l'intégrale a pour mesure

$$V = \iiint r^2\, dr \sin\theta d\theta d\psi.$$

Si l'origine des rayons vecteurs est dans l'intérieur du corps, et si le corps est limité par une surface convexe en tous ses points, ou du moins par une surface de forme telle, que chaque rayon vecteur ne la rencontre qu'en un seul point, l'équation de cette surface est de la forme

$$r = \mathrm{f}(\theta, \psi),$$

la fonction f n'admettant qu'une valeur réelle et positive pour chaque système de valeurs de θ et de ψ. Dans ce cas,

$$M = \int_0^{2\pi}\int_0^{\pi}\int_0^{\mathrm{f}(\theta,\psi)} F(r, \theta, \psi)\, r^2 dr \sin\theta d\theta d\psi,$$

$$V = \frac{1}{3}\int_0^{2\pi}\int_0^{\pi} [\mathrm{f}(\theta, \psi)]^3 \sin\theta d\theta d\psi.$$

Si la surface enveloppée avait une forme différente, ou si l'origine des rayons vecteurs était autrement placée, il faudrait déterminer les limites des trois intégrations simples par une discussion spéciale pour chaque cas, et qui ne peut offrir d'ailleurs aucune difficulté.

L'intégrale double

$$\int_0^{2\pi}\int_0^{\pi} \sin\theta d\theta d\psi$$

a pour valeur 4π ou la surface de la sphère de rayon 1, comme cela doit être.

364. Le calcul d'une intégrale triple peut se simplifier beaucoup par un choix convenable de variables ou de coordonnées. Soient donc α, β, γ trois nouvelles variables liées à x, y, z en vertu des équations

$$x = \varphi(\alpha, \beta, \gamma), \quad y = \psi(\alpha, \beta, \gamma), \quad z = \pi(\alpha, \beta, \gamma),$$

et posons

$$f(x, y, z) = F(\alpha, \beta, \gamma),$$

$$dx = \varphi_1\, d\alpha + \varphi_2\, d\beta + \varphi_3\, d\gamma, \qquad (g)$$

$$dy = \psi_1\, d\alpha + \psi_2\, d\beta + \psi_3\, d\gamma, \qquad (h)$$

$$dz = \pi_1\, d\alpha + \pi_2\, d\beta + \pi_3\, d\gamma. \qquad (i)$$

Pour chasser d'abord de l'intégrale M la différentielle dz, on remarque que cette différentielle est prise en supposant constantes les deux coordonnées x, y, et par conséquent

$dx=0$, $dy=0$, ou bien

$$\varphi_1 d\alpha + \varphi_2 d\beta + \varphi_3 d\gamma = 0,$$
$$\psi_1 d\alpha + \psi_2 d\beta + \psi_3 d\gamma = 0.$$

On tire de ces deux équations les valeurs de $d\alpha$, $d\beta$, et en les substituant dans l'équation (i), on a

$$dz = \frac{\Theta}{\varphi_1\psi_2 - \psi_1\varphi_2} . d\gamma,$$

en posant, pour abréger,

$$\Theta = \varphi_1 \psi_2 \pi_3 - \varphi_1 \pi_2 \psi_3 + \psi_1 \pi_2 \varphi_3 - \psi_1 \varphi_2 \pi_3 + \pi_1 \varphi_2 \psi_3 - \pi_1 \psi_2 \varphi_3 .$$

En conséquence, il vient

$$\mathrm{M} = \iiint \mathrm{F}(\alpha, \beta, \gamma) . \frac{\Theta}{\varphi_1\psi_2 - \psi_1\varphi_2} . dxdyd\gamma .$$

Mais la coordonnée γ doit être traitée comme une constante dans les intégrations relatives à y et à x, ce qui réduit les équations (g) et (h) aux équations (e) et (f) du n° 357 ; et l'on a, par ce qui a été démontré dans ce numéro,

$$\iint \mathrm{U} dxdy = \iint \mathrm{U} (\varphi_1 \psi_2 - \psi_1 \varphi_2)\, d\alpha d\beta ;$$

donc

$$\mathrm{M} = \iiint \mathrm{F} (\alpha, \beta, \gamma) . \Theta d\alpha d\beta d\gamma ,$$

et

$$\mathrm{V} = \iiint \Theta d\alpha d\beta d\gamma .$$

Le polynôme Θ, par la symétrie de sa composition, ne pourrait que changer de signe, si l'on opérait dans un ordre différent l'élimination des différentielles dx, dy, dz ; mais d'ailleurs le signe de Θ est indifférent, et l'on ne doit avoir égard qu'à la valeur numérique de ce facteur, puisque l'intégrale V mesure un volume, qui mesure à son tour l'étendue de l'intégrale triple M.

Si l'on prend

$$\alpha = r, \quad \beta = \theta, \quad \gamma = \psi,$$
$$x = r \sin\theta \cos\psi, \quad y = r \sin\theta \sin\psi, \quad z = r \cos\theta,$$

il viendra

$$\varphi_1 = \sin\theta\cos\psi,\quad \varphi_2 = r\cos\theta\cos\psi,\quad \varphi_3 = -r\sin\theta\sin\psi,$$
$$\psi_1 = \sin\theta\sin\psi,\quad \psi_2 = r\cos\theta\sin\psi,\quad \psi_3 = r\sin\theta\cos\psi,$$
$$\pi_1 = \cos\theta,\qquad \pi_2 = -r\sin\theta,\qquad \pi_3 = 0;$$

d'où $\Theta = r^2\sin\theta$, ainsi qu'on l'a trouvé directement, par la construction géométrique.

365. La théorie des intégrales doubles et triples peut sans difficulté se généraliser et s'étendre aux intégrales quadruples, quintuples, etc. On comprend que les questions de physique mathématique doivent souvent conduire à des intégrales plus élevées, quant au degré de multiplicité, que les intégrales triples. Par exemple, si l'action F du corps M sur le corps M' est la somme des actions que chaque élément de M exerce sur chaque élément de M', on a, en désignant par $f(x, y, z; x', y', z')$ l'intensité de l'action qu'exerce l'élément m du corps M, dont les coordonnées sont x, y, z, sur l'élément m' du corps M', dont les coordonnées sont x', y', z',

$$F = \int\!\!\int\!\!\int\!\!\int\!\!\int\!\!\int f(x, y, z; x', y', z')\, dx\,dy\,dz\,dx'\,dy'\,dz';$$

c'est-à-dire que la valeur de F dépend essentiellement d'une intégrale sextuple, laquelle peut néanmoins, dans certains cas, par un choix convenable de coordonnées, être ramenée à dépendre d'intégrales d'un degré de multiplicité moins élevé.

CHAPITRE VII.

THÉORIE DE LA VARIATION DES INTÉGRALES. — PRINCIPES DE LA MÉTHODE DÉSIGNÉE PLUS PARTICULIÈREMENT SOUS LE NOM DE CALCUL DES VARIATIONS.

---

§ 1er. De la variation des intégrales.

366. Une intégrale définie, telle que

$$\int_a^b f(x, \alpha)\, dx,$$

varie avec la valeur attribuée au paramètre α dans la fonction $f(x, \alpha)$. C'est une nouvelle fonction de α, d'où la variable x a disparu, et que nous pouvons indiquer par $F\alpha$. Admettons maintenant que α reçoive l'incrément infiniment petit $d\alpha$: on aura

$$F\alpha + d.F\alpha = \int_a^b \left[f(x, \alpha) + \frac{d.f(x, \alpha)}{d\alpha} d\alpha\right] dx,$$

ou

$$d.F\alpha = \int_a^b \left[\frac{d.f(x, \alpha)}{d\alpha} d\alpha\right] dx,$$

ou bien enfin, puisque le facteur $d\alpha$ ne varie point avec x,

$$\frac{d.F\alpha}{d\alpha} = \int_a^b \frac{d.f(x, \alpha)}{d\alpha} . dx,$$

et en remettant pour $F\alpha$ sa valeur,

$$\frac{d.\int_a^b f(x, \alpha)\, dx}{d\alpha} = \int_a^b \frac{d.f(x, \alpha)}{d\alpha} . dx;$$

ce qui montre que l'on peut faire passer sous le signe $\int$ le signe de différentiation placé en dehors et réciproquement;

au moins lorsque les limites de l'intégration sont indépendantes du paramètre variable.

Si l'on avait au contraire

$$a = \varphi\alpha, \quad b = \psi\alpha,$$
$$da = \varphi'\alpha . d\alpha, \quad db = \psi'\alpha . d\alpha,$$

il viendrait, l'intégrale étant une somme d'éléments différentiels,

$$\mathrm{F}\alpha + d.\mathrm{F}\alpha = \int_{a+da}^{b+db} \left[f(x, \alpha) + \frac{d.f(x, \alpha)}{d\alpha} d\alpha \right] dx$$
$$= \int_a^b \left[f(x, \alpha) + \frac{d.f(x, \alpha)}{d\alpha} d\alpha \right] dx - \left[f(a, \alpha) + \frac{d.f(a, \alpha)}{d\alpha} d\alpha \right] da$$
$$+ \left[f(b, \alpha) + \frac{d.f(b, \alpha)}{d\alpha} d\alpha \right] db;$$

d'où l'on tire, en négligeant les infiniment petits du second ordre, et en mettant pour a, b, da, db, leurs valeurs,

$$\mathrm{F}\alpha + d.\mathrm{F}\alpha = \int_{\varphi\alpha}^{\psi\alpha} \left[f(x, \alpha) + \frac{d.f(x, \alpha)}{d\alpha} d\alpha \right] dx$$
$$- f(\varphi\alpha, \alpha) . \varphi'\alpha d\alpha + f(\psi\alpha, \alpha) . \psi'\alpha d\alpha,$$

et par suite

$$\frac{d\mathrm{F}\alpha}{d\alpha} = \int_{\varphi\alpha}^{\psi\alpha} \frac{d.f(x, \alpha)}{d\alpha} dx - f(\varphi\alpha, \alpha) . \varphi'\alpha + f(\psi\alpha . \alpha) . \psi'\alpha.$$

Ce calcul suppose que la fonction $f(x,\alpha)$ ne devient point infinie entre les limites de l'intégrale : les résultats en seront rendus plus sensibles par une construction graphique. Soit MN (*fig.* 88) la courbe qui a pour abscisse x et pour ordonnée $f(x,\alpha)$, de manière que l'intégrale définie $\mathrm{F}\alpha$ mesure l'aire comprise entre la courbe MN, l'axe des abscisses et les ordonnées MP, NQ qui correspondent respectivement aux abscisses $\mathrm{OP} = a$, $\mathrm{OQ} = b$. Par la variation de l'ordonnée courante (les abscisses des points extrêmes ne changeant pas), la courbe se transporte en IM'KN', et l'aire augmente du quadrilatère curviligne MNKI. Par la variation des limites a, b qui deviennent $a+da=\mathrm{OP}'$, $b+db=\mathrm{OQ}'$ (l'ordonnée courante ne changeant pas), l'aire augmente du quadrilatère NQQ'K' et diminue du quadrilatère MPP'I''. Ces trois quadrilatères, traités comme des quantités infiniment petites du premier ordre, ont respectivement pour mesure

$$\int_a^b \left[\frac{d.f(x,\alpha)}{d\alpha}\, d\alpha\right] dx,\ f(a,\alpha)\, a,\ f(b,\alpha)\, db\,;$$

les quadrilatères MIM'I', NKN'K' ont pour mesure les termes infiniment petits du second ordre

$$\frac{d.f(a,\alpha)}{d\alpha}\, d\alpha da,\ \frac{d\, f(b,\alpha)}{d\alpha}\, d\alpha db,$$

que l'on néglige dans le calcul de la variation totale de l'aire $\mathrm{F}\alpha$, lorsqu'on fait varier simultanément l'ordonnée courante $f(x,\alpha)$ et les limites a, b.

367. Supposons, pour plus de simplicité, que les limites a, b soient indépendantes de α. On peut demander quelle est la valeur numérique du paramètre α, qui rend un *maximum* ou un *minimum* l'intégrale définie

$$\mathrm{F}\alpha = \int_a^b f(x,\alpha)\, dx.$$

Si la fonction $\mathrm{F}\alpha$ pouvait être exprimée algébriquement, on satisferait à la question en prenant pour α la racine de l'équation $\mathrm{F}'\alpha = 0$; et comme on a aussi, d'après ce qui précède,

$$\mathrm{F}'\alpha = \int_a^b \frac{d.f(x,\alpha)}{d\alpha}\, dx,$$

il suffira que l'intégrale, formant le second membre de cette dernière équation, puisse s'obtenir algébriquement, pour que le problème dont il s'agit soit résoluble par la méthode ordinaire des *maxima* et *minima*. Dans l'hypothèse contraire, et sauf quelques cas où les conditions de *maximum* ou de *minimum* se déduisent immédiatement de la forme de l'intégrale, il faudra construire par points, au moyen de quadratures numériques, la courbe dont l'ordonnée est $F\alpha$, l'abscisse étant α : on déterminera ensuite graphiquement les *maxima* et *minima* de cette ordonnée.

368. Admettons maintenant que α désigne, non plus un nombre constant dans toute l'étendue de l'intégration relative à x, mais une quantité qui varie avec x; et pour mieux indiquer cette circonstance, substituons à la lettre α la lettre y, par laquelle on a coutume de désigner une fonction de x. On peut demander quelle doit être la valeur de y en fonction de x, qui rend un *maximum* ou un *minimum* l'intégrale définie

$$\int_a^b f(x, y)\,dx; \tag{1}$$

et même il arrive que ce problème, très-distinct du précédent, se résout sans intégration préalable. En effet, il est clair que si l'on détermine la valeur de y en x par l'équation

$$\frac{d.f(x, y)}{dy} = 0, \tag{2}$$

chacun des éléments de l'intégrale obtiendra la plus grande ou la plus petite valeur dont il est susceptible; en sorte que l'intégrale même, formée par la somme de ces éléments, obtiendra sa valeur *maximum* ou *minimum*. Toutefois, ce raisonnement suppose 1° que la fonction $f(x, y)$ ne devient point infinie dans l'étendue de l'intégration ; 2° que la valeur de y en x tirée de l'équation (2) rend $f(x, y)$ constamment un *maximum* ou constamment un *minimum* dans toute l'étendue de l'intégration. Le problème changerait de nature si ces conditions n'étaient pas satisfaites.

§ 2. Principes de la méthode connue sous le nom de *Calcul des variations*.

369. Ceci nous mène à examiner un cas plus général et susceptible d'applications beaucoup plus importantes : celui où la fonction sous le signe $\int$ contient non-seulement y, mais ses dérivées y', y'', etc., et où il s'agit d'assigner la valeur de y en x, qui rend l'intégrale proposée un *maximum* ou un *minimum*. Il est clair qu'on ne peut assigner la fonction $y = \varphi x$ dans l'étendue de l'intégrale, sans déterminer par cela même les fonctions dérivées $\varphi' x$, $\varphi'' x$, etc., ni faire varier cette fonction sans que toutes les dérivées éprouvent des variations correspondantes. La variation de l'intégrale est donc déterminée implicitement par la seule variation de la fonction y ; et toute la difficulté du problème consiste à mettre en évidence, à rendre explicites les liaisons de la variation de y aux variations subordonnées de ses dérivées. Telle est la question dont Lagrange a donné la solution la plus élégante en employant un algorithme particulier, que l'on nomme le *Calcul des variations*, et qui n'est au fond qu'une modification heureuse de l'algorithme différentiel, dans son application à la variation des intégrales, où une fonction inconnue se trouve mêlée sous le signe $\int$ avec ses dérivées.

370. On est sans cesse conduit, dans l'analyse, à considérer des fonctions sujettes à éprouver des variations distinctes et indépendantes les unes des autres : toutes les fonctions de plusieurs variables indépendantes se trouvent dans ce cas ; mais rien n'est plus propre que la considération des mouvements d'un système matériel à faire nettement concevoir la coexistence de plusieurs modes distincts de variabilité.

Imaginons un fil flexible, non tendu, fixé par les deux

bouts, et qui se déplace en se déformant; et admettons seulement, pour plus de simplicité, que la courbe tracée par le fil reste toujours comprise dans le même plan. Les coordonnées x, y de chaque point du fil, rapportées à des axes fixes dans le plan, la direction de la tangente en ce point, la grandeur et la direction du rayon de courbure, varieront par suite de la déformation du fil; et il ne faudra pas confondre ces variations avec celles qu'engendre le passage d'un point du fil à un autre point matériel infiniment voisin.

En général, il est utile, pour prévenir toute ambiguïté, d'indiquer par des caractéristiques différentes les variations qui se rapportent à des modes de variabilité distincts. Ainsi l'on pourrait désigner par $d_x z$, $d_y z$ [118] les différentielles prises par rapport à x et par rapport à y d'une fonction z des deux variables indépendantes x, y; et si l'on est dans l'usage de supprimer les indices des différentielles dz, c'est à cause des dénominateurs dx, dy qui les accompagnent presque constamment, et qui lèvent l'ambiguïté comme les indices pourraient le faire.

Dans la question présente, où il s'agit uniquement d'éliminer de l'expression de la variation d'une intégrale les variations subordonnées, telles que celles de $\frac{dy}{dx}$ ou de dy, pour ne conserver que les variations qui restent indépendantes et arbitraires, comme celles de y, nous considérons cette variation de y d'une manière absolument générale, et non par rapport à une variable déterminée, autre que x, dont y dépendrait. Dès lors ce n'est ni par des indices ni par des dénominateurs que l'on peut distinguer la différentielle dy, provenant du changement d'abscisse, de l'autre variation de y, provenant du changement de forme attribué à la fonction $y=\varphi x$; bien qu'on reste libre de concevoir que ce changement de forme est dû à la variation d'un paramètre quelconque contenu dans la fonction φx. On est convenu en conséquence de désigner par la caractéristique δ les variations infiniment petites dues au changement de forme de la fonction, et on les appelle spécialement *variations*, en continuant d'appeler *différentielles* les valeurs exprimées par le signe d, qui proviennent du changement d'abscisses ou du passage d'un élément du système matériel à l'élément contigu.

371. Supposons donc que, par suite de la variation dont δ est la caractéristique, la courbe MN (*fig.* 88), qui a pour ordonnée y, se trouve transportée en M′ N′ : les points m', m'_1 de la seconde courbe correspondant aux points m, m_1 de la première, et ceux-ci aux abscisses x, $x+dx$. On aura

$$mp = y,\quad m_1p_1 = y + dy,\quad m'p' = y + \delta y,$$
$$m'_1 p'_1 = m_1 p_1 + \delta . m_1 p_1 = m'p' + d . m'p',$$

ou bien

$$y + dy + \delta(y + dy) = y + \delta y + d(y + \delta y),$$

et par conséquent

$$\delta dy = d\delta y. \tag{3}$$

Donc on aura aussi

$$\delta d^2 y = d\delta dy = d^2 \delta y,$$

et en général

$$\delta d^n y = d^n \delta y,$$

relation d'après laquelle on peut toujours transporter la caractéristique δ après la caractéristique d. On voit au reste que cette relation subsisterait lors même que les caractéristiques d, δ n'indiqueraient pas des variations infiniment petites ; ou plutôt qu'elle ne subsiste à cette limite que parce qu'elle a lieu pour des variations finies quelconques. D'ailleurs la formule (3), que l'on peut remplacer par

$$\delta dz = d\delta z,$$

équivaut, d'après les explications que l'on vient de donner, à la formule

$$d_x d_y z = d_y d_x z,$$

démontrée au n° 123.

Le raisonnement du n° 366, qui établit la possibilité d'intervertir l'ordre des signes $\int$, d, s'applique également à l'interversion des signes $\int$, δ : on aura donc

$$\delta\int_{x_0}^{x_1} V dx = \int_{x_0}^{x_1} \delta V . dx.$$

C'est dans cette transposition des signes que consiste la première règle fondamentale de la méthode des variations.

372. Cela posé, s'il s'agit de trouver la variation d'une intégrale définie

$$\int_{x_0}^{x_1} V dx, \qquad \text{(V)}$$

(dans laquelle V est une fonction de x, y, y', y'', etc., ou, ce qui revient au même, une fonction de x, y, dy, d^2y, etc.), et si le développement de la variation donne un terme de la forme

$$\int_{x_0}^{x_1} \Omega\delta dy;$$

on changera d'abord cette expression en

$$\int_{x_0}^{x_1} \Omega d\delta y.$$

On aura ensuite en intégrant par parties, et en désignant, pour simplifier, par

$$[U]_0^1$$

la valeur d'une fonction U à la limite supérieure de l'intégrale, moins sa valeur à la limite inférieure,

$$\int_{x_0}^{x_1} \Omega d\delta y = [\Omega\delta y]_0^1 - \int_{x_0}^{x_1} d\Omega . \delta y.$$

On trouverait de même, en effectuant successivement deux intégrations par parties,

$$\int_{x_0}^{x_1} \Omega\delta d^2 y = \int_{x_0}^{x_1} \Omega d^2\delta y = [\Omega\delta dy]_0^1 - [d\Omega\delta y]_0^1 + \int_{x_0}^{x_1} d^2\Omega . \delta y,$$

et ainsi de suite ; de manière qu'il ne restera sous le signe $\int$

que des termes multipliés par la variation δy : les variations δdy, δd^2y, etc., en ayant été chassées ainsi qu'on l'avait en vue [369]. Ces réductions constituent la seconde règle fondamentale du calcul des variations.

373. On obtiendra de la manière la plus générale la variation de l'intégrale définie (V), si l'on fait varier à la fois, non-seulement la fonction y et ses différentielles dy, d^2y, etc., mais encore la variable x et sa différentielle dx : ce qui revient à supposer que chaque point du fil flexible pris pour exemple [370] se déplace ou peut se déplacer d'une manière quelconque dans le sens des abscisses x, comme dans celui des ordonnées y. Ceci convenu, soit

$$dV = Xdx + Ydy + Y^{(1)}dy' + Y^{(2)}dy'' + Y^{(3)}dy''' + \text{etc.},$$

$X, Y, Y^{(1)}, Y^{(2)}, Y^{(3)}$, etc., désignant des fonctions de x, y, y', y'', y''', etc., que l'on trouve par la différentiation dès que la fonction V est donnée : on aura aussi

$$\delta V = X\delta x + Y\delta y + Y^{(1)}\delta y' + Y^{(2)}\delta y'' + Y^{(3)}\delta y''' + \text{etc.},$$

et d'après ce qui vient d'être expliqué,

$$\delta\int_{x_0}^{x_1} Vdx = \int_{x_0}^{x_1} V\delta dx + \int_{x_0}^{x_1} dx\delta V$$

$$= [V\delta x]_0^1 + \int_{x_0}^{x_1}(dx\delta V - dV\delta x).$$

Les valeurs de dV et de δV donnent

$$dx\delta V - dV\delta x = Y(dx\delta y - dy\delta x) + Y^{(1)}(dx\delta y' - dy'\delta x)$$
$$+ Y^{(2)}(dx\delta y'' - dy''\delta x) + Y^{(3)}(dx\delta y''' - dy'''\delta x) + \text{etc.}$$

On a d'autre part

$$\delta y' = \delta\frac{dy}{dx} = \frac{dx\delta dy - dy\delta dx}{dx^2} = \frac{d\delta y - y'd\delta x}{dx},$$
$$= \frac{d(\delta y - y'\delta x)}{dx} + y''\delta x,$$

$$\delta y'' = \frac{d(\delta y' - y''\delta x)}{dx} + y'''\delta x = \frac{d^2(\delta y - y'\delta x)}{dx^2} + y'''\delta x,$$

$$\delta y''' = \frac{d^3(\delta y - y'\delta x)}{dx^3} + y''''\delta x, \text{ etc.}$$

Donc, si l'on pose, pour abréger,

$$\delta y - y'\delta x = \delta u,$$

la substitution donnera

$$\delta\int_{x_0}^{x_1} \mathrm{V}dx = [\mathrm{V}\delta x]_0^1$$

$$+\int_{x_0}^{x_1}\left[\mathrm{Y}dx\delta u + \mathrm{Y}^{(1)}d\delta u + \mathrm{Y}^{(2)}d.\frac{d\delta u}{dx} + \mathrm{Y}^{(3)}d.\frac{d^2\delta u}{dx^2} + \text{etc.}\right].$$

On intégrera par parties, suivant la règle du numéro précédent, autant de fois qu'il sera nécessaire pour faire disparaître sous le signe $\int$ toutes les caractéristiques d qui affectent la variation δu. Remettant ensuite pour δu sa valeur, et faisant toujours suivre la caractéristique d de la caractéristique δ, on obtiendra la formule suivante :

$$\left.\begin{aligned}\delta\int_{x_0}^{x_1}\mathrm{V}dx = {} & \Big[\mathrm{V}\delta x + \Big(\mathrm{Y}^{(1)} - \frac{d\mathrm{Y}^{(2)}}{dx} + \frac{d^2\mathrm{Y}^{(3)}}{dx^2} + \text{etc.}\Big)(\delta y - y'\delta x) \\ & + \Big(\mathrm{Y}^{(2)} - \frac{d\mathrm{Y}^{(3)}}{dx} + \text{etc.}\Big)(\delta y' - y''\delta x) + \text{etc.}\Big]_0^1 \\ + \int_{x_0}^{x_1} & \Big[\mathrm{Y} - \frac{d\mathrm{Y}^{(1)}}{dx} + \frac{d^2\mathrm{Y}^{(2)}}{dx^2} - \frac{d^3\mathrm{Y}^{(3)}}{dx^3} + \text{etc.}\Big](\delta y - y'\delta x)dx.\end{aligned}\right\} \quad (\mathrm{A})$$

Il faut remarquer que les dérivées $\frac{d^i\mathrm{Y}^{(n)}}{dx^i}$ sont prises en considérant les fonctions y, y', y'', etc., qui peuvent entrer dans $\mathrm{Y}^{(n)}$, comme des fonctions implicites de x ; de sorte que ces dérivées ne seraient pas nulles, même quand la variable x n'entrerait pas explicitement dans $\mathrm{Y}^{(n)}$.

Si maintenant on veut que l'intégrale (V) soit un *maximum* ou un *minimum*, il faut que sa variation s'évanouisse, quels que soient les incréments que nous désignons par δx, δy, incréments arbitrairement variables avec x dans l'étendue de l'intégrale. Il faut par conséquent que chaque élément de l'intégrale qui reste au second membre de (A) s'évanouisse séparément, et qu'on ait pour cela

$$\mathrm{Y} - \frac{d\mathrm{Y}^{(1)}}{dx} + \frac{d^2\mathrm{Y}^{(2)}}{dx^2} - \frac{d^3\mathrm{Y}^{(3)}}{dx^3} + \text{etc.} = 0. \quad (a)$$

Quand le premier membre de l'équation se réduira à une constante, ou à une fonction de la seule variable x, elle ne pourra servir à déterminer une fonction $y = \varphi x$, qui satisfasse à la condition de *maximum* ou de *minimum*, et le problème sera impossible. En général, l'équation pourra contenir $x, y, y' \ldots . y^{(2n)}$, si $y^{(n)}$ est la plus haute dérivée qui entre dans V ; car alors le premier membre de l'équation (a) aura pour dernier terme $\pm \frac{d^n Y^{(n)}}{dx^n}$; et si $Y^{(n)}$ contient $y^{(n)}$, la formation de ce terme amènera la dérivée $y^{(2n)}$, parce que $y^{(n)}$, ainsi qu'on vient de l'expliquer, doit être traité comme une fonction implicite de x.

374. Avant d'aller plus loin, nous ferons remarquer que, si l'on ne soumettait pas x à la variation exprimée par δ, ou si l'on posait $\delta x = 0$ dans la formule (A), la condition pour que la quantité sous le signe $\int$ s'évanouît, élément par élément, conduirait à la même équation (a) : il n'y aurait de changé que la forme des termes qui se rapportent aux limites de l'intégration, et les équations qu'on en déduit en égalant ces termes à zéro, pour que la variation totale de l'intégrale s'évanouisse. Ce résultat s'explique et se démontre directement par des considérations géométriques. Soit en effet MN (*fig*. 88) la courbe $y = \varphi x$, et M'N' ce que devient cette courbe par la variation de y et de x. On peut indifféremment supposer qu'à un point quelconque m de la première courbe, compris entre les points extrêmes, correspond sur la courbe variée un point m' dont l'abscisse et l'ordonnée diffèrent respectivement de l'abscisse et de l'ordonnée de m, ou un point μ qui a la même abscisse que m, l'ordonnée seule ayant varié. Mais, si les points extrêmes M, N, n'ont pas les mêmes abscisses que les points extrêmes M', N', il faut bien admettre qu'aux limites les abscisses et les ordonnées ont varié à la fois. Il faut donc avoir égard à cette variabilité des abscisses, dans les équations aux limites,

lorsque, par la nature de la question, les abscisses des points extrêmes ne sont pas invariables; et puisqu'il n'importe d'y avoir ou non égard entre les limites, l'équation qui définit le tracé de la courbe entre les limites doit rester la même.

Si l'on attribue une variation à l'abscisse x, la variation δy, au lieu d'être égale à $\mu p - mp$, comme lorsque l'abscisse est invariable, sera $m'p' - mp$. On a

$$\mu p = m'p' - m'\nu = m'p' - in,$$

du moins en supposant $m'i = \mu m$, ce qui revient à négliger l'infiniment petit du second ordre $d\delta y$: donc

$$\mu p = y + \delta y - y'\delta x;$$

et par conséquent il faudra, pour avoir égard à la variation de x, remplacer δy par $\delta y - y'\delta x$, dans les formules construites pour l'hypothèse de l'invariabilité de x. Par la même raison il faudra remplacer $\delta y'$ par $\delta y' - y''\delta x$, et ainsi de suite.

375. On obtient la relation cherchée $y = \varphi x$, qui satisfait à la condition du *maximum* ou du *minimum*, en *intégrant* l'équation (a); c'est-à-dire [164] en remontant de cette équation entre $x, y, y', \ldots y^{(2n)}$, à l'équation en x, y, dont elle dérive, et qui est de la forme

$$\Phi(x, y, a_1, a_2, \ldots a_{2n}) = 0, \qquad \text{(a)}$$

$a_1, a_2, \ldots. a_{2n}$ désignant $2n$ constantes ou paramètres arbitraires. Nous traiterons plus tard de l'intégration des équations différentielles : il suffit, quant à présent, d'indiquer comment les constantes arbitraires que l'intégration doit amener se déterminent d'après les données de la question.

Lorsqu'on égale à zéro le second membre de l'équation (A), après avoir supprimé le terme affecté du signe $\int$, qui disparaît en vertu de l'équation (a), il reste

$$\left[V\delta x + \left(Y^{(1)} - \frac{dY^{(2)}}{dx} + \frac{d^2Y^{(3)}}{dx^2} - \text{etc.}\right)(\delta y - y'\delta x) + \left(Y^{(2)} - \frac{dY^{(3)}}{dx} + \text{etc.}\right)(\delta y' - y''\delta x) + \text{etc.}\right]_0^1 = 0 \qquad (b)$$

On peut mettre cette équation sous la forme

$$\begin{aligned}&\Xi_1\delta x_1 + \Upsilon_1\delta y_1 + \Upsilon_1^{(1)}\delta y'_1 + \ldots + \Upsilon_1^{(n-1)}\delta y_1^{(n-1)}\\ &-(\Xi_0\delta x_0 + \Upsilon_0\delta y_0 + \Upsilon_0^{(1)}\delta y'_0 + \ldots + \Upsilon_0^{(n-1)}\delta y_0^{(n-1)} = 0,\end{aligned}\qquad (\beta)$$

en désignant par

$$\Xi_0, \Upsilon_0, \Upsilon_0^{(1)}, \ldots \Upsilon_0^{(n-1)}, \qquad (c_0)$$

des fonctions connues des valeurs initiales x_0, y_0, y'_0, etc., et par

$$\Xi_1, \Upsilon_1, \Upsilon_1^{(1)}, \ldots \Upsilon_1^{(n-1)}, \qquad (c_1).$$

des fonctions composées respectivement de la même manière avec les valeurs finales x_1, y_1, y'_1, etc. Cela posé, si les valeurs des quantités extrêmes

$$x_0, x_1 ; y_0, y_1 ; y'_0, y'_1 ; \text{etc.} \qquad (d)$$

sont des constantes fournies immédiatement par les données de la question, leurs variations

$$\delta x_0, \delta x_1 ; \delta y_0, \delta y_1 ; \delta y'_0, \delta y'_1 ; \text{etc.} \qquad (e)$$

sont nulles : l'équation (β) se trouve satisfaite d'elle-même; et l'on a, pour déterminer les constantes arbitraires qui entrent dans l'intégrale (a), des équations en même nombre que ces constantes, et de la forme

$$\begin{aligned}&\Phi(x_0, y_0, \quad a_1, a_2, \ldots a_{2n}) = 0,\\ &\Phi(x_1, y_1, \quad a_1, a_2, \ldots a_{2n}) = 0;\\ &\Phi'(x_0, y_0, y'_0, a_1\ a_2, \ldots a_{2n}) = 0,\\ &\Phi'(x_1, y_1, y'_1, a_1, a_2, \ldots a_{2n}) = 0; \text{etc.}:\end{aligned}$$

la fonction Φ' étant donnée par la différentiation immédiate de la fonction Φ, et ainsi de suite.

Si l'on ne donne aucune des valeurs des quantités (d), leurs variations sont indéterminées et indépendantes. On ne peut donc satisfaire à l'équation (β) qu'en égalant séparément à zéro chacun des facteurs (c_0), (c_1) ; et les équations ainsi obtenues tiennent lieu de celles qui donneraient directement les valeurs des quantités (d) ; en sorte qu'on a toujours des conditions en nombre suffisant pour déterminer les constantes arbitraires qui entrent dans l'intégrale (a).

Enfin, si l'on a, entre les quantités (d), un certain nombre d'équations de condition $f_1=0$, $f_2=0$, etc., on en déduira [154] des relations entre les variations (e), exprimées par

$$\delta f_1=0,\ \delta f_2=0,\text{ etc.} \qquad (f)$$

On éliminera de l'équation (β), au moyen des équations (f), autant de variations qu'il y a d'unités dans le nombre des équations (f) ; puis on égalera séparément à zéro les multiplicateurs des variations non éliminées et demeurées arbitraires, ce qui fera rentrer ce cas dans ceux qu'on a considérés d'abord.

376. Il convient de remarquer aussi que la fonction V pourrait contenir une ou plusieurs des valeurs extrêmes (d) qui figurent esssentiellement dans l'équation (β). On doit alors, en prenant la variation δV, faire varier les quantités dont il s'agit, à moins que leurs valeurs ne soient constantes par les données de la question. Si, par exemple, V renfermait x_0, et qu'on eût $\frac{dV}{dx_0}=\theta$, la variation de V, par rapport à cette quantité, serait $\theta\delta x_0$; et, en désignant par Θ la fonction $\int\theta dx$, on aurait dans l'équation (A), et par suite dans l'équation (β), un nouveau terme

$$(\Theta_1-\Theta_0)\delta x_0\,;$$

mais l'équation (a) n'en serait pas changée.

377. Admettons maintenant que la fonction V contienne deux fonctions y,z de la variable x, et leurs dérivées y',z' ; y'',z''; etc., comme cela se présente dans les problèmes relatifs aux lignes à double courbure : on posera

$$\begin{aligned} dV = Xdx &+ Ydy + Y^{(1)}dy' + Y^{(2)}dy'' + Y^{(3)}dy''' + \text{etc.}\\ &+ Zdz + Z^{(1)}dz' + Z^{(2)}dz'' + Z^{(3)}dz''' + \text{etc.}; \end{aligned}$$

et, sans qu'il soit besoin de répéter les calculs qui ont donné la formule (A), nous pourrons écrire

$$\left.\begin{aligned}
&\delta\int_{x_0}^{x_1} \mathrm{V}dx = [\mathrm{V}\delta x]_0^1\\
&+\left[\left(\mathrm{Y}^{(1)}-\frac{d\mathrm{Y}^{(2)}}{dx}+\text{etc.}\right)(\delta y-y'\delta x)+\left(\mathrm{Y}^{(2)}-\frac{d\mathrm{Y}^{(3)}}{dx}+\text{etc.}\right)(\delta y'-y''dx)+\text{etc.}\right]_0^1\\
&+\left[\left(\mathrm{Z}^{(1)}-\frac{d\mathrm{Z}^{(2)}}{dx}+\text{etc.}\right)(\delta z-z'\delta x)+\left(\mathrm{Z}^{(2)}-\frac{d\mathrm{Z}^{(3)}}{dx}+\text{etc.}\right)(\delta z'-z''\delta x)+\text{etc.}\right]_0^1\\
&+\int_{x_0}^{x_1}\left[\mathrm{Y}-\frac{d\mathrm{Y}^{(1)}}{dx}+\frac{d^2\mathrm{Y}^{(2)}}{dx^2}-\frac{d^3\mathrm{Z}^{(3)}}{dx^3}+\text{etc.}\right](\delta y-y'\delta x)dx\\
&+\int_{x_0}^{x_1}\left[\mathrm{Z}-\frac{d\mathrm{Z}^{(1)}}{dx}+\frac{d^2\mathrm{Z}^{(2)}}{dx^2}-\frac{d^3\mathrm{Z}^{(3)}}{dx^3}+\text{etc.}\right](\delta z-z'\delta x)\delta x.
\end{aligned}\right\}\quad(\mathrm{B})$$

Cette formule conduit d'abord aux deux équations

$$\mathrm{Y}-\frac{d\mathrm{Y}^{(1)}}{dx}+\frac{d^2\mathrm{Y}^{(2)}}{dx^2}-\frac{d^3\mathrm{Y}^{(3)}}{dx^3}+\text{etc.}=0,$$

$$\mathrm{Z}-\frac{d\mathrm{Z}^{(1)}}{dx}+\frac{d^2\mathrm{Z}^{(2)}}{dx^2}-\frac{d^3\mathrm{Z}^{(3)}}{dx^3}+\text{etc.}=0,$$

qui sont en général des équations différentielles simultanées [165], dont l'intégration se ramène, comme on l'a vu, à celle d'une équation ordinaire à deux variables. Supposons que cette intégration soit effectuée, et qu'on ait trouvé les valeurs de y, z en x, qui satisfont de la manière la plus générale, par la présence d'un nombre convenable de constantes arbitraires, aux équations précédentes : il restera à fixer les valeurs de ces constantes arbitraires, au moyen des conditions relatives aux limites de l'intégrale. Il n'est pas nécessaire d'insister davantage ici sur cette extension des calculs indiqués plus haut [375].

378. Les variables x, y, z peuvent être liées par une équation

$$\mathrm{F}(x, y, z)=0, \qquad (g)$$

comme dans les problèmes où il s'agit de lignes assujetties à se trouver sur une surface donnée : il en résulte

$$\frac{d\mathrm{F}}{dx}\delta x+\frac{d\mathrm{F}}{dy}\delta y+\frac{d\mathrm{F}}{dz}\delta z=0.$$

Au moyen de cette équation, on chassera δz de la formule (B); et en prenant la partie sous le signe $\int$, si l'on égale à zéro, après la substitution, le coefficient de δy ou celui de δx indifféremment, on aura l'équation différentielle

$$\frac{dF}{dz}\left(Y-\frac{dY^{(1)}}{dx}+\text{etc.}\right)-\frac{dF}{dy}\left(Z-\frac{dZ^{(1)}}{dx}+\text{etc.}\right)=0,$$

d'où l'on pourra chasser z au moyen de l'équation (g).

379. Si le nombre des variables et des équations de condition était plus considérable, on rendrait le calcul d'élimination plus élégant en employant la méthode des multiplicateurs [154]; mais l'emploi de cette méthode mérite surtout d'être remarqué, lorsque les équations de condition renferment non-seulement les variables x, y, z,...mais encore leurs dérivées y', y'',... z', z'',... etc. : il s'agit alors de ramener les variations des fonctions dérivées à ne dépendre que des variations des fonctions primitives.

Soit donc

$$F(x, y, y', y''\dots z, z', z'',\dots)=0, \tag{h}$$

une telle équation : on aura $\delta F=0$, et aussi $\lambda\delta F=0$, λ désignant un multiplicateur indéterminé; et puisque cette équation doit subsister pour toutes les valeurs de $x,y,z,\dots$ comprises entre les limites de l'intégration, on aura encore

$$\int_{x_0}^{x_1}\lambda\delta F dx=0; \tag{i}$$

mais alors λ désigne un facteur susceptible de varier d'une abscisse à l'autre, ou une fonction inconnue de x. L'équation (i) est la somme d'une infinité d'équations $\lambda\delta F dx=0$, pour chacune desquelles les variables $x,y,z,\dots$ et le coefficient λ auraient en général des valeurs différentes.

Ainsi les valeurs de $y,z,\dots$ en fonction de x qui rendront nulle

$$\int_{x_0}^{x_1}\delta.V dx,$$

annuleront aussi

$$\int_{x_0}^{x_1} (\delta.\text{V}dx + \lambda\delta\text{F}dx). \qquad (k)$$

Suivant les règles de l'élimination par la méthode des multiplicateurs, on doit, après l'introduction de l'indéterminée λ, traiter y,z comme des fonctions de x, indépendantes l'une de l'autre : de sorte que, si l'on pose

$$\begin{aligned} d\text{F} = \text{X}dx + \text{Y}dy + \text{Y}^{(1)}dy' + \text{Y}^{(2)}dy'' + \text{etc.} \\ + \text{Z}dz + \text{Z}^{(1)}dz' + \text{Z}^{(2)}dz'' + \text{etc.}, \end{aligned}$$

et qu'on égale séparément à zéro les facteurs de $\delta y, \delta z$ sous le signe $\int$, après qu'on aura appliqué à l'intégrale (k) la méthode ordinaire des variations, il viendra

$$\left.\begin{aligned} \text{Y} - \frac{d\text{Y}^{(1)}}{dx} + \frac{d^2\text{Y}^{(2)}}{dx^2} - \text{etc.} + \lambda\text{Y} - \frac{d.\lambda\text{Y}^{(1)}}{dx} + \frac{d^2.\lambda\text{Y}^{(2)}}{dx^2} - \text{etc.} = 0, \\ \text{Z} - \frac{d\text{Z}^{(1)}}{dx} + \frac{d^2\text{Z}^{(2)}}{dx^2} - \text{etc.} + \lambda\text{Z} - \frac{d.\lambda\text{Z}^{(1)}}{dx} + \frac{d^2.\lambda\text{Z}^{(2)}}{dx^2} - \text{etc.} = 0, \end{aligned}\right\} \quad (l)$$

Les trois équations (h) et (l), étant intégrées simultanément, donneront les valeurs de λ, y, z en fonction de x et des constantes arbitraires ; et par l'élimination de λ on pourra obtenir séparément les valeurs de y, z en fonction de x et des constantes venues à la suite de l'intégration. Les équations aux limites, étant traitées d'une manière analogue, détermineront les valeurs initiales et finales des fonctions λ, y, z, et de leurs dérivées, et par suite les constantes arbitraires amenées par l'intégration. C'est principalement dans les applications du calcul de la variation des intégrales aux problèmes de mécanique où l'on considère les corps comme des masses continues, que cette théorie des multiplicateurs variables reçoit des applications importantes pour lesquelles on doit surtout consulter la *Mécanique analytique* de Lagrange. Dans les problèmes de cette nature, la fonction λ n'est plus seulement une variable auxiliaire introduite pour la commodité du calcul : elle désigne une grandeur concrète, dont il est indispensable d'assigner la valeur pour la complète solution du problème.

380. Ceci nous mène à exposer la théorie des *maxima* et *minima relatifs*.

On dit qu'on cherche un *maximum* ou un *minimum* relatif, lorsqu'il s'agit de déterminer la fonction $y = \varphi x$ qui rend l'intégrale $\int_{x_0}^{x_1} \mathrm{V}dx$ un *maximum* ou un *minimum*, avec la condition qu'une autre intégrale $\int_{x_0}^{x_1} \mathrm{L}dx$, dépendant de la même fonction y, conserve une valeur constante. Telle est en général la question qu'on se propose dans les problèmes des *isopérimètres*, qui consistent à déterminer, parmi les courbes de même longueur, ou parmi celles pour lesquelles l'intégrale

$$\int_{x_0}^{x} \sqrt{1 + y'^2}.dx$$

conserve une valeur constante, celle dont l'ordonnée y satisfait à la condition de rendre l'intégrale $\int_{x_0}^{x_1} \mathrm{V}dx$ un *maximum* ou un *minimum*.

En pareil cas, les variations des coordonnées x, y, sont liées par l'équation de condition

$$\delta \int_{x_0}^{x_1} \mathrm{L}dx = 0,$$

et si l'on applique le procédé de l'élimination par les multiplicateurs indéterminés, on en conclura

$$\delta \int_{x_0}^{x_1} \mathrm{V}dx + \lambda\delta \int_{x_0}^{x_1} \mathrm{L}dx = 0$$

(λ désignant un coefficient constant), ou

$$\delta \int_{x_0}^{x_1} (\mathrm{V} + \lambda \mathrm{L})\, dx = 0. \qquad (m)$$

Le coefficient λ est constant, parce qu'on n'a ici qu'une équation de condition qui porte sur la valeur d'une intégrale, et non plus, comme dans le n° précédent, une infinité d'équations de condition, dont chacune subsiste pour les coordonnées relatives à un élément de l'intégrale. D'ailleurs, il est évident que si $\int_{x_0}^{x_1} \mathrm{V}dx$ a une valeur *maximum* ou *minimum*, l'intégrale $\int_{x_0}^{x_1} \mathrm{L}dx$ étant assujettie à rester constante, la somme

$$\int_{x_0}^{x_1} \mathrm{V}d + \lambda\int_{x_0}^{x_1} \mathrm{L}dx = \int_{x_0}^{x_1} (\mathrm{V}+\lambda\mathrm{L})\,dx,$$

où λ désigne un nombre constant, aura aussi une valeur *maximum* ou *minimum*. La fonction $y=\varphi x$, que l'on déterminera en appliquant à la formule (m) les règles ordinaires du calcul des variations, contient la constante indéterminée λ, dont on fixe la valeur par la condition que l'intégrale $\int_{x_0}^{x_1} \mathrm{L}dx$, dans laquelle entre y et par suite λ, ait une valeur constante et donnée.

On peut encore arriver au même résultat de la manière suivante. Posons

$$\int \mathrm{L}dx = z, \text{ ou } \mathrm{L} - \frac{dz}{dx} = 0: \qquad (n).$$

z sera une fonction de x que l'on pourra considérer comme liée à y et à x au moyen de l'équation (n). Ce sera donc le cas d'appliquer la méthode du n° 379, en traitant (n) comme une équation de condition, ce qui donne

$$\int_{x_0}^{x}\left[\delta.\mathrm{V}dx + \lambda\delta.\left(\mathrm{L}-\frac{dz}{dx}\right)dx\right] = 0.$$

Le terme

$$\int_{x_0}^{x_1} \lambda\delta.\frac{dz}{dx}dx = \int_{x_0}^{x_1} \lambda\delta dz$$

donne dans l'intégration par parties

$$[\lambda\delta z]_0^1 - \int_{x_0}^{x_1} \frac{d\lambda}{dx}dx\delta z.$$

La variable z n'entre d'ailleurs ni dans V ni dans L, en sorte que le terme dépendant de la variation indépendante δz ne saurait disparaître si l'on ne pose séparément

$$\frac{d\lambda}{dx} = 0, \quad \text{ou} \quad \lambda = const.$$

On a aussi

$$[\lambda \delta z]_0^1 = \lambda(\delta z_1 - \delta z_0) = 0,$$

puisque λ est constant, et que, par hypothèse, la quantité

$$z_1 - z_0 = \int_{x_0}^{x_1} L dx$$

est pareillement constante; de sorte qu'il n'y a plus qu'à faire évanouir la variation de l'intégrale

$$\int_{x_0}^{x_1} (V + \lambda L) dx,$$

où λ désigne un coefficient constant.

Cette analyse s'étend d'elle-même au cas où l'on aurait un plus grand nombre d'intégrales assujetties à conserver des valeurs constantes.

381. Nous n'avons traité jusqu'à présent que des conditions communes au *maximum* et au *minimum*. Il faudrait en outre donner les moyens de distinguer généralement le *maximum* du *minimum*, et faire connaître les cas d'exception où la variation de l'intégrale peut s'évanouir, sans que ce résultat entraîne l'existence d'un *maximum* ou d'un *minimum*.

En remontant aux principes généraux de la matière [91 *et suiv.*], on comprendra tout de suite que cette analyse doit se rattacher à la recherche des variations du second ordre d'une intégrale, ou des variations de ses variations. Mais dans les applications ordinaires, on peut se dispenser de recourir à cette analyse compliquée, attendu que la nature de la question indique presque toujours l'impossibilité, soit du *maximum* soit du *minimum;* de sorte qu'il ne peut rester d'ambiguïté sur le sens du résultat obtenu, par la simple considération des variations du premier ordre.

On doit aussi remarquer que nous ne nous occupons pas de rechercher le *maximum* ni le *minimum* d'une intégrale définie, toutes les fois que la fonction sous le signe $\int$ passe par l'infini entre les limites de l'intégration, de manière que l'intégrale n'ait plus une valeur finie et déterminée.

Nous allons passer, dans le chapitre suivant, à quelques exemples qui achèveront de lever les difficultés qui pourraient rester sur cette théorie, prise dans sa généralité abstraite.

CHAPITRE VIII.

APPLICATIONS DU CALCUL DES VARIATIONS DES INTÉGRALES SIMPLES. — * DE LA MÉTHODE DES VARIATIONS, ÉTENDUE AUX INTÉGRALES DOUBLES.

§ 1er. Application du calcul des variations des intégrales simples à des problèmes de *maxima* et de *minima*.

382. *De la ligne la plus courte sur une surface donnée.* Puisque la droite la plus courte ou la plus longue qu'on puisse mener d'un point à une ligne ou à une surface, est la normale abaissée du point sur la ligne ou sur la surface, il est aisé de voir que la ligne la plus longue ou la plus courte qui puisse être menée entre deux lignes ou entre deux surface est la normale commune aux deux lignes ou aux deux surfaces. Nous nous contenterons d'indiquer l'application des formules générales du chapitre précédent à un cas si simple; et nous passerons au problème qui a pour objet de déterminer la ligne la plus courte que l'on puisse tracer sur une surface donnée, entre deux points fixes, ou entre deux courbes fixes tracées également sur la surface. Il est évident que le problème n'admettrait pas de solution, si l'on substituait la condition du *maximum* à celle du *minimum*, à moins qu'on n'y apportât des limitations, en assujettissant, par exemple, la courbe cherchée à être plane.

L'intégrale qu'il s'agit de rendre un *minimum* est

$$\int_{x_0}^{x_1} \sqrt{1+y'^2+z'^2}.dx,$$

d'où l'on tire, en posant $\sqrt{1+y'^2+z'^2} = \text{V}$,

$$\delta\int_{x_0}^{x_1} \mathrm{V}dx = \left[\frac{\delta x + y'\delta y + z'\delta z}{\mathrm{V}}\right]_0^1$$

$$+\int_{x_0}^{x_1} dx\left[\frac{d\left(\frac{y'}{\mathrm{V}}\right)}{dx}(\delta y - y'\delta x) + \frac{d\left(\frac{z'}{\mathrm{V}}\right)}{dx}(\delta z - z'\delta x)\right],$$

Soit $\mathrm{F}(x,y,z)=0$ l'équation de la surface sur laquelle la ligne cherchée doit se trouver : il viendra

$$\frac{d\mathrm{F}}{dx}\delta x + \frac{d\mathrm{F}}{dy}\delta y + \frac{d\mathrm{F}}{dz}\delta z = 0,$$

d'où l'on conclut, en chassant δx sous le signe $\int$, et en égalant à zéro les multiplicateurs de δy, δz,

$$\left.\begin{aligned}\left(\frac{d\mathrm{F}}{dx} + y'\frac{d\mathrm{F}}{dy}\right)\cdot\frac{d\left(\frac{y'}{\mathrm{V}}\right)}{dx} + z'\frac{d\mathrm{F}}{dy}\cdot\frac{d\left(\frac{z'}{\mathrm{V}}\right)}{dx} = 0,\\ \left(\frac{d\mathrm{F}}{dy} + z'\frac{d\mathrm{F}}{dz}\right)\cdot\frac{d\left(\frac{z'}{\mathrm{V}}\right)}{dx} + y'\frac{d\mathrm{F}}{dz}\cdot\frac{d\left(\frac{y'}{\mathrm{V}}\right)}{dx} = 0.\end{aligned}\right\} \quad (1)$$

Mais, puisque la courbe cherchée doit se trouver sur la surface, les dérivées y', z' sont liées par l'équation

$$\frac{d\mathrm{F}}{dx} + y'\frac{d\mathrm{F}}{dy} + z'\frac{d\mathrm{F}}{dz} = 0:$$

en conséquence les deux équations (1) deviennent identiques, comme cela doit être, et elles prennent la forme

$$\frac{d\mathrm{F}}{dz}\cdot\frac{d\left(\frac{y'}{\mathrm{V}}\right)}{dx} = \frac{d\mathrm{F}}{dy}\cdot\frac{d\left(\frac{z'}{\mathrm{V}}\right)}{dx}. \quad (2)$$

Il faudrait substituer dans cette dernière équation les valeurs de z, z' en fonction de x, y, y' tirées de l'équation de la surface, et intégrer : mais en conservant à la fonction F sa généralité, nous allons tirer de l'équation (2) la démonstration d'une propriété caractéristique des courbes qui satisfont aux conditions du problème.

On a, en désignant comme à l'ordinaire par s l'arc de la courbe,

$$\frac{y'}{V}=\frac{dy}{ds}, \quad \frac{z'}{V}=\frac{dz}{ds},$$

au moyen de quoi l'équation (2) revient à la proportion

$$\frac{\frac{d\left(\frac{dy}{ds}\right)}{ds}}{\frac{dF}{dy}}=\frac{\frac{d\left(\frac{dz}{ds}\right)}{ds}}{\frac{dF}{dz}};$$

d'où l'on conclut, à cause de la symétrie,

$$\frac{\frac{d\left(\frac{dx}{ds}\right)}{ds}}{\frac{dF}{dx}}=\frac{\frac{d\left(\frac{dy}{ds}\right)}{ds}}{\frac{dF}{dy}}=\frac{\frac{d\left(\frac{dz}{ds}\right)}{ds}}{\frac{dF}{dz}}. \tag{3}$$

Mais si l'on désigne par λ, μ, ν; λ', μ', ν' les angles que la normale à la surface et le rayon de courbure de la ligne cherchée font avec des parallèles aux axes des x, y, z dans le sens des coordonnées positives, la proportion (3) revient [228 *et* 237] à

$$\frac{\cos\lambda}{\cos\lambda'}=\frac{\cos\mu}{\cos\mu'}=\frac{\cos\nu}{\cos\nu'}.$$

Donc $\lambda=\lambda'$, $\mu=\mu'$, $\nu=\nu'$. Ainsi la ligne tracée sur la surface, de manière qu'entre deux points quelconques elle soit plus courte que toute autre ligne assujettie à rester sur la surface et à passer par ces deux points, a son plan osculateur constamment normal à la surface.

383. L'équation aux limites

$$\left[\frac{\delta x+y'\delta y+z'\delta z}{V}\right]_0^1=0$$

se trouve satisfaite d'elle-même, si les deux points extrêmes de la courbe cherchée sont fixes et donnés de position ; car alors on a

$$\delta x_0 = 0, \ \delta y_0 = 0, \ \delta z_0 = 0 ; \quad \delta x_1 = 0, \ \delta y_1 = 0, \ \delta z_1 = 0.$$

Supposons qu'il n'en soit pas ainsi, mais que chacun des deux points extrêmes soit assujetti à se trouver sur une courbe donnée, tracée sur la surface. On aura, en chacun des deux points extrêmes, en supprimant, pour plus de simplicité, les indices 0, 1 qui les particularisent,

$$\delta x + y'\delta y + z'\delta z = 0,$$

ou bien

$$1 + y'\frac{\delta y}{\delta x} + z'\frac{\delta z}{\delta x} = 0. \tag{4}$$

Or, le point extrême (x,y,z) étant assujetti à se trouver sur une ligne donnée, $\frac{\delta y}{\delta x}, \frac{\delta z}{\delta x}$, sont des quantités déterminées par le tracé de cette ligne, et qui mesurent les tangentes trigonométriques des angles que font avec l'axe des x les projections sur les plans des xy et des xz de la tangente à cette ligne au point (x,y,z). D'un autre côté, y', z' sont les tangentes trigonométriques des angles que font avec le même axe les projections sur les mêmes plans de la tangente à la ligne la plus courte, menée par le point extrême. Donc l'équation (4) exprime que la ligne la plus courte coupe à angles droits les deux lignes tracées sur la surface, et sur lesquelles les points extrêmes sont respectivement assujettis à se trouver.

384. *De la surface de révolution à aire minimum.* On demande de déterminer dans le plan xy la courbe passant par deux points donnés (x_0,y_0), (x_1,y_1), qui, par sa révolution autour de l'axe des x, engendre la surface de révolution dont l'aire (comprise entre deux plans perpendiculaires à l'axe des x, et passant chacun par l'un des points donnés) est un *minimum*. L'intégrale dont la variation doit s'éva-

nouir, est [350]

$$\int_{x_0}^{x_1} y\sqrt{1+y'^2}.dx;$$

et l'équation (a) du n° 373 devient, dans ce cas particulier,

$$\sqrt{1+y'^2} - \frac{d\left(\frac{yy'}{\sqrt{1+y'^2}}\right)}{dx} = 0, \quad \text{ou} \quad 1 - \frac{d\left(y\frac{dy}{ds}\right)}{ds} = 0.$$

Si l'on prend s pour variable indépendante, cette équation revêt la forme

$$1 - \left(\frac{dy}{ds}\right)^2 - y\frac{d^2y}{ds^2} = \left(\frac{dx}{ds}\right)^2 - y\frac{d^2y}{ds^2} = 0. \qquad (6)$$

Mais on a, dans la même hypothèse,

$$\frac{dx}{ds}\cdot\frac{d^2x}{ds^2} + \frac{dy}{ds}\cdot\frac{d^2y}{ds^2} = 0, \qquad (7)$$

ce qui permet de changer l'équation (6) en

$$\frac{dx}{ds}\cdot\frac{dy}{ds} + y\,\frac{d^2x}{ds^2} = \frac{d\left(y\frac{dx}{ds}\right)}{ds} = 0.$$

On en conclut

$$y\,\frac{dx}{ds} = b, \qquad (8)$$

b désignant une constante arbitraire; et par suite, en élevant au carré, et en remettant pour ds^2 sa valeur,

$$dx = \frac{bdy}{\sqrt{y^2 - b^2}}. \qquad (9)$$

Enfin une nouvelle intégration donne

$$x - x_0 = b\int_{y_0}^{y} \frac{dy}{\sqrt{y^2 - b^2}} = b\log\left(\frac{y + \sqrt{y^2 - b^2}}{y_0 + \sqrt{y_0^2 - b^2}}\right).$$

Puisque les coordonnées des deux points extrêmes sont des constantes données, l'équation aux limites se trouve satisfaite d'elle-même.

D'après l'équation (8), la constante b représente la valeur de l'ordonnée y pour le point de la courbe où la tangente est parallèle à l'axe des x : on en déterminerait la valeur en calculant, par des approximations successives, la racine de l'équation transcendante

$$x_1 - x_0 = b \log\left(\frac{y_1 + \sqrt{y_1^2 - b^2}}{y_0 + \sqrt{y_0^2 - b^2}}\right).$$

Afin de mettre sous sa forme la plus simple l'équation de la courbe qui satisfait au problème, faisons passer l'axe des y par le point de la courbe où la tangente est parallèle à l'axe des x, ce qui revient à intégrer l'équation (9) en supposant qu'on ait à la fois $x = 0$, $y = b$: il viendra

$$x = b \log\left(\frac{y + \sqrt{y^2 - b^2}}{b}\right), \quad y + \sqrt{y^2 - b^2} = be^{\frac{x}{b}},$$

d'où

$$y - \sqrt{y^2 - b^2} = \frac{b^2}{y + \sqrt{y^2 - b^2}} = be^{-\frac{x}{b}},$$

et par suite

$$y = \frac{b}{2}\left(e^{\frac{x}{b}} + e^{-\frac{x}{b}}\right). \tag{10}$$

On tire ensuite de l'équation (8), en prenant pour origine des arcs le point dont l'abscisse est nulle,

$$s = \frac{1}{b}\int_0^x y\,dx = \frac{b}{2}\left(e^{\frac{x}{b}} - e^{-\frac{x}{b}}\right).$$

La courbe dont on vient de trouver l'équation est connue sous le nom de *chaînette*; parce que, comme on le prouve en mécanique, cette courbe est celle qu'affecterait un fil pesant, homogène, parfaitement flexible, et suspendu par deux points. Galilée, qui s'en est occupé, l'avait confondue avec la parabole; mais Leibnitz en a ramené la construction à celle de deux logarithmiques, construction qui ressort de l'équation (10).

La chaînette jouit, comme la cycloïde, de propriétés curieuses, en outre de celles dont il vient d'être question. Soit MBM' (*fig.* 89) cette courbe, symétrique par rapport à l'axe OY, XX' l'axe autour duquel la courbe doit tourner pour engendrer la surface de révolution dont l'aire est un *minimum* : l'ordonnée *minimum* OB représentera le paramètre b. En vertu des équations (8) et (10), on a

$$\sqrt{1+\frac{dy^2}{dx^2}}=\frac{y}{b},\quad \frac{d^2y}{dx^2}=\frac{y}{b^2};$$

de sorte qu'en tous les points de la chaînette, la *normale* [172] et le rayon de courbure [193] ont pour valeur commune $\frac{y^2}{b}$. Au *sommet* B le rayon de courbure passe par un *minimum*, et a pour valeur le paramètre b.

Si, du point P, pied de l'ordonnée $\mathrm{PM}=y$, on abaisse sur la tangente MT la perpendiculaire $\mathrm{P}\mu$, on aura $\mathrm{P}\mu$: MP : : PT ; MT. Mais

$$\mathrm{PT}=\frac{by}{\sqrt{y^2-b^2}},\quad \mathrm{MT}=\frac{y^2}{\sqrt{y^2-b^2}}:$$

donc la perpendiculaire $\mathrm{P}\mu$ a une valeur constante et égale au paramètre b. De là $\mathrm{M}\mu=\sqrt{y^2-b^2}$.

L'aire OBMP a pour valeur

$$\int_0^x ydx=b\int_y^b\frac{ydy}{\sqrt{y^2-b^2}}=b\sqrt{y^2-b^2};$$

et l'on a, par l'équation (8),

$$\mathrm{arc\,BM}=s=\frac{1}{b}\int_0^x ydx=\sqrt{y^2-b^2}:$$

la chaînette est donc une courbe pour laquelle l'aire et l'arc sont des fonctions algébriques de l'ordonnée.

L'arc BM vient d'être trouvé égal à la droite $\mathrm{M}\mu$: donc le point μ appartient à une développante de la chaînette, ayant son point de rebroussement en B, sommet de la développée. Cette développante NBN' est symétrique par rapport à l'axe des y et a pour asymptote l'axe des x. La portion de droite $\mu P = b$ est la *tangente* de la courbe NBN', à laquelle, en conséquence, on peut assigner pour propriété caractéristique d'avoir une *tangente* de grandeur constante. Ces remarques intéressantes ont été faites par Ampère.

385. *Courbe de la plus vite descente,* ou *Brachistochrone.* On appelle ainsi la courbe sur laquelle devrait glisser un point matériel pesant, pour arriver le plus vite possible d'un point à un autre, non situé sur la même verticale, abstraction faite du frottement sur la courbe et de la résistance du milieu ambiant. Tout étant symétrique de part et d'autre du plan vertical mené par les points extrêmes, la courbe reste nécessairement comprise dans ce plan vertical que nous prendrons pour celui des xy, les x positifs se mesurant suivant la verticale et de haut en bas. Soient x_0, x_1 les abscisses des points de départ et d'arrivée du mobile : d'après les principes de la mécanique, il faut rendre un *minimum* l'intégrale

$$\int_{x_0}^{x_1} \sqrt{\frac{1+y'^2}{x-x_0}}.dx,$$

ce qui donne

$$d\left(\frac{y'}{\sqrt{(x-x_0)(1+y'^2)}}\right)=0,\quad \frac{y'}{\sqrt{(x-x_0)(1+y'^2)}}=b,$$

$$\frac{1}{y'}=\frac{dx}{dy}=\sqrt{\frac{\frac{1}{b^2}-(x-x_0)}{x-x_0}},$$

Posons $\frac{1}{b^2}=2R$ et $x_0=0$, ce qui revient à faire passer l'axe des x par le point de départ, il viendra

$$\frac{dx}{dy}=\sqrt{\frac{2R-x}{x}},$$

équation d'une cycloïde [177] dont l'un des arceaux a pour pied le point de départ. Le rayon R du cercle générateur se déterminera, au moyen de ce que la cycloïde est assujettie à passer par le point d'arrivée du mobile.

386. *Problèmes sur les isopérimètres.* On demande la courbe dont l'aire $\int_{x_0}^{x_1} y\,dx$, limitée par les ordonnées des points (x_0, y_0), (x_1, y_1), est un *maximum* ou un *minimum*, l'arc entre ces mêmes points ayant une longueur donnée. D'après le n° 380, il faut poser

$$\delta \int_{x_0}^{x_1} (y + \lambda \sqrt{1 + y'^2})\,dx = 0,$$

λ désignant un coefficient constant : ce qui donne

$$1 - \lambda . \frac{d\left(\dfrac{y'}{\sqrt{1+y'^2}}\right)}{dx} = 0;$$

d'où, en intégrant, et en désignant par ξ la valeur de x pour $y' = 0$,

$$x - \xi = \pm \frac{\lambda y'}{\sqrt{1+y'^2}}, \quad y' = \frac{dy}{dx} = \pm \frac{x - \xi}{\sqrt{\lambda^2 - (x-\xi)^2}}.$$

Intégrons de nouveau, et désignons par η la valeur de y pour $x = \xi$: il viendra

$$y - \eta = \pm \sqrt{\lambda^2 - (x-\xi)^2}, \text{ ou } (x - \xi)^2 + (y - \eta)^2 = \lambda^2.$$

Ainsi la courbe cherchée est un cercle dont λ désigne le rayon, et qui a pour centre le point (ξ, η). La détermination des trois constantes ξ, η, λ résulte de ce que le cercle doit passer par les points (x_0, y_0), (x_1, y_1), l'arc compris entre ces points ayant une longueur donnée. La solution est double : l'arc de cercle qui tourne sa concavité vers l'axe des x correspondant au *maximum*, et celui qui tourne sa convexité vers le même axe correspondant au *minimum*. On en conclut que le cercle est la courbe fermée qui, sous le même périmètre, circonscrit l'aire *maximum*, comme les anciens l'avaient démontré par la géométrie pure.

Si l'on ajoute au problème du n° 384 la condition que la conrbe soit prise parmi celles qui ont entre les points (x_0, y_0),

(x_1, y_1), une longueur constante et donnée, la variable y se trouvera remplacée dans l'équation (8) par $y+\lambda$: d'ailleurs les calculs seront les mêmes et conduiront pareillement à l'équation de la chaînette. Une nouvelle constante arbitraire sera introduite dans cette équation ; mais on aura aussi une nouvelle équation de condition : savoir, celle qui résulte de ce que la longueur de la courbe entre les points extrêmes est une constante donnée.

*387. Pour dernière question, proposons-nous de trouver, parmi les courbes planes isopérimètres, terminées à deux points fixes (x_0, y_0), (x_1, y_1), celle qui, en tournant autour de l'axe des x, détermine le solide de révolution dont le volume $\pi\int_{x_0}^{x_1} y^2 dx$ est un *maximum* ou un *minimum*.

La condition analytique du problème est

$$\delta.\int_{x_0}^{x_1} (y^2 + \lambda^2 \sqrt{1+y'^2})\,dx = 0,$$

en écrivant, pour l'homogénéité, λ^2 au lieu de λ ; et elle donne

$$2y = \lambda^2 . \frac{d\left(\frac{y'}{\sqrt{1+y'^2}}\right)}{dx} = \lambda^2 . \frac{d\left(\frac{dy}{ds}\right)}{dx}, \tag{11}$$

ou bien, en prenant s pour variable indépendante,

$$2y = \lambda^2 \frac{d^2y}{ds^2} . \frac{dx}{ds}.$$

Substituons pour $\frac{d^2y}{ds^2}$ sa valeur tirée de l'équation (7), et il viendra

$$2y\frac{dy}{ds} = -\lambda^2 \frac{d^2x}{ds^2};$$

d'où en intégrant, et en désignant par b la valeur de l'ordonnée y pour le point de la courbe où la tangente est perpendiculaire à l'axe des x,

$$y^2 - b^2 = -\lambda^2 \frac{dx}{ds} = -\frac{\lambda^2}{\sqrt{1+y'^2}}.$$

Cette dernière équation donne

$$\left.\begin{aligned} dx &= \pm \frac{(y^2 - b^2)\,dy}{\sqrt{\lambda^4 - (y^2 - b^2)^2}}, \\ \text{et par suite} \qquad & \\ ds &= \mp \frac{\lambda^2\,dy}{\sqrt{\lambda^4 - (y^2 - b^2)^2}}. \end{aligned}\right\} \quad (12)$$

Une nouvelle intégration donnerait la valeur de x en y avec une constante arbitraire ; et l'on déterminerait cette constante, ainsi que les deux autres paramètres b, λ, en assujettissant la courbe à passer par les points (x_0, y_0), (x_1, y_1), et à avoir entre ces points une longueur donnée.

Posons $b = 0$, ce qui revient à faire passer l'axe des x par le point où la tangente est perpendiculaire à cet axe ; prenons aussi ce point pour l'origine des coordonnées x, y, et de l'arc s auquel nous donnerons le même signe qu'à x : il viendra

$$x = \int_0^y \frac{y^2\,dy}{\sqrt{\lambda^4 - y^4}}, \quad s = \lambda^2 \int_0^y \frac{dy}{\sqrt{\lambda^4 - y^4}}.$$

Soit $y = \lambda \cos\varphi$, φ désignant une nouvelle variable : on aura

$$dx = -\frac{\lambda \sin\varphi \cos^2\varphi\,d}{\sqrt{1 - \cos^4\varphi}} = -\frac{\lambda \cos^2\varphi\,d\varphi}{\sqrt{1 + \cos^2\varphi}} = -\frac{\lambda}{\sqrt{2}} \cdot \frac{\cos^2\varphi\,d\varphi}{\sqrt{1 - \frac{1}{2}\sin^2\varphi}}$$

$$= -\frac{\lambda\,d\varphi}{\sqrt{2}} \left(2\sqrt{1 - \tfrac{1}{2}\sin^2\varphi} - \frac{1}{\sqrt{1 - \frac{1}{2}\sin^2\varphi}} \right),$$

$$ds = -\frac{\lambda}{\sqrt{2}} \cdot \frac{d\varphi}{\sqrt{1 - \frac{1}{2}\sin^2\varphi}},$$

et par suite

$$x = -\frac{\lambda}{\sqrt{2}} \left(2\int_{\frac{\pi}{2}}^{\varphi} \sqrt{1 - \tfrac{1}{2}\sin^2\varphi}\,.\,d\varphi - \int_{\frac{\pi}{2}}^{\varphi} \frac{d\varphi}{\sqrt{1 - \frac{1}{2}\sin^2\varphi}} \right)$$

$$= \frac{\lambda}{\sqrt{2}} \left[2\,\mathrm{E}\left(\frac{1}{\sqrt{2}}\right) - 2\,\mathrm{E}\left(\frac{1}{\sqrt{2}}, \varphi\right) - \mathrm{F}\left(\frac{1}{\sqrt{2}}\right) + \mathrm{F}\left(\frac{1}{\sqrt{2}}, \varphi\right) \right], \quad (13)$$

$$s = \frac{\lambda}{\sqrt{2}} \left[\mathrm{F}\left(\frac{1}{\sqrt{2}}\right) - \mathrm{F}\left(\frac{1}{\sqrt{2}}, \varphi\right) \right].$$

D'après la nature périodique des fonctions F, E, il est aisé de voir que la courbe représentée par l'équation (13) a un cours périodique, comme l'indique la *fig.* 90. L'ordonnée *maximum* PM ayant pour valeur λ, celles de l'abscisse correspondante $OP = \frac{1}{2} OA$ et de l'arc OM sont

$$\frac{\lambda}{\sqrt{2}} \cdot \left[2\,E\left(\frac{1}{\sqrt{2}}\right) - F\left(\frac{1}{\sqrt{2}}\right)\right], \quad \frac{\lambda}{\sqrt{2}} \cdot F\left(\frac{1}{\sqrt{2}}\right).$$

Les inflexions de la courbe aux points O, A, etc., n'interrompent pas la continuité de la fonction s, comme cela a lieu pour d'autres courbes, et notamment pour la lemniscate [346], dont l'arc s'exprime aussi par la fonction elliptique $F\left(\frac{1}{\sqrt{2}}, \varphi\right)$.

La considération dont nous avons fait usage pour simplifier l'expression des intégrales des équations différentielles (12), ne pourrait plus être employée : 1° si la constante b devait avoir une valeur imaginaire de la forme $b'\sqrt{-1}$, ce qui n'empêcherait pas les intégrales dont il s'agit d'être encore exprimables, quoique d'une manière moins simple, par les fonctions elliptiques ; 2° si l'on avait entre les constantes b, λ la relation $b = \lambda$; mais dans ce dernier cas il viendrait

$$dx = \pm \frac{(y^2 - \lambda^2)\, dy}{y\sqrt{2\lambda^2 - y^2}}, \quad ds = \mp \frac{\lambda^2\, dy}{y\sqrt{2\lambda^2 - y^2}},$$

d'où

$$x = const. \pm \sqrt{2\lambda^2 - y^2} \pm \frac{\lambda}{\sqrt{2}} \log\left(\frac{\sqrt{\lambda\sqrt{2}+y} - \sqrt{\lambda\sqrt{2}-y}}{\sqrt{\lambda\sqrt{2}+y} + \sqrt{\lambda\sqrt{2}-y}}\right).$$

On pourra effacer la constante arbitraire, si l'on fait passer l'axe des y par le point dont l'ordonnée est $y = \lambda\sqrt{2}$. D'ailleurs la courbe que cette équation représente, et qui est comprise entre les droites $y = \pm\lambda\sqrt{2}$, au lieu de couper en une infinité de points l'axe des x, comme cela arrive à la courbe (13), a cet axe pour asymptote ; puisque, si l'on fait $y = 0$, il vient $\frac{dy}{dx} = 0$, et $x = \pm\infty$.

La courbe dont la première équation (12) est l'équation différentielle, est connue sous le nom de courbe *élastique*, parce que c'est celle qu'affecterait une lame élastique, naturellement plane, fixée à l'une de ses extrémités, et courbée par l'action d'une force appliquée convenablement à l'autre extrémité. On l'a nommée aussi courbe *lintéaire*, parce qu'elle représente la section droite d'une enveloppe cylindrique parfaitement flexible, suspendue par deux de ses génératrices, et remplie d'un liquide pesant dont la pression détermine la courbure de l'enveloppe.

A proprement parler, la courbe lintéaire est déterminée par la condition que l'intégrale

$$\int_{x_0}^{x_1} y^2\, dx$$

soit un *maximum*, les intégrales

$$\int_{x_0}^{x_1} y dx,\ \int_{x_0}^{x_1} \sqrt{1+y'^2}.dx$$

ayant des valeurs constantes, c'est-à-dire par l'équation

$$\delta\int_{x_0}^{x_1} (y^2 + \lambda' y + \lambda^2 \sqrt{1+y'^2})\, dx = 0,$$

d'où l'on tire

$$2y + \lambda' = \lambda^2 . \frac{d\left(\frac{dy}{ds}\right)}{dx}.$$

Puisqu'il suffit de diminuer les y de la quantité constante $\frac{\lambda'}{2}$, pour ramener cette équation à l'équation (11), il est clair que l'équation de la courbe lintéaire doit se confondre avec celle de la courbe élastique, tant qu'on ne particularise pas les constantes.

* § 2. De la méthode des variations, étendue aux intégrales doubles.

388. Soit

$$\iint V dx dy$$

une intégrale double dont les limites, supposées d'abord invariables, sont déterminées par le tracé sur le plan xy d'une courbe fermée $m_0 n_0 m_1 n_1$ [*fig.* 80 *et* n° 354] : on admet que V peut renfermer, outre les variables indépendantes x, y, une fonction z de ces deux variables, et ses dérivées partielles du premier et du second ordre p, q, r, s, t, hypothèse d'une généralité bien suffisante pour les besoins des applications. Il s'agit de déterminer la fonction z de manière que l'intégrale proposée ait une valeur *maximum* ou *minimum*.

Posons

$$dV = X dx + Y dy + Z dz + P dp + Q dq + R dr + S ds + T dt,$$

ce qui donne dans l'hypothèse des limites constantes où l'on peut [374] considérer comme nulles d'elles-mêmes les variations δx et δy,

$$\delta V = Z\delta z + P\delta p + Q\delta q + R\delta r + S\delta s + T\delta t;$$

en sorte que l'équation du problème devient

$$\iint [Z\delta z + P\delta p + Q\delta q + R\delta r + S\delta s + T\delta t]\, dx dy = 0. \quad (14)$$

Il faut considérer à part les termes en δp, δq, etc., afin de leur faire subir les transformations qui sont de l'essence du calcul des variations.

On a

$$\iint P\delta p . dx dy = \iint P\delta \frac{dz}{dx} . dx dy = \iint P \frac{d\delta z}{dx} . dx dy$$
$$= \int P dy . \delta z - \iint \frac{dP}{dx} dx dy . \delta z.$$

Dans cette équation l'intégrale double

$$\iint \frac{dP}{dx} dxdy . \delta z$$

est censée prise dans les mêmes limites que l'intégrale double proposée : quant à l'intégrale simple $\int Pdx\delta z$, qui est amenée par une première intégration relative à la variable x, il faut, pour en fixer la valeur, concevoir qu'après cette première intégration opérée, on a substitué successivement pour x les valeurs $\psi_1 y$, $\psi_0 y$ [354], et retranché le second résultat du premier, ce que nous indiquons par la notation abrégée

$$\left[\int P dy . \delta z\right]_{\psi_0 y}^{\psi_1 y};$$

la seconde intégration relative à y devant d'ailleurs être prise entre les limites $y = Oq_1 = y_1$, $y = Oq_0 = y_0$. En conséquence nous écrirons

$$\iint P\delta p . dxdy = \left[\int_{y_0}^{y_1} Pdy . \delta z\right]_{\psi_0 y}^{\psi_1 y} - \iint \frac{dP}{dx} dxdy . \delta z.$$

On trouverait de la même manière

$$\iint Q\delta q . dxdy = \left[\int_{x_0}^{x_1} Qdx . \delta z\right]_{\varphi_0 x}^{\varphi_1 x} - \iint \frac{dQ}{dy} dxdy . \delta z;$$

la fonction φ désignant l'inversé de ψ, ainsi qu'on l'a expliqué dans le n° cité.

Il vient ensuite

$$\iint R\delta r . dxdy = \iint R \frac{d^2\delta z}{dx} dxdy = \int R dy \frac{d\delta z}{dx} - \iint \frac{dR}{dx} . \frac{d\delta z}{dx} dxdy$$
$$= \int R dy \delta . \frac{dz}{dx} - \int \frac{dR}{dx} dy \delta z + \iint \frac{d^2R}{dx^2} dxdy . \delta z.$$

En tenant compte des limites des intégrales, nous écrirons, suivant la notation employée ci-dessus,

$$\iint R\delta r.dxdy = \left[\int_{y_0}^{y_1}\left(-\frac{dR}{dx}\delta z + R\delta p\right)dy\right]_{\psi_0 y}^{\psi_1 y} + \iint \frac{d^2R}{dx^2}\,dxdy.\delta z.$$

Le même calcul donnera

$$\iint T\delta t.dxdy = \left[\int_{x_0}^{x_1}\left(-\frac{dT}{dy}\delta z + T\delta q\right)dx\right]_{\varphi_0 x}^{\varphi_1 x} + \iint \frac{d^2T}{dy^2}\,dxdy.\delta z.$$

Enfin, si nous considérons le terme affecté de δs, nous obtiendrons par un calcul analogue

$$\iint S\delta s.dxdy = \left[\int_{x_0}^{x_1} S\delta p dx\right]_{\varphi_0 x}^{\varphi_1 x} - \left[\int_{y_0}^{y_1}\frac{dS}{dy}\,dy\delta z\right]_{\psi_0 y}^{\psi_1 y} + \iint \frac{d^2S}{dxdy}\,dxdy.\delta z.$$

On a d'ailleurs

$$\int S\delta p.dx = \int S\,\frac{d\delta z}{dx}\,dx = S\delta z - \int \frac{dS}{dx}\,dx\delta z,$$

d'où

$$\iint S\delta s.dxdy = \left[S\delta z\right]_{x_0}^{x_1} - \left[\int_{x_0}^{x_1}\frac{dS}{dx}\,dx\delta z\right]_{\varphi_0 x}^{\varphi_1 x} - \left[\int_{y_0}^{y_1}\frac{dS}{dy}\,dy\delta z\right]_{\psi_0 y}^{\psi_1 y} + \iint \frac{d^2S}{dxdy}\,dxdy\delta z.$$

389. Si l'on réunit ces divers résultats, on mettra l'équation (14) sous la forme

$$\left[\left(S\delta z\right)_{x_0}^{x_1}\right]_{\varphi_0 x}^{\varphi_1 x} + \left\{\int_{y_0}^{y_1}\left[\left(P - \frac{dR}{dx} - \frac{dS}{dy}\right)\delta z + R\delta p\right]dy\right\}_{\psi_0 y}^{\psi_1 y} + \left\{\int_{x_0}^{x_1}\left[\left(Q - \frac{dT}{dy} - \frac{dS}{dx}\right)\delta z + T\delta q\right]dx\right\}_{\varphi_0 x}^{\varphi_1 x}$$
$$+\iint\left(Z - \frac{dP}{dx} - \frac{dQ}{dy} + \frac{d^2R}{dx^2} + \frac{d^2S}{dxdy} + \frac{d^2T}{dy^2}\right)dxdy.\delta z = 0. \quad (A)$$

Le coefficient de δz, sous les signes de double intégration, doit être nul pour toutes les valeurs de x, y comprises entre les limites de l'intégrale double, ce qui donne l'équation aux différences partielles entre x, y, z,

$$Z - \frac{dP}{dx} - \frac{dQ}{dy} + \frac{d^2R}{dx^2} + \frac{d^2S}{dxdy} + \frac{d^2T}{dy^2} = 0. \qquad (a)$$

Chacune des intégrales simples qui entrent dans l'équation (A) s'étend à tous les éléments de la courbe $m_0n_0m_1n_1$ (*fig*. 80) qui trace sur le plan xy les limites de l'intégrale double. Donc, pour tous les systèmes de valeurs de x, y, qui correspondent à des points pris sur cette courbe, les variations δz, δp, δq doivent satisfaire aux équations

$$\left.\begin{aligned} \left(P - \frac{dR}{dx} - \frac{dS}{dy}\right)\delta z + R\delta p = 0, \\ \left(Q - \frac{dT}{dy} - \frac{dS}{dx}\right)\delta z + T\delta q = 0. \end{aligned}\right\} \qquad (b)$$

Enfin il faudra qu'on ait

$$\left[\left(S\delta z\right)_{x_0}^{x_1}\right]_{\varphi_0 x}^{\varphi_1 x} = 0,$$

ou bien

$$(S\delta z)_{x_1, \varphi_1 x_1} - (S\delta z)_{x_0, \varphi_1 x_0} - (S\delta z)_{x_1, \varphi_0 x_1} + (S\delta z)_{x_0, \varphi_0 x_0} = 0, \qquad (c)$$

$(S\delta z)_{x_1 \varphi_1 x_1}$ désignant ce que devient $S\delta z$ pour les valeurs $x = x_1$, $y = \varphi_1 x_1$, et ainsi de suite.

390. On peut se représenter la variable z comme l'ordonnée d'une surface. Si l'intersection de cette surface avec le cylindre qui se projette en xy suivant la ligne $m_0n_0m_1n_1$ était une courbe donnée de position dans l'espace, la variation δz serait nulle pour tous les points qui appartiennent à cette ligne d'intersection : par suite l'équation (c) serait satisfaite d'elle-même, et les équations (b) se réduiraient à

$$R\delta p = 0, \quad T\delta q = 0.$$

Si en outre la nature du problème déterminait la direction du plan tangent à la surface, tout le long de la ligne d'intersection, les variations δp, δq s'évanouiraient, et par suite les équations (b) seraient satisfaites d'elles-mêmes.

Lorsque la ligne d'intersection et la direction du plan tangent le long de cette ligne ne sont point déterminées par les conditions du problème, il faut, pour satisfaire aux équations (b) égaler séparément à zéro les coefficients de δz, δp, δq, c'est-à-dire poser

$$\mathrm{P}-\frac{d\mathrm{R}}{dx}-\frac{d\mathrm{S}}{dy}=0,\ \mathrm{Q}-\frac{d\mathrm{T}}{dy}-\frac{d\mathrm{S}}{dx}=0,\ \mathrm{R}=0,\ \mathrm{T}=0\,;$$

et ces dernières équations doivent subsister pour tous les points de la ligne d'intersection dont la projection en xy est la courbe $m_0n_0m_1n_1$.

391. Dans le but de montrer une application de cette théorie, supposons que l'on demande la surface assujettie à passer par un contour donné et dont l'aire, dans la portion circonscrite par ce contour, est un *minimum*. Cette surface ne serait plane que si la ligne de contour par laquelle elle doit passer était comprise dans un plan. L'intégrale double qu'il s'agit de rendre un *minimum* est [359]

$$\iint\sqrt{1+p^2+q^2}\,.\,dxdy.$$

Comme les fonctions R, S, T sont nulles, et que la variation δz s'évanouit aux limites, à cause de l'invariabilité de la ligne de contour, les équations (b) et (c) se trouvent satisfaites : il suffit de déterminer l'ordonnée z en fonction de x, y, de manière à satisfaire à l'équation (a) qui devient

$$\frac{d\left(\dfrac{p}{\sqrt{1+p^2+q^2}}\right)}{dx}+\frac{d\left(\dfrac{q}{\sqrt{1+p^2+q^2}}\right)}{dy}=0,$$

ou en développant les calculs,

$$(1+q^2)r-2pqs+(1+p^2)t=0, \qquad (d)$$

équation [281] caractéristique des surfaces pour lesquelles, en tous leurs points, les deux rayons des courbures principales sont égaux en grandeur et opposés en direction. La surface cherchée doit en outre être assujettie à passer par la ligne donnée, qui circonscrit l'aire *mimimum,* condition par laquelle il faudrait déterminer les fonctions arbitraires qui entreraient dans l'intégrale de l'équation (d).

La surface décrite par la révolution de la chaînette

$$y = \frac{b}{2}\left(e^{\frac{x}{b}} + e^{-\frac{x}{b}}\right)$$

autour de l'axe des x, est (parmi les surfaces de révolution assujetties à passer par deux cercles parallèles donnés) celle dont l'aire a la valeur *minimum* [384]. Les deux rayons des courbures principales de cette surface de révolution sont : 1° le rayon de courbure de la chaînette méridienne; 2° la portion de la normale comprise entre la courbe méridienne et l'axe de révolution [285]; et en effet l'on a trouvé [384] que ces deux lignes sont égales et opposées de direction.

392. Quand on n'admet pas que les limites de l'intégrale double soient fixées invariablement par un contour tracé sur le plan xy, on ne peut plus supposer nulles les variations δx, δy, du moins pour les points situés sur les limites de l'intégrale [374]. On a dans ce cas

$$\begin{aligned}\delta \iint V dx dy &= \iint dy V \delta dx + \iint dx V \delta dy + \iint \delta V dx dy \\ &= \iint dy V d\delta x + \iint dy V d\delta y + \iint \delta V dx dy \\ &= \int V \delta x dy + \int V \delta y dx + \iint \left(\delta V - \frac{dV}{dx}\delta x - \frac{dV}{dy}\delta y\right) dx dy.\end{aligned}$$

Chaque intégrale simple est censée prise le long de la ligne de contour qui limite l'intégrale double, selon les explications données précédemment.

D'après un calcul analogue à celui du n° 373, si l'on pose pour abréger

$$\delta z - p\delta x - q\delta y = \delta u,$$

et que l'on conserve aux lettres Z, P, Q, R, S, T leur signification, en omettant, pour plus de simplicité, les termes d'un ordre supérieur au second, on aura

$$\begin{aligned}\delta V - \frac{dV}{dx}\delta x - \frac{dV}{dy}\delta y = Z\delta u + P\frac{d\delta u}{dx} + Q\frac{d\delta u}{dy}\\ + R\frac{d^2\delta u}{dx^2} + S\frac{d^2\delta u}{dxdy} + T\frac{d^2\delta u}{dy^2};\end{aligned}$$

puis

$$\begin{aligned}\iint\left(\delta V - \frac{dV}{dx}\delta x - \frac{dV}{dy}\delta y\right)dxdy = S\delta u\\ + \int\left[\left(P - \frac{dR}{dx} - \frac{dS}{dy}\right)\delta u + R\frac{d\delta u}{dx}\right]dy\\ + \int\left[\left(Q - \frac{dT}{dy} - \frac{dS}{dx}\right)\delta u + T\frac{d\delta u}{dy}\right]dx\\ + \iint\left(Z - \frac{dP}{dx} - \frac{dQ}{dy} + \frac{d^2R}{dx^2} + \frac{d^2S}{dxdy} + \frac{d^2T}{dy^2}\right)dxdy.\delta u.\end{aligned}$$

Il faudra donc, pour l'évanouissement de la variation de l'intégrale double :

1° Que l'équation (a), aux différences partielles entre les variables x, y, z, subsiste pour toutes les valeurs de x, y comprises entre les limites de cette intégrale ;

2° Que pour les valeurs de x, y correspondant aux points situés sur la ligne de contour qui limite l'intégrale, on ait les deux équations

$$\begin{aligned}V\delta x + \left(P - \frac{dR}{dx} - \frac{dS}{ay}\right) u + R\frac{d\delta u}{dx} = 0,\\ V\delta y + \left(Q - \frac{dT}{dy} - \frac{dS}{dx}\right)\delta u + T\frac{d\delta u}{dy} = 0,\end{aligned}$$

ou

$$\begin{aligned}V\delta x + \left(P - \frac{dR}{dx} - \frac{dS}{dy}\right)(\delta z - p\delta x - q\delta y) + R(\delta p - r\delta x - s\delta y) = 0,\\ V\delta y + \left(Q - \frac{dT}{dy} - \frac{dS}{dx}\right)(\delta z - p\delta x - q\delta y) + T(\delta q - s\delta x - t\delta y) = 0.\end{aligned}$$

Celles-ci correspondent aux équations (b) du n° 389, et se décomposeront de diverses manières, suivant les relations que la nature du problème établira entre les variations δx, δy, δz, δp, δq, pour les points situés sur la ligne de contour. Si, par exemple, ces cinq variations sont indépendantes et arbitraires, les deux équations se décomposeront en cinq autres,

$$V = 0,\ R = 0,\ T = 0,\ T - \frac{dR}{dx} - \frac{dS}{dy} = 0,\ Q - \frac{dP}{dy} - \frac{dS}{dx} = 0.$$

3° Enfin il faudra que l'équation $S\delta u = 0$ soit satisfaite, par l'évanouissement de S ou de δu, aux points extrêmes de la ligne de contour, comme cela a été indiqué pour le cas où la ligne de contour est réputée invariable.

CHAPITRE IX.

DES CONDITIONS D'INTÉGRABILITÉ POUR LES FONCTIONS DIFFÉRENTIELLES DE PLUSIEURS VARIABLES INDÉPENDANTES, ET DE LEUR INTÉGRATION.

393. La fonction différentielle

$$\varphi(x,y)dx + \psi(x,y)dy,$$

où la variable y est censée liée à x par une relation quelconque $y = \pi x$, équivaut à une fonction différentielle d'une seule variable $\mathrm{f}x dx$, en désignant pour abréger par $\mathrm{f}x$ la fonction

$$\varphi(x, \pi x) + \psi(x, \pi x).\pi' x;$$

de sorte que si l'on pose $z = \int \mathrm{f}x dx$, et par conséquent

$$dz = \varphi(x,y)dx + \psi(x,y)dy, \qquad (a)$$

on pourra toujours, quelles que soient les fonctions φ, ψ, π, ramener aux quadratures la détermination de la fonction z. Au contraire, si les variables x et y sont considérées comme indépendantes, on ne pourra pas en général déterminer une fonction z de ces deux variables, telle que l'équation (a) soit satisfaite, ni construire dans l'espace une surface dont l'ordonnée z ait une différentielle totale exprimée par le second membre de cette équation. Car, pour cela, il faudrait qu'on eût

$$\frac{dz}{dx} = \varphi(x,y), \quad \frac{dz}{dy} = \psi(x,y),$$

et par suite [123]

$$\frac{d.\varphi(x,y)}{dy} = \frac{d.\psi(x,y)}{dx}. \qquad (b)$$

Quand les fonctions φ et ψ vérifient l'équation (b), on dit que l'équation (a) *satisfait à la condition d'intégrabilité :* nous allons voir que, dans ce cas, il existe une surface dont on peut représenter par (a) l'équation différentielle, et par $z = f(x, y)$ l'équation en x, y, z.

394. La détermination de la fonction z se ramène aux quadratures ; car, puisque l'on a

$$\frac{dz}{dx} = \varphi(x, y),$$

la fonction z est de la forme

$$z = \int_{x_0}^{x} \varphi(x, y)dx + \theta y,$$

x_0 désignant une valeur initiale de la variable x, et θy une fonction arbitraire de la seule variable y.

Il faut déterminer cette fonction θy de manière que la dérivée partielle de la fonction z par rapport à y soit égale à $\psi(x, y)$. On aura donc

$$\frac{dz}{dy} = \psi(x, y) = \int_{x_0}^{x} \frac{d.\varphi(x, y)}{dy} dx + \frac{d.\theta y}{dy},$$

d'où

$$\frac{d.\theta y}{dy} = \psi(x, y) - \int_{x_0}^{x} \frac{d.\varphi(x, y)}{dy} dx,$$

Mais, en vertu de la condition (b), on a

$$\int_{x_0}^{x} \frac{d.\varphi(x, y)}{dy} dx = \int_{x_0}^{x} \frac{d.\psi(x, y)}{dx} dx = \psi(x, y) - \psi(x_0, y),$$

et par suite

$$\frac{d\theta}{dy} = \psi(x_0, y),$$

ce qui montre bien que la fonction θ ne contient que la seule variable y. On en déduit, en désignant par y_0 une valeur initiale de y,

$$\theta = \int_{y_0}^{y} \psi(x_0, y)\, dy + C,$$

et par suite

$$z = \int_{x_0}^{x} \varphi(x, y)\, dx + \int_{y_0}^{y} \psi(x_0, y)\, dy + C.$$

Soit, par exemple, l'expression

$$\frac{ydx - xdy}{x^2 + y^2}$$

qui satisfait à la condition d'intégrabilité ; en prenant $x_0 = 0$ pour valeur initiale de la variable x, on a

$$z = \int_0^x \frac{ydx}{x^2 + y^2} + C = \text{arc tang}\, \frac{x}{y} + C.$$

395. Lorsqu'un point se meut sur la surface $z = f(x, y)$, et que chaque ordonnée z ne rencontre la surface qu'en un point, la différence des valeurs de z au commencement et à la fin du mouvement, ne peut dépendre que des valeurs initiales et finales assignées aux coordonnées x, y, et nullement de la forme ni de la longueur de la courbe que le mobile a décrite sur la surface entre les deux points extrêmes. Donc, si l'on établit une liaison arbitraire $y = \pi x$, entre les variables indépendantes x, y, au moyen de quoi la différentielle dz devient une fonction de la seule variable x, la valeur de l'intégrale définie

$$z - z_0 = \int_{x_0}^{x} [\varphi(x, y) dx + \psi(x, y) dy]$$

doit être indépendante de la forme de la fonction π. Donc il faut que cette intégrale puisse s'obtenir, sans qu'on ait besoin d'assigner de liaison arbitraire entre y et x; comme en effet nous venons de voir que cette intégrale s'obtient toutes les fois que la différentielle dz satisfait à la condition d'intégrabilité, ou toutes les fois que la variable z peut représenter l'ordonnée d'une surface.

Si pourtant les deux fonctions φ, ψ, ou l'une d'entre elles, devenaient infinies, ou passaient brusquement d'une valeur finie à une autre dans l'étendue de l'intégration, les conclusions qui précèdent devraient être modifiées. En effet, il pourrait alors y avoir plusieurs points de la surface dont la projection en xy serait la même, ou plusieurs valeurs de z correspondant au même système de valeurs des variables x, y : en sorte que la différence $z - z_0$ ne dépendrait plus seulement des valeurs initiales et finales de x, y, mais dépendrait aussi de la série des valeurs par lesquelles x et y ont passé, ou de la courbe que le point mobile a décrite sur la surface.

Si par exemple la surface est une sphère coupée diamétralement par le plan horizontal des xy, et que le mobile, partant d'un point de l'hémisphère inférieur dont les coordonnées horizontales sont x_0, y_0, arrive à un point dont les coordonnées horizontales sont x, y, la différence $z - z_0$ changera, selon que ce point extrême appartiendra à l'hémisphère inférieur ou à l'hémisphère supérieur.

396. Ces considérations s'étendent à des fonctions d'un nombre quelconque de variables. Ainsi, pour qu'il existe une fonction u de trois variables indépendantes x, y, z, susceptible de satisfaire à l'équation différentielle

$$du = \mathrm{X}dx + \mathrm{Y}dy + \mathrm{Y}dz, \qquad (c)$$

où X, Y, Z désignent, pour abréger, des fonctions φ, ψ, χ, des trois variables x, y, z, il faut qu'on ait [129]

$$\frac{d\mathrm{X}}{dy} = \frac{d\mathrm{Y}}{dx}, \quad \frac{d\mathrm{X}}{dz} = \frac{d\mathrm{Z}}{dx}, \quad \frac{d\mathrm{Y}}{dz} = \frac{d\mathrm{Z}}{dy}. \qquad (d)$$

Réciproquement, lorsque ces équations de condition sont satisfaites, on détermine la fonction u par une suite de quadratures. On a d'abord, en vertu de ce précède,

$$u = \int_{x_0}^{x} \varphi(x, y, z)dx + \int_{y_0}^{y} \psi(x_0, y, z)dy + \theta z,$$

θz désignant une fonction arbitraire de la seule variable z. D'un autre côté, il faut que

$$\frac{du}{dz} = \int_{x_0}^{x} \frac{d.\varphi(x, y, z)}{dz} dx + \int_{y_0}^{y} \frac{d.\psi(x_0, y, z)}{dz} dy + \frac{d\theta}{dz} = \chi(x, y, z),$$

d'où l'on déduit

$$\frac{d\theta}{dz} = \chi(x, y, z) - \int_{x_0}^{x} \frac{d.\varphi(x, y, z)}{dz} dx + \int_{y_0}^{y} \frac{d.\psi(x_0, y, z)}{dz} dy$$

$$= \chi(x, y, z) - \int_{x_0}^{x} \frac{d.\chi(x, y, z)}{dx} dx - \int_{y_0}^{y} \frac{d.\chi(x_0, y, z)}{dy} dy,$$

et, après réduction,

$$\frac{d\theta}{dz} = \chi(x_0, y_0, z), \qquad \theta = \int_{z_0}^{z} \chi(x_0, y_0, z) dz + C,$$

ce qui montre bien que la fonction θ ne contient que la seule variable z. On a donc

$$u = \int_{x_0}^{x} \varphi(x, y, z) dx + \int_{y_0}^{y} \psi(x_0, y, z) dy + \int_{z_0}^{z} \chi(x_0, y_0, z) dz + C.$$

397. Lorsque la fonction

$$u = f(x, y, z), \tag{e}$$

qui satisfait à l'équation (c), a une valeur déterminée et unique pour chaque point de l'espace, ou pour chaque système de valeurs des coordonnées x, y, z, si l'on imagine un point matériel mobile, pour lequel la grandeur u prenne en chaque instant la valeur qui lui est assignée par l'équation (e), et si ce mobile passe du point (x_0, y_0, z_0) au point (x, y, z), la différence

$$u - u_0 = f(x, y, z) - f(x_0, y_0, z_0)$$

ne peut dépendre que des valeurs initiales et finales attribuées aux coordonnées x, y, z, et nullement de la forme ni de la longueur de la courbe que le mobile a décrite dans l'espace entre les deux points extrêmes. Donc, si l'on établit des liaisons arbitraires $y = \pi x$, $z = \chi x$, entre les variables x, y, z, au moyen de quoi la différentielle totale

$$du = \mathrm{X}dx + \mathrm{Y}dy + \mathrm{Z}dz$$

devient une fonction de la seule variable x, la valeur de l'intégrale

$$u - u_0 = \int_{x_0}^{x} (\mathrm{X}dx + \mathrm{Y}dy + \mathrm{Y}dz)$$

doit rester indépendante de la forme des fonctions π et χ. Donc il faut que la valeur numérique de cette intégrale puisse se calculer, sans qu'on ait besoin d'assigner de liaisons arbitraires entre z, y et x. Le calcul du n° précédent confirme cette vue *à priori*, en faisant voir comment, lorsque les conditions d'intégrabilité sont satisfaites, la fonction u se détermine par une suite de quadratures, sans qu'il soit nécessaire d'établir de liaisons entre les variables indépendantes.

Il pourrait arriver dans ce cas que plusieurs valeurs de u correspondissent à un même système de valeurs des variables x, y, z; en sorte que la différence $u - u_0$ ne dépendrait plus seulement des valeurs initiales et finales de x, y, z, mais dépendrait aussi de la série des valeurs par lesquelles ces variables ont passé, ou de la courbe décrite dans l'espace par le point supposé mobile.

398. On rencontre fréquemment en mécanique des équations de la forme

$$du = \mathrm{X}dx + \mathrm{Y}dy + \mathrm{Z}dz,$$

dans lesquelles X, Y, Z, fonctions des trois coordonnées x, y, z, désignent les forces qui sollicitent un point mobile parallèlement aux axes des coordonnées; et des théorèmes importants sont subordonnés à la condition que l'intégrale

$$u - u_0 = \int_{x_0}^{x} (\mathrm{X}dx + \mathrm{Y}dy + \mathrm{Z}dz)$$

ait une valeur indépendante des relations $y = \pi x$, $z = \chi x$, ou ne dépende que des positions extrêmes du point mobile, et non de la ligne qu'il a décrite en passant de l'une à l'autre. Or, pour que cette condition restrictive soit satisfaite, il ne suffit pas, ainsi qu'on a coutume de l'énoncer, que les fonctions X, Y, Z satisfassent aux équations (d), de manière que l'équation

$$\mathrm{X}dx + \mathrm{Y}dy + \mathrm{Z}dz = 0$$

soit l'équation différentielle commune à une série de surfaces qu'on obtiendrait en faisant varier la constante c dans l'équation $u - u_0 = c$, ou

$$f(x, y, z) - f(x_0, y_0, z_0) = c.$$

Il faut encore qu'à un même système de valeurs des coordonnées x, y, z, ne correspondent pas plusieurs valeurs réelles de c, de telle sorte que les diverses surfaces dont il vient d'être question puissent avoir des points communs.

*399. D'après toutes ces explications, on voit que la théorie de la variation des intégrales, exposée dans les deux chapitres précédents, se rattache naturellement à la recherche des conditions d'intégrabilité, pour les fonctions différentielles de plusieurs variables indépendantes. Il s'agit en effet dans cette recherche de trouver les conditions pour que les changements de valeurs ou les variations d'une intégrale définie ne dépendent que des valeurs initiales et finales, assignées aux variables qui entrent sous le signe $\int$, et nullement des liaisons qu'on pourrait arbitrairement établir entre ces variables dans l'étendue de l'intégration. Or, c'est à quoi s'appliquent immédiatement les formules pour la variation des intégrales, dans lesquelles on fait usage de l'algorithme de Lagrange.

Admettons que la fonction différentielle pour laquelle on veut trouver les conditions d'intégrabilité, renferme, outre les variables x, y, leurs différentielles des divers ordres jusqu'à l'ordre n inclusivement. Pour que cette fonction ait un sens intelligible, il faut qu'elle se réduise à une fonction de la seule variable x, quand on assigne entre x et y une relation $y = \pi x$: il faut par conséquent que cette fonction prenne la forme

$$f(x, y, y', y'', \ldots y^{(n)})dx^n,$$

lorsqu'on y traite x comme une variable indépendante, et y comme une fonction de x. L'intégrale de cette fonction, si elle peut en avoir une indépendamment de toute relation entre x et y, sera de la forme

$$F(x, y' y'', \ldots y^{(n-1)})dx^{n-1},$$

de sorte que l'on pourra poser

$$F(x, y, y', y'', \ldots y^{(n-1)}) = \int f(x, y, y', y'', \ldots y^{(n)})dx;$$

et il s'agit de savoir si la valeur de l'intégrale contenue dans le second membre de cette dernière équation peut rester indépendante de la relation arbitraire qu'il faut nécessairement établir entre y et x pour rendre la quadrature possible, par les procédés ordinaires.

Afin de conserver les notations employées dans l'avant-dernier chapitre, écrivons

$$f(x, y, y', y'', \ldots y^{(n)}) = V,$$

$$dV = Xdx + Ydy + Y^{(1)}dy' + Y^{(2)}dy'' + Y^{(3)}dy''' + \text{etc.}: \qquad (f)$$

nous aurons

$$\delta \int Vdx = V\delta x + \left(Y^{(2)} - \frac{dY^{(2)}}{dx} + \frac{d^2Y^{(3)}}{dx^2} - \text{etc.}\right)(\delta y - y'\delta x)$$
$$+ \left(Y^{(1)} - \frac{dY^{(3)}}{dx} + \text{etc.}\right)(\delta y' - y''\delta x) + \text{etc.}$$

$$+\int\left[Y-\frac{dY^{(1)}}{dx}+\frac{d^2Y^{(2)}}{dx^2}-\frac{d^3Y^{(3)}}{dx^3}+\text{etc.}\right](\delta y-y'\delta x)dx.$$

Cette équation se déduit de la formule (A) du n° 373, en omettant les termes qui se rapportent à la limite inférieure de l'intégrale, parce que les valeurs de x, y, y', etc., à cette limite sont censées constantes, et en supprimant l'indice (1), pour mieux marquer que nous considérons comme variables les valeurs de x, y, y', etc., qui se rapportent à cette limite supérieure.

Maintenant, si, par la forme de la fonction f ou V, on a identiquement

$$Y-\frac{dY^{(1)}}{dx}+\frac{d^2Y^{(2)}}{dx^2}-\frac{d^3Y^{(3)}}{dx^3}+\text{etc.}=0, \qquad (g)$$

il est clair que la variation de l'intégrale ne dépendra plus que des variations des quantités x, y, y', etc., qui se rapportent à la limite supérieure; de façon qu'elle restera indépendante de la relation arbitrairement établie entre y et x, dans l'étendue de l'intégration.

Donc l'identité (g) exprime la condition d'intégrabilité de la fonction f, ou la condition pour que cette fonction ait une intégrale F, de l'ordre immédiatement inférieur. Lors même que la fonction F ne comporterait pas d'expression par les signes élémentaires de l'analyse, on pourrait toujours en assigner numériquement la valeur, pour chaque système des valeurs initiales et finales des quantités x, y, y', etc., en calculant arithmétiquement [320], avec une approximation indéfinie, l'intégrale

$$\int_{x_0}^{x} f(x, y, y', y'', \ldots y^{(n)})dx,$$

après qu'on aurait établi entre y et x, pour rendre le calcul arithmétique possible, une relation arbitraire dont la forme n'influerait pas sur la valeur de l'intégrale; puisque, par hypothèse, l'équation (g) est identiquement vérifiée.

400. D'ailleurs, en vertu de cette même équation (g), on a [375]

$$\begin{aligned}\delta F &= \delta \int V dx \\ &= \Xi \delta x + \Upsilon \delta y + \Upsilon^{(1)} \delta y' + \Upsilon^{(2)} \delta y'' + \ldots + \Upsilon^{(n-1)} \delta y^{(n-1)},\end{aligned}$$

$\Xi, \Upsilon, \Upsilon^{(1)}, \ldots \Upsilon^{(n-1)}$ désignant des fonctions connues de x, y, y', y'', etc. Or, rien ne s'oppose maintenant à ce qu'on remplace la caractéristique δ par d, en écrivant

$$dF = \Xi dx + \Upsilon dy + \Upsilon^{(1)} dy' + \Upsilon^{(2)} dy'' + \ldots + \Upsilon^{(n-1)} dy^{(n-1)}. \quad (h)$$

Par conséquent l'on a, pour déterminer F en fonction de $x, y, y', \ldots y^{(n-1)}$, considérées comme variables indépendantes, une équation de même forme que celles qui ont été traitées au commencement de ce chapitre : et comme le même procédé d'intégration s'y applique, il en résulte que la détermination de la fonction F se ramène toujours à une suite de quadratures.

A la vérité, ceci suppose : 1° que les facteurs $\Xi, \Upsilon, \Upsilon^{(1)}$, etc., ne contiennent pas de dérivées de y supérieures par leur ordre à $y^{(n-1)}$; 2° que l'équation (h) satisfait en outre aux conditions d'intégrabilité exprimées par les équations

$$\frac{d\Xi}{dy} = \frac{d\Upsilon}{dx}, \quad \frac{d\Xi}{dy'} = \frac{d\Upsilon^{(1)}}{dx}, \text{ etc.}$$

Mais remarquons que, si toutes ces conditions n'étaient pas satisfaites, il y aurait contradiction à admettre que F est fonction des seules variables $x, y, y', \ldots y^{(n-1)}$, considérées comme indépendantes; ce qui est pourtant, d'après ce qui précède, une conséquence de l'identité (g). Donc, l'existence de la fonction F, dans le cas de l'identité (g), ayant été démontrée par des raisonnements indépendants de la forme de l'équation (h), nous pouvons être assurés que cette équation satisfait aux conditions d'intégrabilité, et nous en prévaloir pour affirmer que la fonction F est toujours susceptible de s'exprimer sous forme finie, par une suite de quadratures.

Lagrange s'est contenté de démontrer que la fonction F peut toujours s'obtenir par un développement en série, ce qu'on regardait comme suffisant, et ce qui ne satisferait plus aujourd'hui les géomètres, puisque la série obtenue peut, comme celle de Taylor, et à plus forte raison, tomber en défaut ou cesser d'être convergente. Les démonstrations plus anciennes ont paru à ce grand géomètre obscures ou trop compliquées (¹). Le raisonnement qui précède suppose seulement que les fonctions Ξ, Υ, $\Upsilon^{(1)}$, etc., n'éprouvent pas de solutions de continuité du premier ordre.

*401. Prenons pour exemple la fonction

$$V = f(x, y, y', y'') = xy'' + yy' + x:$$

on a

$$Y = \frac{dV}{dy} = y', \quad Y^{(1)} = \frac{dV}{dy'} = y, \quad Y^{(2)} = \frac{dV}{dy''} = x,$$

$$\frac{dY^{(1)}}{dx} = y', \quad \frac{dY^{(2)}}{dx} = 1, \quad \frac{d^2Y^{(2)}}{dx^2} = 0;$$

par conséquent l'équation (g) est satisfaite, et il vient

$$\delta F = (xy'' + yy' + x)\,\delta x + (y - 1)(\delta y - y'\delta x) + x(\delta y' - y''\delta x),$$

ou

$$\delta F = (x + y')\,\delta x + (y - 1)\,\delta y + x\delta y',$$

ou bien enfin

$$dF = (x + y')\,dx + (y - 1)\,dy + x\delta y'.$$

On reconnaît sans difficulté que le second membre de cette équation, considéré comme fonction différentielle des trois variables indépendantes x, y, y', satisfait aux trois condi-

(¹) *Leçons sur le calcul des fonctions*, 21ᵉ leçon.

tions d'intégrabilité indiquées au n° 396 ; et l'on en conclut, par les formules de ce numéro,

$$F(x, y, y') = x^2 + y^2 - 2y + 2y'x + const.$$

On peut se proposer de généraliser ce qui précède, en recherchant les conditions d'intégrabilité d'une fonction qui contiendrait plusieurs variables indépendantes avec leurs différentielles des divers ordres ; ou bien en cherchant les conditions pour qu'une fonction différentielle de l'ordre n ait non-seulement une intégrale de l'ordre immédiatement inférieur $n-1$, mais encore une intégrale de l'ordre $n-2$, ou de l'ordre $n-3$, et ainsi de suite. De semblables questions comportent de trop rares applications pour qu'il y ait lieu de s'y arrêter ici.

CHAPITRE X.

DES INTÉGRALES DÉFINIES PRISES ENTRE DES LIMITES SPÉCIALES. — DIVERS EXEMPLES DE DÉTERMINATION D'INTÉGRALES DÉFINIES.

---

402. Lorsque l'intégrale indéfinie $\int fxdx$ ne peut pas s'exprimer algébriquement ou par les fonctions transcendantes dont on a des tables, l'intégrale définie

$$\int_{x_0}^{x_1} fxdx \qquad (1)$$

ne peut en général être calculée qu'approximativement, par les séries ou par le procédé de sommation arithmétique dont il a été question plusieurs fois [320] : mais dans ce cas même il arrive souvent que, pour certaines valeurs spéciales des limites, appropriées à la forme de la fonction f, telles que

$$0, \quad \pm\infty, \quad \pm 1, \quad \pm\pi, \text{ etc.},$$

la valeur de l'intégrale (1) s'obtient exactement et directement, sans qu'on ait à passer par l'intégrale indéfinie. Il arrive aussi que l'intégrale prise entre ces limites spéciales, lors même qu'on l'obtient par une intégration indéfinie, prend une expression beaucoup plus simple, ou jouit de propriétés remarquables qui n'appartiennent plus à la même intégrale, prise entre des limites quelconques. On pourrait attribuer la dénomination d'*intégrales définies spéciales* à celles dont on vient d'indiquer sommairement les caractères distinctifs : le calcul et la théorie de ces intégrales forment maintenant une branche très importante de l'analyse.

Pour éclaircir ce sujet, supposons que l'on demande la

valeur de l'intégrale définie

$$\int_0^{\frac{\pi}{2}} \sin^2 x dx :$$

on remarque que cette valeur est évidemment la même que celle de l'intégrale

$$\int_0^{\frac{\pi}{2}} \cos^2 x dx,$$

puisque, dans l'intervalle de 0 à $\frac{1}{2}\pi$, sin x et cos x passent suivant un ordre inverse par la même série de valeurs. Donc

$$\int_0^{\frac{\pi}{2}} \sin^2 x dx = \frac{1}{2}\int_0^{\frac{\pi}{2}} (\sin^2 x + \cos^2 x)\, dx = \frac{1}{2}\int_0^{\frac{\pi}{2}} dx = \frac{\pi}{4}.$$

A la vérité on obtiendrait le même résultat, sans recourir à la considération que nous venons d'employer, en effectuant l'intégration indéfinie, qui est possible dans ce cas, et qui donne

$$\int \sin^2 x\, dx = \tfrac{1}{2}\, x - \tfrac{1}{4} \sin 2x + const.$$

Aussi notre but a-t-il été seulement de montrer comment des rapports convenables, entre les limites de l'intégrale et la forme de la fonction, peuvent conduire à l'évaluation de certaines intégrales définies, sans qu'on ait besoin de passer par les intégrales indéfinies.

403. Soit encore l'intégrale

$$\int_0^{\infty} \overline{e}^{x^2} dx:$$

si nous la multiplions par une autre intégrale de même forme, où nous écrirons seulement y au lieu de x, le produit des deux intégrales simples équivaudra à l'intégrale double

$$\int_0^{\infty}\int_0^{\infty} \overline{e}^{x^2-y^2} dxdy. \qquad (2)$$

En effet, lorsque les limites des deux intégrales simples

$$\int fxdx, \quad \int fydy,$$

ne dépendent point, pour la première de y, pour la seconde de x, leur produit est égal à la somme qu'on obtient en multipliant chaque élément de la première par chaque élément de la seconde, c'est-à-dire à l'intégrale double

$$\iint fx \,.\, fy \,.\, dydx,$$

pour laquelle les limites, par rapport à chaque variable, sont les mêmes que celles des intégrales simples.

Posons maintenant $y = xt$, t désignant une nouvelle variable, d'où [357] $dy = xdt$: les limites de t seront encore $0, \infty$, et l'intégrale (2) deviendra

$$\int_0^\infty \int_0^\infty e^{-x^2(1+t^2)} xdx \,.\, dt = \frac{1}{2}\int_0^\infty \frac{dt}{1+t^2} = \frac{1}{4}\pi.$$

Donc

$$\left(\int_0^\infty e^{-x^2}dx\right)\left(\int_0^\infty e^{-y^2}dy\right) = \left(\int_0^\infty e^{-x^2}dx\right)^2 = \frac{1}{4}\pi,$$

et par conséquent

$$\int_0^\infty e^{-x^2}dx = \frac{1}{2}\sqrt{\pi}, \qquad (a)$$

résultat d'une grande importance et d'une application fréquente. L'artifice de calcul qui nous a donné la valeur de l'intégrale (a), ne réussit que parce que les limites sont 0 et ∞ : entre d'autres limites l'intégrale $\int_0^x e^{-x^2}dx$ constitue une fonction irréductible aux transcendantes usuelles, ou une transcendante qui doit avoir sa table propre, et dont on peut obtenir l'expression en série [317].

404. On conclut immédiatement de l'équation (a)

$$\int_{-\infty}^\infty e^{-x^2} dx = \sqrt{\pi},$$

et en remplaçant x par $x\sqrt{\theta}$, θ étant une quantité positive,

$$\int_{-\infty}^\infty e^{-\theta x^2}dx = \frac{\sqrt{\pi}}{\sqrt{\theta}}.$$

Différentions i fois de suite les deux membres de l'équation par rapport à θ, suivant la règle du n° 366, et faisons ensuite $\theta = 1$: il vient

$$\int_{-\infty}^{\infty} e^{-x^2} x^{2i} dx = \frac{1.3.5\ldots(2i-1)}{2^i} . \sqrt{\pi}.$$

On a d'ailleurs, pour toutes les valeurs entières et positives de i,

$$\int_{-\infty}^{\infty} e^{-x^2} x^{2i+1} dx = 0,$$

puisque l'intégrale est composée d'éléments qui se détruisent deux à deux.

405. On doit remarquer l'artifice de calcul qui consiste à tirer de la valeur connue d'une intégrale définie, celle d'une autre intégrale définie prise entre les mêmes limites; et que l'on fait dériver de la première, en différentiant ou en intégrant celle-ci sous le signe $\int$ [366] par rapport à un certain paramètre. C'est ainsi qu'en intégrant par rapport à m, entre les limites μ, ν, les deux termes de l'équation

$$\int_0^1 x^{m-1} dx = \frac{1}{m},$$

on trouve

$$\int_0^1 \frac{x^{\mu-1} - x^{\nu-1}}{\log x} . dx = \log\left(\frac{\mu}{\nu}\right).$$

Au contraire, si l'on différentie i fois de suite, par rapport à m, l'équation

$$\int_0^{\infty} \frac{dx}{x^2 + m} = \frac{\pi}{2\sqrt{m}},$$

il viendra

$$\int_0^{\infty} \frac{1.2.3\ldots i}{(x^2 + m)^{i+1}} . dx = \frac{1.3.5\ldots(2i-1)\pi}{2^{i+1} . m^i \sqrt{m}},$$

d'où

$$\int_0^{\infty} \frac{dx}{(x^2 + m)^{i+1}} = \frac{1}{m^i \sqrt{m}} . \frac{1.3.5\ldots(2i-1)}{2.4.6\ldots 2i} . \frac{\pi}{2}. \qquad [b]$$

406. Les géomètres ont calculé par des méthodes très

variées les valeurs d'un grand nombre d'intégrales définies : nous donnerons comme exemples les formules d'une démonstration plus simple et d'un usage plus fréquent, en commençant par les cas où la valeur de l'intégrale définie se tire immédiatement de l'expression trouvée pour l'intégrale indéfinie.

On tire de la formule (μ) du n° 309

$$\int \sin^{\mu} x dx = -\frac{\sin^{\mu-1} x \cos x}{\mu} + \frac{\mu-1}{\mu}\int \sin^{\mu-2} x dx,$$

et, de la formule (ν),

$$\int \cos^{\nu} x dx = \frac{\sin x \cos^{\nu-1} x}{\nu} + \frac{\nu-1}{\nu}\int \cos^{\nu-2} x dx,$$

d'où

$$\int_0^{\frac{\pi}{2}} \sin^{\mu} x dx = \frac{\mu-1}{\mu}\int_0^{\frac{\pi}{2}} \sin^{\mu-2} x dx,$$

$$\int_0^{\frac{\pi}{2}} \cos^{\nu} x dx = \frac{\nu-1}{\nu}\int_0^{\frac{\pi}{2}} \cos^{\nu-2} x dx.$$

Comme les mêmes formules de réduction s'appliquent aux intégrales qui entrent dans les seconds membres, on a, en désignant par $2i$ un nombre pair quelconque,

$$\int_0^{\frac{\pi}{2}} \sin^{2i} x dx = \int_0^{\frac{\pi}{2}} \cos^{2i} x dx = \frac{1.3.5\ldots(2i-1)}{2.4.6\ldots 2i}\cdot\frac{\pi}{2}, \qquad (b)$$

et, en désignant par $2i+1$ un nombre impair quelconque,

$$\int_0^{\frac{\pi}{2}} \sin^{2i+1} x dx = \int_0^{\frac{\pi}{2}} \cos^{2i+1} x dx = \frac{2.4.6\ldots 2i}{3.5.7\ldots(2i+1)}. \qquad (c)$$

407. Comparons les deux intégrales définies (c) et (b); en vertu du principe établi au n° 316, on a

$$\frac{\int_0^{\frac{\pi}{2}} \sin^{2i+1} x dx}{\int_0^{\frac{\pi}{2}} \sin^{2i} x dx} = \frac{\sin^{2i+1}\xi}{\sin^{2i}\xi} = \sin\xi, \qquad (d)$$

ξ étant une valeur comprise entre 0 et $\frac{\pi}{2}$; la valeur de ce rapport est donc moindre que l'unité. D'autre part, ainsi que nous venons de le démontrer, on a

$$\int_0^{\frac{\pi}{2}} \sin^{2i+1} x . dx = \frac{2i}{2i+1} \int_0^{\frac{\pi}{2}} \sin^{2i-1} x dx,$$

et par suite

$$\frac{\int_0^{\frac{\pi}{2}} \sin^{2i+1} x dx}{\int_0^{\frac{\pi}{2}} \sin^{2i} x dx} = \frac{2i}{2i+1} \frac{\int_0^{\frac{\pi}{2}} \sin^{2i-1} x dx}{\int_0^{\frac{\pi}{2}} \sin^{2i} x dx}.$$

Ce dernier rapport étant plus grand que l'unité, il en résulte que le rapport (d) est plus grand que $\frac{2i}{2i+1}$; la valeur de ce rapport est donc comprise entre

$$\frac{1}{1+\frac{1}{2i}}$$

et l'unité, et si l'on fait croître i indéfiniment, elle tend vers une limite égale à l'unité.

On en conclut que le rapport des deux fractions formant les derniers membres des équations (b) et (c) tend indéfiniment vers l'unité, pour des valeurs indéfiniment croissantes de i. Donc

$$\frac{\pi}{2} = \frac{2.2.\ 4.4.\ 6.6.\ 8.8\ldots}{1.3.\ 3.5.\ 5.7.\ 7.9\ldots}.$$

Cette expression du nombre π, en produit continu d'une infinité de facteurs, est due à Wallis : on la retrouve de diverses manières.

408. Les formules (b) du n° 314 donnent, a étant positif,

$$\left.\begin{aligned}\int_0^\infty e^{-ax}\sin bx\,dx &= \frac{b}{a^2+b^2},\\ \int_0^\infty e^{-ax}\cos bx\,dx &= \frac{a}{a^2+b^2}.\end{aligned}\right\} \quad (f)$$

Si l'on intègre ces équations par rapport à b entre les limites b_0 et b, il vient

$$\int_0^\infty e^{-ax}\,\frac{\cos b_0x-\cos bx}{x}\,dx = \tfrac{1}{2}\log\frac{a^2+b^2}{a^2+b_0^2},$$

$$\int_0^\infty e^{-ax}\,\frac{\sin bx-\sin b_0x}{x}\,dx = \text{arc tang}\,\frac{b}{a}-\text{arc tang}\,\frac{b_0}{a}.$$

En faisant $b_0=0$ dans cette dernière équation, on a

$$\int_0^\infty e^{-ax}\,\frac{\sin bx}{x}\,dx = \text{arc tang}\,\frac{b}{a}.$$

Celle-ci, pour $a=0$, donne

$$\int_0^\infty \frac{\sin bx}{x}\,dx = \pm\frac{\pi}{2}; \quad (g)$$

On doit prendre le second membre de l'équation (g) avec le signe $+$ ou avec le signe $-$, selon que la constante b est positive ou négative. D'ailleurs la valeur numérique de cette constante est sans influence sur la valeur de l'intégrale définie : en effet, si l'on pose $bx=t$, les limites de t seront encore 0, ∞, et l'on aura

$$\int_0^\infty \frac{\sin bx}{x}\,dx = \int_0^\infty \frac{\sin t}{t}\,dt.$$

409. On a par le théorème de Cotes [79]

$$\left(1-2a\cos\frac{\pi}{2n}+a^2\right)\left(1-2a\cos\frac{3\pi}{2n}+a^2\right)\ldots\left(1-2a\cos\frac{(2n-1)\pi}{2n}+a^2\right) = a^{2n}+1.$$

Élevons les deux membres de l'équation à la puissance $\frac{\pi}{n}$ et passons aux logarithmes : il viendra

$$\sum_0^{n-1} \cdot \frac{\pi}{n} \cdot \log\left(1 - 2a\cos\frac{2i+1}{2n}\pi + a^2\right) = \log.(a^{2n}+1)^{\frac{\pi}{n}}, \quad (h)$$

$\sum_0^{n-1} U_i$ indiquant la somme des valeurs d'une fonction U_i, pour toutes les valeurs entières de i, de 0 à $n-1$ inclusivement.

Faisons maintenant

$$\frac{2i+1}{2n} \cdot \pi = x :$$

le premier membre de l'équation (h) deviendra

$$\sum \cdot \frac{\pi}{n} \log(1 - 2a\cos x + a^2), \quad (h')$$

et le signe $\sum$ indiquera une somme prise relativement à la variable x, qui croît par différences constantes et égales à $\frac{\pi}{n}$, de $x = \frac{\pi}{2n}$ à $x = \frac{2n-1}{2n}\pi$, inclusivement.

Si l'on fait croître indéfiniment le nombre n, la différence $\Delta x = \frac{\pi}{n}$ diminuera de plus en plus ; et, à la limite, la somme (h') deviendra l'intégrale définie

$$\int_0^\pi \log(1 - 2a\cos x + a^2)\,dx.$$

D'un autre côté, pour des valeurs de n indéfiniment croissantes, la quantité

$$(a^{2n}+1)^{\frac{\pi}{n}}$$

tend indéfiniment vers la limite 1 ou vers la limite $a^{2\pi}$, selon que la constante a est $<$ ou $>$ 1 : donc on a

$$\text{pour } a \left\{ \begin{matrix} < \\ > \end{matrix} \right. 1, \int_0^\pi \log(1 - 2a\cos x + a^2)\,dx = \left\{ \begin{matrix} 0, \\ \pi \log(a^2). \end{matrix} \right.$$

La valeur de cette intégrale définie a été donnée par Poisson ; mais la démonstration précédente, recommandable par sa simplicité, est de M. Delaunay.

410. On peut souvent déterminer une intégrale définie à l'aide d'une relation que l'on trouve en la différentiant par rapport à un paramètre qu'elle contient. Soit

$$\omega = \int_0^\infty e^{-a^2x^2} \cos bx dx, \quad \frac{d\omega}{db} = -\int_0 e^{-a^2x^2} \sin bx . x dx :$$

l'intégration par parties donne

$$\int e^{-a^2x^2} \sin bx . x dx = -\frac{e^{-a^2x^2}}{2a^2} \sin bx + \frac{b}{2a^2} \int e^{-a^2x^2} \cos bx dx;$$

d'où

$$\int_0^\infty e^{-a^2x^2} \sin bx . x dx = \frac{b}{2a^2} \int_0^\infty e^{-a^2x^2} \cos bx dx;$$

et par suite

$$\frac{d\omega}{db} = -\frac{b}{2a^2}\omega; \quad \text{ou} \quad \frac{d\omega}{\omega} = -\frac{1}{2a^2} . b db.$$

Donc, si l'on représente par ω_0 la valeur de ω pour $b = 0$, on a

$$\log\left(\frac{\omega}{\omega_0}\right) = -\frac{b^2}{4a^2}, \quad \omega = \omega_0 . e^{-\frac{b^2}{4a^2}}.$$

Mais, d'autre part,

$$\omega_0 = \int_0^\infty e^{-a^2x^2} dx = \frac{\sqrt{\pi}}{2a}.$$

comme on le voit, en remplaçant x par ax dans la formule (a), a étant positif ; donc

$$\int_0^\infty e^{-a^2x^2} \cos bx dx = \frac{\sqrt{\pi}}{2a} . e^{-\frac{b^2}{4a^2}}. \qquad (k)$$

411. L'intégrale double

$$\Omega=\int_0^\infty\int_0^\infty 2e^{-y^2(1+x^2)}\cos bxy dy . dx$$

devient, quand on effectue d'abord l'intégration relative à y,

$$\Omega=\int_0^\infty \frac{\cos bx . dx}{1+x^2}.$$

Si l'on intégrait d'abord par rapport à x, on aurait par la formule (k),

$$\Omega=\sqrt{\pi}\int_0^\infty e^{-\left(y^2+\frac{b^2}{4y^2}\right)}dy=\sqrt{\pi}\; e^b\int_0^\infty e^{-\left(\frac{2y^2+b}{2y}\right)^2}dy.$$

Maintenant posons

$$t=\frac{2y^2-b}{2y},\quad \text{d'où}\quad \left(\frac{2y^2+b}{2y}\right)^2=t^2+2b,$$

$$dy=\frac{1}{2}dt\left(1+\frac{t}{\sqrt{t^2+2b}}\right):$$

les limites de la nouvelle variable t correspondant à $y=\infty$, $y=0$, seront $t=+\infty$, $t=-\infty$, et il viendra

$$\Omega=\frac{\sqrt{\pi}.e^{-b}}{2}\int_{-\infty}^\infty e^{-t^2}\left(1+\frac{t}{\sqrt{t^2+2b}}\right)dt$$

$$=\frac{\pi}{2}.e^{-b}+\frac{\sqrt{\pi}.e^{-b}}{2}\int_{-\infty}^\infty\frac{e^{-t^2}tdt}{\sqrt{t^2+2b}}.$$

Or, l'intégrale qui subsiste dans le dernier membre de l'équation précédente est nulle pour $b>0$; car, d'une part, le facteur qui multiplie $e^{-t^2}dt$ sous le signe $\int$ est numériquement <1, en sorte que la portion de l'intégrale comprise entre les limites 0, ∞, a une valeur numérique, finie, $<\frac{1}{2}\sqrt{\pi}$; et cela posé, puisque tous les éléments de l'intégrale changent de signe avec t, on a

$$\int_{-\infty}^\infty\frac{e^{-t^2}tdt}{\sqrt{t^2+2b}}=\int_\infty^0\frac{e^{-t^2}tdt}{\sqrt{t^2+2b}}+\int_0^\infty\frac{e^{-t^2}tdt}{\sqrt{t^2+2b}}=0.$$

Donc, pour $b > 0$,

$$\Omega = \int_0^\infty \frac{\cos bx dx}{1 + x^2} = \frac{\pi}{2} . e^{-b}. \qquad (i)$$

On doit remarquer cet artifice d'analyse qui consiste à évaluer une intégrale simple par la comparaison des deux résultats qu'on obtient en intervertissant dans une intégrale double l'ordre des intégrations.

Si l'on remplace dans l'équation (i) x par mx et b par $\frac{b}{m}$, on aura

$$\int_0^\infty \frac{\cos bx dx}{1 + m^2 x^2} = \frac{\pi}{2m} . e^{-\frac{b}{m}}, \qquad (j)$$

et en faisant maintenant $m = 0$, on en conclura, pourvu que b ne soit pas nul,

$$\int_0^\infty \cos bx dx = 0.$$

Si l'on remplace dans l'équation (i) x par $\frac{x}{m}$ et b par mb, il viendra

$$\int_0^\infty \frac{\cos bx dx}{m^2 + x^2} = \frac{\pi}{2m} . e^{-mb},$$

d'où, en différentiant par rapport à b,

$$\int_0^\infty \frac{x \sin bx dx}{m^2 + x^2} = \frac{\pi}{2} . e^{-mb}.$$

Dans le cas où le paramètre b serait négatif, la même analyse conduirait aux formules

$$\int_0^\infty \frac{\cos bx dx}{m^2 + x^2} = \frac{\pi}{2m} . e^{mb}, \quad \int_0^\infty \frac{x \sin bx dx}{m^2 + x^2} = -\frac{\pi}{2} . e^{mb}.$$

CHAPITRE XI.

DES INTÉGRALES DÉFINIES, CONSIDÉRÉES COMME FONCTIONS DE PARAMÈTRES VARIABLES. — FONCTIONS EULÉRIENNES.

412. On peut poser

$$\int_{\alpha_0}^{\alpha_1} f(x,\alpha)d\alpha = Fx, \tag{1}$$

et la fonction F ainsi définie constitue une transcendante nouvelle si l'intégrale définie qui figure au premier membre de l'équation ne peut pas s'exprimer algébriquement, ou par le moyen des transcendantes dont on a déjà des tables, soit pour des valeurs quelconques des limites α_0, α_1, soit du moins pour les valeurs spéciales attribuées à ces limites. On peut toujours calculer numériquement, avec une approximation indéfinie [320], les valeurs de Fx pour chaque valeur de x, à moins que la fonction $f(x,\alpha)$ ne passe par l'infini dans l'intervalle des limites de l'intégrale. On peut aussi soumettre la fonction Fx à la différentiation ou à l'intégration par rapport à x, en différentiant ou en intégrant sous le signe $\int$, sans qu'il soit besoin d'effectuer l'intégration relative à la variable auxiliaire α.

Les transcendantes dont il s'agit ici, supposées irréductibles, sont d'un ordre plus élevé que les intégrales

$$\int_{x_0}^{x} fxdx, \tag{2}$$

supposées pareillement irréductibles. En effet, le caractère essentiel de ces dernières trancendantes est d'avoir pour dérivées des fonctions fx qui s'expriment algébriquement, ou qui sont composées des transcendantes élémentaires dont on a des tables, tandis que la dérivée $F'x$ a une expression

$$\int_{\alpha_0}^{\alpha_1} \frac{df(x,\alpha)}{dx} d\alpha,$$

de même nature que celle de la fonction dont elle dérive. Si la fonction $F'x$ pouvait s'exprimer sans le secours du signe d'intégration définie, on devrait mettre l'expression de Fx sous la forme

$$\int_{x_0}^{x} F'x dx,$$

et alors elle sortirait de la catégorie des transcendantes (1) pour rentrer dans celle des transcendantes (2).

Une fonction qui dépend de plusieurs quantités peut se ranger parmi des transcendantes de diverses catégories, selon que l'on prend pour variables telle ou telle des quantités qui entrent dans sa composition. Par exemple les fonctions elliptiques de première et de seconde espèce appartiennent à la catégorie des intégrales (2), si l'on y considère le module comme constant et la limite supérieure d'amplitude comme variable; et elles rentrent au contraire dans la catégorie des intégrales (1), si l'on y considère les limites d'amplitude comme toutes deux constantes, et le module comme une grandeur susceptible de varier sans discontinuité entre les limites 0, 1.

413. La fonction f pourrait passer par l'infini, dans l'intervalle des limites de l'intégrale, sans que la fonction Fx cessât d'être continue; et si, pour une certaine valeur de α, $f(x,\alpha)$ passait brusquement d'une valeur finie à une autre, la fonction Fx n'éprouverait pas, en général, de solution de continuité. Ceci est une conséquence des premières notions

de la théorie des quadratures, sur laquelle il n'est pas nécessaire d'insister.

Réciproquement, la fonction F peut éprouver des solutions de continuité pour des valeurs de x qui ne rendent pas discontinue la fonction f. Soit par exemple

$$Fx = \int_0^\infty \frac{\sin \alpha x}{\alpha} d\alpha,$$

on aura pour les valeurs positives de x [408], $Fx = \frac{1}{2}\pi$, et pour les valeurs négatives de la même variable, $Fx = -\frac{1}{2}\pi$. En conséquence, pour $x = 0$, la fonction Fx passera brusquement de la valeur $\frac{1}{2}\pi$ à la valeur $-\frac{1}{2}\pi$, quoique cette valeur de x ne rende pas discontinue la fonction $\frac{\sin \alpha x}{x}$. De même, si l'on posait

$$Fx = \int_0^\infty \frac{\alpha \sin \alpha x}{1 + \alpha^2} d\alpha,$$

on aurait [411] $Fx = \frac{1}{2}\pi e^{-x}$, ou $Fx = -\frac{1}{2}\pi e^{x}$, selon que la valeur de x serait réputée positive ou négative, et $F'x$ éprouverait le même changement brusque dans sa valeur.

On en conclut que l'équation

$$y = \int_0^\infty \frac{\sin \alpha x}{\alpha} d\alpha \tag{3}$$

a pour lieu géométrique le système de deux droites MN, M'N' (*fig.* 91) parallèles à l'axe des x, qui s'étendent à l'infini, l'une du côté des x positifs, l'autre du côté des x négatifs, et qui s'arrêtent brusquement aux points où elles rencontrent l'axe des y. A l'abscisse 0 correspond d'ailleurs la valeur $y = 0$, c'est-à-dire la moyenne des ordonnées $OM = \frac{1}{2}\pi$, $OM' = -\frac{1}{2}\pi$. On reconnaît l'analogie de ces résultats avec ceux du n° 113, où la valeur de y se trouvait exprimée par une série infinie, au lieu qu'ici elle se trouve exprimée sous forme finie, par le moyen d'une intégrale définie.

Ceci fait comprendre comment les intégrales définies, où la variable entre comme paramètre, peuvent être propres à représenter des fonctions discontinues, et comment le progrès naturel de l'analyse doit les amener, dans le traitement des questions qui supposent, comme conditions essentielle, la discontinuité de certaines fonctions. L'emploi des intégrales définies offre alors cet avantage sur celui des séries, qu'on peut aisément faire subir aux premières les combinaisons et les transformations analytiques, de manière à reporter à la fin des calculs l'opération de quadrature arithmétique dont le signe d'intégration définie est l'indice, ou à éluder cette opération, quand elle n'est pas essentiellement inhérente au problème.

414. On tirerait de l'équation (3), par des transformations convenables, d'autres formules appropriées à d'autres cas de discontinuité. Soit, par exemple, la fonction

$$y = \int_0^\infty \frac{\sin \alpha \cos \alpha x}{\alpha} d\alpha : \tag{4}$$

on a

$$\sin \alpha \cos \alpha x = \tfrac{1}{2} [\sin (1 + x) \alpha + \sin (1 - x) \alpha],$$

d'où

$$y = \frac{1}{2}\int_0^\infty \frac{\sin (1 + x) \alpha}{\alpha} d\alpha + \frac{1}{2}\int_0^\infty \frac{\sin (1 - x) \alpha}{\alpha} d\alpha.$$

Or, d'après ce qui a été prouvé, l'intégrale

$$\int_0^\infty \frac{\sin (1 + x) \alpha}{\alpha} d\alpha$$

se réduit à $\frac{1}{2}\pi$ pour $x > -1$, et à $-\frac{1}{2}\pi$ pour $x < -1$; de même l'intégrale

$$\int_0^\infty \frac{\sin (1 - x) \alpha}{\alpha} d\alpha$$

se réduit à $\frac{1}{2}\pi$ pour $x < 1$ et à $-\frac{1}{2}\pi$ pour $x > 1$: il en résulte que la valeur de y est $\frac{1}{2}\pi$ quand x est compris entre $+1$ et -1, et que y devient nul quand la valeur de x tombe hors de ces limites. Par conséquent, si l'on prend $OP = OP' = 1$ (*fig.* 92), $PM = PM' = \frac{1}{2}\pi$, le lieu de l'équation (4) sera formé de la portion de ligne droite MM′ parallèle aux x, et des lignes droites PX, P′X′ limitées aux points P, P′, mais indéfinies dans l'autre sens.

415. De semblables solutions de continuité ont lieu pour des intégrales définies qui se déduisent d'intégrales indéfinies dont on a la valeur algébrique. Considérons notamment la fonction de x exprimée par

$$y = \int_0^\pi \frac{\sin\alpha\, d\alpha}{\sqrt{1 - 2x\cos\alpha + x^2}}, \tag{5}$$

le radical devant rester positif dans toute l'étendue de l'intégration : on a

$$\int \frac{\sin\alpha\, d\alpha}{\sqrt{1 - 2x\cos\alpha + x^2}} = \frac{1}{x}\sqrt{1 - 2x\cos\alpha + x^2} + const.$$

Aux limites $\alpha = 0$, $\alpha = \pi$, le radical devient $\sqrt{(1-x)^2}$, $\sqrt{(1+x)^2}$; et comme il doit toujours être pris positivement, nous en conclurons

$$\sqrt{(1-x)^2} = \pm(1-x), \text{ selon que } x \lessgtr 1,$$

$$\sqrt{(1+x)^2} = \pm(1+x), \text{ selon que } x \gtrless -1 ;$$

d'où

$$\text{pour } x > 1, \qquad y = \frac{2}{x},$$

$$x < 1, > -1, \quad y = 2,$$

$$x < -1, \qquad y = -\frac{2}{x}.$$

En conséquence, le lieu de l'équation (5) est formé (*fig.* 93) de deux arcs MN, M′N′ d'hyperboles équilatères, et d'une portion de ligne droite MM′, parallèle à l'axe des x.

Dans ce cas, les solutions de continuité que la fonction y éprouve pour $x=1$, $x=-1$, ne sont que du second ordre : sa dérivée

$$y'=\int_0^\pi \frac{\sin\alpha(\cos\alpha-x)}{(1-2x\cos\alpha+x^2)^{\frac{3}{2}}}d\alpha$$

éprouve, pour les mêmes valeurs de x, des solutions de continuité de premier ordre, en passant brusquement de la valeur -2 à la valeur 0, et de celle-ci à la valeur 2.

Fonctions eulériennes.

416. Dans la catégorie des fonctions qui nous occupent rentrent notamment deux espèces remarquables de transcendantes auxquelles Legendre a imposé le nom d'*intégrales eulériennes*, en mémoire du grand géomètre qui en a étudié le premier les propriétés, et dont les immenses travaux ont donné tant d'extension à toutes les branches de l'analyse. Les transcendantes eulériennes *de première espèce* sont données par l'intégrale

$$\int_0^1 (1-\alpha)^{x-1}\alpha^{y-1}d\alpha, \qquad (\alpha)$$

qui devient

$$\int_0^\infty \frac{\beta^{y-1}d\beta}{(1+\beta)^{x+y}},$$

quand on pose

$$\alpha=\frac{\beta}{1+\beta},$$

et nous les désignerons par le symbole $(x|y)$. Les transcendantes eulériennes *de seconde espèce* sont données par l'intégrale

$$\int_0^1 \left(\log\frac{1}{\alpha}\right)^{x-1}d\alpha,$$

qui se transforme en

$$\int_0^\infty e^{-\beta}\beta^{x-1}d\beta,$$

lorsqu'on fait

$$\log\frac{1}{\alpha}=\beta;$$

et nous les désignerons, d'après Legendre, par le symbole Γx. Il convient de considérer en premier lieu les transcendantes eulériennes de seconde espèce, qui sont les plus simples, puisqu'elles ne dépendent que d'une seule variable.

417. L'intégration par parties donne

$$\int e^{-\beta}\beta^x d\beta=-e^{-\beta}\beta^x+x\int e^{-\beta}\beta^{x-1}d\beta,$$

d'où

$$\int_0^\infty e^{-\beta}\beta^x d\beta=x\int_0^\infty e^{-\beta}\beta^{x-1}d\beta,$$

(x étant supposé positif), ou bien

$$\Gamma(x+1)=x\Gamma x; \qquad (a)$$

formule qui exprime la propriété caractéristique de la fonction Γx, en vertu de laquelle cette fonction sera connue pour toutes les valeurs positives de x, si l'on a une table de ses valeurs entre les limites $x=0$, $x=1$; ou plus généralement entre les limites $x=i$, $x=i+1$, i désignant un nombre entier et positif quelconque. Legendre et Gauss ont en effet calculé, pour l'usage des géomètres, d'après des formules d'approximation qui ne peuvent être détaillées ici, des tables de la fonction Γx.

On a

$$\Gamma(1)=\int_0^\infty e^{-\beta}d\beta=1; \qquad (a_1)$$

et de la comparaison de cette formule avec la précédente on conclut

$$\Gamma i = 1.2.3\ldots(i-1),$$

i désignant un nombre positif entier.

Les produits de facteurs équidifférents

$$x(x+h)(x+2h)(x+3h)\ldots,$$

ont reçu les noms de *factorielles* et de *facultés numériques*, à cause de leur analogie avec les puissances. Par un changement de variables on les ramène très aisément à dépendre des factorielles plus simples

$$1.2.3\ldots i,$$

qui ont un rôle si important dans la théorie des combinaisons et des chances. La fonction continue Γx se confond avec une factorielle de cette forme, toutes les fois que x passe par une valeur positive entière; et en conséquence la table des valeurs de la fonction Γx peut être considérée comme une table d'interpolation entre les factorielles [21].

Les équations (a), (a_1) donnent $\Gamma(0)=\infty$: ainsi la courbe $y=\Gamma x$ a pour asymptote l'axe des y. A partir de $x=0$, la fonction Γx va en décroissant jusqu'à une certaine valeur de x que l'on trouve égale à $1,46163\ldots$; elle croît ensuite jusqu'à $x=2$; d'où il résulte clairement à cause de l'équation (a), que, pour les valeurs supérieures de x, elle doit croître indéfiniment et rapidement avec cette variable.

Pour les valeurs négatives de x, la fonction

$$\Gamma x = \int_0^\infty e^{-\beta}\beta^{x-1}d\beta \qquad (\beta)$$

n'a plus de valeurs assignables, et l'équation (a) n'est plus applicable.

418. Changeons dans l'équation (β) β en $m\alpha$: il viendra

$$\int_0^\infty e^{-m\alpha}\alpha^{x-1}d\alpha = \frac{\Gamma x}{m^x}. \qquad (b)$$

Écrivons dans cette dernière formule $x+y$ au lieu de x,

$1+\beta$ au lieu de m : nous aurons

$$\int_0^{\infty} e^{-(1+\beta)\alpha}\alpha^{x+y-1}d\alpha = \frac{\Gamma(x+y)}{(1+\beta)^{x+y}}.$$

Multiplions les deux membres par $\beta^{y-1}d\beta$, et intégrons par rapport à β entre les limites 0, ∞ : il en résultera

$$\int_0^{\infty}\int_0^{\infty} e^{-(1+\beta)\alpha}\alpha^{x+y-1}\beta^{y-1}d\beta b\alpha = \Gamma(x+y)\int_0^{\infty}\frac{\beta^{y-1}d\beta}{(1+\beta)^{x+y}}. \quad (6)$$

Or, on a par la formule (b)

$$\int_0^{\infty} e^{-\alpha\beta}\beta^{y-1}d\beta = \frac{\Gamma y}{\alpha^y};$$

en sorte que le premier membre de l'équation (6) devient, après qu'on a effectué l'intégration par rapport à β,

$$\int_0^{\infty}\frac{\Gamma y}{\alpha^y}.e^{-\alpha}\alpha^{x+y-1}d\alpha = \Gamma y\int_0^{\infty} e^{-\alpha}\alpha^{x-1}d\alpha = \Gamma y\,.\,\Gamma x.$$

Donc l'équation (β) donne

$$\Gamma x\,.\,\Gamma y = \Gamma(x+y).\int_0^{\infty}\frac{\beta^{y-1}d\beta}{(1+\beta)^{x+y}}; \quad (7)$$

et si l'on pose $x+y=1$, l'on aura

$$\Gamma y\,.\,\Gamma(1-y) = \Gamma(1).\int_0^{\infty}\frac{\beta^{y-1}d\beta}{1+\beta},$$

ou bien, en changeant y en x, et en remarquant que $\Gamma(1)$ se réduit à l'unité,

$$\Gamma x\,.\,\Gamma(1-x) = \int_0^{\infty}\frac{\beta^{x-1}d\beta}{1+\beta},$$

ou enfin, d'après une formule donnée par Euler,

$$\Gamma x\,.\,\Gamma(1-x) = \frac{\pi}{\sin \pi x}. \quad (c)$$

Par cette dernière formule on calculera la table des valeurs de la fonction Γx entre les limites $x=0$, $x=\frac{1}{2}$, quand on aura la table des valeurs de la même fonction entre les limites $x=\frac{1}{2}$, $x=1$.

Pour $x=\frac{1}{2}$, la formule (c) donne

$$[\Gamma(\tfrac{1}{2})]^2=\pi, \quad \text{ou} \quad \Gamma(\tfrac{1}{2})=\sqrt{\pi}; \tag{c_1}$$

mais on a

$$\Gamma(\tfrac{1}{2})=\int_0^\infty e^{-\beta}\frac{d\beta}{\sqrt{\beta}}=2\int_0^\infty e^{-t^2}dt,$$

ce qui fournit une nouvelle démonstration de la formule (a) du n° 403.

419. D'après la définition de la fonction eulérienne de première espèce, l'équation (7) peut s'écrire

$$(x|y)=\frac{\Gamma x\,.\,\Gamma y}{\Gamma(x+y)}. \tag{d}$$

Cette formule fondamentale, due à Euler, et dont nous venons de reproduire la démonstration donnée par Poisson, ramène au calcul de la fonction Γx, celui de la table à double entrée [116] qui donnerait les valeurs de la fonction $(x|y)$, pour les valeurs positives des variables x, y. On en conclut

$$(x|y)=(y|x);$$

ce qui résulte d'ailleurs directement de ce que l'intégrale (α) ne change pas de valeur par le changement de α en $1-\alpha$.

On en conclut encore

$$(x+z|y).\Gamma(x+y+z)=\Gamma(x+z).\Gamma y,$$
$$(x|z).\Gamma(x+z)=\Gamma x\,.\,\Gamma z,$$

z désignant une variable positive, aussi bien que x et y; et de là on tire

$$(x+z|y).(x|z)=\frac{\Gamma x.\Gamma y.\Gamma z}{\Gamma(x+y+z)},$$

ou bien, en raison de ce que le second membre de l'équation précédente est une fonction symétrique des variables x, y, z,

$$(x+z|y).(x|z)=(y+z|x).(y|z).$$

De la combinaison des formules (c) et (d), il résulte

$$(1-x|x)=\frac{\pi}{\sin \pi x}.$$

Faisons dans l'intégrale (α) $y=x$, $\alpha=\frac{1}{2}(1+\omega)$: nous aurons

$$(x|x)=\frac{1}{2^{2x-1}}\int_{-1}^{1}(1-\omega^2)^{x-1}d\omega=\frac{1}{2^{2x-2}}\int_{0}^{1}(1-\omega^2)^{x-1}d\omega;$$

et si l'on remplace maintenant ω par $\sqrt{\alpha}$, il viendra

$$(x|x)=\frac{1}{2^{2x-1}}\int_{0}^{1}(1-\alpha)^{x-1}\alpha^{-\frac{1}{2}}d\alpha=\frac{1}{2^{2x-1}}.\left(x\middle|\frac{1}{2}\right).$$

En vertu des équations (d) et (c_1), cette dernière formule est identique avec la suivante

$$\Gamma\left(x+\frac{1}{2}\right)=\frac{\sqrt{\pi}}{2^{2x-2}}.\frac{\Gamma(2x)}{\Gamma x}.$$

On en conclut, pour un nombre entier i,

$$\Gamma\left(i+\frac{1}{2}\right)=\frac{\sqrt{\pi}}{2^i}.\frac{1.2.3...(2i-1)}{2^{i-1}.1.2.3...(i-1)}=\frac{\sqrt{\pi}}{2^i}.1.3.5...(2i-1),$$

d'où

$$1.3.5...(2i-1)=\frac{2^i}{\sqrt{\pi}}\Gamma\left(i+\frac{1}{2}\right).$$

420. On a identiquement

$$\int_0^1 \xi^{\alpha-1}(1-\xi)^\beta d\xi=\beta\int_0^1\int_0^{1-\xi}\xi^{\alpha-1}\eta^{\beta-1}d\eta d\xi,$$

ou

$$\int_0^1 \xi^{\alpha-1}(1-\xi)^\beta d\xi=\beta\iint\xi^{\alpha-1}\eta^{\beta-1}d\xi d\eta$$

l'intégrale double du second membre s'étendant à toutes les valeurs positives des variables ξ, η qui vérifient l'inégalité

$$\xi+\eta<1. \tag{8}$$

Mais l'intégrale simple qui figure au premier membre de

l'équation n'est autre chose que la fonction $(\alpha|\beta+1)$: donc, en vertu de la formule d'Euler, et sous la condition exprimée par l'inégalité (8),

$$\iint \xi^{\alpha-1}\eta^{\beta-1}d\xi d\eta = \frac{\Gamma\alpha.\Gamma(1+\beta)}{\beta.\Gamma(1+\alpha+\beta)} = \frac{\Gamma\alpha.\Gamma\beta}{\Gamma(1+\alpha+\beta)}.$$

Posons

$$\xi = \left(\frac{x}{a}\right)^p, \quad \eta = \left(\frac{q}{b}\right)^q$$

il viendra, en conséquence de cette formule,

$$\iint x^{p\alpha-1}y^{q\beta-1}dxdy = \frac{a^{p\alpha}b^{q\beta}}{pq}\cdot\frac{\Gamma\alpha.\Gamma\beta}{\Gamma(1+\alpha+\beta)},$$

ou bien

$$\iint x^{\alpha-1}\cdot y^{\beta-1}dxdy = \frac{a^\alpha b^\beta}{pq}\cdot\frac{\Gamma\left(\frac{\alpha}{p}\right).\Gamma\left(\frac{\beta}{q}\right)}{\Gamma\left(1+\frac{\alpha}{p}+\frac{\beta}{q}\right)}; \qquad (e)$$

la double intégration devant s'étendre à toutes les valeurs positives de x, y qui satisfont à l'inégalité

$$\left(\frac{x}{a}\right)^p + \left(\frac{y}{b}\right)^q < 1.$$

Les constantes $\alpha, \beta, a, b, p, q$ sont supposées positives.

Si, pour fixer les idées, et aussi pour prendre le cas susceptible de l'application la plus fréquente, on fait $p = q = 2$; on aura, en étendant la double intégration à la totalité de l'aire limitée sur le plan xy par l'ellipse

$$\frac{x^2}{a^2} + \frac{y^2}{b^2} = 1,$$

et en quadruplant pour cette raison la valeur du second membre de l'équation (e),

$$\iint x^{\alpha-1}y^{\beta-1}dxdy = a^\alpha b^\beta.\frac{\Gamma\left(\frac{\alpha}{2}\right).\Gamma\left(\frac{\beta}{2}\right)}{\Gamma\left(1+\frac{\alpha+\beta}{2}\right)}.$$

Cette formule reproduit l'expression connue de l'aire de l'ellipse, lorsqu'on prend $\alpha = \beta = 1$.

421. Soit maintenant un nombre n de variables x, y, z, etc., et désignons par $\int^{(n)}$ une intégrale multiple d'ordre n : admettons que l'intégration multiple s'étende à toutes les valeurs positives de x, y, z, etc., qui satisfont à l'inégalité

$$\left(\frac{x}{a}\right)^p + \left(\frac{y}{b}\right)^q + \left(\frac{z}{c}\right)^r + \text{etc.} < 1;$$

on aura

$$\int^{(n)} x^{\alpha-1} y^{\beta-1} z^{\gamma-1} \ldots dx\, dy\, dz \ldots$$

$$= \frac{a^\alpha b^\beta c^\gamma \ldots}{pqr \ldots} \cdot \frac{\Gamma\left(\frac{\alpha}{p}\right) \cdot \Gamma\left(\frac{\beta}{q}\right) \cdot \Gamma\left(\frac{\gamma}{r}\right) \ldots}{\Gamma\left(1 + \frac{\alpha}{p} + \frac{\beta}{q} + \frac{\gamma}{r} + \ldots\right)}; \qquad (f)$$

Cette formule bien remarquable, dans laquelle l'équation (e) rentre comme cas particulier, a été donnée par M. Dirichlet ; et l'artifice ingénieux de calcul, qui lui sert à l'établir, a l'avantage de s'appliquer à beaucoup d'autres intégrales [1] ; cependant, nous préférerons le tour de démonstration suivant, employé par M. Liouville.

D'abord, au moyen d'un changement de variables, tel que celui qui a été pratiqué dans le n° précédent, on remplace la formule (f) qu'il s'agit de démontrer, par la formule plus simple

$$\int^{(n)} \xi^{\alpha-1} \eta^{\beta-1} \zeta^{\gamma-1} \ldots d\xi\, d\eta\, d\zeta \ldots = \frac{\Gamma\alpha . \Gamma\beta . \Gamma\gamma \ldots}{\Gamma(1 + \alpha + \beta + \gamma \ldots)}: \qquad (\varphi)$$

l'intégration multiple devant s'étendre à toutes les valeurs positives des nouvelles variables ξ, η, ζ, etc., propres à vérifier l'inégalité

$$\xi + \eta + \zeta + \text{etc.} < 1.$$

---

[1] Voyez le *Journal de mathématiques* de M. Liouville, t. IV, p. 164 et 225.

Substituons pour un moment à cette dernière condition la condition plus générale exprimée par l'inégalité

$$\xi+\eta+\zeta+\text{etc.}<\theta,$$

θ désignant une quantité positive quelconque ; et posons en premier lieu

$$V=\iint \xi^{\alpha-1}\eta^{\beta-1}\,d\xi d\eta,\quad \xi+\eta<\theta :$$

il s'agira d'obtenir la valeur de l'intégrale V.

Soit

$$\xi=\mu\nu,\quad \eta=\mu(1-\nu) :$$

les limites de l'intégration, relativement aux nouvelles variables μ, ν, seront respectivement 0, θ; 0, 1, et il viendra [364]

$$V=\int_0^1\int_0^\theta \mu^{\alpha+\beta-1}\nu^{\alpha-1}(1-\nu)^{\beta-1}d\mu d\nu=\frac{\Gamma\alpha.\Gamma\beta}{\Gamma(\alpha+\beta)}\cdot\int_0^\theta \mu^{\alpha+\beta-1}d\mu.$$

Posons maintenant

$$V=\iiint \xi^{\alpha-1}\eta^{\beta-1}\zeta^{\gamma-1}d\xi d\eta d\zeta,\quad \xi+\eta+\zeta<\theta,\quad \theta-\xi=\eta_1 :$$

on pourra écrire

$$V=\int_0^{\eta_1-\eta}\int_0^{\eta_1}\int_0^\theta \xi^{\alpha-1}\eta^{\beta-1}\zeta^{\gamma-1}d\xi d\eta d\zeta.$$

Mais l'intégrale double

$$\int_0^{\eta_1-\eta}\int_0^{\eta_1}\eta^{\beta-1}\zeta^{\gamma-1}d\eta d\zeta$$

a pour valeur, d'après ce qui précède,

$$\frac{\Gamma\beta.\Gamma\gamma}{\Gamma(\beta+\gamma)}\int_0^{\eta_1}\mu^{\beta+\gamma-1}d\mu ;$$

donc

$$V=\frac{\Gamma\beta.\Gamma\gamma}{\Gamma(\beta+\gamma)}\int_0^\theta\int_0^{\eta_1}\xi^{\alpha-1}\mu^{\beta+\gamma-1}d\mu d\xi.$$

Enfin l'on a, toujours d'après le calcul précédent, en remettant pour η_1 sa valeur, et en désignant par μ_1 une nouvelle variable,

$$\int_0^\theta\int_0^{\theta-\xi} \xi^{\alpha-1}\mu^{\beta+\gamma-1}\,d\mu\,d\xi = \frac{\Gamma\alpha.\Gamma(\beta+\gamma)}{\Gamma(\alpha+\beta+\gamma)}\int_0^\theta \mu_1^{\alpha+\beta+\gamma-1}\,d\mu_1,$$

par conséquent

$$\mathrm{V} = \frac{\Gamma\alpha.\Gamma\beta.\Gamma\gamma}{\Gamma(\alpha+\beta+\gamma)}\cdot\int_0^\theta \mu_1^{\alpha+\beta+\gamma-1}\,d\mu_1.$$

Si l'on fait présentement $\theta = 1$, on tombe sur la formule (φ), restreinte au cas de trois variables ; et comme l'analyse dont on a fait usage s'étend visiblement, par un calcul de proche en proche, à un nombre quelconque de variables, il en résulte que la formule (φ), et par suite la formule (f), se trouvent établies dans toute leur généralité.

422. Remplaçons dans la formule (b), $x - 1$ par n et α par x : elle deviendra

$$\int_0^\infty x^n e^{-mx}\,dx = \frac{\Gamma(n+1)}{m^{n+1}}, \qquad (6)$$

ce qui donne, pour le cas de n entier positif,

$$\int_0^\infty x^n e^{-mx}\,dx = \frac{1.2.3\ldots n}{m^{n+1}},$$

ainsi qu'on pourrait le déduire de l'équation (a) du n° **313**, en y changeant a en $-m$.

CHAPITRE XII.

DÉVELOPPEMENT DES FONCTIONS EN SÉRIES TRIGONOMÉTRIQUES. — THÉORÈME DE FOURIER.

423. Désignons par y une fonction périodique de x, de la forme

$$y = A_1 \sin x + A_2 \sin 2x + A_3 \sin 3x + \ldots + A_n \sin nx : \quad (1)$$

chaque coefficient A_i étant indépendant de x. Représentons par fx une autre fonction de x qui peut être mathématique ou empirique, continue ou sujette à des solutions de continuité d'un ordre quelconque : on demande de déterminer les n coefficients A_i, de telle sorte qu'on ait $y = fx$ pour les n valeurs particulières équidifférentes

$$x = \frac{\pi}{n+1}, \quad x = \frac{2\pi}{n+1}, \quad x = \frac{3\pi}{n+1}, \ldots x = \frac{n\pi}{n+1}, \quad (2)$$

comprises entre $x = 0$, $x = \pi$. En d'autres termes, il faut [21] que la courbe représentée par l'équation (1) ait avec la courbe $y = fx$, n points communs, correspondant aux abscisses (2).

Appelons $y_1, y_2, y_3, \ldots y_n$ les ordonnées de ces points communs : on aura pour déterminer les coefficients A_i les n équations

$$\left.\begin{array}{l}
y_1 = A_1 \sin \frac{\pi}{n+1} + A_2 \sin \frac{2\pi}{n+1} + \ldots + A_n \sin \frac{n\pi}{n+1}, \\
y_2 = A_1 \sin \frac{2\pi}{n+1} + A_2 \sin \frac{4\pi}{n+1} + \ldots + A_n \sin \frac{2n\pi}{n+1}, \\
\cdots\cdots\cdots\cdots\cdots\cdots\cdots\cdots\cdots\cdots\cdots\cdots \\
y_n = A_1 \sin \frac{n\pi}{n+1} + A_2 \sin \frac{2n\pi}{n+1} + \ldots + A_n \sin \frac{n^2\pi}{n+1}.
\end{array}\right\} \quad (3)$$

Si on les ajoute, après les avoir multipliées respectivement par

$$2\sin\frac{i\pi}{n+1},\quad 2\sin\frac{2i\pi}{n+1},\ldots 2\sin\frac{ni\pi}{n+1},\qquad (4)$$

l'inconnue $A^{i'}$ aura pour multiplicateur

$$2\sin\frac{i\pi}{n+1}\cdot\sin\frac{i'\pi}{n+1}+2\sin\frac{2i\pi}{n+1}\cdot\sin\frac{2i'\pi}{n+1}+\ldots$$
$$\ldots+2\sin\frac{ni\pi}{n+1}\cdot\sin\frac{ni'\pi}{n+1},$$

c'est-à-dire la différence des deux sommes

$$\left.\begin{aligned}1+\cos\frac{(i'-i)\pi}{n+1}+\cos\frac{2(i'-i)\pi}{n+1}+\ldots+\cos\frac{n(i'-i)\pi}{n+1}=S_1,\\ 1+\cos\frac{(i'+i)\pi}{n+1}+\cos\frac{2(i'+i)\pi}{n+1}+\ldots+\cos\frac{n(i'+i)\pi}{n+1}=S_2,\end{aligned}\right\}\ (S)$$

Soit, plus généralement,

$$\cos u+\cos(u+v)+\cos(u+2v)\ldots+\cos(u+nv)=S:$$

on trouve, par un calcul dont nous omettons les détails,

$$S=\frac{-\cos(u-v)+\cos u+\cos(u+nv)-\cos[u+(n+1)v]}{2(1-\cos v)},$$

et pour $u=0$,

$$S=\frac{1}{2}\left[1+\frac{\cos nv-\cos(n+1)v}{1-\cos v}\right].$$

Si l'on fait maintenant

$$v=\frac{(i'\mp i)\pi}{n+1},$$

on aura

$$\cos(n+1)v=\pm 1,\quad \cos nv=\pm\cos v,$$

selon que $(i'\mp i)\pi$ sera un multiple pair ou impair de π: ainsi, dans l'un et dans l'autre cas il viendra

$$\cos nv=\cos v.\cos(n+1)v,\quad S=\tfrac{1}{2}[1-\cos(n+1)v],$$

et par suite

$$S_1 = \tfrac{1}{2}[1 - \cos(i'-i)\pi], \quad S_2 = \tfrac{1}{2}[1 - \cos(i'+i)+\pi]. \quad (S')$$

Tant que l'indice i' est différent de i, les nombres $i'-i$, $i'+i$ sont pairs ou impairs en même temps; on a $S_1 - S_2 = 0$; de sorte qu'à l'exception de A_i, tous les coefficents A disparaissent de la somme des équations (3), multipliées respectivement par les facteurs (4).

Pour $i' = i$, on a, en vertu de la seconde équation (S'), $S_2 = 0$, la première équation (S') devient illusoire parce qu'on ne peut pas supposer l'angle v nul dans la valeur de S d'où cette équation a été déduite : mais, dans ce cas, la première équation (S) donne directement $S_1 = n+1$.

En conséquence de toutes ces remarques on a pour déterminer la valeur du coefficient A_i l'équation

$$A_i = \frac{2}{n+1}\left(y_1 \sin\frac{i\pi}{n+1} + y_2 \sin\frac{2i\pi}{n+1} + \ldots + y_n \sin\frac{ni\pi}{n+1}\right),$$

et pour résoudre la question proposée il suffit d'attribuer successivement à i les valeurs $1, 2, 3, .., n$.

424. Plus le nombre n est grand, plus la courbe définie par l'équation (1) a de points communs avec la courbe $y = fx$, dans l'intervalle des abscisses $x = 0$, $x = \pi$. Donc à la limite ($n = \infty$) les deux courbes coïncident pour tous les points compris entre ceux qui ont pour abscisses les valeurs précitées. Or, à cette limite, la somme qui exprime la valeur de A_i se change en une intégrale définie; et si l'on fait

$$\frac{i\pi}{n+1} = \xi, \quad \frac{\pi}{n+1} = d\xi, \quad y_i = f\xi,$$

il vient

$$A_i = \frac{2}{\pi}\int_0^{\pi} \sin i\xi . f\xi d\xi,$$

et par conséquent

$$fx = \frac{2}{\pi} \cdot \Sigma \cdot \sin ix \int_0^\pi \sin i\xi . f\xi d\xi, \qquad (a)$$

le signe Σ indiquant que l'on attribue successivement à i toutes les valeurs entières positives, depuis l'unité inclusivement jusqu'à l'infini, et qu'on prend la somme de tous les termes ainsi obtenus.

La démonstration que nous venons de donner de la formule (a), appartient à Lagrange : elle se rattache à la théorie de l'interpolation, comme celle dont nous avons fait usage [98] pour établir la série de Taylor, et par suite celle de Maclaurin : et il convenait d'arriver par une même méthode à ces formules capitales pour le développement des fonctions en séries ; mais il reste encore à prouver que la série exprimée par le second membre de l'équation (a) est toujours convergente, quelle que soit la fonction f, sujette ou non à des solutions de continuité, pourvu seulement qu'elle ne devienne pas infinie entre les limites $x = 0$, $x = \pi$. La méthode que nous suivrons pour établir en toute rigueur, et sans restrictions inutiles, cette proposition essentielle, nous fournira en même temps une nouvelle démonstration, et même, à certains égards, une démonstration plus directe de la formule (a).

425. Cherchons la limite vers laquelle converge l'intégrale

$$\int_\mu^\nu \frac{\sin i\omega}{\sin \omega} d\omega,$$

quand on prend pour i un nombre positif de plus en plus grand. A cet effet, remplaçons i par $\frac{1}{\varepsilon}$, ε désignant un nombre positif qui converge indéfiniment vers zéro, et posons $\frac{\omega}{\varepsilon} = \theta$: il viendra

$$\int_{\mu}^{\nu} \frac{\sin i\omega}{\sin \omega}\, d\omega = \int_{\frac{\mu}{\varepsilon}}^{\frac{\nu}{\varepsilon}} \frac{\varepsilon}{\sin \varepsilon\theta} . \sin \theta d\theta. \qquad (\omega)$$

Mais, quand on traite ε comme un nombre infiniment petit, le facteur $\frac{\varepsilon}{\sin \varepsilon\theta}$ s'évanouit, à moins que $\sin \varepsilon\theta$ ne soit en même temps infiniment petit, auquel cas

$$\frac{\varepsilon}{\sin \varepsilon\theta} = \frac{1}{\theta};$$

donc, à la limite, on peut remplacer l'intégrale proposée par

$$\int_{\frac{\mu}{\varepsilon}}^{\frac{\nu}{\varepsilon}} \frac{\sin \theta}{\theta}\, d\theta.$$

Or on a [408]

$$\int_{0}^{\infty} \frac{\sin \theta}{\theta}\, d\theta = \frac{1}{2}\pi, \quad \int_{-\infty}^{\infty} \frac{\sin \theta}{\theta}\, d\theta = \pi,$$

$$\int_{0}^{\frac{\nu}{\varepsilon}} \frac{\sin \theta}{\theta}\, d\theta - \int_{0}^{\frac{\mu}{\varepsilon}} \frac{\sin \theta}{\theta}\, d\theta = \int_{\frac{\mu}{\varepsilon}}^{\frac{\nu}{\varepsilon}} \frac{\sin \theta}{\theta}\, d\theta.$$

Maintenant, si μ et ν sont des nombres positifs, et si ε est un nombre très-petit, les deux intégrales du premier membre de l'équation précédente sont l'une et l'autre à très-peu près égales à $\frac{1}{2}\pi$: donc leur différence, ou l'intégrale proposée (ω), est à très-peu près nulle, et à la limite $(i = \infty)$ elle s'évanouit rigoureusement.

Par la même raison, dans le cas où l'on aurait $\mu = 0$, ν conservant d'ailleurs une valeur positive quelconque, (ω) prendrait, à la limite, la valeur $\frac{1}{2}\pi$; enfin, si μ désignait un nombre négatif et ν un nombre positif, l'intégrale (ω) convergerait vers la limite π.

En conséquence, et comme on suppose que la fonction f reste finie entre les limites de l'intégration, il arrive que, pour des valeurs positives de i, de plus en plus grandes, correspondant à des valeurs positives de ε, de plus en plus petites, la limite vers laquelle converge l'intégrale

$$\int_{\mu}^{\nu} f\omega \cdot \frac{\sin i\omega}{\sin \omega} d\omega = \int_{\frac{\mu}{\varepsilon}}^{\frac{\nu}{\varepsilon}} f(\varepsilon\theta) \cdot \frac{\sin \theta}{\theta} d\theta \qquad (\Omega)$$

est zéro si les nombres μ, ν sont de mêmes signes et différents de zéro. Elle devient $\frac{1}{2}\pi f(0)$ si le nombre μ est zéro; et enfin elle prend la valeur $\pi f(0)$ quand les nombres μ, ν sont affectés de signes contraires.

Dans cette dernière hypothèse, si la fonction $f\omega$ convergeait vers des limites distinctes $f_1(0)$, $f_2(0)$ selon que ω convergerait vers zéro en passant par des valeurs négatives ou positives; ou, en d'autres termes, si la fonction $f\omega$ passait brusquement de la valeur $f_1(0)$ à la valeur $f_2(0)$, la limite $\pi f(\omega)$ se trouverait remplacée par $\frac{1}{2}\pi\,[f_1(0) + f_2(0)]$.

Après avoir ainsi déterminé, dans tous les cas, la valeur limite de l'intégrale (Ω), nous passerons au théorème en vue duquel nous avons cherché cette limite, en suivant, pour cette dernière partie de la démonstration, une marche indiquée par M. Dirichlet [1].

426. La fonction

$$S_i = \frac{2}{\pi}\left[\sin x \int_0^{\pi} f\xi \sin \xi d\xi + \sin 2x \int_0^{\pi} f\xi \sin 2\xi d\xi + \ldots \right.$$
$$\left. \ldots + \sin ix \int_0^{\pi} f\xi \sin i\xi d\xi\right],$$

ou la somme des i premiers termes de la série (a), peut se mettre sous la forme

$$\frac{1}{\pi}\int_0^{\pi} f\xi d\xi\, [2 \sin x \sin \xi + 2 \sin 2x \sin 2\xi + \ldots + 2 \sin ix \sin i\xi]$$

$$= \frac{1}{\pi}\int_0^{\pi} f\xi d\xi \begin{bmatrix} 1 + \cos(x-\xi) + \cos 2(x-\xi) + \ldots + \cos i(x-\xi) \\ -[1 + \cos(x+\xi) + \cos 2(x+\xi) + \ldots + \cos i(x+\xi)] \end{bmatrix}.$$

(1) *Journal de mathématiques* de M. Crelle, tom. IV, p. 162.

D'après les formules du n° 423, on a

$$\begin{aligned}1+\cos(x\pm\xi)+\cos 2(x\pm\xi)+\ldots+\cos i(x\pm\xi)\\=\frac{1}{2}\left[1-\frac{\cos i(x\pm\xi)-\cos(i+1)(x\pm\xi)}{1-\cos(x\pm\xi)}\right]\\=\frac{1}{2}\left[\frac{1+\sin(i+\frac{1}{2})(x\pm\xi)}{\sin\frac{1}{2}(x\pm\xi)}\right];\end{aligned}$$

en sorte que la somme S_i devient

$$\frac{1}{2\pi}\int_0^\pi f\xi\,.\frac{\sin(i+\frac{1}{2})(x-\xi)}{\sin\frac{1}{2}(x-\xi)}d\xi-\frac{1}{2\pi}\int_0^\pi f\xi\,.\frac{\sin(i+\frac{1}{2})(x+\xi)}{\sin\frac{1}{2}(x+\xi)}d\xi.$$

Faisons dans la première intégrale $x-\xi=2\omega$, et dans la seconde $x+\xi=2\omega$, d'où

$$\begin{aligned}S_i=\frac{1}{\pi}\int_{\frac{x-\pi}{2}}^{\frac{x}{2}}f(x-2\omega)\,.\frac{\sin(2i+1)\omega}{\sin\omega}d\omega\\-\frac{1}{2}\int_{\frac{x}{2}}^{\frac{x+\pi}{2}}f(2\omega-x)\,.\frac{\sin(2i+1)\omega}{\sin\omega}d\omega.\end{aligned}$$

Nous admettons que x tombe entre 0 et π, d'où il suit que les deux limites de la seconde intégrale sont positives, et que la limite inférieure de la première est négative. Dès lors, en vertu du lemme qui fait l'objet du numéro précédent, la seconde intégrale est nulle pour $i=\infty$. D'ailleurs, quand on fait $\omega=0$ dans la fonction $f(x-2\omega)$, elle se réduit à fx : donc la limite vers laquelle converge la première intégrale est $\frac{1}{\pi}\,.\,\pi fx$. Donc le second membre de l'équation (a) est une série convergente qui a pour somme fx, sous la seule condition que la variable x reste comprise entre 0 et π, et que la fonction fx ne devienne point infinie dans cet intervalle.

Si la fonction passait brusquement, pour la valeur a, d'une valeur finie à une autre, la valeur de la série (a)

serait la demi-somme des deux valeurs que prend alors la fonction f [38].

Il faut encore assigner les valeurs de S_i pour les valeurs extrêmes de x, savoir 0 et π. Or, on a, pour $x = 0$,

$$S_i = \frac{1}{\pi}\int_{-\frac{\pi}{2}}^{0} f(-2\omega).\frac{\sin(2i+1)\omega}{\sin\omega}d\omega - \frac{1}{\pi}\int_{0}^{\frac{\pi}{2}} f(2\omega).\frac{\sin(2i+1)\omega}{\sin\omega}d\omega,$$

et pour $x = \pi$,

$$S_i = \frac{1}{\pi}\int_{0}^{\frac{\pi}{2}} f(\pi-2\omega).\frac{\sin(2i+1)\omega}{\sin\omega}d\omega - \frac{1}{\pi}\int_{\frac{\pi}{2}}^{\pi} f(2\omega-\pi).\frac{\sin(2i+1)\omega}{\sin\omega}d\omega$$

$$= \frac{1}{\pi}\int_{0}^{\frac{\pi}{2}} f(\pi-2\omega).\frac{\sin(2i+1)\omega}{\sin\omega}d\omega + \frac{1}{\pi}\int_{\frac{\pi}{2}}^{0} f(\pi-2\omega).\frac{\sin(2i+1)\omega}{\sin\omega}d\omega,$$

quantités identiquement nulles, quel que soit i.

427. Le second membre de l'équation (a) est une fonction périodique de x, tandis que rien n'assujettit fx à être une fonction périodique. En conséquence, lorsque fx ne s'évanouit pas pour $x = 0$ et $x = \pi$, la courbe qui a pour ordonnée

$$y = \frac{2}{\pi}\Sigma \,.\, \sin ix \int_{0}^{\pi} \sin i\xi . f\xi d\xi, \qquad (5)$$

est formée d'arcs disjoints, alternativement reportés de part et d'autre de l'axe des x (*fig.* 94). Pour les abscisses des points de disjonction, l'équation (5) ne donne ni l'une ni l'autre des deux ordonnées OM_i, OM, égales et de signes contraires, mais la demi-somme de ces ordonnées, c'est-à-dire 0.

428. *Exemples.* 1° $fx = \frac{1}{2}x$:

$$\tfrac{1}{2}x = \sin x - \tfrac{1}{2}\sin 2x + \tfrac{1}{3}\sin 3x - \tfrac{1}{4}\sin 4x + \text{etc.}, \qquad (6)$$

formule déjà trouvée [113]. Comme la fonction $\frac{1}{2}x$ est impaire aussi bien que $\sin ix$, l'équation (6) subsiste, non-seulement pour les valeurs de x comprises entre 0 et π, mais encore pour celles comprises entre $-\pi$ et 0.

2° $fx = \cos x$:

$$\cos x = \frac{2}{\pi}\left[\left(\frac{1}{1}+\frac{1}{3}\right)\sin 2x + \left(\frac{1}{3}+\frac{1}{5}\right)\sin 4x + \left(\frac{1}{5}+\frac{1}{7}\right)\sin 6x + \text{etc.}\right].$$

3° Supposons enfin que fx soit égale à x entre les limites 0, $\frac{1}{2}\pi$, et à $\pi - x$ entre les limites $\frac{1}{2}\pi$, π; de manière à représenter l'ordonnée d'un triangle isocèle, ayant pour base π et pour hauteur $\frac{1}{2}\pi$: on aura

$$\int_0^\pi \sin i\xi . f\xi d\xi = \int_0^{\frac{\pi}{2}} \sin i\xi . \xi d\xi + \int_{\frac{\pi}{2}}^\pi \sin i\xi . (\pi - \xi) d\xi,$$

et la formule (5) donnera

$$y = \frac{4}{\pi}\left(\sin x - \frac{1}{3^2}\sin 3x + \frac{1}{5^2}\sin 5x - \frac{1}{7^2}\sin 7x + \text{etc.}\right).$$

429. Si l'on savait *à priori* qu'une fonction fx peut être exprimée, entre les limites 0, π, par une série convergente de la forme $\Sigma .\ A_i \sin ix$, il suffirait d'un calcul bien simple pour déterminer les coefficients A_i. En effet, de l'équation hypothétique

$$fx = A_1 \sin x + A_2 \sin 2x + \ldots + A_i \sin ix + \text{etc.},$$

on tire

$$\sin i\xi . f\xi d\xi = A_1 \sin i\xi \sin \xi d\xi + A_2 \sin i\xi \sin 2\xi d\xi + \ldots$$
$$\ldots + A_i \sin^2 i\xi d\xi + \text{etc.}; \qquad (7)$$

et puisque cette équation subsiste, par hypothèse, quelque valeur que prenne ξ entre les limites 0, π, on a, en intégrant entre ces mêmes limites,

$$\int_0^\pi \sin i\xi . f\xi d\xi = A_1 \int_0^\pi \sin i\xi \sin \xi d\xi + A_2 \int_0^\pi \sin i\xi \sin 2\xi d\xi + \ldots$$
$$\ldots + A_i \int_0^\pi \sin^2 i\xi d\xi + \text{etc.}$$

D'un autre côté

$$\int \sin i\xi \sin i'\xi d\xi = \tfrac{1}{2}\int \cos(i-i')\xi d\xi - \tfrac{1}{2}\int \cos(i+i')\xi d\xi$$
$$= \frac{\sin(i-i')\xi}{2(i-i')} - \frac{\sin(i+i')\xi}{2(i+i')} + const.$$

expression que rend nulle le choix des limites 0, π, tant que les nombres entiers i, i' diffèrent l'un de l'autre. Pour $i=i'$, il vient [402]

$$\int_0^\pi \sin^2 i\xi d\xi = \frac{1}{2}\pi.$$

En conséquence, le second membre de l'équation (7) se réduit au terme affecté de A_i, et l'on en tire

$$A_i = \frac{2}{\pi}\int_0^\pi \sin i\xi . f\xi d\xi,$$

ainsi que nous l'avons trouvé par un calcul plus compliqué. Mais, selon la juste remarque de Poisson, la méthode donnée en dernier lieu repose sur une hypothèse qui a besoin d'être démontrée, et qui consiste à admettre qu'une fonction quelconque peut se développer en série convergente, dont les termes procèdent suivant les sinus des multiples entiers de la variable.

430. Nous pouvons maintenant, par un changement de variables, modifier la formule (a), de manière que la formule transformée subsiste pour les valeurs de la variable comprises entre des limites quelconques, autres que 0 et π. Ainsi, en remplaçant x par par $\frac{\pi x'}{a}$ et ξ par $\frac{\pi\xi'}{a}$, nous aurons

$$f\left(\frac{\pi x'}{a}\right) = \frac{2}{a}\Sigma . \sin\frac{i\pi x'}{a}\int_0^a \sin\frac{i\pi\xi'}{a} . f\left(\frac{\pi\xi'}{a}\right) d\xi'.$$

Mais rien ne s'oppose à ce qu'on supprime les accents des variables x', ξ'; et puisque la caractéristique f désigne une fonction absolument arbitraire, il est permis d'écrire fx au lieu de $f\left(\frac{\pi x}{a}\right)$: en conséquence, il vient

$$fx = \frac{2}{a}\Sigma . \sin\frac{i\pi x}{a}\int_0^a \sin\frac{i\pi\xi}{a} . f\xi d\xi; \qquad (b)$$

et cette dernière formule subsiste pour toutes les valeurs de x comprises entre 0 et a,

Si nous y remplaçons a par $2l$, x par $x'+l$, ξ par $\xi'+l$, elle deviendra

$$f(x'+l) = \frac{1}{l}\Sigma . \sin\frac{i\pi(x'+l)}{2l}\int_{-l}^{l} \sin\frac{i\pi(\xi'+l)}{2l} . f(\xi'+l)d\xi',$$

ou plus simplement, d'après ce qui vient d'être expliqué,

$$fx = \frac{1}{l}\Sigma . \sin\frac{i\pi(x+l)}{2l}\int_{-l}^{l} \sin\frac{i\pi(\xi+l)}{2l} . f\xi d\xi : \qquad (c)$$

cette dernière formule subsistant pour toutes les valeurs de x comprises entre les limites $-l, +l$.

On peut mettre l'équation (b) sous la forme

$$fx = \frac{2}{\pi}\Sigma . \frac{\pi}{a}\sin\frac{i\pi x}{a}\int_0^a \sin\frac{i\pi\xi}{a} f\xi d\xi;$$

admettons maintenant que a devienne infiniment grand, et posons

$$\frac{i\pi}{a} = \alpha, \quad \frac{\pi}{a} = d\alpha:$$

la limite vers laquelle converge la série, pour des valeurs de a de plus en plus grandes, est

$$fx = \frac{2}{\pi}\int_0^\infty\int_0^\infty \sin\alpha x \sin\alpha\xi . f\xi d\xi d\alpha; \qquad (d)$$

de sorte que la valeur de fx, entre les limites 0, ∞, se trouve exprimée par une intégrale définie double. Cette expression toutefois deviendrait illusoire dans le cas où, par suite de la nature de la fonction f, l'intégrale double, dont les limites supérieures sont infinies, ne conserverait pas une valeur finie et déterminée [324].

Prenons $fx = \frac{1}{x}$: la fonction f devient infinie à la limite $x = 0$; cependant on tire de la formule (d)

$$\frac{1}{x} = \frac{2}{\pi}\int_0^\infty\int_0^\infty \sin \alpha x \frac{\sin \alpha\xi}{\xi} d\xi d\alpha = \int_0^\infty \sin \alpha x d\alpha.$$

431. En opérant de la même manière que nous l'avons fait dans les n^os qui précèdent, on démontrerait qu'une fonction quelconque, assujettie seulement à ne pas devenir infinie entre les limites 0, π de la variable x, peut se développer entre ces limites par une série convergente, procédant suivant les cosinus des multiples de l'arc x; et l'on établirait la formule

$$fx = A_0 + A_1 \cos x + A_2 \cos 2x + \ldots + A_i \cos ix + \text{etc.},$$

dont les coefficients sont donnés par les équations

$$A_0 = \frac{1}{\pi}\int_0^\pi f\xi d\xi, \quad A_i = \frac{2}{\pi}\int_0^\pi \cos i\xi . f\xi d\xi;$$

de sorte qu'on peut écrire

$$fx = \frac{1}{\pi}\int_0^\pi f\xi d\xi + \frac{2}{\pi}.\Sigma. \cos ix \int_0^\pi \cos i\xi . f\xi d\xi. \qquad (e)$$

La valeur du second membre de cette équation, qui est une fonction paire et périodique de x, est représentée par l'ordonnée d'une ligne symétrique relativement à l'axe des y (*fig.* 95), et sans points de rupture correspondant aux abscisses $x = 0$, $x = \pi$; en sorte que la formule subsiste à ces limites, sans modification.

De cette formule on tire la suivante

$$fx = \frac{1}{a}\int_0^a f\xi d\xi + \frac{2}{a} \Sigma \cos \frac{i\pi x}{a}\int_0^a \cos \frac{i\pi\xi}{a} \cdot f\xi d\xi, \qquad (f)$$

qui subsiste entre les limites 0, a, et à ces limites mêmes.

Puis, en supposant infinie la limite supérieure a, on obtient

$$fx = \frac{2}{\pi}\int_0^\infty\int_0^\infty \cos \alpha x \cos \alpha\xi . f\xi d\xi d\alpha. \qquad (g)$$

En suivant la même analogie, on trouve encore

$$fx = \frac{1}{2l}\int_{-l}^{l} f\xi d\xi + \frac{1}{l}\Sigma.\cos\frac{i\pi(x+l)}{2l}\int_{-l}^{l}\cos\frac{i\pi(\xi+l)}{2l}.f\xi d\xi, \quad (h)$$

formule qui subsiste entre les limites $-l$, $+l$, et même à ces limites.

432. Pour donner quelques applications de ces dernières formules, prenons successivement

$$fx = \tfrac{1}{2}x, \quad fx = \sin x, \quad fx = \tfrac{1}{4}\pi :$$

on aura, par l'équation (e), entre les limites 0, π,

$$\frac{1}{2}x = \frac{1}{4}\pi - \frac{2}{\pi}\left[\cos x + \frac{1}{3^2}\cos 3x + \frac{1}{5^2}\cos 5x + \text{etc.}\right], \quad (8)$$

$$\sin x = \frac{2}{\pi} - \frac{4}{\pi}\left[\frac{\cos 2x}{1.3} + \frac{\cos 4x}{3.5} + \frac{\cos 6x}{5.7} + \text{etc.}\right], \quad (9)$$

$$\tfrac{1}{4}\pi = \cos x - \tfrac{1}{3}\cos 3x + \tfrac{1}{5}\cos 5x - \tfrac{1}{7}\cos 7x + \text{etc.} \quad (10)$$

Il suffit de faire $x = 0$ ou $x = \pi$ dans chacune de ces dernières formules, pour avoir autant de développements curieux du nombre transcendant π, et ces développements peuvent être variés à l'infini.

Multiplions par dx les deux membres de la dernière équation obtenue, intégrons entre les limites 0, x, et divisons par $\frac{1}{2}\pi$: il viendra

$$\frac{1}{2}x = \frac{2}{\pi}\left[\sin x - \frac{1}{3^2}\sin 3x + \frac{1}{5^2}\sin 5x - \frac{1}{7^2}\sin 7x + \text{etc}\right]. \quad (11)$$

La série (6) étant convergente, celle-ci l'est *à fortiori*, et ce rapprochement des deux formules montre qu'une même fonction peut avoir plusieurs développements convergents, procédant suivant les sinus des arcs multiples : ce qui distingue essentiellement les séries dont il s'agit dans ce chapitre, des développements suivant les puissances de la variable, qui ne peuvent être opérés que d'une seule manière, par la formule de Maclaurin. Il résulte aussi de cette remarque que le procédé du n° 429 ne donne pas tous les développements que la fonction est susceptible de recevoir en séries procédant suivant les sinus ou les cosinus des arcs multiples.

433. Si l'on ajoute membre à membre les équations (a) et (e), et qu'on prenne la moitié de la somme, il viendra

$$fx=\frac{1}{2\pi}\int_0^\pi f\xi d\xi+\frac{1}{\pi}\Sigma[\sin ix\int_0^\pi \sin i\xi . f\xi d\xi + \cos ix\int_0^\pi \cos i\xi . f\xi d\xi]$$

$$=\frac{1}{2\pi}\int_0^\pi f\xi d\xi+\frac{1}{\pi}\Sigma . \int_0^\pi \cos i(x-\xi) . f\xi d\xi. \qquad (i)$$

Le lieu géométrique de l'équation

$$y=\frac{1}{2\pi}\int_0^\pi f\xi d\xi+\frac{1}{\pi}\Sigma . \int_0^\pi \cos i(x-\xi) . f\xi d\xi$$

est formé (*fig.* 96) : 1° d'un système d'arcs disjoints... $M_{\prime\prime} N_{\prime\prime}$, MN, M″N″,... 2° des portions de l'axe des abscisses, comprises entre les ordonnées des points où ces arcs s'interrompent. On en conclut que la formule (i) ne subsiste aux limites 0 et π que si l'on a $0=f(0)=f(\pi)$. Dans le cas contraire, la série donne $\frac{1}{2}f(0)$ pour $x=0$ et $\frac{1}{2}f(\pi)$ pour $x=\pi$.

En combinant de la même manière les formules (b) et (f), (d) et (g), (c) et (h), on trouve

$$fx=\frac{1}{2a}\int_0^a f\xi d\xi+\frac{1}{a}\Sigma . \int_0^a \cos\frac{i\pi(x-\xi)}{a} . f\xi d\xi, \qquad (k)$$

$$fx=\frac{2}{\pi}\int_0^\infty\int_0^\infty \cos\alpha(x-\xi) . f\xi d\xi d\alpha,$$

$$fx=\frac{1}{4l}\int_{-l}^{l} f\xi d\xi+\frac{1}{2l}\Sigma . \int_{-l}^{l} \cos\frac{i\pi(x-\xi)}{2l} . f\xi d\xi. \qquad (l)$$

434. Toutes ces formules sont encore susceptibles de nombreuses tranformations ; nous nous bornerons à en indiquer une.

Soit fx une fonction qui a pour valeur φx, de zéro à a, et pour valeur ψx, de zéro à $-a$: d'après la formule (k), la fonction

$$\frac{1}{2a}\int_0^a \varphi\xi d\xi + \frac{1}{a}\Sigma.\int_0^a \cos\frac{i\pi(x-\xi)}{a}.\varphi\xi d\xi$$

se réduira à φx pour les valeurs de x comprises entre 0 et a, et à zéro pour les valeurs de x comprises entre 0 et $-a$. Pareillement la fonction

$$-\frac{1}{2a}\int_0^{-a} \psi\xi d\xi - \frac{1}{a}\Sigma.\int_0^{-a} \cos\frac{i\pi(x-\xi)}{a}.\psi\xi d\xi$$
$$=\frac{1}{2a}\int_{-a}^0 \psi\xi d\xi + \frac{1}{a}\Sigma.\int_{-a}^0 \cos\frac{i\pi(x-\xi)}{a}.\psi\xi d\xi$$

se réduira à ψx pour les valeurs de x comprises entre 0 et $-a$, et à zéro pour les valeurs de x comprises entre 0 et a. Donc la fonction

$$\frac{1}{2a}\left[\int_0^a \varphi\xi d\xi + \int_{-a}^0 \psi\xi d\xi\right]$$
$$+\frac{1}{a}\Sigma\left[\int_0^a \cos\frac{i\pi(x-\xi)}{a}.\varphi\xi d\xi + \int_{-a}^0 \cos\frac{i\pi(x-\xi)}{a}.\psi\xi d\xi\right]$$

se réduit à ψx pour les valeurs de x comprises entre $-a$ et 0, et à φx pour celles qui tombent entre 0 et a; ce qui revient à dire que la formule

$$fx = \frac{1}{2a}\int_{-a}^a f\xi d\xi + \frac{1}{a}\Sigma.\int_{-a}^a \cos\frac{i\pi(x-\xi)}{a}.f\xi d\xi \qquad (m)$$

subsiste pour toutes les valeurs de x comprises entre $-a$ et $+a$. On pourrait changer a en l, et l'on aurait une formule distincte de l'équation (l), quoique toutes deux subsistent pour les valeurs de x comprises entre les mêmes limites.

435. Par un procédé semblable à celui du n° 430, on tire de l'équation (m), en y supposant $a = \infty$,

$$fx = \frac{1}{\pi}\int_0^{\infty}\int_{-\infty}^{\infty} \cos\alpha(x-\xi).f\xi d\xi d\alpha; \qquad (n)$$

et cette dernière formule subsiste pour toutes les valeurs réelles de x, puisque l'intégration relative à ξ s'effectue entre les limites $-\infty$, $+\infty$. On l'appelle la *formule de Fourier,* du nom du géomètre célèbre qui en a enrichi l'analyse. La démonstration de cette formule résulte de ce qui précède; mais, à cause de son importance, nous en donnerons une autre démonstration plus simple et plus directe, due à Deflers, de son vivant maître de conférences à l'École normale.

Soit

$$y = \frac{1}{\pi}\int_0^{\infty}\int_{-\infty}^{\infty} \cos\alpha(x-\xi).f\xi d\xi d\alpha;$$

et effectuons d'abord l'intégration relative à α entre les limites 0, α, sauf à faire $\alpha = \infty$ après la seconde intégration : il viendra

$$y = \frac{1}{\pi}\int_{-\infty}^{\infty} \frac{\sin\alpha(x-\xi)}{x-\xi}.f\xi d\xi = \frac{1}{\pi}\int_{-\infty}^{\infty}\frac{\sin z}{z}.f\left(x-\frac{z}{\alpha}\right)dz,$$

en posant $\xi = x - \frac{z}{\alpha}$.

Or, quand on fait $\alpha = \infty$, on a

$$f\left(x-\frac{z}{\alpha}\right) = fx,$$

excepté pour les valeurs de z qui sont elles-mêmes infinies, valeurs auxquelles on peut se dispenser d'avoir égard, parce que le facteur $\frac{\sin z}{z}$ rend infiniment petite la portion correspondante de l'intégrale : on a donc simplement

$$y = \frac{1}{\pi} fx \int_{-\infty}^{\infty} \frac{\sin z}{z} dz = fx.$$

Quand la fonction f est telle que l'intégration relative à la variable ξ, indiquée dans la formule (n), puisse s'effectuer, cette formule détermine les valeurs d'intégrales définies simples, comme celles qui ont fait l'objet des deux derniers chapitres. Supposons, par exemple, que fx doive se réduire à e^{-x}, entre les limites 0, ∞ : on a [408]

$$\int_0^{\infty} \cos \alpha\xi . e^{-\xi} d\xi = \frac{1}{1+\alpha^2};$$

et en conséquence la formule (n) donne, pour toutes les valeurs positives de x,

$$e^{-x} = \frac{2}{\pi} \int_0^{\infty} \frac{\cos \alpha x d\alpha}{1+\alpha^2},$$

ce qui s'accorde avec la formule (j) du n° 411.

436. Toutes les formules données dans ce chapitre peuvent se généraliser et s'étendre aux fonctions d'un nombre quelconque de variables. Ainsi, en écrivant $f(x,y)$ au lieu de fx, on tire de la formule de Fourier

$$f(x,y) = \frac{1}{\pi} \int_0^{\infty} \int_{-\infty}^{\infty} \cos \alpha(x-\xi) . f(\xi,y) d\xi d\alpha,$$

et par la même raison

$$f(\xi,y) = \frac{1}{\pi} \int_0^{\infty} \int_{-\infty}^{\infty} \cos \beta(y-\eta) . f(\xi,\eta) d\eta d\beta,$$

β, η désignant deux nouvelles variables auxiliaires : donc

$$f(x,y) = \frac{1}{\pi^2} \int_0^{\infty} \int_0^{\infty} \int_{-\infty}^{\infty} \int_{-\infty}^{\infty} \cos \alpha(x-\xi) . \cos \beta(y-\eta) . f(\xi,\eta) d\xi d\eta d\alpha d\beta,$$

formule qui subsiste pour toutes les valeurs réelles des variables x,y. Si les limites d'intégration, relatives aux variables ξ, η, sont données par le contour d'une courbe tracée dans le plan xy, l'intégrale quadruple se réduira à $f(x, y)$ pour les points qui tombent dans l'intérieur de la courbe, et à zéro pour les points extérieurs. De même l'intégrale sextuple

$$\frac{1}{\pi^3}\int_0^\infty\int_0^\infty\int_0^\infty\iiint \cos\alpha(x-\xi).\cos\beta(y-\eta).\cos\gamma(z-\zeta).f(\xi,\eta,\zeta)\,d\xi\,d\eta\,d\zeta\,d\alpha\,d\beta\,d\gamma,$$

pour laquelle les limites des intégrations relatives aux variables ξ, η, ζ sont les mêmes que celles du volume d'un corps donné, se réduira à $f(x, y, z)$ pour tous les points situés dans l'intérieur du corps, et à zéro pour tous les points extérieurs.

LIVRE SIXIÈME.

INTÉGRATION

DES ÉQUATIONS DIFFÉRENTIELLES A UNE SEULE VARIABLE INDÉPENDANTE.

CHAPITRE PREMIER.

DE L'INTÉGRATION DES ÉQUATIONS DIFFÉRENTIELLES A DEUX VARIABLES ET DU PREMIER ORDRE.

437. On peut envisager sous deux aspects le problème de l'intégration des équations différentielles entre deux variables. Au premier point de vue, il s'agit de trouver, entre la variable indépendante et la fonction, une équation qui satisfasse de la manière la plus générale à l'équation différentielle proposée, au moyen des valeurs qu'on en déduit pour les coefficients différentiels des divers ordres. En d'autres termes, il s'agit de trouver l'équation la plus générale des courbes qui jouissent en tous leurs points de la propriété exprimée par l'équation différentielle.

Au second point de vue, le problème de l'intégration consiste à déterminer la série des valeurs numériques par lesquelles doit passer une fonction en partant d'une valeur numérique assignée, quand la loi des variations infinitésimales de la fonction est exprimée par une équation différentielle donnée. Nous verrons qu'il se présente des cas où le problème de l'intégration des équations différentielles ne se résout pas de la même manière, selon qu'on l'envisage sous l'un ou sous l'autre de ces aspects.

On a indiqué [liv. III, chap. V] les liaisons qui subsistent entre une équation différentielle d'un ordre quelconque, et les intégrales ou les équations primitives des divers ordres dont on peut concevoir que la proposée dérive, par la différentiation immédiate ou par la différentiation combinée avec l'élimination des constantes. En nous appuyant au besoin sur les principes posés dans le chapitre cité, nous commencerons par examiner les cas principaux où l'on peut retrouver l'intégrale de laquelle dérive une équation différentielle proposée. Nous étudierons ensuite, au second point de vue, la théorie des équations différentielles.

§ 1er. Séparation des variables.

438. La forme générale des équations différentielles du premier ordre à deux variables est

$$F(x,y,y') = 0. \qquad (1)$$

Si cette équation est algébrique et du premier degré par rapport à y', on peut la mettre sous la forme

$$\varphi(x,y)dx + \psi(x,y)dy = 0. \qquad (2)$$

L'équation (2) s'intègre toujours, ou du moins l'intégration est ramenée à de simples quadratures, lorsque les variables y sont *séparées*, c'est-à-dire lorsque cette équation est mise sous la forme

$$fxdx + \mathfrak{f}ydy = 0.$$

L'intégrale générale est alors

$$\int fxdx + \int \mathfrak{f}ydy = C,$$

C désignant une constante arbitraire, ou

$$\int_{x_0}^{x} fxdx + \int_{y_0}^{y} \mathrm{f}ydy = 0,$$

en passant aux intégrales définies, et en représentant par y_0 la valeur de y qui correspond à l'abscisse x_0.

Soit proposée, par exemple, l'équation

$$ydx - xdy = 0 : \qquad (a)$$

on la mettra sous la forme

$$\frac{dy}{y} - \frac{dx}{x} = 0;$$

et les variables se trouvant séparées, on aura en intégrant $\log y - \log x = \mathrm{C}$, d'où l'on tire $y = cx$, en désignant par c le nombre dont le logarithme est C.

La séparation des variables s'opère immédiatement, toutes les fois que l'équation (1) se présente sous la forme

$$y' = fx \,.\, \mathrm{f}y, \quad \text{d'où} \quad \frac{dy}{\mathrm{f}y} = fxdx.$$

439. D'autres fois la séparation ne s'opère qu'au moyen d'une transformation ou d'un changement de variables. Si, par exemple, les fonctions φ, ψ qui entrent dans l'équation (2) sont homogènes et du même degré [122] par rapport aux variables x, y, on posera $y = xt$, d'où

$$\varphi(x,y) = x^n ft, \quad \psi(x,y) = x^n \mathrm{f}t,$$

n désignant la somme des exposants de x et de y dans chaque terme de l'équation proposée. En conséquence cette équation, après la suppression du facteur x^n, deviendra

$$ft \,.\, dx + \mathrm{f}t \,.\, (xdt + tdx) = 0,$$

d'où

$$\frac{dx}{x} + \frac{\mathrm{f}t \,.\, dt}{ft + t\mathrm{f}t} = 0,$$

équation où les variables sont séparées.

C'est ainsi que l'équation

$$xdy - ydx = \sqrt{x^2 + y^2}.dx$$

devient

$$\frac{dx}{x} - \frac{dt}{\sqrt{1+t^2}} = 0;$$

d'où, en intégrant par logarithmes et en repassant ensuite des logarithmes aux nombres,

$$c = \frac{x}{t + \sqrt{1+t^2}} = \frac{x^2}{y + \sqrt{x^2+y^2}} = -y + \sqrt{x^2+y^2},$$

$$x^2 - 2cy - c^2 = 0.$$

En effet, lorsqu'on différentie cette dernière équation et qu'on élimine c entre l'équation primitive et sa différentielle immédiate [162], on retombe sur l'équation différentielle proposée.

Il arrive en certains cas que l'on peut, par un changement de variables ou de coordonnées, rendre homogène une équation qui ne l'est pas. L'exemple le plus simple de cette transformation nous est fourni par l'équation

$$(ax + by + c)dx + (a'x + b'y + c')dy = 0.$$

Si l'on pose $x = \xi + \alpha$, $y = \eta + \beta$ (ce qui revient à déplacer l'origine des coordonnées x, y, sans changer la direction des axes), et si l'on dispose des constantes arbitraires α, β, de manière à satisfaire aux équations de condition

$$a\alpha + b\beta + c = 0, \quad a'\alpha + b'\beta + c' = 0,$$

l'équation proposée deviendra

$$(a\xi + b\eta)d\xi + (a'\xi + b'\eta)d\eta = 0,$$

et sera rendue homogène. La transformation précédente ne serait plus possible, si l'on avait $ab' - ba' = 0$, ce qui rendrait infinies les valeurs de α, β. Mais dans ce cas l'élimination de b' met l'équation proposée sous la forme

$$(ax+by)\left(dx+\frac{a'}{a}dy\right)+cdx+c'dy=0\,;$$

et si l'on pose $ax+by=t$, on obtient une équation en t, dt, dx, où les variables se séparent sans difficulté, comme dans toutes celles où l'une des variables n'entre que par sa différentielle.

§ 2. Équation linéaire du premier ordre.

440. Une transformation très simple opère aussi la séparation des variables dans l'équation

$$y'+yfx=\mathrm{f}x, \tag{3}$$

que l'on nomme *équation linéaire du premier ordre*, parce qu'elle ne contient ni les puissances, ni les produits de la fonction y et de sa dérivée y'. Soit

$$y=\theta t,\quad dy=\theta dt+td\theta,$$

θ et t désignant deux fonctions auxiliaires et inconnues de x : la proposée deviendra

$$\theta dt+td\theta+\theta t.fxdx=\mathrm{f}xdx.$$

On peut disposer des fonctions indéterminées t et θ, de manière à décomposer cette équation dans les deux suivantes

$$\theta dt=\mathrm{f}xdx,\quad d\theta+\theta.fxdx=0.$$

La seconde se prête à la séparation des variables et donne

$$\theta=e^{-\int fxdx}.$$

Après qu'on a substitué cette valeur dans la première, il vient

$$dt=\mathrm{f}xdx.e^{\int fxdx},\quad t=\int\mathrm{f}xdx.e^{\int fxdx}+\mathrm{C},$$

d'où

$$y=\left[\int\mathrm{f}xdx.e^{\int fxdx}+\mathrm{C}\right].e^{-\int fxdx}.$$

Exemples. 1°

$$y'+y=-x:$$

il vient

$$\int fxdx = x, \quad \int \mathrm{f}xdx . e^{x} = -\int e^{x} xdx = (1-x)e^{x} + C;$$

$$y = 1 - x + Ce^{-x}.$$

2°

on a $$y' + y = -x^3:$$

$$\int fxdx = x, \quad \int \mathrm{f}xdx . e^{x} = -e^{x}[x^3 - 3x^2 + 6(x-1)] + C,$$

$$y = -[x^3 - 3x^2 + 6(x-1)] + Ce^{-x}. \qquad (4)$$

3° $$y' + \frac{y}{x} = -x:$$

dans ce cas les exponentielles disparaissent, puisqu'on a

$$\int fxdx = \int \frac{dx}{x} = \log x, \quad e^{\int fxdx} = e^{\log x} = x,$$

d'où l'on tire sans difficulté

$$y = \frac{C}{x} - \frac{1}{3} x^2.$$

On intègre de même l'équation

$$y^{m-1} y' + y^m fx = \mathrm{f}x;$$

car, pour la ramener à la forme de l'équation (3), il suffit de poser $y^m = u$.

Enfin, si la proposée était

$$y' + yfx = y^n \mathrm{f}x, \qquad (5)$$

on la ramènerait encore à la forme (3), en posant $y^{n-1} = \frac{1}{u}$. L'équation (5) est connue sous le nom d'*équation de Bernoulli.*

441. Lorsqu'on intègre une équation différentielle en commençant par séparer les variables, l'intégrale peut se présenter sous une forme mal à propos compliquée : elle peut affecter une forme transcendante, quoique l'équation proposée comporte une intégrale algébrique. C'est ce qu'on a vu [438] sur l'équation très simple $ydx - xdy = 0$, dont l'intégration, par la séparation des variables, amène le signe transcendant *log*, qu'on peut ensuite faire disparaître, en se prévalant des propriétés de la fonction logarithmique.

Prenons encore pour exemple l'équation

$$\sqrt{1-y^2}.dx + \sqrt{1-x^2}.dy = 0: \tag{6}$$

si l'on sépare les variables elle deviendra

$$\frac{dx}{\sqrt{1-x^2}} + \frac{dy}{\sqrt{1-y^2}} = 0;$$

et préparée ainsi elle conduira à l'intégrale de forme transcendante

$$\text{arc} \sin x + \text{arc} \sin y = k, \tag{7}$$

où k désigne la constante arbitraire. Mais, en intégrant par parties chaque terme de l'équation (6), et en désignant par μ une autre constante arbitraire, on aura

$$x\sqrt{1-y^2} + y\sqrt{1-x^2} + \int \frac{xydy}{\sqrt{1-y^2}} + \int \frac{xydx}{\sqrt{1-x^2}} = \mu.$$

Les deux termes de cette équation qui sont affectés du signe $\int$ peuvent se grouper en un seul

$$\int xy \left[\frac{dy}{\sqrt{1-y^2}} + \frac{dx}{\sqrt{1-x^2}} \right],$$

pourvu que l'on regarde y comme une fonction implicite de x, déterminée par l'équation (6). Or, en vertu de cette même équation (6), le facteur qui multiplie xy sous le signe $\int$ est constamment nul : donc la proposée a pour intégrale algébrique

$$x\sqrt{1-y^2} + y\sqrt{1-x^2} = \mu, \tag{8}$$

ou, par l'évanouissement des signes radicaux,

$$(x^2 - y^2 - \mu^2)^2 = 4\mu^2 y^2 (1 - x^2).$$

La valeur de la constante μ dans l'équation (8) est celle de la variable y quand x est nul : si l'on fait à la fois $x = 0$, $y = \mu$ dans l'équation (7), elle deviendra

$$\text{arc sin } \mu = k,$$

ce qui ramène cette équation à la forme

$$\text{arc sin } x + \text{arc sin } y = \text{arc sin } \mu. \tag{9}$$

Il faut que les deux équations (8) et (9), qui sont l'une et l'autre des intégrales complètes de la proposée, la première sous forme algébrique, la seconde sous forme transcendante, rentrent l'une dans l'autre ; et en effet, l'identité de ces deux équations résulte de la formule

$$\sin a \cos b + \sin b \cos a = \sin (a + b).$$

Si cette relation n'était pas donnée par la trigonométrie élémentaire, elle résulterait du rapprochement des formules (8) et (9) ; et l'on constaterait ainsi une propriété fondamentale de la fonction transcendante arc sin x, ou de l'intégrale définie

$$\int_0^x \frac{dx}{\sqrt{1-x^2}}.$$

C'est en procédant d'une manière absolument semblable que M. Despeyrous a établi très simplement, dans les *Mémoires de l'Académie de Dijon* pour 1849, les formules pour l'addition des fonctions elliptiques, déjà démontrées au chapitre IV du livre précédent. Considérons en effet l'équation

$$\frac{dx}{\sqrt{(1-x^2)(1-c^2x^2)}} + \frac{dy}{\sqrt{(1-y^2)(1-c^2y^2)}} = 0,$$

laquelle admet l'intégrale de forme transcendante

$$F(\varphi) + F(\psi) = k,$$

où F désigne la caractéristique de la fonction elliptique de première espèce, φ et ψ les arcs qui ont respectivement pour sinus x et y. Si l'on met cette même équation sous la forme

$$\frac{\sqrt{(1-y^2)(1-c^2y^2)}.dx}{\sqrt{1-c^2x^2y^2}}+\frac{\sqrt{(1-x^2)(1-c^2x^2)}.dy}{\sqrt{1-c^2x^2y^2}}=0,$$

(le choix du dénominateur commun tenant à des considérations qui seront indiquées dans le paragraphe qui va suivre), chaque terme pourra s'intégrer par parties comme dans le cas précédent; et ce qui restera sous le signe $\int$ s'annulant en vertu de l'équation différentielle elle-même, on obtiendra l'intégrale algébrique

$$\frac{x\sqrt{(1-y^2)(1-c^2y^2)}}{1-c^2x^2y^2}+\frac{y\sqrt{(1-x^2)(1-c^2x^2)}}{1-c^2x^2y^2}=\mu.$$

On ferait le même raisonnement que tout à l'heure pour prouver que la constante μ de l'intégrale algébrique et la constante k de l'intégrale transcendante sont liées par la relation

$$k=\mathrm{F}(\mu):$$

Dès lors, il n'y a plus qu'à revenir à la notation de Jacobi, pour tirer, de l'intégrale algébrique que l'on vient d'écrire, la formule (a') du n° 331.

§ 3. Du facteur propre à rendre l'équation intégrable.

442. Quand le premier membre de l'équation (2) est une différentielle exacte $d.\pi(x,y)$, on trouve cette fonction π par le calcul indiqué [394], et l'intégrale se présente sous la forme $\pi(x,y)=c$, c désignant une constante arbitraire. Réciproquement, après qu'on aura obtenu, par un moyen quelconque, l'intégrale de l'équation (2), concevons qu'on la mette sous la forme $\pi(x,y)=c$, en résolvant l'équation obtenue par rapport à la constante arbitraire que l'intégration a introduite : la différentiation donnera

$$\frac{d\pi}{dx}dx + \frac{d\pi}{dy}dy = 0,$$

équation dont le premier membre est nécessairement une différentielle exacte, et qui doit subsister en même temps que l'équation (2). On aura donc

$$\frac{\frac{d\pi}{dx}}{\varphi(x,y)} = \frac{\frac{d\pi}{dy}}{\psi(x,y)} = \mu,$$

μ désignant en général une fonction de x et de y. Par conséquent, si l'on multiplie le premier membre de l'équation (2) par le facteur μ, ce premier membre deviendra identique avec la différentielle totale $d\pi$, et satisfera à la condition d'intégrabilité.

Ainsi le premier membre de l'équation (a) ne satisfait pas à la condition d'intégrabilité; mais comme on a trouvé [438] pour l'intégrale de cette équation

$$\frac{y}{x} = c, \quad \text{d'où} \quad \frac{xdy - ydx}{x^2} = 0,$$

on voit que le facteur $\frac{1}{x^2}$ est celui qui rend le premier membre de la proposée une différentielle exacte.

De même l'intégrale de l'équation

$$(y + \sqrt{x^2+y^2})\,dx - xdy = 0$$

pouvant [439] être mise sous la forme

$$-y + \sqrt{x^2+y^2} = c, \quad \text{d'où} \quad \frac{xdx + (y - \sqrt{x^2+y^2})dy}{\sqrt{x^2+y^2}} = 0,$$

il en résulte que le facteur par lequel il faut multiplier la proposée pour en rendre le premier membre une différentielle exacte, est

$$\frac{x}{\sqrt{x^2+y^2}.(y + \sqrt{x^2+y^2})} = -\frac{y - \sqrt{x^2+y^2}}{x\sqrt{x^2+y^2}}.$$

443. Il est à remarquer que, quand on connaît une valeur du facteur μ, on peut en déduire une infinité d'autres : car, puisque

$$\mu[\varphi(x,y)dx + \psi(x,y)dy] = d\pi,$$

on a

$$\mu f(\pi)[\varphi(x,y)dx + \psi(x,y)dy] = f(\pi)d\pi, \qquad (10)$$

$f(\pi)$ désignant une fonction quelconque de la quantité π dont on connaît la composition en x, y. Or l'expression $f(\pi)d\pi$ est essentiellement une différentielle exacte, et la détermination de la fonction dont elle dérive résulte d'une simple quadrature : donc le premier membre de l'équation (10) est aussi une différentielle exacte. En d'autres termes, le facteur $\mu f(\pi)$, où les fonctions μ, π sont connues, et où la fonction f peut être particularisée d'une infinité de manières, jouit comme le facteur μ de la propriété de rendre le premier membre de l'équation (2) une différentielle exacte.

Prenons pour exemple l'équation (a), et supposons simplement $f(\pi) = \pi$. On a dans ce cas

$$\mu = \frac{1}{x^2}, \quad \pi = \frac{y}{x}, \quad \text{d'où } \mu f(\pi) = \frac{y}{x^3}.$$

Ce dernier facteur rendra donc le premier membre de l'équation proposée une différentielle exacte ; et en effet l'on a

$$\frac{y}{x^3}(xdy - ydx) = \frac{x^2ydy - y^2xdx}{x^4} = \frac{1}{2}d.\left(\frac{y^2}{x^2}\right).$$

444. Pour déterminer *à priori* le facteur μ, il faudrait satisfaire à l'équation

$$\frac{d.\mu\varphi(x,y)}{dy} = \frac{d.\mu\psi(x,y)}{dx},$$

ou

$$\varphi\frac{d\mu}{dy} - \psi\frac{d\mu}{dx} + \mu\left(\frac{d\varphi}{dy} - \frac{d\psi}{dx}\right) = 0$$

mais l'intégration de cette équation qui est aux différences partielles par rapport à la fonction μ des deux variables x, y, suppose en général, comme on le verra par la suite, l'intégration préalable de l'équation (2). Ce n'est que dans des cas très particuliers que l'on peut assigner le facteur μ et par suite ramener l'intégration de la proposée aux quadratures.

Si, par exemple, le facteur μ ne devait renfermer que la variable x, l'équation précédente se réduirait à

$$\frac{1}{\mu} \cdot \frac{d\mu}{dx} = \frac{1}{\psi}\left(\frac{d\varphi}{dy} - \frac{d\psi}{dx}\right);$$

et en vertu de l'hypothèse, il faudrait que le second membre de cette dernière équation se réduisît à une fonction fx de la seule variable x. On aurait donc $\mu = e^{\int fx dx}$. D'ailleurs on ne restreindra pas la généralité de l'hypothèse en posant $\psi = 1$, puisqu'on peut toujours admettre que l'équation (2) a été divisée par le coefficient de dy; et dès lors, il faudra que le coefficient $\frac{d\varphi}{dy}$ soit indépendant de y, ou qu'on ait

$$\varphi(x,y) = yfx + \mathrm{f}x;$$

c'est-à-dire que ce cas est celui où la proposée se présente sous la forme d'une équation linéaire du premier ordre.

445. Quand l'équation (2) est homogène, elle peut s'écrire

$$x^n f\left(\frac{y}{x}\right) dx + x^n \mathrm{f}\left(\frac{y}{x}\right) dy = 0; \qquad (11)$$

et l'on a vu [439] qu'elle se change en

$$\frac{dx}{x} + \frac{\mathrm{f}\left(\frac{y}{x}\right) d \cdot \frac{y}{x}}{f\left(\frac{y}{x}\right) + \frac{y}{x} \cdot \mathrm{f}\left(\frac{y}{x}\right)} = 0, \qquad (12)$$

équation où les variables sont séparées, et qui est par conséquent une différentielle exacte. Le facteur par lequel il a fallu multiplier (11) pour obtenir (12) est

$$\mu = \frac{1}{x^{n+1}\left[f\left(\frac{y}{x}\right) + \frac{y}{x} \cdot \mathrm{f}\left(\frac{y}{x}\right)\right]} = \frac{1}{x\varphi(x,y) + y\psi(x,y)}.$$

La condition d'intégrabilité appliquée à la fonction

$$\frac{\varphi(x,y)dx + \psi(x,y)dy}{x\varphi(x,y) + y\psi(x,y)},$$

qui doit être une différentielle exacte quand les fonctions φ, ψ sont homogènes et du même degré, donne

$$\frac{x\frac{d.\varphi(x,y)}{dx} + y\frac{d.\varphi(x,y)}{dy}}{\varphi(x,y)} = \frac{x\frac{d.\psi(x,y)}{dx} + y\frac{d.\psi(x,y)}{dy}}{\psi(x,y)}.$$

Donc chaque membre de cette dernière équation a une valeur indépendante de la forme des fonctions φ, ψ, et si l'on prend $\psi(x,y) = x^n$, il vient, conformément au théorème des fonctions homogènes [122],

$$x\frac{d.\varphi(x,y)}{dx} + y\frac{d.\varphi(x,y)}{dy} = n\varphi(x,y).$$

§ 4. Des équations supérieures du premier ordre.

446. Si l'équation (1) renferme la dérivée y' élevée au carré ou à des puissances supérieures, on en tirera par la résolution algébrique d'autres équations

$$y' - \mathrm{f}_1(x,y) = 0, \quad y' - \mathrm{f}_2(x,y) = 0, \text{ etc.},$$

en nombre égal à celui qui indique le degré de la proposée par rapport à y'. On les intégrera séparément, si c'est possible : et chaque intégrale, complétée par une constante arbitraire, satisfera à la proposée. Le produit de toutes ces intégrales satisfera donc de la manière la plus générale à l'équation différentielle proposée; ou, en d'autres termes, ce produit en sera l'intégrale générale. On pourrait désigner les constantes arbitraires qui entrent dans chaque facteur par des lettres différentes; mais on ne restreindra pas la généralité de l'intégrale en désignant toutes ces constantes arbitraires par la même lettre; puisque, si l'on attribue à cette lettre unique toutes les valeurs numériques possibles, on obtiendra évidemment toutes les intégrales particulières que chaque facteur de l'intégrale générale est susceptible de fournir.

Par exemple, la résolution de l'équation

$$y'^2 - ax = 0$$

donne

$$y' - \sqrt{ax} = 0, \quad y' + \sqrt{ax} = 0,$$

équations qui ont pour intégrales

$$c + y - \tfrac{2}{3}\sqrt{ax^3} = 0, \quad c_1 + y + \tfrac{2}{3}\sqrt{ax^3} = 0.$$

En faisant le produit on a, pour l'intégrale générale de la proposée,

$$(c + y - \tfrac{2}{3}\sqrt{ax^3})(c_1 + y + \tfrac{2}{3}\sqrt{ax^3}) = 0;$$

et l'on n'en diminuera pas la généralité si l'on pose $c_1 = c$, ce qui donne au produit la forme rationnelle

$$(c + y)^2 - \tfrac{4}{9}ax^3 = 0.$$

447. Il y a possibilité dans certains cas d'éluder la résolution de l'équation proposée par rapport à y'. Si, par exemple, la variable y n'y entre pas, et qu'elle soit réductible à la forme $x = fy'$, on aura, en appliquant à la fonction $dy = y'dx$ la règle de l'intégration par parties,

$$y = y'x - \int x dy' + C = y'fy' - \int fy'dy' + C.$$

Lorsque la quadrature indiquée dans le dernier membre de cette équation pourra s'effectuer algébriquement, il n'y aura plus qu'à éliminer y' entre cette équation et la proposée pour obtenir l'intégrale complétée par la constante arbitraire C. On traiterait d'une manière semblable l'équation $y=fy'$, après avoir posé $y'=\frac{1}{x'}$, c'est-à-dire après avoir pris y pour variable indépendante.

448. Quand la proposée sera de la forme $y=f(x,y')$, on en tirera

$$y'=\frac{df}{dx}+\frac{df}{dx'}\cdot\frac{dy'}{dx}.$$

Cette dernière équation est du premier ordre par rapport aux variables x, y' : en admettant qu'elle tombe dans la catégorie de celles qu'on sait intégrer, il suffira d'éliminer y' entre l'intégrale obtenue et la proposée, pour avoir l'intégrale même de la proposée.

Par exemple, si celle-ci est de la forme

$$y=x\varphi y'+\psi y',$$

on aura

$$y'=\varphi y'+(\psi' y'+x\varphi' y')\frac{dy'}{dx}, \text{ ou } \frac{dx}{dy'}-x\frac{\varphi' y'}{y'-\varphi y'}=\frac{\psi' y'}{y'-\varphi y'},$$

et par suite [440]

$$x=\left[\int\frac{\psi' y' dy'}{y'-\varphi y'}\cdot e^{-\int\frac{\varphi' y' dy'}{y'-\varphi y'}}+C\right]\cdot e^{\int\frac{\varphi' y' dy'}{y'-\varphi y'}}.$$

On doit remarquer en particulier l'équation

$$y=xy'+\psi y', \tag{13}$$

d'où l'on tire par la différentiation

$$0=(\psi' y'+x)\frac{dy'}{dx}. \tag{14}$$

On satisfait à l'équation (14) en posant

$$\frac{dy'}{dx}=0, \quad \text{d'où} \quad y'=c,$$

et la substitution de cette valeur de y' dans l'équation (13) donne pour intégrale générale

$$y = cx + \psi c, \tag{15}$$

équation d'une ligne droite qui se déplace sur le plan xy quand on fait varier la constante arbitraire c.

On satisfait encore à l'équation (14) en posant

$$\psi' y' + x = 0; \tag{16}$$

et si l'on élimine y' entre les équations (13) et (16), on a une équation en x, y, qui satisfait à l'équation (13), mais qui n'en est pas l'intégrale générale, puisqu'elle ne contient pas de constante arbitraire, et qui n'est pas non plus une intégrale particulière, puisqu'on tire de l'équation (16) une valeur de y' en x, incompatible avec les valeurs $y' = c$, tirées de l'intégrale générale. Cette équation résultante en x, y est donc une intégrale singulière de la proposée [164].

Il faut remarquer que l'élimination de c entre l'équation (15) et sa dérivée par rapport à c,

$$\psi' c + x = 0,$$

donne la même équation finale en x, y, que l'élimination de y' entre les équations (13) et (16) : ce qui doit être, puisque l'intégrale singulière représente [189] la courbe enveloppe de toutes les droites qu'on obtient en faisant varier sans discontinuité, dans l'équation (15), le paramètre c.

CHAPITRE II.

DE L'INTÉGRATION DES ÉQUATIONS DIFFÉRENTIELLES DES ORDRES SUPÉRIEURS, ET EN PARTICULIER DE L'INTÉGRATION DES ÉQUATIONS DIFFÉRENTIELLES LINÉAIRES.

---

§ 1er. De l'abaissement de l'ordre des équations différentielles.

449. On ramène toujours aux quadratures l'intégration des équations différentielles d'un ordre quelconque, de la forme

$$y^{(n+1)} = fy^{(n)}, \quad \text{ou} \quad \frac{dy_{(n)}}{dx} = fy^{(n)}; \tag{1}$$

car on en tire

$$x = \int \frac{dy^{(n)}}{fy^{(n)}} + C. \tag{2}$$

On a ensuite

$$y^{(n-1)} = \int y^{(n)} dx = \int \frac{y^{(n)} dy^{(n)}}{fy^{(n)}} + C_1,$$

$$y^{(n-2)} = \int y^{(n-1)} dx = \int \left[\int \frac{y^{(n)} dy^{(n)}}{fy^{(n)}} + C_1 \right] \frac{dy^{(n)}}{fy^{(n)}} + C_2;$$

et en continuant ainsi on obtient la valeur de y exprimée en fonction de $y^{(n)}$ par une suite de quadratures. Il ne s'agit plus que d'éliminer $y^{(n)}$ entre la dernière équation obtenue et l'équation (2), pour avoir l'intégrale de l'équation (1), complétée par $n+1$ constantes arbitraires.

Par exemple, l'équation du second ordre

$$-\frac{(1+y'^2)^{\frac{3}{2}}}{y''} = a$$

donne d'abord

$$dx = -\frac{ady'}{(1+y'^2)^{\frac{3}{2}}}, \quad \text{d'où} \quad x = C - \frac{ay'}{\sqrt{1+y'^2}}. \qquad (3)$$

On a ensuite

$$y = \int y'dx = -a\int \frac{y'dy'}{(1+y'^2)^{\frac{3}{2}}} + C_1 = \frac{a}{\sqrt{1+y'^2}} + C_1;$$

et en éliminant y' on tombe sur l'équation d'un cercle

$$(x-C)^2 + (y-C_1)^2 = a^2. \qquad (4)$$

Effectivement l'équation proposée exprime [190] que le rayon de courbure de la ligne plane dont x, y désignent les coordonnées courantes, est égal à la constante a.

Lorsqu'on pourra résoudre l'équation (2) par rapport à $y^{(n)}$ et en tirer

$$y^{(n)} = \mathrm{f}(x, C),$$

il viendra

$$y^{(n-1)} = \int \mathrm{f}(x,C)dx + C_1,$$
$$y^{(n-2)} = \int dx \int \mathrm{f}(x,C)dx + C_1\, x + C_2;$$

et en continuant ainsi, on obtiendra immédiatement, par une suite de quadratures, la valeur de y en x, renfermant $n+1$ constantes arbitraires.

Ainsi, de l'équation (3) l'on tirerait

$$y' = \pm \frac{x-C}{\sqrt{a^2-(x-C)^2}},$$

d'où

$$y = \pm \int \frac{(x-C)dx}{\sqrt{a^2-(x-C)^2}} + C_1 = \mp \sqrt{a^2-(x-C)^2} + C_1,$$

ce qui conduit encore à l'équation (4).

450. On ramène pareillement aux quadratures l'intégration de toute équation de la forme

$$y^{(n+2)} = fy^{(n)}, \quad \text{ou} \quad \frac{d^2y^{(n)}}{dx^2} = fy^{(n)};$$

car on en tire

$$dy^{(n)}.\frac{d^2y^{(n)}}{dx^2}=fy^{(n)}dy^{(n)},$$

et en intégrant

$$\frac{1}{2}\left(\frac{dy^{(n)}}{dx}\right)^2=\int fy^{(n)}dy^{(n)}+C.;$$

d'où

$$\frac{dy^{(n)}}{dx}=\sqrt{2\int fy^{(n)}dy^{(n)}+C},$$

$$x=\int\frac{dy^{(n)}}{\sqrt{2\int fy^{(n)}dy^{(n)}+C}}+C_1. \qquad (5)$$

Il vient ensuite

$$y^{(n-1)}=\int y^{(n)}dx=\int\frac{y^{(n)}dy^{(n)}}{\sqrt{2\int fy^{(n)}dy^{(n)}+C}}+C_2;$$

et en continuant de la même manière on obtient la valeur de y en fonction de $y^{(n)}$ par une suite de quadratures. Il n'y a plus qu'à éliminer $y^{(n)}$ entre la dernière équation obtenue et l'équation (5) : l'équation résultante est l'intégrale générale que l'on cherche.

Quand l'équation (5) peut se mettre sous la forme

$$y^{(n)}=\mathrm{f}(x, C, C_1),$$

on obtient immédiatement, comme tout à l'heure, par des quadratures successives, la valeur de y en x, renfermant le nombre de constantes arbitraires requis pour la généralité de l'intégrale.

L'équation

$$y''=fy, \quad \text{ou} \quad \frac{d^2y}{dx^2}=fy,$$

que l'on rencontre fréquemment en mécanique, a donc pour intégrale complète

$$x=\int\frac{dy}{\sqrt{2\int fydy+C}}+C_1:$$

ordinairement, dans cette formule, la variable x désigne le temps.

451. L'ordre des équations différentielles qui ne contiennent qu'une seule des variables primitives, s'abaisse au moins d'une unité. La proposition est évidente pour toutes celles qui ne contiennent que la variable indépendante et les dérivées de la fonction, ou qui sont de la forme

$$F(x, y^{(n)}, y^{(n+1)}, \ldots y^{(n+\nu)}) = 0; \qquad (6)$$

puisque cette équation, de l'ordre $n+\nu$ par rapport aux variables x, y, n'est plus que de l'ordre ν, quand on prend pour variables primitives x, $y^{(n)}$.

Si la fonction y entrait dans l'équation proposée au lieu de la variable indépendante x, on pourrait changer de variable indépendante [134 *et suiv.*], et l'ordre de l'équation transformée s'abaisserait au moins d'une unité.

Après qu'on aura obtenu l'intégrale de l'équation (6), en prenant pour variables x, $y^{(n)}$, on résoudra l'équation intégrale par rapport à x ou à $y^{(n)}$; et en suivant l'un ou l'autre des procédés déjà indiqués, on déterminera, moyennant une suite de quadratures, la valeur de y en x, avec $n+\nu$ constantes arbitraires.

452. Lorsque l'équation à intégrer est de la forme

$$y^{(n)} = fx, \quad \text{ou} \quad \frac{d^n y}{dx^n} = fx,$$

on a, en intégrant n fois de suite par rapport à x, et en écrivant, pour simplifier, $\int^{(2)}$ au lieu de $\iint$, $\int^{(3)}$ au lieu de $\iiint$, et ainsi de suite,

$$y = \int^{(n)} fx dx^n = \int dx \int dx \ldots \int fx dx + Cx^{n-1} + C_1 x^{n-2} + \ldots$$
$$\ldots + C_{n-2} x + C_{n-1}.$$

Mais, au moyen de l'intégration par parties, on remplace, dans le dernier membre de l'équation précédente, l'intégrale multiple par une suite d'intégrales simples. En effet, l'on a, en omettant d'abord les constantes,

$$\int^{(2)} fx dx^2 = \int dx \int fx dx = x \int fx dx - \int fx . x dx,$$

$$\int^{(3)} fx dx^3 = \int dx \int^{(2)} fx dx^2 = \int x dx \int fx dx - \int dx \int fx . x dx,$$

$$\int x dx \int fx dx = \tfrac{1}{2} x^2 \int fx dx - \tfrac{1}{2} \int fx . x^2 dx,$$

$$\int dx \int fx . x dx = x \int fx . x dx - \int fx . x^2 dx,$$

d'où

$$\int^{(3)} fx dx^3 = \frac{1}{1.2}\left(x^2 \int fx dx - 2x \int fx . x dx + \int fx . x^2 dx\right).$$

On trouverait de même

$$\int^{(4)} fx dx^4$$

$$= \frac{1}{1.2.3}\left(x^3 \int fx dx - 3x^2 \int fx . x dx + 3x \int fx . x^2 dx - \int fx . x^3 dx\right),$$

d'où, par induction,

$$\int^{(n)} fx dx^n = \frac{1}{1.2.3\ldots(n-1)}\Big[x^{n-1} \int fx dx - \frac{n-1}{1} x^{n-2} \int fx . x dx$$

$$+ \frac{(n-1)(n-2)}{1.2} x^{n-3} \int fx . x^2 dx \ldots \pm \int fx . x^{n-1} dx\Big],$$

ou symboliquement

$$\int^{(n)} fx dx^n = \frac{(x-\xi)^{n-1} \int fx dx}{1.2.3\ldots(n-1)},$$

en convenant qu'après le développement on fera passer les puissances de ξ sous le signe $\int$, et qu'on remplacera ensuite ξ par x.

On démontre cette formule, comme celle du binôme, et comme toutes les formules analogues, en prouvant que si elle est vérifiée pour une valeur particulière de n, elle subsiste pour la valeur consécutive $n+1$.

Nous aurons donc, en rétablissant les constantes arbitraires que chaque intégration introduit, et en conservant, pour abréger, la notation symbolique employée ci-dessus,

$$y = \frac{(x-\xi)^{n-1} \int fx dx}{1.2.3\ldots(n-1)} + Cx^{n-1} + C_1 x^{n-2} + \ldots + C_{n-2} x + C_{n-1}.$$

§ 2. Des facteurs propres à rendre intégrables les équations différentielles des ordres supérieurs.

453. On peut toujours concevoir qu'une équation différentielle de l'ordre n a été ramenée à la forme

$$f(x,y,y'y'',\dots y^{(n-1)})+y^{(n)}=0. \tag{7}$$

D'un autre côté, si l'on représente par

$$\pi(x,y,y'y'',\dots y^{(n-2)},y^{(n-1)})=\mathrm{C} \tag{8}$$

l'équation d'ordre $n-1$ dont la proposée dérive, C désignant la constante arbitraire qui disparaît dans le passage de l'équation (8) à l'équation (7), la différentiation donnera

$$\frac{d\pi}{dx}+\frac{d\pi}{dy}y'+\frac{d\pi}{dy'}y''+\ldots+\frac{d\pi}{dy^{(n-2)}}y^{(n-1)}+\frac{d\pi}{dy^{(n-1)}}y^{(n)}=0, \tag{9}$$

ou

$$\left[\frac{d\pi}{dx}+\frac{d\pi}{dy}y'+\frac{d\pi}{dy'}y''+\ldots+\frac{d\pi}{dy^{(n-2)}}y^{(n-1)}\right]:\frac{d\pi}{dy^{(n-1)}}+y^{(n)}=0. \tag{10}$$

En vertu de l'hypothèse, les équations (7) et (10) doivent être identiques : donc, réciproquement, si l'on multiplie l'équation (7) par un certain facteur

$$\mu=\frac{d\pi}{dy^{(n-1)}},$$

qui ne peut dépendre, comme la fonction π elle-même, que des quantités $x, y, y', \dots y^{(n-1)}$, on rendra la proposée identique avec l'équation (9), c'est-à-dire qu'on rendra le premier membre de la proposée une différentielle exacte. Il est d'ailleurs évident que, non-seulement le facteur μ, mais tous ceux, en nombre infini, qui se trouvent compris dans la formule $\mu \mathrm{f}(\pi)$, f désignant une fonction quelconque, jouissent aussi de la propriété de rendre le premier membre de l'équation (7) une différentielle exacte.

L'équation proposée étant du n^e ordre, comporte n intégrales premières de l'ordre $n-1$ [164]; soit

$$\pi_1(x,y,y',y'',\ldots y^{(n-2)},y^{(n-1)})=C_1$$

une autre de ces intégrales premières : par la même raison que tout à l'heure on rend encore la proposée une différentielle exacte, en la multipliant par le facteur

$$\mu_1=\frac{d\pi_1}{dy^{(n-1)}},$$

ou plus généralement par un des facteurs, en nombre infini, compris dans la formule $\mu_1 f_1(\pi_1)$, f_1 désignant une autre fonction arbitraire.

Donc, plus généralement, si l'on désigne par $\Phi(\pi,\pi_1)$ une fonction quelconque des deux quantités π,π_1, tous les facteurs compris dans la formule

$$\mu\frac{d\Phi(\pi,\pi_1)}{d\pi}+\mu_1\frac{d\Phi(\pi,\pi_1)}{d\pi_1},$$

ou

$$\frac{d\pi}{dy^{(n-1)}}\cdot\frac{d\Phi(\pi,\pi_1)}{d\pi}+\frac{d\pi_1}{dy^{(n-1)}}\cdot\frac{d\Phi(\pi,\pi_1)}{d\pi_1},$$

jouissent de la propriété de rendre le premier membre de la proposée une différentielle exacte, ce premier membre devenant alors la différentielle de la fonction $\Phi(\pi,\pi_1)$.

Donc enfin, si l'on désigne par

$$\pi=C,\quad \pi_1=C_1,\quad \pi_2=C_2,\ldots\ \pi_{n-1}=C_{n-1}$$

les n intégrales premières de la proposée, et par Φ une fonction quelconque des quantités $\pi,\pi_1,\pi_2,\ldots\pi_{n-1}$, les facteurs propres à rendre la proposée une différentielle exacte, sont compris dans la formule générale

$$\frac{d\pi}{dy^{(n-1)}}\cdot\frac{d\Phi}{d\pi}+\frac{d\pi_1}{dy^{(n-1)}}\cdot\frac{d\Phi}{d\pi_1}+\ldots+\frac{d\pi_{n-1}}{dy^{(n-1)}}\frac{d\Phi}{d\pi_{n-1}}.$$

454. Appliquons cela à l'équation du second ordre

$$y'' - \frac{y'}{x} = 0,$$

qui devient, suivant qu'on la multiplie ou qu'on la divise par x,

$$xy'' - y' = 0, \quad \frac{y''}{x} - \frac{y'}{x^2} = 0,$$

équations dont les premiers membres sont respectivement les différentielles exactes des fonctions

$$\pi = xy' - 2y, \quad \pi_1 = \frac{y'}{x}. \tag{11}$$

La proposée a pour intégrales du premier ordre

$$xy' - 2y = C, \quad \frac{y'}{x} = C_1,$$

et pour intégrale seconde, résultant de l'élimination de la fonction y' entre les intégrales premières,

$$C_1 x^2 - 2y = C.$$

Dans ce cas, les facteurs qui jouissent de la propriété de rendre le premier membre de la proposée une différentielle exacte, sont exprimés par la formule

$$x \cdot \frac{d\Phi(\pi, \pi_1)}{d\pi} + \frac{1}{x} \cdot \frac{d\Phi(\pi, \pi_1)}{d\pi_1},$$

la composition des fonctions π, π_1, étant donnée par les équations (11), et la fonction Φ restant arbitraire.

§ 3. Des équations différentielles linéaires, d'un ordre quelconque.

455. On nomme équation différentielle *linéaire* celle qui ne renferme, ni les puissances supérieures à la première, ni les produits de la fonction et de ses coefficients différentiels des divers ordres, et qui est par conséquent de la forme

$$y^{(n)} + Py^{(n-1)} + Qy^{(n-2)} + \ldots + Uy = V, \tag{a}$$

P, Q,.... U, V désignant des fonctions de la seule variable indépendante x. En général, si l'équation

$$\Phi(x, y, y', y'', \ldots y^{(n)}) = 0$$

est celle qui exprime rigoureusement la loi d'un phénomène ; et que de plus, par la nature de ce phénomène, les quantités $y, y', y'', \ldots. y^{(n)}$ soient assujetties à rester toujours très petites, de façon qu'on puisse négliger les produits et les puissances supérieures de ces quantités, la fonction Φ se transforme en une fonction linéaire des mêmes quantités variables ; et l'équation du problème devient une équation différentielle linéaire. La théorie de l'intégration des équations de cette espèce doit donc attirer notre attention, non-seulement à cause des faits d'analyse très remarquables qui s'y rattachent, mais aussi à cause de l'importance des applications.

Supposons d'abord que le second membre de (a) soit nul, ou qu'on ait à intégrer l'équation

$$y^{(n)} + Py^{(n-1)} + Qy^{(n-2)} + \ldots + Uy = 0. \qquad (b)$$

La propriété caractéristique d'une équation de cette forme consiste en ce que, si l'on a diverses valeurs particulières de y en fonction de x qui y satisfassent, valeurs que nous désignerons par y_1, y_2, y_3, etc., la somme de ces valeurs, multipliées respectivement par des constantes arbitraires C_1, C_2, C_3, etc., ou

$$C_1y_1 + C_2y_2 + C_3y_3 + \text{etc.},$$

y satisfait pareillement. La forme du calcul sur lequel cette proposition repose, résulte si évidemment de la forme même de l'équation (b), qu'il suffit de l'indiquer.

Il suit de là que si l'on connaît n valeurs particulières et distinctes, $y_1, y_2, y_3, \ldots. y_n$, propres à satisfaire à l'équation (b), celle-ci aura pour intégrale générale

$$y = C_1y_1 + C_2y_2 + C_3y_3 + \ldots + C_ny_n;$$

car cette valeur de y satisfait à la proposée, et à cause des n constantes arbitraires et distinctes qu'elle renferme, elle a toute la généralité qu'une telle intégrale comporte.

456. Or, il est un cas où l'on trouve facilement n valeurs particulières de y propres à satisfaire à l'équation (b) : c'est celui où tous les coefficients P, Q, ... U se réduisent à des constantes; car si l'on pose $y = e^{mx}$, on aura, quel que soit i, $y^{(i)} = m^i e^{mx}$; de sorte que cette valeur de y, substituée dans l'équation (b), donnera pour résultat

$$e^{mx}(m^n + Pm^{n-1} + Qm^{n-2} + \ldots + U) = 0;$$

et dès lors, il est visible que la fonction $y = e^{mx}$ satisfait à l'équation (b), pourvu que la valeur assignée au nombre m soit l'une des racines de l'équation numérique

$$m^n + Pm^{n-1} + Qm^{n-2} + \ldots + U = 0. \qquad (m)$$

Donc, si l'on désigne par $m_1, m_2, m_3, \ldots m_n$ les n racines de cette équation, et par $C_1, C_2, C_3, \ldots C_n$ des constantes arbitraires, l'équation (b) a pour intégrale générale

$$y = C_1 e^{m_1 x} + C_2 e^{m_2 x} + C_3 e^{m_3 x} + \ldots + C_n e^{m_n x}. \qquad (c)$$

457. Avant d'aller plus loin, il est bon de donner à comprendre pourquoi le cas que nous traitons en ce moment, cas en apparence si particulier, a néanmoins assez d'importance dans les applications pour mériter un examen spécial.

D'abord il est clair que ce cas comprend celui où le second membre de l'équation (b), au lieu d'être zéro, serait un nombre V quelconque; car il suffirait de poser $y = \eta + \frac{V}{U}$, pour réduire à zéro le second membre de la transformée en η.

Remarquons ensuite que dans la plupart des applications de l'analyse à la physique le temps est la variable indépendante désignée ici par x, et que cette variable n'entre pas, pour l'ordinaire, autrement que par ses différentielles, dans les équations des problèmes. Si, par exemple, il s'agit d'une question de mécanique, les forces qui sollicitent un système matériel ne varieront communément qu'avec les distances respectives des parties du système : elles seront des fonctions explicites de ces distances à une époque quelconque, et ne dépendront pas explicitement du temps écoulé depuis l'instant pris pour origine.

458. Lorsque toutes les racines de l'équation (m) sont réelles et inégales, on vérifie aisément que les constantes arbitraires $C_1, C_2, C_3, \ldots C_n$ peuvent toujours être numériquement déterminées au moyen des valeurs initiales

$$y_0, y_0', y''_0, \ldots y_0^{(n-1)}, \qquad (o)$$

correspondant à $x=0$. Soit, par exemple, $n=3$, on aura

$$\begin{aligned} y_0 &= C_1 + C_2 + C_3, \\ y'_0 &= m_1C_1 + m_2C_2 + m_3C_3, \\ y''_0 &= m_1^2C_1 + m_2^2C_2 + m_3^2C_3 ; \end{aligned}$$

d'où l'on tire

$$\begin{aligned} C_1 &= \frac{m_2m_3y_0 - (m_2 + m_3)y'_0 + y''_0}{(m_1 - m_2)(m_1 - m_3)}, \\ C_2 &= \frac{m_1m_3y_0 - (m_1 + m_3)y'_0 + y''_0}{(m_2 - m_1)(m_2 - m_3)}, \\ C_3 &= \frac{m_1m_2y_0 - (m_1 + m_2)y'_0 + y''_0}{(m_3 - m_1)(m_3 - m_2)}. \end{aligned}$$

La symétrie de ces formules indique suffisamment la loi des expressions qu'on obtiendrait, si l'on avait un plus grand nombre de constantes arbitraires à déterminer, au moyen des valeurs initiales de la fonction et de ses dérivées.

Si l'on sait, par la nature de la question, que la grandeur y ne peut pas croître indéfiniment avec x, il faut nécessairement supposer nulles les constantes arbitraires C_i qui correspondent à des racines positives m_i de l'équation (m). Alors les valeurs initiales (o) ne peuvent plus être données arbitrairement; mais il faut qu'il y ait entre elles autant d'équations de condition que l'équation (m) admet de racines positives. On doit remarquer ce mode de réduction du nombre des constantes arbitraires, d'après des considérations tirées de la forme des fonctions, indépendamment des valeurs numériques de leurs paramètres. Des considérations du même genre reviennent fréquemment dans les applications de l'analyse aux questions physiques.

459. Si l'équation (m) avait des racines imaginaires, les exponentielles devenues imaginaires se conjugueraient deux à deux et se transformeraient en sinus et cosinus d'arcs réels. Ainsi, $\alpha \pm \beta\sqrt{-1}$ désignant deux racines imaginaires conjuguées de l'équation (m), les termes exponentiels que ces racines amènent dans l'intégrale générale, savoir

$$C_1 e^{x(\alpha+\beta\sqrt{-1})} + C_2 e^{x(\alpha-\beta\sqrt{-1})},$$

se changent en

$$e^{\alpha x}(C_1 e^{\beta x\sqrt{-1}} + C_2 e^{-\beta x\sqrt{-1}})$$
$$= e^{\alpha x}[(C_1 + C_2)\cos\beta x + (C_1 - C_2)\sqrt{-1}.\sin\beta x],$$

et finalement prennent la forme

$$e^{\alpha x}(M\cos\beta x + N\sin\beta x),$$

quand on établit entre les constantes indéterminées C_1, C_2, M, N les deux relations

$$C_1 + C_2 = M, \quad (C_1 - C_2)\sqrt{-1} = N.$$

On peut encore simplifier cette expression en posant

$$M = \lambda\cos\varepsilon, \quad N = -\lambda\sin\varepsilon,$$

ce qui donne

$$e^{\alpha x}(M\cos\beta x + N\sin\beta x) = \lambda e^{\alpha x}\cos(\beta x + \varepsilon):$$

alors λ, ε sont les deux constantes arbitraires.

Si la partie réelle α du couple de racines imaginaires que nous considérons, est négative, le facteur $e^{\alpha x}$ décroit indéfiniment pour des valeurs croissantes de x, tandis que le facteur $\lambda \cos(\beta x + \varepsilon)$ oscille périodiquement entre les valeurs $-\lambda$ et $+\lambda$: la fonction donnée par le produit de ces deux facteurs éprouve donc des oscillations périodiques dont l'amplitude va en décroissant très rapidement pour des valeurs croissantes de x. Au contraire, pour α positif, l'amplitude des oscillations de la fonction irait en croissant avec une grande rapidité et au-delà de toute limite, ce qui est manifestement incompatible avec la loi de tout phénomène naturel. Un cas semblable ne saurait avoir qu'une existence purement abstraite.

Lorsque l'équation (m) n'a que des racines imaginaires dont les parties réelles s'évanouissent, la valeur complète de y est une suite de termes de la forme

$$\lambda \cos(\beta x + \varepsilon). \qquad (\eta)$$

Imaginons que y désigne la quantité variable avec x, dont une grandeur s'écarte en plus ou en moins de sa valeur moyenne η, ou ce que les astronomes appellent plus brièvement l'*inégalité* de η : cette inégalité sera la somme de plusieurs inégalités périodiques, exprimées chacune par un terme de la forme (η). La constante λ se nomme le *coefficient* de l'inégalité ; elle en détermine l'*amplitude*, et dépend, ainsi que la constante ε, des valeurs initiales de la fonction et de ses dérivées. Le nombre β détermine l'*étendue* de la période, puisque l'inégalité reprend les mêmes valeurs pour des valeurs de x dont la différence est $\frac{2\pi}{\beta}$: la grandeur de β est donnée par l'équation différentielle, indépendamment des valeurs initiales de la fonction et de ses dérivées.

Toutes ces considérations sont d'une application fréquente, à l'occasion des phénomènes soumis à la loi de périodicité.

460. Lorsque quelques-unes des racines de l'équation (m) deviennent égales entre elles, l'analyse précédente se trouve en défaut. Soit, par exemple, $m_1 = m_2$: les termes $C_1 e^{m_1 x} + C_2 e^{m_2 x}$ se confondront en un seul $(C_1 + C_2) e^{m_1 x}$, et le coefficient $C_1 + C_2$ n'équivaudra qu'à une seule constante arbitraire [164], en sorte que l'intégrale (c) n'aura plus la généralité requise. Dans ce cas, si nous posons

$$y_1 = e^{m_1 x}(A_1 + B_1 x), \tag{12}$$

la substitution de cette valeur dans l'équation (m) donnera

$$\begin{aligned} &e^{m_1 x}(A_1 + B_1 x)(m_1{}^n + Pm_1{}^{n-1} + Qm_1{}^{n-2} + \ldots + Tm_1 + U) \\ &+ B_1 e^{m_1 x}[nm_1{}^{n-1} + (n-1)Pm_1{}^{n-2} + (n-2)Qm_1{}^{n-3} + .. + T] = 0. \end{aligned}$$

Le facteur

$$m_1{}^n + Pm_1{}^{n-1} + Qm_1{}^{n-2} + \ldots + Tm_1 + U$$

s'évanouit, puisque m_1 est racine de l'équation (m) ; et le polynôme qui multiplie $B_1 e^{m_1 x}$ s'évanouit aussi, puisque, par hypothèse, m_1 étant une racine double de l'équation (m), est aussi une racine de l'équation dérivée

$$nm^{n-1} + (n-1)Pm^{n-2} + (n-2)Qm^{n-3} + \ldots + T = 0.$$

Donc, si l'on continue de désigner par $m_3, \ldots . m_n$ les racines simples de l'équation (m), et si l'on pose

$$y = e^{m_1 x}(A_1 + B_1 x) + C_3 e^{m_3 x} + \ldots + C_n e^{m_n x},$$

on satisfera à l'équation (b) dont on aura ainsi l'intégrale générale, à cause que les constantes $A_1, B_1, C_3, \ldots . C_n$, en nombre n, sont irréductibles entre elles.

On trouverait de même que, dans le cas de trois racines égales m_1, m_2, m_3, il faut remplacer le trinôme

$$C_1 e^{m_1 x} + C_2 e^{m_2 x} + C_3 e^{m_3 x} \qquad (13)$$

par

$$e^{m_1 x} (A_1 + B_1 x + C_1 x^2),$$

et ainsi de suite.

La forme que prend l'intégrale générale dans le cas où l'équation (m) a des racines égales, résulte encore du calcul suivant.

Au lieu de poser immédiatement $m_2 = m_1$, faisons d'abord $m_2 = m_1 + \varepsilon$, ce qui donnera

$$C_1 e^{m_1 x} + C_2 e^{m_2 x} = e^{m_1 x} (C_1 + C_2 e^{\varepsilon x})$$

$$= e^{m_1 x} [C_1 + C_2(1 + \frac{\varepsilon x}{1} + \frac{\varepsilon^2 x^2}{1.2} + \frac{\varepsilon^3 x^3}{1.2.3} + \text{etc.})],$$

en substituant à $e^{\varepsilon x}$ la série toujours convergente qui en est le développement. Il est permis de mettre cette expression sous une autre forme, en changeant de constantes arbitraires, et en posant pour cela $C_1 + C_2 = A_1$, $C_2 \varepsilon = B_1$. De cette manière, l'expression ci-dessus devient

$$e^{m_1 x}\left[A_1 + B_1 x + B_1 \left(\frac{\varepsilon x^2}{1.2} + \frac{\varepsilon^2 x^3}{1.2.3} + \text{etc.}\right)\right];$$

et si l'on fait maintenant $\varepsilon = 0$, elle se réduit au second membre de l'équation (12).

Le trinôme (13) ayant été remplacé par

$$e^{m_1 x} (A_1 + B_1 x) + C_3 e^{m_3 x},$$

dans le cas où les deux racines m_1, m_2 deviennent égales, on pourra faire $m_3 = m_1 + \varepsilon$, ce qui change l'expression précédente en

$$e^{m_1 x} (A_1 + B_1 x + C_3 e^{\varepsilon x})$$

$$= e^{m_1 x}[A_1 + B_1 x + C_3(1 + \frac{\varepsilon x}{1} + \frac{\varepsilon^2 x^2}{1.2} + \frac{\varepsilon^3 x^3}{1.2.3} + \text{etc.})].$$

Rien n'empêche de changer de constantes en posant

$$A_1 + C_3 = D_1,\quad B_1 + C_3\varepsilon = E_1,\quad \tfrac{1}{2}C_3\varepsilon^2 = F_1\,;$$

au moyen de quoi le second membre de l'équation précédente devient

$$e^{m_1 x}\left[D_1 + E_1x + F_1x^2 + F_1\left(\frac{\varepsilon x^3}{3} + \text{etc.}\right)\right],$$

et se réduit à

$$e^{m_1 x}(D_1 + E_1x + F_1x^2),$$

lorsqu'on fait $\varepsilon = 0$. La même méthode s'applique évidemment au cas où le nombre des racines égales devient quelconque. Il est bon de connaître cette méthode que les analystes ont souvent employée dans des cas analogues et plus compliqués ; bien qu'elle soit sujette à quelques difficultés qui disparaissent lorsqu'on justifie directement, comme nous l'avons fait d'abord, la forme attribuée à l'intégrale générale, dans l'hypothèse où l'équation (m) acquiert des racines égales.

461. L'équation (b) peut rarement s'intégrer lorsque les coefficients sont des fonctions de x. Prenons pour exemple l'équation du second ordre

$$y'' + Py' + Qy = 0\,:$$

si l'on pose

$$y = e^{\int z dx}, \tag{d}$$

elle devient

$$\frac{dz}{dx} + z^2 + Pz + Q = 0\,;$$

et lorsque cette équation du premier ordre en z et x peut s'intégrer, par la séparation des variables ou autrement, on a par les quadratures la valeur de y en x.

En général, si l'on substitue dans l'équation (b) la valeur de y en z donnée par l'équation (d), la transformée en z

et x s'abaisse à l'ordre $n-1$, mais en cessant d'être linéaire.

On intègre les équations linéaires de la forme

$$(a+bx)^n y^{(n)} + P(a+bx)^{n-1}y^{(n-1)} + Q(a+bx)^{n-2}y^{(n-2)} \ldots$$
$$\ldots + T(a+bx)\,y' + Uy = 0, \qquad (e)$$

où P, Q,..... T, U désignent encore des coefficients constants, en posant $y=(a+bx)^m$, ce qui donne, pour déterminer m, l'équation algébrique du degré n

$$m(m-1)\ldots(m-n+1) + \frac{P}{b}.m(m-1)\ldots(m-n+2)$$
$$+\frac{Q}{b^2}.m(m-1)\ldots(m-n+3) + \ldots + \frac{Tm}{b^{n-1}} + \frac{U}{b^n} = 0;$$

en sorte que, si l'on désigne par m_1, m_2,..... m_n les n racines de cette équation, et par C_1, C_2,..... C_n des constantes arbitraires, l'équation (e) a pour intégrale générale

$$y = C_1(a+bx)^{m_1} + C_2(a+bx)^{m_2} + \ldots + C_n(a+bx)^{m_n}.$$

Cette intégrale est donc transcendante, à moins que l'équation en m n'ait toutes ses racines rationnelles.

462. Si l'on connaissait une valeur particulière y_1, propre à satisfaire à l'équation (b), on pourrait abaisser d'une unité l'ordre de l'équation (b) et même l'ordre de l'équation (a). Pour cela il suffirait de faire

$$y = y_1\int z dx, \qquad (f)$$

z désignant, comme ci-dessus, une nouvelle variable, fonction de x. Remarquons à cet effet que, si l'on désigne par u, v des fonctions quelconques d'une même variable indépendante, on a :

$$d.uv = udv + vdu,$$
$$d^2.uv = ud^2u + 2dudv + vd^2u,$$

....

$$d^n.uv = ud^n v + \frac{n}{1}.dud^{n-1}v + \frac{n(n-1)}{1.2}d^2ud^{n-2}v + \ldots$$
$$\ldots + \frac{n}{1}.dvd^{n-1}u + d^n u.$$

En conséquence de ces formules, la substitution de la valeur de y dans l'équation (a) donne

$$\begin{aligned} & y_1 z^{(n-1)} + (ny'_1 + \mathrm{P}y_1) z^{(n-2)} \\ & + \left[\frac{n(n-1)}{1.2} y''_1 + (n-1)\mathrm{P}y'_1 + \mathrm{Q}y_1\right] z^{(n-3)} + \ldots \\ & \ldots + (y_1^{(n)} + \mathrm{P}y_1^{(n-1)} + \mathrm{Q}y_1^{(n-2)} + \ldots + \mathrm{U}y_1) \int z\,dx = \mathrm{V}. \end{aligned}$$

Or, le coefficient de $\int z dx$ dans cette équation est nul par hypothèse, puisque y_1 est une intégrale particulière de l'équation (b). Si l'on divise cette équation par y_1 qui est une fonction connue de x, on la ramènera donc à la forme

$$z^{(n-1)} + \mathrm{P}_1 z^{(n-2)} + \mathrm{Q}_1 z^{(n-3)} + \ldots + \mathrm{T}_1 z = \frac{\mathrm{V}}{y_1}, \qquad (a_1)$$

$\mathrm{P}_1, \mathrm{Q}_1, \ldots\ldots \mathrm{T}_1$, désignant comme $\mathrm{P}, \mathrm{Q}, \ldots\ldots \mathrm{T}$, des fonctions connues de x, et l'ordre de l'équation (a) se trouvera abaissé d'une unité.

Dans le cas où il s'agit d'intégrer, non pas l'équation (a), mais l'équation (b), la dernière équation obtenue est remplacée par

$$z^{(n-1)} + \mathrm{P}_1 z^{(n-2)} + \mathrm{Q}_1 z^{(n-3)} + \ldots + \mathrm{T}_1 z = 0. \qquad (b_1)$$

Dans cette hypothèse, si l'on connaissait une seconde valeur particulière y_2, propre à vérifier l'équation (b), l'une des valeurs de z tirées de l'équation (b_1) devrait vérifier l'équation (f), après qu'on y aurait remplacé y par y_2. On aurait donc, en désignant par z_1 cette valeur particulière de z,

$$y_2 = y_1 \int z_1 dx, \quad \text{ou} \quad z_1 = \frac{d\left(\frac{y_2}{y_1}\right)}{dx}.$$

Donc, si l'on connaît deux intégrales particulières de l'équation (b), on connaîtra par cela même une intégrale particulière de l'équation (b_1); et par suite l'ordre de l'équation (b_1) s'abaissera d'une unité au moyen de la transformation $z=z_1\int udx$. Comme ce raisonnement peut être continué de proche en proche, il s'ensuit que si l'on connaît m intégrales particulières de l'équation (b), l'intégration générale de cette équation, et même celle de l'équation (a), seront ramenées à dépendre de l'intégration d'une équation différentielle de l'ordre $n-m$; de façon que celle-ci étant intégrée, on aura l'intégrale générale de l'équation (a) par de simples quadratures. Ce beau théorème est dû à Lagrange ; mais la démonstration donnée ci-dessus a l'avantage, comme M. Libri l'a fait voir dans un mémoire fort intéressant (¹), de mettre parfaitement en lumière les analogies qui rattachent étroitement la théorie des équations algébriques à celle de l'intégration des équations différentielles linéaires.

463. Quand les coefficients P,Q,.....U de l'équation (a) sont des nombres constants, le dernier terme V étant seul fonction de x, on connaît n intégrales particulières de l'équation (b).

$$y_1=e^{m_1x},\quad y_2=e^{m_2x},\ldots y_n=e^{m_nx}:$$

$m_1,m_2,\ldots..m_n$ désignant toujours les racines de l'équation (m). L'intégration générale de l'équation (a) se trouve donc ramenée aux quadratures.

Soit, par exemple l'équation linéaire du second ordre

$$y''+Py'+Qy=V,$$

où P,Q désignent des nombres constants : m_1,m_2 sont les racines de l'équation numérique

$$m^2+Pm+Q=0, \qquad (g)$$

et l'on a

$$y_1=e^{m_1x},\quad y_2=e^{m_2x}.$$

(¹) *Journal de mathématiques* de M. Crelle, t. X.

Posons

$$y = y_1 \int z\,dx = e^{m_1 x} \int z\,dx :$$

la transformée en z sera

$$z' + (2m_1 + P)z = Ve^{-m_1 x}, \quad \text{ou} \quad z' - (m_2 - m_1)z = Ve^{-m_1 x},$$

à cause de $P = -(m_1 + m_2)$. Faisons en outre

$$z = z_1 \int u\,dx = \frac{d\left(\frac{y_2}{y_1}\right)}{dx} \int u\,dx = (m_2 - m_1)e^{(m_2 - m_1)x} \int u\,dx :$$

la transformée en u donnera

$$u = \frac{Ve^{-m_2 x}}{m_2 - m_1}.$$

De là on tire

$$z = e^{(m_2 - m_1)x} \int Ve^{-m_2 x}\,dx,$$

$$y = e^{m_1 x} \int dx [e^{(m_2 - m_1)x} \int Ve^{-m_2 x}\,dx],$$

ou bien, en intégrant par parties,

$$y = \frac{e^{m_2 x} \int Ve^{-m_2 x}\,dx - e^{m_1 x} \int Ve^{-m_1 x}\,dx}{m_2 - m_1}. \tag{h}$$

Les deux intégrales indéfinies sont censées renfermer chacune une constante arbitraire.

Lorsque m_1, m_2 sont deux racines imaginaires conjuguées, de la forme $\alpha \pm \beta\sqrt{-1}$, l'expression précédente se change en

$$y = \frac{e^{\alpha x}}{\beta}(\sin \beta x \int Ve^{-\alpha x} \cos \beta x . dx - \cos \beta x \int Ve^{-\alpha x} \sin \beta x . dx).$$

Enfin, si l'on avait $m_2 = m_1$, le second membre de l'équation (h) se présenterait sous la forme $\frac{0}{0}$; mais, en prenant les dérivées du numérateur et du dénominateur par rapport au paramètre m_2, et en posant ensuite $m_2 = m_1$, on trouverait pour ce cas

$$y = e^{m_1 x} (x \int Ve dx^{-m_1 x} - \int Ve^{-m_1 x} x\,dx).$$

464. Nous ne quitterons pas ce sujet sans faire connaître la méthode employée communément pour démontrer le théorème du n° 462.

Supposons d'abord que l'on connaisse n intégrales particulières de l'équation (b), de manière qu'on ait pour l'intégrale générale de cette équation

$$y = C_1 y_1 + C_2 y_2 + C_3 y_3 + \ldots + C_n y_n : \qquad (i)$$

nous disons que cette valeur de y peut encore être prise pour l'intégrale générale de l'équation (a), pourvu que l'on considère les facteurs C_1, $C_2, \ldots$ C_n, non plus comme des constantes, mais comme des fonctions de x, qu'il s'agit de déterminer convenablement.

Dans cette hypothèse en effet, l'on a

$$\begin{aligned} y' = {} & C_1 y'_1 + C_2 y'_2 + C_3 y'_3 + \ldots + C_n y'_n \\ & + y_1 C'_1 + y_2 C'_2 + y_3 C'_3 + \ldots + y_n C'_n \end{aligned}$$

(C'_i désignant la dérivée de C_i par rapport à x), et si l'on assujettit les fonctions C_i à vérifier l'équation

$$y_1 C'_1 + y_2 C'_2 + y_3 C'_3 + \ldots + y_n C'_n = 0,$$

il reste

$$y' = C_1 y'_1 + C_2 y'_2 + C_3 y'_3 + \ldots + C_n y'_n,$$

comme dans le cas où les facteurs C_i sont des constantes.

De cette dernière équation l'on tire

$$\begin{aligned} y'' = {} & C_1 y''_1 + C_2 y''_2 + C_3 y''_3 + \ldots + C_n y''_n \\ & + y'_1 C'_1 + y'_2 C'_2 + y'_3 C'_3 + \ldots + y'_n C'_n, \end{aligned}$$

ou simplement

$$y'' = C_1 y''_1 + C_2 y''_2 + C_3 y''_3 + \ldots + C_n y''_n,$$

quand on assujettit les dérivées C'_i à vérifier l'équation de condition

$$y'_1 C'_1 + y'_2 C'_2 + y'_3 C'_3 + \ldots + y'_n C'_n = 0.$$

En continuant de la sorte, on trouve que la valeur de y donnée par l'équation (i), et qui par hypothèse vérifie l'équation (b), satisfait aussi à l'équation (a), pourvu que les dérivées C'_i vérifient le système des équations de condition

$$\begin{array}{l} y_1C'_1 + y_2C'_2 + y_3C'_3 + \ldots + y_nC'_n = 0, \\ y'_1C'_1 + y'_2C'_2 + y'_3C'_3 + \ldots + y'_nC'_n = 0, \\ y''_1C'_1 + y''_2C'_2 + y''_3C'_3 + \ldots + y''_nC'_n = 0, \\ \ldots\ldots\ldots\ldots\ldots\ldots\ldots\ldots\ldots\ldots \\ y_1^{(n-1)}C'_1 + y_2^{(n-1)}C'_2 + y_3^{(n-1)}C'_3 + \ldots + y_n^{(n-1)}C'_n = V. \end{array}$$

Or, de ces équations en nombre n on tire la valeur de chaque inconnue C'_i égale à une certaine fonction $\pi_i x$, et par conséquent une simple quadrature donne

$$C_i = \int \pi_i x dx + c_i,$$

c_i désignant une nouvelle constante arbitraire. On obtient donc de cette manière, par de simples quadratures, l'intégrale générale de l'équation (a), avec les n constantes arbitraires qu'elle comporte.

Supposons maintenant que l'on ne connaisse que $n—1$ intégrales particulières de l'équation (b) ; et afin de simplifier l'exposition, prenons pour types des équations (a) et (b) les équations du 4e ordre

$$y^{\text{iv}} + Py''' + Qy'' + Ty' + Uy = V, \quad (14)$$
$$y^{\text{iv}} + Py''' + Qy'' + Ty' + Uy = 0 :$$

y_1, y_2, y_3 désignant trois fonctions connues de x qui satisfont à la dernière équation. Si l'on veut que la fonction

$$y = C_1y_1 + C_2y_2 + C_3y_3 \quad (15)$$

satisfasse à l'équation (14), on peut encore établir entre les facteurs inconnus C_1, C_2, C_3 les deux équations de condition

$$\left.\begin{array}{l} y_1C'_1 + y_2C'_2 + y_3C'_3 = 0, \\ y'_1C'_1 + y'_2C'_2 + y'_3C'_3 = 0 ; \end{array}\right\} \quad (16)$$

au moyen de quoi les valeurs de y', y'' conservent la même forme que si les facteurs C_1, C_2, C_3 étaient constants ; mais les valeurs de y''', y^{iv} contiennent les premières et les secondes dérivées de ces mêmes facteurs ; et pour que la fonction (15) satisfasse à l'équation (14), il faut encore assujettir les facteurs C_1, C_2, C_3 à vérifier une troisième équation

$$C_1(2y'''_1 + Py''_1) + C'_2(2y'''_2 + Py''_2) + C'_3(2y'''_3 + Py''_3) \\ + C''_1 y''_1 + C''_2 y''_2 + C''_3 y''_3 = V. \qquad (17)$$

On tirera des équations (16) et de leurs différentielles les valeurs de C'_2, C'_3, C''_2, C''_3, en fonction de C'_1, C''_1; et on les substituera dans l'équation (17) qui deviendra une équation du second ordre par rapport à C_1, ou du premier ordre par rapport à C'_1. Celle-ci étant intégrée, on aura la valeur de C_1 en x, et par suite celles de C_2, C_3 en x au moyen de simples quadratures. Les quatre intégrations ou quadratures auront amené quatre constantes arbitraires, de sorte que l'intégrale (15) jouira de toute la généralité requise.

En suivant absolument la même marche, on prouverait généralement que l'intégration de l'équation (a) ne dépend que de l'intégration d'une équation de l'ordre $n-m$, et de m quadratures subséquentes, lorsqu'on connaît m intégrales particulières de l'équation (b).

465. Il est bon de remarquer que lorsqu'on connaît une intégrale particulière de l'équation (a), la recherche de l'intégrale générale est ramenée à celle de l'équation (b). Si l'on désigne en effet par y_1 cette intégrale particulière, et si l'on pose

$$y = y_1 + z,$$

on obtient l'équation

$$z^{(n)} + Pz^{(n-1)} + Qz^{(n-2)} + \ldots\ldots + Uz = 0,$$

qui n'est autre que l'équation (b). Pour obtenir l'intégrale générale de l'équation (a), il suffira donc d'ajouter l'intégrale particulière y_1 à l'intégrale générale de l'équation (b).

Il est un grand nombre de cas où l'on peut trouver immédiatement une intégrale particulière de l'équation (a), à coefficients constants. Supposons que le second membre V soit un polynôme entier en x du degré p, on essaiera une intégrale de la forme

$$y_1 = Ax^p + Bx^{p-1} + \ldots + K.$$

Substituant cette valeur dans le premier membre de l'équation (a) et identifiant avec le second membre, on aura $p+1$ équations de condition pour déterminer les $p+1$ coefficients indéterminés A,B,...K.

Si la fonction V est de la forme

$$V = ae^{\alpha x} + be^{\beta x} + \ldots,$$

ou

$$V = a \cos \alpha x + b \sin \alpha x,$$

on essayera de même une intégrale de la forme

$$y_1 = Ae^{\alpha x} + Be^{\beta x} + \ldots.$$

ou

$$y_1 = A \cos \alpha x + B \sin \alpha x.$$

Les cas où le second membre V est une somme de plusieurs fonctions de la forme de celles que nous venons d'indiquer ne présentent pas plus de difficulté.

L'application de cette méthode exige quelquefois une légère modification. Soit, par exemple, l'équation

$$\frac{d^2y}{dx^2} - 3\,\frac{dy}{dx} + 2y = e^x.$$

En essayant une intégrale de la forme Ae^x, on voit que le premier membre est identiquement nul, et que par conséquent il est impossible de l'égaler au second. On en conclut que l'équation proposée n'admet pas d'intégrale particulière de la forme Ae^x, et ceci provient de ce que cette expression est une intégrale de l'équation privée de second membre. On essayera dans ce cas une intégrale de la forme Axe^x, ce qui donne $A = -1$. En ajoutant à cette intégrale particulière $-xe^x$ l'intégrale générale de l'équation privée de second membre, on a l'intégrale générale demandée

$$y = C_1 e^x + C_2 e^{2x} - xe^x.$$

Si l'expression Ae^x était une intégrale double de l'équation sans second membre, Axe^x serait encore une intégrale de cette équation; dans ce cas, il faudrait essayer une expression de la forme Ax^2e^x.

CHAPITRE III.

DE L'INTÉGRATION DES ÉQUATIONS DIFFÉRENTIELLES PAR LES SÉRIES ET PAR LES INTÉGRALES DÉFINIES.

---

466. On peut en général, à la faveur du théorème de Maclaurin, développer une fonction en série ordonnée suivant les puissances entières de la variable indépendante, lorsqu'on a entre la variable indépendante et la fonction une équation différentielle d'un ordre quelconque. En effet, soit

$$y^{(n)} = f(x, y, y', y'', \ldots y^{(n-1)})$$

cette équation différentielle : on en déduira, par de nouvelles différentiations, les valeurs de $y^{(n+1)}$, $y^{(n+2)}$, et en général celles des dérivées d'un ordre quelconque supérieur à n, en fonction de $x, y, y', y'', \ldots y^{(n-1)}$. D'un autre côté, la formule de Maclaurin donne

$$y = y_0 + y'_0 \frac{x}{1} + y''_0 \frac{x^2}{1.2} + y'''_0 \frac{x^3}{1.2.3} + \cdots$$

$$\cdots + y_0^{(n-1)} \frac{x^{n-1}}{1.2.3\ldots(n-1)} + y_0^{(n)} \frac{x^n}{1.2.3\ldots n} + y_0^{(n+1)} \frac{x^{n+1}}{1.2.3\ldots(n+1)}$$

$+$ etc.,

y_0, y'_0, etc., représentant les valeurs de y, y', etc., pour $x=0$. Si donc l'on fait $x=0$, $y=y_0$, $y'=y'_0$, etc., dans les expressions de $y^{(n)}, y^{(n+1)}$, etc., déduites de l'équation différentielle proposée et de ses dérivées successives, on déterminera tous les coefficients de la série qui précède, en fonction des n premiers coefficients $y_0, y'_0, \ldots y_0^{(n-1)}$. Ceux-ci resteront arbitraires et donneront à l'expression de y toute la généralité qu'elle comporte. Une telle série peut servir à calculer les valeurs numériques de y pour toutes les valeurs de x qui rendent la série convergente.

Prenons pour exemple l'équation $y' = -(y + x^3)$: le calcul indiqué donnera

$$y = y_0 - y_0 \frac{x}{1} + y_0 \frac{x^2}{1.2} - y_0 \frac{x^3}{1.2.3}$$
$$+ (y_0 - 6)\frac{x^4}{1.2.3.4} - (y_0 - 6)\frac{x^5}{1.2.3.4.5} + \text{etc.}$$

L'équation proposée est de celles qui peuvent s'intégrer en termes finis ; par conséquent la série précédente est de celles qui peuvent être sommées ; et en effet, l'on met l'expression de y sous la forme

$$y = (y_0 - 6)\left(1 - \frac{x}{1} + \frac{x^2}{1.2} - \frac{x^3}{1.2.3} + \frac{x^4}{1.2.3.4} - \frac{x^5}{1.2.3.4.5}, \text{etc.}\right)$$
$$+ 6\left(1 - \frac{x}{1} + \frac{x^2}{1.2} - \frac{x^3}{1.2.3}\right) = (y_0 - 6)e^{-x} + 6(1 - x) + 3x^2 - x^3 ;$$

et cette valeur de y se confond avec celle que donne l'équation (4) du n° 440, quand on remplace la constante arbitraire $y_0 - 6$ par la constante C, pareillement arbitraire.

Considérons encore l'équation

$$y'' = -xy : \tag{1}$$

on aura pour le développement en série

$$y = y_0 + y'_0 \frac{x}{1} - y_0 \frac{x^3}{1.2.3} - 2y'_0 \frac{x^4}{1.2.3.4}$$
$$+ 4y_0 \frac{x^6}{1.2.3.4.5.6} + 10y'_0 \frac{x^7}{1.2.3\ldots7} + \text{etc.} \tag{2}$$

467. Si la valeur $x = 0$ rendait infinis les coefficients différentiels, à partir d'un ordre quelconque, il faudrait or-

donner la série, non plus suivant les puissances de x, mais suivant les puissances de $x-a$, a étant une valeur de x qui ne rend point les coefficients différentiels infinis. En conséquence on aurait

$$y = y_a + y'_a \frac{x-a}{1} + y''_a \frac{(x-a)^2}{1.2} + y'''_a \frac{(x-a)^3}{1.2.3} + \text{etc.}, \qquad (3)$$

y_a, y'_a, y''_a, etc., désignant les valeurs de y, y', y'', etc., pour $x=a$.

Soit, par exemple,

$$y' = -\left(\frac{y}{x} + x\right), \quad \text{ou} \quad xy' + y + x^2 = 0$$

l'équation proposée : la valeur $x=0$ rend y'_0 infini, à moins que y_0 ne s'évanouisse. Dès lors, ce cas particulier excepté, la série de Maclaurin ne peut pas être employée sous la forme ordinaire. Si on lui fait subir la transformation indiquée, on trouve

$$y = y_a - \frac{y_a + a^2}{a} \cdot \frac{x-a}{1}$$
$$+ \frac{2y_a}{a^2} \cdot \frac{(x-a)^2}{1.2} - \frac{2(3y_a + a^2)}{a^3} \cdot \frac{(x-a)^3}{1.2.3} + \text{etc.}, \qquad (4)$$

a désignant une valeur quelconque de x, autre que zéro.

La différentiation de l'équation proposée donne

$$xy'' + 2y' + 2x = 0, \quad xy''' + 3y'' + 2 = 0, \quad xy^{\text{iv}} + 4y''' = 0, \text{ etc.};$$

d'où l'on conclut, dans l'hypothèse où l'on aurait à la fois $x=0$, $y=0$, (aucune des fonctions dérivées ne devenant infinie),

$$y'_0 = 0, \quad y''_0 = -\tfrac{2}{3}, \quad y'''_0 = 0, \quad y^{\text{iv}}_0 = 0, \text{ etc.}$$

En conséquence la proposée a pour intégrale particulière (correspondant à l'hypothèse $y_0 = 0$) $y = -\frac{1}{3}x^2$. En effet, l'on a trouvé [440] pour l'intégrale en termes finis

$$y = \frac{C}{x} - \frac{1}{3}x^2;$$

et cette valeur de y, qui ne peut se développer suivant les puissances de x, tant que la constante C n'est pas nulle, reproduit la série (4) lorsqu'on la développe suivant les puissances entières de $x-a$, pourvu qu'on pose, ainsi que cela est permis, $C = ay_0 + \frac{1}{3}a^3$.

Soit encore l'équation

$$y'' = -\frac{y}{x} \quad \text{ou} \quad xy'' + y = 0. \tag{5}$$

La valeur $x=0$ rend y''_0 infini, à moins que y_0 ne s'évanouisse. C'est donc le cas d'employer la série (3), qui devient

$$y = y_0 + y'_0 \cdot \frac{x-a}{1} - \frac{y_0}{a} \cdot \frac{(x-a)^2}{1.2} + \frac{y_0 - ay'_0}{a^2} \cdot \frac{(x-a)^3}{1.2.3} + \text{etc.}, \tag{6}$$

et qui dépend des deux constantes arbitraires y_0, y'_0.

Les dérivées successives de l'équation proposée sont

$$xy''' + y'' - y' = 0, \quad xy^{\text{iv}} + 2y''' + y''' = 0,$$
$$xy^{\text{v}} + 3y^{\text{iv}} + y''' = 0, \text{ etc.};$$

ce qui donne, dans l'hypothèse où la valeur $x=0$ annulerait y et ne rendrait infinie aucune des dérivées y', y'', y''', etc.,

$$y''_0 = -y'_0, \quad y'''_0 = \frac{y'_0}{1.2}, \quad y^{\text{iv}}_0 = -\frac{y'_0}{1.2.3}, \text{ etc.},$$

et par suite

$$y = y'_0\left(x - \frac{1}{1} \cdot \frac{x^2}{1.2} + \frac{1}{1.2} \cdot \frac{x^3}{1.2.3} - \frac{1}{1.2.3} \cdot \frac{x^4}{1.2.3.4} + \text{etc}\right). \tag{7}$$

Mais comme ce développement ne dépend que de la constante arbitraire y'_0, il ne représente qu'une intégrale particulière de l'équation proposée, laquelle intégrale correspond à l'hypothèse $y_0 = 0$.

Représentons par y_1 la fonction de x que détermine la série toujours convergente

$$x-\frac{1}{1}\cdot\frac{x^2}{1.2}+\frac{1}{1.2}\cdot\frac{x^3}{1.2.3}-\frac{1}{1.2.3}\cdot\frac{x^4}{1.2.3.4}+\text{etc.}:$$

on peut exprimer l'intégrale générale de l'équation (5), qui est linéaire, par $y=C_1y_1$, pourvu que l'on considère C_1, non plus comme une constante, mais comme une fonction de x, qu'il faut déterminer en appliquant le procédé du n° 464. On obtient ainsi l'équation

$$y_1C''_1+2C'_1y'_1=0, \quad \text{ou} \quad \frac{1}{C'_1}\cdot\frac{dC'_1}{dx}+\frac{2}{y_1}\cdot\frac{dy_1}{dx}=0,$$

d'où, par deux intégrations successives,

$$C'_1=\frac{c_1}{y_1^2}, \quad C_1=c_1\int\frac{dx}{y_1^2}+c_2,$$

c_1, c_2 désignant deux constantes arbitraires. Ainsi l'intégrale générale de l'équation (5) a pour expression, outre la série (6),

$$y=y_1\left(c_1\int\frac{dx}{y_1^2}+c_2\right), \text{ ou bien } y=c_1y_1\left(\int\frac{dx}{y_1^2}+c_2\right).$$

468. La fonction déterminée par une équation différentielle peut souvent se développer en série procédant suivant les puissances négatives ou fractionnaires de la variable indépendante. Quand de tels développements sont possibles, on les obtient par la méthode des coefficients indéterminés, dont l'usage est presque toujours préférable à l'emploi direct de la série de Maclaurin, lors même que le développement est susceptible de procéder suivant les puissances entières et positives de la variable indépendante, ainsi que le montrera l'exemple suivant.

Prenons l'équation

$$y''=kx^ny, \tag{8}$$

qui comprend comme cas particuliers les équations (1)

et (5) : il s'agit de savoir si l'on peut en représenter l'intégrale par la série

$$y = Ax^{\alpha} + A_1x^{\alpha_1} + A_2x^{\alpha_2} + A_3^{\alpha_3} + \text{etc.},$$

en déterminant convenablement les coefficients A_i et les exposants α_i qui peuvent être positifs ou négatifs, entiers ou fractionnaires.

La substitution de cette valeur de y dans l'équation proposée donne

$$\begin{gathered}A\alpha(\alpha-1)x^{\alpha-2} + A_1\alpha_1(\alpha_1-1)x^{\alpha_1-2} + A_2\alpha_2(\alpha_2-1)x^{\alpha_2-2} + \text{etc.}\\ = kAx^{\alpha+n} + kA_1x^{\alpha_1+n} + kA_2x^{\alpha_2+n} + \text{etc.}\end{gathered}$$

On ne peut rendre cette équation identique qu'en posant

$$\begin{gathered}\alpha(\alpha-1) = 0, \qquad (9)\\ \alpha_i = \alpha + i(n+2),\\ A_i\alpha_i(\alpha_i-1) = kA_{i-1},\end{gathered}$$

au moyen de quoi tous les exposants α_i sont numériquement déterminés, et tous les coefficients A_i s'expriment en fonction de A, qui tient lieu de constante arbitraire.

On satisfait à l'équation (9) de deux manières, en prenant $\alpha = 0$ et $\alpha = 1$. A ces deux solutions correspondent deux séries distinctes, chacune renfermant un coefficient arbitraire, et qui toutes deux vérifient l'équation (8) dont elles sont des intégrales particulières. La somme des deux séries donne donc l'intégrale générale [455] ; et si l'on désigne par C_0, C_1 les valeurs du coefficient A qui correspondent respectivement à $\alpha = 0$, $\alpha = 1$, on trouve sans difficulté, pour l'expression en série de l'intégrale complète,

$$\begin{aligned}y = C_0&\left[1 + \frac{kx^{n+2}}{(n+1)(n+2)} + \frac{k^2x^{2n+4}}{(n+1)(n+2)(2n+3)(2n+4)} + \text{etc.}\right]\\ +C_1x&\left[1 + \frac{kx^{n+2}}{(n+2)(n+3)} + \frac{k^2x^{2n+4}}{(n+2)(n+3)(2n+4)(2n+5)} + \text{etc.}\right.\end{aligned}$$

Toutes les fois que l'exposant n est un nombre entier

positif, cette série procède suivant les puissances entières et positives de x, et coïncide nécessairement avec celle que l'on déduirait de la formule de Maclaurin. C_0 et C_1 représentent alors y_0 et y'_0. Si l'on fait en particulier $k=-1$, $n=1$, on retombe sur la série (2); et cette dernière manière de l'obtenir a l'avantage de mettre en évidence la loi de formation des coefficients successifs.

Lorsqu'il reste moins de coefficients indéterminés dans la série qu'il n'y a d'unités dans l'exposant de l'ordre de l'équation différentielle, la série ne représente qu'une intégrale particulière : c'est la preuve qu'on ne peut développer la fonction suivant une série de cette forme, qu'en assujettissant implicitement les constantes arbitraires à des conditions qui en réduisent le nombre et qui restreignent la généralité de l'équation différentielle proposée.

Si par exemple, on supposait dans l'équation (8) $k=-1$, $n=-1$, ce qui la ferait coïncider avec l'équation (5), les différents termes de la série qui multiplie C_0 deviendraient infinis à partir du second : ainsi cette série doit être supprimée, comme cessant de représenter une intégrale particulière de l'équation (8); bien entendu que la série qui multiplie C_1 coïncide alors avec celle qui multiplie y'_0 dans l'équation (7).

469. Conformément à la remarque du n° 461, l'équation (8) s'abaisse au premier ordre, mais en cessant d'être linéaire, si l'on fait $y=e^{\int z dx}$, ce qui donne pour la transformer en z

$$\frac{dz}{dx}+z^2=kx^n.$$

Réciproquement, étant donnée l'équation du premier ordre

$$y'+ay^2=bx^n, \qquad (10)$$

(qui porte le nom de *Riccati*, et qui a été l'objet de beaucoup de recherches), on en ramènera l'intégration à celle de l'équation (8), qui est plus simple à cause de sa forme binomiale et linéaire, en posant

$$y = \frac{1}{au} \cdot \frac{du}{dx},$$

d'où, pour la transformée en u,

$$\frac{d^2u}{dx^2} = abux^n,$$

équation identique avec (8) lorsqu'on remplace u par y, et ab par k.

On ramène encore l'équation (8) à la forme

$$y'' + \frac{g}{x} y' = hy, \tag{11}$$

en changeant de variable indépendante et en posant $x^{\frac{n}{2}+1} = t$; car on trouve ainsi

$$\frac{d^2y}{dt^2} + \frac{n}{n+2} \cdot \frac{1}{t} \cdot \frac{dy}{dt} = \frac{ky}{\left(\frac{n}{2}+1\right)^2}; \tag{12}$$

et pour faire coïncider les équations (11) et (12), il suffit de changer t en x et de prendre

$$g = \frac{n}{n+2}, \quad h = \frac{k}{\left(\frac{n}{2}+1\right)^2}.$$

Enfin l'équation

$$y'' - \frac{m(m-1)}{x^2} y = hy \tag{13}$$

rentre encore dans les équations (8), (10) et (11), puisqu'il suffit de faire $y = x^m u$, pour la changer en

$$\frac{d^2u}{dx^2} + \frac{2m}{x} \cdot \frac{du}{dx} = hu.$$

Les équations (11) et (13) se présentent dans des problèmes de physique mathématique, et à ce titre elles offrent plus d'intérêt que les équations (8) et (10) dont elles sont des transformées.

470. Si nous nous étions proposé d'appliquer directement à l'équation (13) la méthode suivie pour le développement en série de l'intégrale de l'équation (8), nous aurions eu à rendre identique l'équation

$$\begin{aligned} A[\alpha(\alpha-1)-m(m-1)]x^{\alpha-2} &+ A_1[\alpha_1(\alpha_1-1)-m(m-1)]x^{\alpha_1-2} \\ &+ A_2[\alpha_2(\alpha_2-1)-m(m-1)]x^{\alpha_2-2} + \text{etc.} \\ &= hAx^{\alpha} + hA_1x^{\alpha_1} + hA_2x^{\alpha_2} + \text{etc.}; \end{aligned}$$

ce qui entraîne les conditions

$$\alpha(\alpha-1)-m(m-1)=0, \tag{14}$$

$$\alpha_i = \alpha + 2i,$$

$$A_i[\alpha_i(\alpha_i-1)-m(m-1)] = hA_{i-1}.$$

La troisième formule devient, quand on remplace α_i par sa valeur tirée de la seconde,

$$A_i[\alpha(\alpha-1)+2i(2i+2\alpha-1)-m(m-1)] = hA_{i-1},$$

ou plus simplement, en vertu de la première condition,

$$2i(2i+2\alpha-1)\,A_i = hA_{i-1}. \tag{15}$$

Les racines de l'équation (14) sont $\alpha=m$, $\alpha=1-m$: on trouve en conséquence pour la valeur de l'intégrale complète, exprimée en séries,

$$\begin{aligned} y = C_0x^m\left[1+\frac{hx^2}{2(2m+1)}+\frac{h^2x^4}{2.4.(2m+1)(2m+3)}+\text{etc.}\right] \\ + C_1x^{1-m}\left[1+\frac{hx^2}{2(3-2m)}+\frac{h^2x^4}{2.4.(3-2m)(5-2m)}+\text{etc.}\right]. \end{aligned}$$

*471. Les séries que l'on vient d'obtenir ont cela de remarquable qu'elles peuvent être sommées et remplacées par des intégrales définies de la nature de celles que nous avons considérées dans les trois derniers chapitres du livre précédent. Effectivement, quand on fait dans la formule (ν) du n° 309, $x=\omega$, $\mu=2\alpha-1$, $\nu=2i$, il vient

$$\int \cos^{2i}\omega \sin^{2\alpha-1}\omega d\omega = \frac{\cos^{2i}\omega \sin^{2\alpha}\omega}{2i+2\alpha-1} + \frac{2i-1}{2i+2\alpha-1}\int \cos^{2i-2}\omega \sin^{2\alpha-1}\omega d\omega;$$

et si l'on prend 0, π pour limites des intégrales, le terme hors du signe $\int$ s'évanouit toutes les fois que α est une quantité réelle positive, ou une quantité imaginaire à partie réelle positive, en sorte qu'on a

$$\int_0^\pi \cos^{2i}\omega \sin^{2\alpha-1}\omega d\omega = \frac{2i-1}{2i+2\alpha-1}\int_0^\pi \cos^{2i-2}\omega \sin^{2\alpha-1}\omega d\omega. \quad (16)$$

En vertu de cette dernière relation, l'équation (15) se trouve satisfaite si l'on pose

$$A_i = \frac{Ah^i}{1.2.3\ldots(2i-1)2i}\int_0^\pi \cos^{2i}\omega \sin^{2\alpha-1}\omega d\omega;$$

et par suite on peut mettre l'intégrale obtenue sous la forme

$$y = C_0 x^m \int_0^\pi \left(1+\frac{hx^2}{1.2}\cos^2\omega + \frac{h^2x^4}{1.2.3.4}\cos^4\omega + \text{etc.}\right)\sin^{2m-1}\omega d\omega$$
$$+ C_1 x^{1-m}\int_0^\pi \left(1+\frac{hx^2}{1.2}\cos^2\omega + \frac{h^2x^4}{1.2.3.4}\cos^4\omega + \text{etc.}\right)\sin^{1-2m}\omega d\omega,$$

en attribuant successivement à α les valeurs m et $1-m$, qui sont les racines de l'équation (14).

Maintenant on a

$$1+\frac{hx^2}{1.2}\cos^2\omega + \frac{h^2x^4}{1.2.3.4}\cos^4\omega + \frac{h^3x^6}{1.2.3.4.5.6}\cos^6\omega + \text{etc.}$$
$$= \cos(\sqrt{-1}\,.\,x\sqrt{h}\,.\cos\omega) = \tfrac{1}{2}e^{x\sqrt{h}.\cos\omega} + \tfrac{1}{2}e^{-x\sqrt{h}.\cos\omega};$$

donc

$$y = C_0 x^m \int_0^\pi \left(\frac{1}{2} e^{x\sqrt{h}.\cos\omega} + \frac{1}{2} e^{-x\sqrt{h}.\cos\omega}\right) \sin^{2m-1}\omega d\omega$$
$$+ C_1 x^{1-m} \int_0^\pi \left(\frac{1}{2} e^{x\sqrt{h}.\cos\omega} + \frac{1}{2} e^{-x\sqrt{h}.\cos\omega}\right) \sin^{1-2m}\omega d\omega.$$

Cette expression peut encore se simplifier ; car on a, à cause du choix des limites et de la nature des fonctions sin ω, cos ω,

$$\int_0^\pi e^{-\mu\cos\omega} \sin^\nu \omega d\omega = \int_0^\pi e^{\mu\cos\omega} \sin^\nu \omega d\omega.$$

donc

$$y = C_0 x^m \int_0^\pi e^{x\sqrt{h}.\cos\omega} \sin^{2m-1}\omega d\omega$$
$$+ C_1 x^{1-m} \int_0^\pi e^{x\sqrt{h}.\cos\omega} \sin^{1-2m}\omega d\omega \qquad (17)$$

L'équation (16) ne subsiste que sous la condition que α désigne une quantité réelle positive, ou une quantité imaginaire à partie réelle positive. Donc, pour ne considérer que le cas de la réalité des valeurs, l'équation (17) ne subsiste que sous la condition que m et $1-m$ désignent des nombres positifs, ou que la quantité m tombe entre les limites 0, 1. Moyennant cette restriction, l'équation (17) donnera l'intégrale complète de l'équation (13), exprimée par des intégrales définies.

Aux limites $m=0$, $m=1$, l'équation (13) se réduit à $y'=hy$, et l'on sait que dans ce cas elle a pour intégrale complète

$$y = C_0 e^{x\sqrt{h}} + C_1 e^{-x\sqrt{h}}.$$

Quand on fait dans la formule (17) $m=\frac{1}{2}$, elle donne

$$y = (C_0 + C_1)\sqrt{x} \int_0^\pi e^{x\sqrt{h}.\cos\omega} d\omega;$$

et comme les deux constantes arbitraires C_0, C_1 se confondent en une seule, on n'a plus qu'une intrégale particulière. Cependant, même dans ce cas, on obtient l'intégrale complète par un artifice de calcul déjà employé [460]. Faisons dans le terme qui multiplie C_0, $m=\frac{1}{2}$ et dans celui qui multiplie C_1, $m=\frac{1}{2}+\varepsilon$: il viendra

$$y=C_0\sqrt{x}\int_0^\pi e^{x\sqrt{h}\,.\cos\omega}d\omega$$
$$+C_1\sqrt{x}\int_0^\pi e^{x\sqrt{h}\,.\cos\omega}(x\sin^2\omega)^{-\varepsilon}d\omega. \qquad (18)$$

Or on a

$$u^{-\varepsilon}=1-\frac{\varepsilon}{1}\log u+\frac{\varepsilon^2}{1.2}(\log u)^2-\frac{\varepsilon^3}{1.2.3}(\log u)^3+\text{etc.};$$

de sorte que si l'on développe l'expression (18) suivant les puissances de ε, et qu'on pose $C_0+C_1=A$, $C_1\varepsilon=-B$, il viendra

$$y=A\sqrt{x}\int_0^\pi e^{x\sqrt{h}\,.\cos\omega}d\omega$$
$$+B\sqrt{x}\int_0^\pi e^{x\sqrt{h}\,.\cos\omega}\log(x\sin^2\omega)d\omega+\varepsilon BX,$$

X désignant une quantité qui conserve une valeur finie quand ε s'évanouit. Donc, si l'on pose maintenant $\varepsilon=0$, on aura

$$y=A\sqrt{x}\int_0^\pi e^{x\sqrt{h}\,.\cos\omega}d\omega$$
$$+B\sqrt{x}\int_0^\pi e^{x\sqrt{h}\,.\cos\omega}(\log x\sin^2\omega)d\omega,$$

pour l'intégrale complète de l'équation (13) qui devient dans ce cas

$$y''+\frac{y}{4x^2}=hy.$$

*472. Si m a une valeur positive plus grande que l'unité, le terme affecté du coefficent C_1 doit être supprimé dans l'équation (17) ; et au contraire on ne doit conserver que ce terme quand m a une valeur négative. Dans l'un et l'autre cas on n'obtient donc immédiatement, sous forme finie, qu'une intégrale particulière de l'équation (13). Soit y_1 cette intégrale particulière dans laquelle on aurait fait, pour plus de simplicité, la constante arbitraire égale à l'unité : on trouvera, par un calcul semblable à celui du n° 467, que l'intégrale générale est

$$y = c_1 y_1 \left(\int \frac{dx}{y_1^2} + c_2 \right). \tag{19}$$

Si l'on pose $\cos\omega = \zeta$, on mettra l'équation (17) sous la forme

$$y = C_0 x^m \int_{-1}^{+1} e^{x\sqrt{h}.\zeta} (1-\zeta^2)^{m-1}\, d\zeta$$
$$+ C_1 x^{1-m} \int_{-1}^{+1} e^{x\sqrt{h}.\zeta} (1-\zeta^2)^{-m}\, d\zeta;$$

l'équation (13) aura pour intégrales particulières, dans le cas de $m > 1$,

$$y = C_0 x^m \int_{-1}^{+1} e^{x\sqrt{h}.\zeta} (1-\zeta^2)^{m-1}\, d\zeta, \tag{20}$$

et dans le cas $m < 0$,

$$y = C_1 x^{1-m} \int_{-1}^{+1} e^{x\sqrt{h}.\zeta} (1-\zeta^2)^{-m}\, d\zeta. \tag{21}$$

Il est clair, d'après le n° 313, que quand m désigne un nombre entier positif, l'intégration définie indiquée dans la formule (20) s'effectue, et qu'il en est de même de l'intégration indiquée dans la formule (21), lorsque m désigne un nombre entier négatif. Donc, toutes les fois que m désigne un nombre entier, positif ou négatif, on a sous forme finie, et dégagée du signe $\int$, une intégrale particulière de l'équation (13); et d'après la formule (19), la détermination de l'intégrale générale de cette même équation se trouve ramenée aux quadratures.

473. Rappelons maintenant que l'équation de Riccati

$$y'+ay^2=bx^n \tag{10}$$

se change, lorsque l'on pose

$$y'=\frac{1}{au}\cdot\frac{du}{dx}, \quad ab=k,$$

en

$$\frac{d^2u}{dx^2}=kux^n,$$

équation qui devient à son tour

$$\frac{d^2u}{dt^2}+\frac{2m}{t}\cdot\frac{du}{dt}=hu,$$

et enfin

$$\frac{d^2v}{dt^2}-\frac{m(m-1)}{t^2}v=hv, \tag{22}$$

quand on pose

$$x^{\frac{n}{2}+1}=t, \quad m=\frac{n}{2(n+2)}, \quad h=\frac{k}{\frac{n}{2}+1}, \quad v=t^m u.$$

Soit $m=\pm i$, i désignant un nombre entier positif : on tirera de la seconde des équations précédentes

$$n=\frac{-4i}{2i\mp 1}. \tag{23}$$

L'intégrale générale de l'équation (22) se ramène aux quadratures, toutes les fois que m est un nombre entier positif : donc l'intégrale générale de l'équation de Riccati est aussi ramenée aux quadratures, pour toutes les valeurs de n comprises dans la formule (23) ; ce qu'on trouverait également en cherchant dans quels cas l'équation de Riccati se prête à la séparation des variables.

CHAPITRE IV.

THÉORIE DES INTÉGRALES SINGULIÈRES DES ÉQUATIONS DIFFÉRENTIELLES A DEUX VARIABLES.

§ 1er. Intégrales singulières des équations différentielles du premier ordre.

474. Soit

$$f(x,y,y')=0 \qquad (f)$$

une équation différentielle du premier ordre, dont on a l'intégrale complète sous la forme

$$F(x,y,a)=0, \qquad (a)$$

a désignant la constante arbitraire introduite par l'intégration : d'après ce qu'on a déjà vu [liv. IV, chap. II], l'équation

$$\varphi(x,y)=0, \qquad (\varphi)$$

résultant de l'élimination de a entre l'intégrale (a) et l'une des équations

$$\frac{dF}{da}=0, \quad \frac{dF}{dy}=\infty, \qquad (a')$$

satisfait encore à l'équation (f) dont elle est une intégrale singulière ; à moins qu'elle ne se confonde avec une intégrale particulière, la valeur de a tirée de l'une des équations (a') se réduisant à une constante, ou à une fonction de x,y qui elle-même se réduit à une constante en vertu de l'équation (φ). On sait, de plus, que l'équation (φ) appartient à une ligne qui touche ou enveloppe toutes les lignes dont le système est représenté par l'intégrale générale (a), tant que le paramètre a conserve son indétermination.

De là résulte une règle très simple pour trouver les intégrales singulières d'une équation différentielle du premier ordre, dont on a préalablement déterminé l'intégrale générale : nous disons de plus que ces intégrales singulières peuvent être assignées, sans qu'on ait besoin de connaître l'intégrale générale, et lors même qu'il y aurait impossibilité d'assigner à l'intégrale générale une expression analytique sous forme finie, ce qui est le cas le plus ordinaire.

Effectivement la ligne enveloppe qui représente l'intégrale singulière ne peut exister que lorsqu'il y a intersection entre les lignes qui représentent des intégrales particulières, et qui répondent à des valeurs distinctes de la constante arbitraire. Donc, pour les valeurs de x,y relatives à ces points d'intersection, la valeur de y' en x,y, tirée de l'équation (f), doit être multiple; c'est-à-dire que cette équation, supposée algébrique, doit être du second degré ou d'un degré supérieur par rapport à y', après qu'on en a fait disparaître les radicaux.

Il suit de là qu'en général tous les points correspondant à des valeurs de x,y qui ne rendent pas y' imaginaire, sont les points d'intersection de deux lignes au moins, prises parmi celles qui représentent des intégrales particulières.

Mais, pour les points situés sur l'enveloppe ou sur la ligne de contact de toutes ces courbes, il n'y a plus d'intersection, ou du moins une intersection disparaît : donc il faut que l'équation (f), où l'on considère y' comme l'inconnue, acquière alors des racines multiples, ce qui entraîne la condition

$$\frac{df}{dy'} = 0. \qquad (f')$$

Donc réciproquement l'équation (f') détermine la relation entre x et y qui caractérise la ligne de contact ou l'intégrale singulière.

Prenons pour exemple l'équation différentielle

$$y'^2(x^2 - r^2) - 2xyy' = x^2, \tag{1}$$

qui a pour intégrale générale

$$x^2 - 2ay = r^2 + a^2, \tag{2}$$

a désignant la constante arbitraire.

La première équation (a') donne dans ce cas $a = -y$, et cette valeur de a, substituée dans l'équation (2), donne pour intégrale singulière $x^2 + y^2 - r^2 = 0$. Or, sans qu'on ait besoin de connaître l'intégrale (2), l'équation (f') fournit la relation

$$y' = -\frac{xy}{r^2 - x^2};$$

et cette valeur de y', substitué dans l'équation (1), reproduit l'intégrale singulière déduite en premier lieu de l'intégrale générale.

475. Le succès de cette méthode tient à ce que l'équation différentielle est préparée de manière à ne pas contenir de radicaux. Si au contraire elle était résolue par rapport à y', ou mise sous la forme $y' = \mathrm{f}(x,y)$, la méthode se trouverait en défaut. Mais il faut remarquer que lorsqu'on différentie l'équation (f) par rapport à y et par rapport à x, en y considérant y' comme une fonction des variables x,y, déterminée implicitement par cette équation, on a

$$\frac{dy'}{dy} = -\frac{df}{dy} : \frac{df}{dy'}, \quad \frac{dy'}{dx} = -\frac{df}{dx} : \frac{df}{dy'}.$$

Or, la valeur de y en x qui appartient à l'intégrale singulière, fait évanouir $\frac{df}{dy'}$: donc la même valeur doit rendre infinis les coefficients différentiels $\frac{dy'}{dy}$, $\frac{dy'}{dx}$, après qu'on y a substitué pour y' sa valeur en x,y, tirée de l'équation (f). Par conséquent, si l'on peut déduire des équations

$$\frac{d\mathrm{f}(x,y)}{dy}=\infty,\quad \frac{d\mathrm{f}(x,y)}{dx}=\infty;$$

une valeur de y en x qui satisfasse aussi à l'équation (f), cette valeur reproduira l'intégrale singulière.

Par exemple, l'équation (1), résolue par rapport à y', donne

$$y'=\mathrm{f}(x,y)=\frac{x}{x^2-r^2}(y\pm\sqrt{x^2+y^2-r^2}),$$

d'où

$$\frac{d\mathrm{f}(x,y)}{dy}=\frac{x}{x^2-r^2}\cdot\frac{\sqrt{x^2+y^2-r^2}\pm y}{\sqrt{x^2+y^2-r^2}},$$

$$\frac{d\mathrm{f}(x,y)}{dx}=\frac{-(x^2+r^2)y\sqrt{x^2+y^2-r^2}\mp r^2(x^2+y^2-r^2)\mp x^2y^2}{(x^2-r^2)^2\sqrt{x^2+y^2-r^2}};$$

et ces valeurs deviennent infinies quand on pose

$$x^2+y^2-r^2=0,$$

ce qui satisfait à l'équation (1) dont on obtient ainsi l'intégrale singulière.

476. Quand on différentie l'équation (f), en y traitant y,y' comme des fonctions implicites de x, il vient

$$\frac{df}{dx}+\frac{df}{dy}y'+\frac{df'}{dy'}y''=0, \qquad (f'')$$

d'où

$$y''=-\left(\frac{df}{dx}+\frac{df}{dy}y'\right):\frac{df}{dy'}. \qquad (c)$$

Mais la valeur de y en x qui donne l'intégrale singulière, annule $\frac{df}{dy'}$, et réduit l'équation (f'') à

$$\frac{df}{dx}+\frac{df}{dy}y'=0;$$

donc cette même valeur de y en x met sous la forme $\frac{0}{0}$ la valeur

$$y''=\frac{\varphi(x,y,y')}{\psi(x,y,y')}$$

donnée par l'équation (c); ce qui fournit encore un autre

procédé pour trouver l'intégrale singulière. En effet, l'on posera

$$\varphi(x,y,y')=0,\quad \psi(x,y,y')=0;$$

puis on éliminera successivement y' entre chacune de ces deux équations et la proposée (f). Si les deux équations résultantes ont un facteur commun, ce facteur donnera l'intégrale singulière cherchée.

En opérant de cette manière sur l'équation (1), on trouve

$$y''=\frac{yy'+x}{y'(x^2-r^2)-xy}.$$

L'élimination de y' entre la proposée et chacune des équations

$$yy'+x=0,\quad y'(x^2-r^2)-xy=0,$$

donne pour résultantes où le facteur commun est en évidence,

$$\frac{x^2}{y^2}(x^2+y^2-r^2)=0,\quad \frac{x^2}{x^2-r^2}(x^2+y^2-r^2)=0.$$

*477. Il est essentiel de remarquer que la considération géométrique sur laquelle on s'est fondé dans les trois n^{os} qui précèdent, s'applique à toutes les lignes de contact des courbes données par l'intégrale générale, aussi bien à celles qui pourraient exceptionnellement représenter des intégrales particulières qu'à celles qui représentent des intégrales singulières. Ainsi, après qu'on aurait cherché les intégrales singulières par l'un des procédés indiqués ci-dessus, il faudrait en outre s'assurer qu'on ne peut pas les faire rentrer dans l'intégrale générale, en particularisant convenablement la constante : vérification impossible, tant que l'intégrale générale n'est pas donnée. Le caractère distinctif des intégrales singulières doit donc se tirer de considérations analytiques, et pour cela il faut reprendre la question d'un nouveau point de vue.

Considérons une équation différentielle du premier ordre, mise sous la forme

$$y' - f(x,y) = 0, \tag{d}$$

à laquelle satisfait l'équation $y = X$, X désignant une certaine fonction de x, sans constante arbitraire, de sorte qu'on ait identiquement, quel que soit x,

$$\frac{dX}{dx} - f(x,X) = 0. \tag{e}$$

Pour que l'équation $y = X$ coïncide avec une intégrale particulière, il faut que l'intégrale générale puisse être mise sous la forme

$$y = X + \varepsilon\varphi, \tag{g}$$

ε désignant la constante arbitraire, et φ une fonction de x et de ε, qui ne s'évanouit ni ne devient infinie pour $\varepsilon = 0$. On aura en même temps

$$f(x,y) = f(x,X) + (\varepsilon\varphi)^k . \pi, \tag{h}$$

k désignant l'exposant de la plus haute puissance de ε qui soit facteur de

$$f(x, X + \varepsilon\varphi) - f(x,X);$$

et π indiquant une fonction de x et de $\varepsilon\varphi$, qui ne devient point nulle ou infinie pour $\varepsilon = 0$. Posons

$$\varphi = \varphi_0 + \varepsilon^{\alpha_1}\varphi_1 + \varepsilon^{\alpha_2}\varphi_2 + \text{etc.},$$
$$\pi = \pi_0 + (\varepsilon\varphi)^{\beta_1}\pi_1 + (\varepsilon\varphi)^{\beta_2}\pi_2 + \text{etc.},$$

en désignant par φ_i, π_i des fonctions de x; et par α_i, β_i des exposants positifs formant une série croissante : puisque la fonction f est donnée, on connaîtra le développement de $f(x, X + \varepsilon\varphi)$ suivant les puissances de $\varepsilon\varphi$; et par conséquent les fonctions π_i, ainsi que les nombres β_i, sont censés connus : il s'agit de déterminer les fonctions φ_i et les exposants α_i de manière à satisfaire à l'équation (h) indépendamment de ε.

Or, la substitution donne, après qu'on a supprimé les termes qui se détruisent en vertu de l'équation (e),

$$\left.\begin{array}{r}\varepsilon\dfrac{d\varphi_0}{dx}+(\alpha_1+1)\varepsilon^{\alpha_1}\dfrac{d\varphi_1}{dx}+(\alpha_2+1)\varepsilon^{\alpha_2}\dfrac{d\varphi_2}{dx}+\text{etc.}\\ =\varepsilon^k(\varphi_0+\varepsilon^{\alpha_1}\varphi_1+\varepsilon^{\alpha_2}\varphi_2+\text{etc.})^k\pi_0\\ +\varepsilon^{k+\beta_1}(\varphi_0+\varepsilon^{\alpha_1}\varphi_1+\varepsilon^{\alpha_2}\varphi_2+\text{etc.})^{k+\beta_1}\pi_1+\text{etc.}\end{array}\right\}\quad(\alpha)$$

Supposons $k=1$: on aura, pour déterminer φ_0, l'équation

$$\frac{d\varphi_0}{dx}=\varphi_0\pi_0,\quad \text{d'où}\quad \varphi_0=e^{\int\pi_0 dx};$$

il faudra poser ensuite

$$\alpha_1=\beta_1+1,\quad (\beta_2+2)\frac{d\varphi_1}{dx}=\varphi_0^{\beta_1-1}\pi_1;$$

et en continuant ainsi, on déterminera de proche en proche toutes les quantités qui entrent dans le développement de φ, c'est-à-dire qu'on développera l'intégrale générale en série ordonnée suivant les puissances de ε.

Soit $k>1$: on ne pourra rendre l'équation (α) identique qu'en posant d'abord

$$\frac{d\varphi_0}{dx}=0,\quad \text{ou}\quad \varphi=const.$$

Prenons, pour plus de simplicité, cette constante égale à l'unité : on fera ensuite

$$\alpha_1=k,\quad (\alpha_1+1)\frac{d\varphi_1}{dx}=\pi_0,\quad \text{d'où}\quad \varphi_1=\frac{1}{k+1}\int\pi_0 dx;$$

et en prolongeant le même calcul, on obtiendra encore successivement tous les termes du développement de l'intégrale générale.

Mais si l'on a au contraire $k<1$, il sera impossible de rendre l'équation (α) identique : par conséquent la solution $y=\text{X}$ ne pourra pas résulter de l'intégrale générale moyennant la particularisation d'une constante arbitraire ; ce sera donc une intégrale singulière da la proposée.

Or, d'après ce qu'on a vu sur les cas de défaut de la série de Taylor [106], la valeur X, pour laquelle l'exposant k est < 1, rend infinie la dérivée

$$\frac{df(x,y)}{dy} = \frac{dy'}{dy};$$

donc l'équation $\frac{dy'}{dy} = \pm \infty$ est le véritable *criterium* des intégrales singulières, et les renferme toutes comme facteurs, à l'exception de celles qui seraient de la forme $x = const.$, et qu'on obtiendra en traitant dans la proposée la variable y comme indépendante.

Par conséquent, en nous reportant aux équations (b), si les valeurs de y en x qui font évanouir $\frac{df}{dy'}$, conservent aux dérivées $\frac{df}{dy'}$, $\frac{df}{dx}$ des valeurs finies, ces valeurs appartiendront à des intégrales singulières de (f) ; mais si elles annulent ces mêmes dérivées, il faudra chercher par les procédés ordinaires les valeurs des seconds membres des équations (b), qui se présentent alors sous forme indéterminée. Quand ces valeurs seront infinies, les solutions qu'il s'agit d'éprouver constitueront encore des intégrales singulières ; sinon, elle rentreront dans la catégorie des intégrales particulières, et néanmoins continueront de représenter des lignes enveloppes.

La démonstration que nous venons de donner, d'après Poisson, n'est pas exempte des difficultés attachées à l'emploi des séries qui peuvent devenir divergentes : nous aurons encore à revenir sur ce sujet, en parlant de la construction des équations différentielles.

478. Par les équations (d), (e), (g), (h), on a

$$\frac{d(y-\mathrm{X})}{dx}=\mathrm{f}(x,y)-\mathrm{f}(x,\mathrm{X})=(\varepsilon p)^k\pi=(y-\mathrm{X})^k\pi;$$

et si l'on change de variables en posant $y-\mathrm{X}=u$, cette équation devient

$$\frac{du}{dx}=u^k\pi,$$

π désignant alors une fonction des variables x,u, qui n'acquiert pas une valeur nulle ou infinie pour $u=0$. Nous pouvons encore changer de variables et prendre à cette fin $u^{1-k}=v$, ce qui mettra l'équation différentielle sous la forme

$$v^{\frac{k}{1-k}}\left(\frac{dy}{dx}-(1-k)\pi\right)=0.$$

Pour $k<1$, cette dernière équation se décompose d'elle-même en deux autres

$$v=0,\quad \frac{dy}{dx}-(1-k)\pi=0.$$

La première, qui équivant à $y-\mathrm{X}=0$, donne l'intégrale singulière; la seconde au contraire ne peut plus être satisfaite par cette intégrale singulière, puisque π est une fonction qui ne s'évanouit pas avec v.

Donc, lorsqu'une équation différentielle du premier ordre comporte une intégrale singulière, on peut par un changement de variables la transformer en une autre, où l'intégrale singulière apparaît comme facteur commun; de sorte qu'après la suppression de ce facteur, la transformée n'a plus d'intégrale singulière, et représente dans un système de coordonnées rectangulaires une série de lignes qui n'ont pas d'enveloppe.

*479. Appliquons ceci à l'équation

$$y'^2-4xy'+4y=0,\quad \text{ou}\quad y'=2(x\pm\sqrt{x^2-y}), \tag{3}$$

dont l'intégrale générale est

$$y = 2ax - a^2, \tag{4}$$

et qui représente en conséquence un système de droites ayant pour ligne de contact la parabole $x^2 - y = 0$. Faisons $x^2 - y = u = v^2$: l'équation (3) deviendra

$$\frac{du}{dx} = \mp 2\sqrt{u}, \quad \text{ou} \quad v\left(\frac{dv}{dx} \pm 1\right) = 0.$$

Après la suppression du facteur v, il restera l'équation $\frac{dv}{dx} \pm 1 = 0$, qui a pour intégrale générale

$$v = \mp (x - a), \tag{5}$$

et qui, lorsqu'on prend x pour abscisse, et v pour ordonnée rectangulaire, représente un système de droites parallèles, n'ayant point par conséquent de ligne de contact. D'ailleurs, si l'on substituait pour y sa valeur en v et x dans l'équation (4), on retomberait sur l'équation (5).

L'application de cette méthode à l'équation (1) ne serait pas exempte de quelques difficultés, dans le cas où l'on voudrait conserver x comme variable indépendante. Mais si l'on met cette équation sous la forme

$$(x^2 - r^2)dy = xdx(y \pm \sqrt{x^2 + y^2 - r^2}),$$

et si l'on chasse ensuite x^2 et xdx au moyen des équations auxiliaires

$$x^2 + y^2 - r^2 = u^2, \quad xdx + ydy = udu,$$

elle prendra la forme très simple $u(du \mp dy) = 0$; de sorte qu'après la suppression du facteur u, elle ne comportera plus d'intégrale singulière.

*480. Inversement, on peut transformer une équation différentielle qui n'admet pas d'intégrale singulière, de manière qu'après la transformation elle admette pour intégrale singulière une équation donnée. Soit, par exemple, l'équation trouvée ci dessus $\frac{dv}{dx} \pm 1 = 0$, dans laquelle il s'agit de substituer pour v une fonction de x et d'une nouvelle variable z, telle qu'après la substitution, l'équation résultante admette pour intégrale singulière l'équation linéaire

$$z - mx = 0. \tag{6}$$

On multipliera la proposée par $(z - mx)^k$, k désignant un nombre compris entre zéro et l'unité, ce qui la changera en

$$(z - mx)^k dv \pm (z - mx)^k dx = 0. \tag{7}$$

Cela fait, déterminons la variable z, qui doit être fonction de v et x, de manière qu'on ait

$$\frac{dz}{dv} = (z - mx)^k :$$

il viendra par l'intégration

$$\frac{(z - mx)^{1-k}}{1 - k} = v + \mathrm{X},$$

X désignant une fonction arbitraire de x ; et par suite

$$dz - mdx = (z - mx)^k (dv + d\mathrm{X}).$$

Tirons de là la valeur de dv et substituons-la dans l'équation (7) : celle-ci deviendra

$$dz - mdx - (z - mx)^k (d\mathrm{X} \mp dx) = 0,$$

et il est visible que l'équation (6) y satisfera comme intégrale singulière.

*481. Nous avons vu [448] que l'équation du premier ordre

$$y = xy' + \psi y'$$

étant soumise à une seconde différentiation, donne l'équation du second ordre

$$(x + \psi' y') y'' = 0,$$

qui se décompose immédiatement en deux facteurs, dont l'un fournit l'intégrale générale, et l'autre l'intégrale singulière de la proposée. Il faut généraliser ce fait de calcul, et montrer que lorsqu'une équation du premier ordre admet une intégrale singulière, on peut toujours la mettre sous une forme telle que sa dérivée se décompose en deux facteurs, dont l'un donne l'intégrale singulière, par l'élimination de y' avec la proposée, tandis que l'autre, qui est annulé par la valeur de y en x tirée de l'intégrale générale, ne l'est plus par la valeur tirée de l'intégrale singulière.

L'équation

$$\frac{dF}{dx}+\frac{dF}{dy}y'=0, \qquad (a'_1)$$

étant résolue par rapport à a donnera

$$a=\pi(x,y,y'); \qquad (i)$$

et si l'on substitue cette valeur de a dans l'équation (a), l'équation résultante

$$F(x,y,\pi)=0 \qquad (j)$$

équivaudra à l'équation (f), en ce sens que, si elles ne se confondent pas, on passera de l'une à l'autre en multipliant le premier membre de la première par une fonction convenablement choisie des variables x, y, y'. Or, en différentiant l'équation (j), l'on a

$$\frac{dF}{dx}+\frac{dF}{dy}y'+\frac{dF}{d\pi}\left(\frac{d\pi}{dx}+\frac{d\pi}{dy}y'+\frac{d\pi}{dy'}y''\right)=0;$$

et de plus la somme des deux premiers termes est identiquement nulle, puisqu'on a substitué pour a, dans la fonction F, sa valeur tirée de l'équation (a'_1) : donc la dérivée de l'équation (j) se réduit à

$$\frac{dF}{d\pi}\left(\frac{d\pi}{dx}+\frac{d\pi}{dy}y'+\frac{d\pi}{dy'}y''\right)=0,$$

et se décompose en deux facteurs

$$\frac{dF}{d\pi} = 0, \qquad (j_1)$$

$$\frac{d\pi}{dx} + \frac{d\pi}{dy} y' + \frac{d\pi}{dy'} y'' = 0. \qquad (j_2)$$

L'équation (j_2), qui est du second ordre, a évidemment pour intégrale du premier ordre l'équation (j) ; et l'élimination de y' entre les équations (i) et (j) aura lieu si l'on élimine π entre les mêmes équations, ou si l'on remplace π par a dans l'équation (j), c'est-à-dire que cette élimination donnera l'intégrale générale de la proposée.

De même l'élimination de y' entre les équations (i) et (j_1) s'opérera par l'élimination de π entre les mêmes équations, ou par l'élimination de a entre l'équation (a) et sa dérivée par rapport à a : elle conduira donc à l'intégrale singulière de la proposée, ou du moins à l'équation d'une ligne de contact des courbes qui en représentent les intégrales particulières.

On voit aussi par ce calcul que la valeur de y en x tirée de l'intégrale singulière, laquelle donne pour y une valeur qui vérifie la proposée, ne donne pas pour y' une valeur propre à vérifier l'équation (j_2), ni par conséquent pour y''', y'', etc., des valeurs propres à vérifier les dérivées successives de la proposée.

Appliquons cette analyse à l'équation (2) : on aura

$$\frac{dF}{dx} + \frac{dF}{dy} y' = 2x - 2ay',$$

d'où

$$\pi = \frac{x}{y'}, \quad F(x,y,\pi) = x^2 - \frac{2xy}{y'} - \frac{x^2}{y'^2} - r^2 = 0, \qquad (8)$$

équation qui se confondrait avec (1) par l'expulsion du dénominateur y'^2. La différentiation de l'équation (8) donne

$$-\frac{y}{y'}+\frac{xyy''}{y'^2}-\frac{x}{y'^2}+\frac{x^2y''}{y'^3}=0,$$

ou bien

$$\left(y+\frac{x}{y'}\right)\left(\frac{1}{y'}-\frac{xy''}{y'^2}\right)=0.$$

La valeur de y' tirée de l'équation $y+\frac{x}{y'}=0$, et substituée dans la proposée, donne l'intégrale singulière

$$x^2+y^2-r^2=0,$$

L'autre facteur est la dérivée par rapport à x de la fonction $\frac{x}{y'}$: l'intégration donne donc $\frac{x}{y'}=a$; et cette valeur de y', substituée dans la proposée, reproduit l'équation (2).

§ 2. Intégrales singulières des équations différentielles des ordres supérieurs.

482. Soit

$$F(x,y,y',y'',\ldots y^{(n)},a)=0 \qquad \text{(K)}$$

une intégrale première de l'équation de l'ordre $n+1$

$$f(x,y,y',y'',\ldots y^{n},y^{(n+1)})=0, \qquad (k)$$

a désignant la constante arbitraire introduite par l'intégration : si l'on élimine a entre l'équation (K) et

$$\frac{dF}{da}=0, \qquad \text{(K')}$$

l'équation résultante

$$\varphi(x,y,y',y'',\ldots y^{(n)})=0 \qquad (\varkappa)$$

satisfera aussi à l'équation (k) et en sera une intégrale singulière, sauf le cas exceptionnel où la valeur de a tirée de l'équation (K) se réduirait à une constante, immédiatement ou en vertu de l'équation ($\varkappa$), ainsi qu'on l'a expliqué pour les équations du premier ordre.

L'équation (k) a n intégrales premières de l'ordre n, que l'on peut représenter par

$$F_1(x,y,y',y'',\ldots y^{(n)},a_1)=0,$$
$$F_2(x,y,y',y'',\ldots y^{(n)},a_2)=0,$$
$$\ldots\ldots\ldots\ldots\ldots\ldots$$
$$F_n(x,y,y',y'',\ldots y^{(n)},a_n)=0.$$

Or, si l'on élimine respectivement les constantes arbitraires de chacune de ces intégrales, au moyen des équations dérivées

$$\frac{dF_1}{da_1}=0,\quad \frac{dF_2}{da_2}=0,\ldots \frac{dF_n}{da_n}=0,$$

on retombera toujours sur la même intégrale singulière.

Pour fixer les idées, considérons une équation du second ordre

$$f(x,y,y',y'')=0, \qquad (l)$$

dont l'intégrale complète soit

$$F(x,y,a_1,a_2)=0, \qquad (L)$$

a_1,a_2 étant les constantes introduites par les deux intégrations successives.

Par la théorie générale, on aura les deux intégrales du premier ordre, en éliminant alternativement a_1 et a_2 entre l'équation (L) et sa dérivée

$$\frac{dF}{dx}+\frac{dF}{dy}y'=0, \qquad (L')$$

que, pour plus de commodité, nous représenterons par

$$\mathrm{f}(x,y,y',a_1,a_2)=0. \qquad (\mathrm{f})$$

Cette élimination donnera

$$F_1(x,y,y',a_1)=0,\quad F_2(x,y,y',a_2)=0;$$

puis on aura les intégrales singulières du premier ordre, en chassant a_1 et a_2 de chacune de ces équations, au moyen des suivantes

$$\frac{dF_1}{da_1}=0, \frac{dF_2}{da}=0. \qquad (L'_{1,2})$$

Supposons que ce soit l'intégrale singulière donnée par F_1 que nous voulions obtenir : le calcul indiqué revient à éliminer a_1, a_2 entre les équations (L), (f), et la dérivée de celle-ci

$$\frac{df}{da_1}+\frac{df}{da_2}\cdot\frac{da_2}{da_1}=0, \qquad (f')$$

prise par rapport à a_1 et a_2, mais en considérant a_2 comme une fonction de a_1, implicitement déterminée par l'équation (L). On a donc

$$\frac{da_2}{da_1}=-\frac{dF}{da_1}:\frac{dF}{da_2},$$

ce qui change l'équation (f') en

$$\frac{dF}{da_2}\cdot\frac{df}{da_1}-\frac{dF}{da_1}\cdot\frac{df}{da_2}=0. \qquad (f'_{1,2})$$

Ainsi l'intégrale singulière cherchée résulte de l'élimination de a_1, a_2 entre les équations (L), (f), ($f'_{1.2}$) ; et comme la dernière équation ne changerait pas par la permutation des indices, la proposition se trouve démontrée. Il est facile d'étendre cette démonstration aux équations d'un ordre quelconque.

Soit, par exemple, l'équation du second ordre

$$y''^2-\frac{2y'y''}{x}+1=0, \qquad (9)$$

qui a pour intégrale complète

$$\frac{x^3}{3}-2a_1y+a_1^2x+a_2=0,$$

et pour ses deux intégrales du premier ordre

$$F_1 = x^2 - 2a_1 y' + a_1^2 = 0, \tag{10}$$

$$F_2 = 4x^2(y-xy')^2 - 4\left(a_2 - \frac{2x^3}{3}\right)(y-xy')y' + (a_2 - \frac{2}{3}x^3)^2 = 0.$$

Les équations ($L'_{1,2}$) deviennent

$$a_1 = y', \quad -4(y-xy')y' + 2(a_2 - \tfrac{2}{3}x^3) = 0,$$

et l'on a par l'élimination

$$x^2 - y'^2 = 0, \quad 4(y-xy')^2 (x^2 - y'^2) = 0.$$

La seconde équation comprend la première et n'a pas plus de généralité : car, si l'on égale à zéro le facteur $y - xy'$, on en tire une valeur de y' qui ne satisfait pas à l'équation proposée du second ordre.

483. Le théorème du n° 481 s'applique sans difficulté aux intégrales singulières des équations d'un ordre quelconque. Admettons que la proposée soit du second ordre et représentée par l'équation (l), en sorte qu'elle ait pour l'une de ses intégrales du premier ordre

$$F_1(x,y,y',a_1) = 0: \tag{L_1}$$

en chassant a au moyen de l'équation

$$\frac{dF_1}{dx} + \frac{dF_1}{dy} y' + \frac{dF_1}{dy'} y'' = 0, \tag{L'_1}$$

qui donne

$$a_1 = \pi(x,y,y'y''),$$

on a l'équation du second ordre

$$F_1(x,y,y',\pi) = 0, \tag{π}$$

identique avec la proposée (l), ou qui n'en diffère que par la présence d'un facteur commun, fonction de x, y, y', y'. D'un autre côté, en chassant a_1 de l'équation (L_1) par sa valeur tirée de $\frac{dF_1}{da_1} = 0$, on a l'intégrale singulière. Or, si l'on différentie l'équation (π), en supprimant les termes qui disparaissent en vertu de l'équation (L'_1), il vient

$$\frac{dF}{d\pi}\left(\frac{d\pi}{dx}+\frac{d\pi}{dy}y'+\frac{d\pi}{dy'}y''+\frac{d\pi}{dy''}y'''\right)=0;$$

et la démonstration s'achève comme dans le n° cité. On en conclut de même que la valeur de y' en x,y, tirée de l'intégrale singulière, laquelle donne pour y'' une valeur qui vérifie la proposée, ne donne pas pour y''', y^{IV}, y^{V}, etc., des valeurs propres à vérifier les dérivées successives de la proposée.

En prenant pour $f=0$, $F_1=0$, les équations (9) et (10), on a $\pi=\frac{x}{y''}$, d'où

$$F_1(x,y,y',\pi)=x^2-\frac{2xy'}{y''}+\frac{x^2}{y''^2}=0, \tag{11}$$

équation qui se confondrait avec (9), si l'on en multipliait tous les termes par $\frac{y''^2}{x^2}$. La différentiation de l'équation (11) donne

$$-\frac{y'}{y''}+\frac{xy'y'''}{y''^2}+\frac{x}{y''^2}-\frac{x^2y'''}{y''^3}=0,$$

ou bien

$$\frac{x^2}{y''^2}\cdot\left(\frac{y'}{x}-\frac{1}{y''}\right)\left(y'''-\frac{y''}{x}\right)=0.$$

La valeur de y' tirée de l'équation

$$\frac{y'}{x}-\frac{1}{y''}=0,$$

et substituée dans l'équation (11), ramène l'intégrale singulière $x^2-y'^2=0$. D'autre part, de l'équation du troisième ordre

$$y'''-\frac{y''}{x}=0,$$

on tire, en intégrant, $\frac{x}{y'} = a_1$; et cette valeur, substituée dans l'équation (11), reproduit l'intégrale (10).

484. L'équation ($\varkappa$), qui est de l'ordre n, comporte une intégrale générale de l'ordre $n-1$

$$\Phi(x,y,y',y'',\ldots y^{(n-1)},c)=0; \qquad (\Phi)$$

et comme cette intégrale doit satisfaire, non-seulement à l'équation ($\varkappa$), mais à toutes ses dérivées, il en résulte que les valeurs de $y^{(n)}$, $y^{(n+1)}$, tirées de l'équation (Φ), coïncident avec celles qu'on tirerait de l'équation ($\varkappa$) : par conséquent l'équation (Φ) satisfait à la proposée (k), aussi bien que ($\varkappa$).

Concevons maintenant que l'équation ($\varkappa$) ait une intégrale singulière

$$\psi(x,y,y',y'',\ldots y^{(n-1)})=0: \qquad (\psi)$$

d'après la remarque du n° précédent, on en tire pour $y^{(n+1)}$ une valeur qui ne coïncide pas avec celle que fournirait la dérivée de ($\varkappa$) : donc l'équation (ψ) qui satisfait comme intégrale singulière à l'équation ($\varkappa$), ne satisfait pas à la proposée (k) dont ($\varkappa$) est déjà une intégrale singulière.

On prouve encore la même chose par le raisonnement suivant, que nous appliquerons, pour plus de clarté, à l'équation du second ordre

$$f(x,y,y'')=0. \qquad (l)$$

Son intégrale singulière du premier ordre

$$\varphi(x,y,y')=0 \qquad (\lambda)$$

résulte, comme on l'a dit, de l'élimination de a_1, a_2 entre les équations (L), (f) et ($f'_{1.2}$). Soit $\psi(x,y)=0$ une intégrale singulière de (λ) : nous disons que cette intégrale ne diffère pas de l'équation qu'on obtiendrait en éliminant a_1, a_2, entre l'équation (L) et ses dérivées

$$\frac{dF}{da_1}=0,\quad \frac{dF}{da_2}=0. \qquad ((L'))$$

En effet, l'équation ainsi obtenue satisfait au système des équations (L), (L'), ($f'_{1,2}$), et par conséquent vérifie l'équation (λ) dont elle est l'intégrale singulière, attendu qu'elle ne contient pas de constante arbitraire.

Maintenant on sait que, pour obtenir l'équation (l), il faut éliminer a_1, a_2 entre l'équation (L) et ses dérivées du premier et du second ordre, prises en traitant a_1, a_2 comme des constantes, savoir

$$\frac{dF}{dx}+\frac{dF}{dy}y'=0, \qquad (L')$$

$$\frac{d^2F}{dx^2}+2\frac{d^2F}{dxdy}y'+\frac{d^2F}{dy^2}y'^2+\frac{dF}{dy}y''=0. \qquad (L'')$$

Quand a_1, a_2 ne sont plus des constantes, mais des fonctions de x, y, déterminées par les équations ((L)), l'équation (L') est encore satisfaite; mais l'équation (L'') ne l'est plus, et par suite l'équation (l) ne peut pas l'être.

485. Prenons comme exemple l'équation

$$y-xy'-(y'-xy'')^2+\frac{x^2y''}{2}-y''^2=0, \qquad (12)$$

qui a pour intégrale seconde

$$y-\tfrac{1}{2}a_1x^2-a_2x-(a_1^2+a_2^2)=0, \qquad (13)$$

pour intégrales du premier ordre

$$y+\left(\frac{a_1}{2}-a_1^2\right)x^2-(1-2a_1)xy'-a_1^2-y'^2=0,$$

$$y-\frac{(a_2+y')x}{2}-\frac{(a_2-y')^2}{x^2}-a_2^2=0,$$

et pour intégrale singulière du même ordre

$$y(1+x^2)+\frac{x^4}{16}-\left(\frac{x^3}{2}+x\right)y'-y'^2=0. \qquad (14)$$

En résolvant cette dernière équation par rapport à y', on la met sous la forme

$$\frac{8y' + 4x + 2x^3}{\sqrt{16y + 4x^2 + x^4}} = 2\sqrt{1 + x^2}, \tag{15}$$

d'où en intégrant,

$$\sqrt{16y + 4x^2 + x^4} = x\sqrt{1 + x^2} - \log(\sqrt{1 + x^2} - x) + c. \tag{16}$$

L'équation (16) satisfait à la proposée (12); mais comme elle ne contient qu'une constante arbitraire c, et qu'elle ne peut pas rentrer dans l'intégrale générale (13) par un choix convenable des constantes a_1, a_2, elle constitue encore une intégrale singulière de la proposée.

L'équation (14) comporte elle-même une intégrale singulière, qu'on trouverait en faisant usage des méthodes indiquées ci-dessus, mais que l'on déterminera plus simplement en formant les équations ((L')), qui deviennent alors

$$\tfrac{1}{2}x^2 + 2a_1 = 0, \quad x + 2a_2 = 0.$$

Les valeurs de a_1, a_2 qu'on en déduit, étant reportées dans l'équation (13), il vient

$$16y + 4x^2 + x^4 = 0\,;$$

et cette dernière équation satisfait visiblement aux équations (14) ou (15), mais non pas à la proposée (12).

486. L'équation ($\varkappa$) comprend en général les dérivées de y, jusqu'à $y^{(n)}$ inclusivement; mais il peut arriver aussi que $y^{(n)}$ disparaisse de la fonction φ, et alors cette même équation est une intégrale singulière de la proposée, de l'ordre $n-1$. Elle serait une intégrale singulière de l'ordre $n-2$, si $y^{(n-1)}$ disparaissait également de la fonction φ, et ainsi de suite.

Soit, par exemple, l'équation du second ordre

$$(xy - 1)(xy'^2 - yy' + 2xyy'')^2 - xy(y + xy')^2y'^2 = 0,$$

qui a, pour l'une de ses intégrales complètes du premier ordre, l'équation

$$yy'^2 - 2a_1xyy' + a_1^2x = 0. \qquad (17)$$

On formera l'intégrale singulière de la proposée, en chassant a_1 de l'équation (17), au moyen de sa dérivée prise par rapport à a_1. Ce calcul donne

$$yy'^2(xy - 1) = 0;$$

d'où les trois solutions

$$y' = 0, \quad y = 0, \quad xy - 1 = 0,$$

qui sont trois intégrales singulières de la proposée, la première du premier ordre et les deux autres algébriques, ou de l'ordre zéro.

487. Les valeurs de $y^{(n)}$ en $x, y, y', \ldots y^{(n-1)}$, qui vérifient l'équation (k), et qui rendent infinie la dérivée

$$\frac{dy^{(n+1)}}{dy^{(n)}}, \qquad (n)$$

tirée de cette même équation (k), sont des intégrales singulières de la proposée, de l'ordre n, et toutes les intégrales singulières de l'ordre n doivent rendre infinie la dérivée (n). D'autres conditions sont encore exigées, si l'intégrale singulière s'abaisse accidentellement à un ordre inférieur : mais nous renverrons pour ces détails, qui sortent des éléments, aux *Leçons* de Lagrange *sur le calcul des fonctions*, et plus particulièrement encore à un mémoire de Poisson, inséré dans le 13ᵉ cahier du *Journal de l'École polytechnique*.

CHAPITRE V.

APPLICATIONS GÉOMÉTRIQUES DE LA THÉORIE DE L'INTÉGRATION DES ÉQUATIONS DIFFÉRENTIELLES A DEUX VARIABLES.

488. Nous traiterons dans ce chapitre de quelques questions de géométrie qui se rapportent à l'intégration des équations différentielles à deux variables ; et d'abord nous nous proposerons de déterminer les lignes dont le rayon de courbure est proportionnel à la *normale* [172], condition qui s'exprime par l'équation différentielle du second ordre

$$\mp \frac{(1+y'^2)^{\frac{3}{2}}}{y''} = ky\sqrt{1+y'^2},$$

ou

$$1+y'^2 = \mp kyy'', \qquad (a)$$

k désignant un rapport constant, et les signes supérieur ou inférieur devant être choisis selon que le rayon de courbure doit être dirigé dans le sens de la *normale* ou en sens contraire.

L'équation (a) est de celles où la variable indépendante n'entre pas [451] ; elle se met sous la forme

$$1+y'^2 = \mp ky\frac{dy'}{dx} = \mp kyy'\frac{dy'}{dy},$$

d'où

$$\frac{dy}{y} = \mp\frac{ky'dy'}{1+y'^2},$$

et en intégrant deux fois de suite,

$$y = b(1 + y'^2)^{\mp\frac{k}{2}}, \quad y' = \frac{dy}{dx}\sqrt{\left(\frac{y}{b}\right)^{\mp\frac{2}{k}} - 1},$$

$$x - a = \int \frac{dy}{\sqrt{\left(\frac{y}{b}\right)^{\mp\frac{2}{k}} - 1}}. \qquad (b)$$

La quadrature indiquée s'obtient sous forme finie pour les deux valeurs $k = 1$, $k = 2$. Soit en premier lieu $k = 1$: on a, en prenant le signe supérieur,

$$x - a = \int \frac{ydy}{\sqrt{b^2 - y^2}} = -\sqrt{b^2 - y^2},$$

équation d'un cercle de rayon arbitraire, et qui a son centre sur l'axe des x. Il est évident en effet que, pour un cercle ainsi placé, la *normale* se confond en grandeur et en direction avec le rayon de courbure. Le signe inférieur donne

$$x - a = \int \frac{bdy}{\sqrt{y^2 - b^2}} = b \log\left(\frac{y + \sqrt{y^2 - b^2}}{b}\right),$$

d'où

$$y + \sqrt{y^2 - b^2} = be^{\frac{x-a}{b}},$$

équation de la *chaînette* [384].

Lorsqu'on fait $k = 2$, et qu'on prend le signe supérieur, l'équation (b) donne

$$x - a = \int \sqrt{\frac{y}{b - y}}\, dy,$$

équation d'une cycloïde qui a l'axe des x pour base et dont le cercle générateur a pour rayon $\frac{1}{2}b$. On sait effectivement [198] que, pour la cycloïde ainsi placée, le rayon de courbure est double de la *normale* et dirigé dans le même sens.

Quand on prend le signe inférieur, il vient

$$x-a=\sqrt{b}\int\frac{dy}{\sqrt{y-b}}=2\sqrt{b(y-b)},$$

équation d'une parabole dont l'axe serait perpendiculaire à celui des x, et qui aurait son sommet au point $x=a$, $y=b$.

489. Si le rayon de courbure, dans la courbe cherchée, devait être réciproque à l'abscisse, on aurait pour l'équation du problème

$$\mp\frac{(1+y'^2)^{\frac{3}{2}}}{y''}=\frac{k}{x}, \quad \text{ou} \quad xdx=\mp\frac{kdy'}{(1+y'^2)^{\frac{3}{2}}},$$

et en intégrant

$$x^2+c=\mp\frac{2ky'}{\sqrt{1+y'^2}}, \quad dy=\pm\frac{(x^2+c)dx}{\sqrt{4k^2-(x^2+c)^2}}.$$

Nous pouvons désigner la constante c par $-b^2$, la constante k par $\frac{\lambda^2}{2}$, ce qui rend l'expression homogène, et enfin permuter entre elles les lettres x,y, au moyen de quoi l'équation précédente devient identique avec la première équation (12) du n° 387. La courbe qui jouit de la propriété énoncée est donc celle à laquelle nous avons donné dans le n° cité le nom de courbe *élastique*, précisément à cause de la propriété qui vient d'être traduite en équation.

490. Cherchons une courbe telle que le produit des perpendiculaires abaissées de deux points donnés sur chaque tangente à cette courbe soit constant. Prenons pour axe des x la droite qui joint les points donnés, et pour origine le milieu de la distance qui les sépare. Appelons $2c$ cette distance et b^2 le produit des deux perpendiculaires : l'énoncé du problème donne l'équation différentielle

$$\frac{(y-xy')^2-c^2y'^2}{1+y'^2}=\pm b^2; \qquad (e)$$

et il faudra prendre le signe supérieur ou le signe inférieur, selon que les deux points d'où partent les perpendiculaires seront ou ne seront pas situés du même côté de la tangente. Cette équation se ramène à la forme

$$y = xy' + \psi y', \qquad (\psi)$$

et l'on a

$$\psi y' = \sqrt{(c^2 \pm b^2)y'^2 \pm b^2}.$$

En la différentiant selon la méthode indiquée [448] pour le traitement des équations de cette forme, on trouve

$$dy'\left[x + \frac{(c^2 \pm b^2)y'}{\sqrt{(c^2 \pm b^2)y'^2 \pm b^2}}\right] = 0,$$

d'où

$$dy' = 0, \qquad (c'_1)$$

$$x + \frac{(c^2 \pm b^2)y'}{\sqrt{(c^2 \pm b^2)y'^2 \pm b^2}} = 0, \qquad (c'_2)$$

Si l'on élimine y' entre les équations (c) et (c'_2), on aura l'intégrale singulière de la première de ces équations. Pour faire l'élimination commodément, on les met sous la forme

$$y - y'x = \sqrt{(c^2 \pm b^2)y'^2 \pm b^2},$$

$$\frac{(c^2 \pm b^2)y'}{x} = -\sqrt{(c^2 \pm b^2)y'^2 \pm b^2}, \qquad (1)$$

d'où l'on tire, en éliminant le radical et en élevant au carré,

$$y'^2 = \frac{x^2y^2}{[x^2 - (c^2 \pm b^2)]^2}.$$

L'équation (1) donne aussi, quand on élève au carré les deux membres,

$$y'^2 = \mp \frac{b^2x^2}{(c^2 \pm b^2)[x^2 - (c^2 \pm b^2)]},$$

et si l'on égale ces deux valeurs de y'^2, il vient, après la suppression des facteurs communs,

$$y^2(c^2 \pm b^2) \pm b^2x^2 = \pm b^2(c^2 \pm b^2).$$

Suivant qu'on prend les signes supérieur ou inférieur, cette équation appartient à une ellipse ou à une hyperbole dont les foyers sont les deux points d'où partent les perpendiculaires aux tangentes : $2b$ est le petit axe de l'ellipse et l'axe non transverse de l'hyperbole.

L'intégrale générale de la proposée s'obtient quand on substitue dans cette équation la valeur $y' = const.$, donnée par l'équation (c'_1). Cette intégrale générale est l'équation du système des droites tangentes à l'ellipse ou à l'hyperbole que l'on vient de déterminer. Il est clair que ces droites satisfont, dans la généralité mathématique, à la condition du problème ; mais que la seule solution qu'on ait pu avoir en vue en l'énonçant, est fournie par l'intégrale singulière. La même remarque s'applique à tout problème géométrique qui conduit à déterminer une courbe par une équation différentielle de la forme (ψ).

491. Une équation différentielle de la forme

$$y\sqrt{1+y'^2} = f(x+yy') \qquad (d)$$

exprime une relation entre la *normale* et la distance de l'origine au point où la normale rencontre l'axe des abscisses. Par la différentiation il vient

$$(1+y'^2+yy'')\left[\frac{y'}{\sqrt{1+y'^2}} - f'(x+yy')\right] = 0,$$

d'où les deux solutions

$$1+y'^2+yy'' = 0, \qquad (d'_1)$$

$$\frac{y'}{\sqrt{1+y'^2}} - f'(x+yy') = 0. \qquad (d'_2)$$

On tire de la première

$$x + yy' = a, \tag{2}$$

a désignant une constante arbitraire ; et la valeur de y' qui s'en déduit, substituée dans la proposée, donne l'intégrale générale

$$\sqrt{(x-a)^2 + y^2} = fa, \tag{3}$$

qui est l'équation d'une série de cercles, ayant leurs centres sur l'axe des x, et dont les rayons ont avec les distances des centres à l'origine des coordonnées la relation indiquée par le signe f. Il est clair que l'enveloppe de ces cercles satisfait à la question géométrique qui consiste à déterminer une courbe au moyen de la relation exprimée par la proposée. L'équation de l'enveloppe est précisément l'intégrale singulière qui résulte de l'élimination de y' entre les équations (d), (d'_2), ou, ce qui revient au même, à cause de l'équation (2), l'équation résultant de l'élimination de a entre l'équation (3) et sa dérivée par rapport à a

$$\frac{x-a}{\sqrt{(x-a)^2 + y^2}} - f'a = 0.$$

492. Les coordonnées ξ, η du centre de courbure d'une courbe plane étant données [190] par les formules

$$\xi = x - \frac{y'(1 + y'^2)}{y''}, \quad \eta = y + \frac{1 + y'^2}{y''},$$

si l'on assigne l'équation de la développée

$$\varphi(\xi, \eta) = 0, \quad \text{ou} \quad \eta = \mathrm{f}\xi, \tag{f}$$

les coordonnées x, y de ses développantes devront satisfaire à l'équation différentielle du second ordre

$$y + \frac{1 + y'^2}{y''} = \mathrm{f}\left[x - \frac{y'(1 + y'^2)}{y''}\right]. \tag{a}$$

Pour intégrer cette équation, on la différentie d'abord par

rapport à la variable indépendante x, et l'on voit que l'équation dérivée peut prendre la forme

$$\left\{ y' + \frac{d\left(\frac{1+y'^2}{y''}\right)}{dx} \right\} \left\{ 1 + y'\mathrm{f}' \left[x - \frac{y'(1+y'^2)}{y''} \right] \right\} = 0,$$

de sorte qu'elle se décompose en deux autres

$$y' + \frac{d\left(\frac{1+y'^2}{y''}\right)}{dx} = 0, \qquad (a_1)$$

$$1 + y'\mathrm{f}' \left[x - \frac{y'(1+y'^2)}{y''} \right] = 0. \qquad (a_2)$$

La première a pour intégrale

$$y + \frac{1+y'^2}{y''} = b, \qquad (b)$$

b désignant une constante arbitraire; et par conséquent, d'après l'équation (a), l'on a aussi

$$x - \frac{y'(1+y'^2)}{y''} = a, \qquad (c)$$

pourvu que la nouvelle constante a soit liée à b par la relation

$$b = \mathrm{f}a. \qquad (d)$$

Les équations (b) et (c) donnent

$$x - a + (y - b)y' = 0;$$

d'où, par une nouvelle intégration,

$$(x-a)^2 + (y-b)^2 = c^2. \qquad (e)$$

Cette dernière équation qui renferme deux constantes arbitraires a, c, et une troisième constante b, liée à a en vertu de l'équation (d), est donc l'intégrale complète de l'équation (a). Cette intégrale complète représente évidemment l'un quelconque des cercles osculateurs de l'une quelconque des développantes de la courbe proposée (f), ou plutôt le système de tous ces cercles osculateurs.

Si maintenant on élimine la quantité $\frac{1+y'^2}{y''}$ entre les équations (a) et (a_2), ce qui est censé possible quand la fonction f est donnée, on a une équation en x, y, y' qui est une intégrale première singulière de l'équation (a). Par une intégration subséquente on introduit une constante arbitraire h, et l'on a en x,y,h l'équation des développantes de la courbe proposée, laquelle ne doit en effet contenir qu'une seule constante arbitraire, puisque chaque développante est déterminée dans son tracé quand on a assigné arbitrairement la longueur de son rayon de courbure, pour un point de cette développante correspondant à un point donné sur la développée. Chaque développante est la ligne de contact d'une série de cercles comprise dans l'étendue de l'intégrale générale (e), et même elle a avec chacun des cercles de cette série un contact du second ordre.

Le calcul de l'équation de la développante se ramène à une simple quadrature au moyen des formules

$$d\rho = \sqrt{d\xi^2 + d\eta^2},$$
$$(\xi - x)d\xi + (\eta - y)d\eta = \rho d\rho,$$
$$(\xi - x)d\eta - (\eta - y)d\xi = 0,$$

dans lesquelles ρ désigne le rayon de courbure de la développante, et dont les deux premières ont été établies au n° 191, la troisième résultant évidemment de ce que le rayon de courbure de la développante est tangent à la développée. On en tire

$$\rho = h + \int \sqrt{1 + (f'\xi)^2}.d\xi,$$
$$\xi - x = \rho \frac{d\xi}{d\rho} = \frac{[h + \int \sqrt{1 + (f'\xi)^2}.d\xi]}{\sqrt{1 + (f'\xi)^2}},$$
$$\eta - y \quad \text{ou} \quad f\xi - y = \rho \frac{d\eta}{d\rho} = \frac{[h + \int \sqrt{1 + (f'\xi)^2}.d\xi] f'\xi}{\sqrt{1 + (f'\xi)^2}}.$$

Quand la fonction f est particularisée, et que la quadrature indiquée dans l'expression de ρ est effectuée, il suffit d'éliminer ξ entre ces deux dernières équations pour avoir en x, y, h l'équation des développantes. En d'autres termes, la détermination de l'équation des développantes dépend uniquement de la rectification de la développée, comme cela doit être d'après la propriété caractéristique des développées.

493. Il résulte du n° 284 que le système des projections des lignes de courbure d'une surface sur l'un des plans coordonnés s'obtient par l'intégration d'une équation différentielle (i) commune à toutes ces projections. Si l'on prend pour exemple l'ellipsoïde à trois axes inégaux

$$\frac{x^2}{a^2}+\frac{y^2}{b^2}+\frac{z^2}{c^2}=1,$$

l'équation différentielle des projections des lignes de courbure sur le plan xy est

$$Axyy'^2+(x^2-Ay^2-B)y'-xy=0, \tag{e}$$

où l'on a fait pour abréger

$$\frac{a(^2b^2-c^2)}{b^2(a^2-c^2)}=A, \quad \frac{a^2(a^2-b^2)}{a^2-c^2}=B.$$

On différentie l'équation (e), et il vient après réduction

$$(2Axyy'+x^2-Ay^2-B)y''+(Ay'^2+1)(xy'-y)=0.$$

Si l'on remplace le polynôme x^2-Ay^2-B par sa valeur tirée de (e), l'équation précédente prend la forme

$$\left(\frac{Ay'^2+1}{y'}\right)[xyy''+y'(xy'-y)]=0,$$

d'où les deux solutions

$$xyy''+y'(xy'-y)=0, \tag{e_1}$$

$$\frac{Ay'^2+1}{y'}=0. \tag{e_2}$$

Occupons-nous d'abord de la première qui donne

$$\frac{y}{x}\cdot y''+y'\cdot\frac{xy'-y}{x^2}=0,$$

et en intégrant deux fois de suite,

$$\frac{y}{x}\cdot y'=\alpha, \tag{4}$$

$$y^2=\alpha x^2+\beta. \tag{5}$$

On aurait pu se dispenser de la seconde intégration et éliminer y' entre les équations (e) et (4), conformément à la méthode que nous avons suivie dans d'autres cas. Il vient par ce calcul

$$\mathrm{A}x^2\alpha^2+(x^2-\mathrm{A}y^2-\mathrm{B})\alpha-y^2=0; \tag{6}$$

et en comparant le résultat à l'équation (5) on en conclut

$$\beta=-\frac{\mathrm{B}\alpha}{\mathrm{A}\alpha+1}=-\frac{a^2b^2(a^2-b^2)\alpha}{a^2(b^2-c^2)\alpha+b^2(a^2-c^2)}; \tag{7}$$

mais, pour simplifier, on peut retenir la constante β.

Soit (x_0, y_0, z_0) un point de l'ellipsoïde par lequel doit passer une ligne de courbure déterminée : l'équation (6) donne

$$\alpha=\frac{-(x_0^2-\mathrm{A}y_0^2-\mathrm{B})\pm\sqrt{(x_0^2-\mathrm{A}y_0^2-\mathrm{B})^2+4\mathrm{A}x_0^2y_0^2}}{2\mathrm{A}x_0^2}. \tag{8}$$

Admettons maintenant qu'on ait

$$a>b>c,$$

ce qui rend positives les constantes A, B : les deux valeurs de α données par l'équation (8) seront réelles et de signes contraires ; à la valeur positive de α correspondra une valeur négative de β en vertu de l'équation (7) ; enfin à la valeur négative de α correspondra une valeur positive de β, car on a

$$\begin{aligned}2x_0^2(\mathrm{A}\alpha+1)&=x_0^2+\mathrm{A}y_0^2+\mathrm{B}-\sqrt{(x_0^2-\mathrm{A}y_0^2-\mathrm{B})^2+4\mathrm{A}x_0^2y_0^2}\\&=x_0^2+\mathrm{A}y_0^2+\mathrm{B}-\sqrt{(x_0^2+\mathrm{A}y_0^2+\mathrm{B})^2-4\mathrm{B}x_0^2};\end{aligned} \tag{9}$$

en sorte que le dénominateur $A\alpha+1$ qui entre dans l'expression de β, reste positif pour les valeurs négatives de α. On conclut de là que les projections en xy des deux lignes de courbure qui se coupent à angles droits sur l'ellipsoïde au point (x_0, y_0, z_0), sont une ellipse et une hyperbole rapportées au même centre et aux mêmes axes : l'axe transverse de l'hyperbole se confondant avec celui des x. En vertu de cette remarque, si l'on pose $\frac{\beta}{\alpha}=-\xi^2$, $\beta=\pm\eta^2$, les quantités ξ, η sont toujours réelles : la double série des projections des lignes de courbure coïncide avec la double série des ellipses et des hyperboles données par l'équation

$$\frac{x^2}{\xi^2}\pm\frac{y^2}{\eta^2}=1,$$

et les lignes ξ, η, ou les demi-axes de ces courbes, se trouvent liées par l'équation (7) qui devient

$$\frac{a^2-c^2}{a^2(a^2-b^2)}\xi^2\pm\frac{b^2-c^2}{b^2(a^2-b^2)}\eta^2=1,$$

et qu'on peut construire au moyen d'une hyperbole et d'une ellipse.

494. Considérons en premier lieu l'hyperbole auxiliaire

$$\frac{a^2-c^2}{a^2(a^2-b^2)}\xi^2-\frac{b^2-c^2}{b^2(a^2-b^2)}\eta^2=1,$$

dont la construction détermine la série des lignes de courbure à projections elliptiques, comprises dans l'équation

$$\frac{x^2}{\xi^2}+\frac{y^2}{\eta^2}=1. \qquad (f)$$

ξ^2 peut croître depuis la valeur

$$\frac{a^2(a^2-b^2)}{a^2-c^2} \qquad (g)$$

usqu'à l'infini, et les valeurs correspondantes de η^2 sont 0,

∞. D'après l'hypothèse sur l'ordre de grandeur des lignes a,b,c, on a toujours $\eta^2 < \xi^2$, et toutes les projections elliptiques ont leur grand axe dirigé suivant les x (*fig.* 97). L'ellipse se change en ligne droite et se confond avec l'axe même des x, lorsqu'on prend $\eta^2=0$. Elle se confond avec la section de l'ellipsoïde par le plan xy, lorsqu'on fait $\eta^2=b^2$, d'où $\xi^2=a^2$. Pour de plus grandes valeurs de η^2 les ellipses données par l'équation (f_1), quoique toujours réelles, sont étrangères aux lignes de courbure de l'ellipsoïde.

Considérons à son tour l'ellipse auxiliaire

$$\frac{a^2-c^2}{a^2(a^2-b^2)}\xi^2+\frac{b^2-c^2}{b^2(a^2-b^2)}\eta^2=1,$$

dont la construction détermine la série des lignes de courbure à projections hyperboliques

$$\frac{x^2}{\xi^2}-\frac{y^2}{\eta^2}=1. \qquad (f_2)$$

ξ^2 peut croître depuis zéro jusqu'à la valeur (g), tandis que η^2 décroît depuis la valeur

$$\frac{b^2(a^2-b^2)}{b^2-c^2}$$

jusqu'à zéro. L'hyperbole (f_2) se confond à la première limite avec l'axe des y et à la seconde avec l'axe des x.

Il résulte de cette double construction, que toutes les lignes de projection, elliptiques et hyperboliques, tournent leur concavité vers les deux points situés sur l'axe des x, qui ont pour abscisses

$$x=\pm a\sqrt{\frac{a^2-b^2}{a^2-c^2}}, \qquad (h)$$

et qui sont les projections sur le plan xy des quatre ombilics de l'ellipsoïde [283].

Nous aurions encore à discuter les solutions données par l'équation (e_3); mais comme le coefficient A est positif, par suite de l'hypothèse, le facteur Ay'^2+1, égalé à zéro, ne saurait donner de solution réelle; et l'équation $\frac{1}{y'}=0$, combinée avec (e), reproduit la solution déjà obtenue $x=0$.

495. Si l'on avait supposé $a<b<c$, les coefficients A, B seraient toujours restés positifs, et rien n'aurait été changé à la discussion qui précède, si ce n'est qu'on aurait trouvé les grands axes des projections elliptiques dirigés suivant les y.

Il ne s'agit donc plus que de construire les projections des lignes de courbure sur le plan qui comprend le plus grand et le plus petit axe de l'ellipsoïde, et qui devient celui des xy dans l'hypothèse

$$a>c>b.$$

Le coefficient B reste positif; mais comme le coefficient A devient négatif, il résulte de l'équation (8) que les deux valeurs de la constante α sont toujours de même signe. Nous disons de plus qu'elles sont toutes deux négatives, ce qui suppose l'inégalité

$$x_0^2-Ay_0^2-B<0,$$

ou, par la substitution des valeurs de A, B,

$$\frac{x_0^2}{a^2}\cdot\frac{a^2-c^2}{a^2-b^2}+\frac{y_0^2}{b^2}\cdot\frac{c^2-b^2}{a^2-b^2}<1.$$

Mais de ce que le point (x_0,y_0,z_0) appartient à la surface de l'ellipsoïde, il résulte

$$\frac{x_0^2}{a^2}+\frac{y_0^2}{b^2}<1$$

(le signe $<$ n'excluant pas le cas d'égalité); et si cette inégalité est satisfaite, la précédente l'est *à fortiori*, car les rapports

$$\frac{a^2-c^2}{a^2-b^2},\quad \frac{c^2-b^2}{a^2-b^2},$$

sont plus petits que l'unité, par suite de l'hypothèse sur l'ordre de grandeur des lignes a, b, c. De plus, en vertu de l'équation (7) et des signes de A, B, α, la constante β est toujours positive.

En conséquence, on peut poser $\frac{\beta}{\alpha} = -\xi^2$, $\beta = \eta^2$; de sorte que la double série des lignes de courbure se confond avec la série des ellipses qu'on obtient en faisant varier dans l'équation

$$\frac{x^2}{\xi^2} + \frac{y^2}{\eta^2} = 1, \qquad (f_1)$$

les paramètres ξ, η qui sont eux-mêmes les coordonnées d'une ellipse auxiliaire

$$\frac{a^2 - c^2}{a^2(a^2 - b^2)}\xi^2 + \frac{c^2 - b^2}{b^2(a^2 - b^2)}\eta^2 = 1. \qquad (10)$$

Le paramètre ξ^2 varie entre les limites

$$0, \quad \frac{a^2(a^2 - b^2)}{a^2 - c^2},$$

tandis que η^2 varie entre les limites

$$\frac{b^2(a^2 - b^2)}{c^2 - b^2}, \quad 0.$$

Quand on prend $\xi^2 = 0$, l'ellipse (f_1) se confond avec l'axe des y, et elle est allongée dans le sens des y tant qu'on a $\xi^2 < \frac{a^2 b^2}{c^2}$. Elle devient un cercle lorsque ξ^2 atteint cette valeur, puis s'allonge dans le sens des x pour des valeurs croissantes de ξ^2; se confond avec la section de l'ellipsoïde par le plan xy quand on a $\xi^2 = a^2$; s'allonge de plus en plus, et finalement se confond avec l'axe des x quand ξ^2 atteint sa limite supérieure, ou lorsque η^2 s'évanouit (*fig.* 98).

Il reste à considérer la solution singulière donnée par l'équation

$$Ay'^2 + 1 = 0,$$

solution réelle à cause du signe négatif de A. La valeur de y' qui s'en déduit, étant substituée dans (e), donne

$$b^2(a^2-c^2)x^2 \pm 2ab\sqrt{(a^2-c^2)(c^2-b^2)}.xy + a^2(c^2-b^2)y \\ = a^2b^2(a^2-b^2),$$

et cette dernière équation se décompose dans les deux suivantes

$$b\sqrt{a^2-c^2}.x \pm a\sqrt{c^2-b^2}.y = ab\sqrt{a^2-b^2},$$
$$b\sqrt{a^2-c}.x \pm a\sqrt{c^2-b^2}.y = -ab\sqrt{a^2-b^2},$$

qui sont les équations de quatre droites passant par les sommets de l'ellipse auxiliaire (10). D'après la théorie des intégrales singulières, ces quatre droites doivent toucher toutes les ellipses données par l'équation (f_1), comme on peut le vérifier en ayant égard à l'équation (10) qui ne laisse arbitraire qu'un des paramètres ξ, η.

La section de l'ellipsoïde par le plan xy, étant l'une des lignes de courbure, touche les quatre droites qui viennent d'être déterminées, en quatre points o, o', o'', o''', qui sont précisément les ombilics de la surface. Car on trouve pour les abscisses de ces points

$$x = \pm a\sqrt{\frac{a^2-c^2}{a^2-b^2}};$$

et dans cette formule, b désigne le plus petit axe de l'ellipsoïde, c l'axe moyen, en sorte qu'elle se confondrait avec la formule (h) si l'on désignait par b l'axe moyen et par c le petit axe, ce que ces lettres représentent en effet dans l'équation (h).

La solution $\frac{1}{y'} = 0$ ne ferait que reproduire les solutions particulières $x = 0, y = 0$.

L'élégante construction des lignes de courbure de l'ellipsoïde a été donné par Monge, et Leroy y a apporté un perfectionnement en tenant compte du facteur Ay'^2+1 pour obtenir directement la solution singulière, ce qui rentre au surplus dans la théorie générale.

496. Nous avons dit [277], et l'on pourrait admettre comme évident que la sphère est l'unique surface qui ait en tous ses points ses deux rayons de courbure égaux et et dirigés dans le même sens. Afin de ne rien laisser d'essentiel à désirer dans cette partie importante de la théorie des surfaces, nous placerons ici la démonstration de la proposition que l'on vient de rappeler.

Les deux équations aux différences partielles qui doivent être satifaites en tous les points de la surface dont il s'agit, sont [282]

$$(1+q^2)s-pqt=0,\quad (1+p^2)s-pqr=0;$$

et elles peuvent être écrites sous la forme

$$\frac{d\left(\frac{p}{\sqrt{1+p^2+q^2}}\right)}{dy}=0,\qquad \frac{d\left(\frac{q}{\sqrt{1+p^2+q^2}}\right)}{dx}=0.$$

Dans l'intégration, il faut remplacer la constante arbitraire par une fonction arbitraire de la variable indépendante, autre que celle relativement à laquelle l'intégration s'opère, et ainsi l'on a

$$p=\varphi x.\sqrt{1+p^2+q^2},\quad q=\psi y.\sqrt{1+p^2+q^2},$$

d'où

$$p=\frac{\varphi x}{\sqrt{1-(\varphi x)^2-(\psi y)^2}},\quad q=\frac{\psi y}{\sqrt{1-(\varphi x)^2-(\psi y)^2}},$$

$$dz=\frac{\varphi x.dx+\psi y.dy}{\sqrt{1-(\varphi x)^2-(\psi y)^2}}.$$

Mais l'équation de toute surface doit satisfaire à la condition d'intégrabilité

$$\frac{dp}{dy}=\frac{dq}{dx},\quad \text{d'où}\quad \varphi'x=\psi'y;$$

et cette dernière équation doit se vérifier identiquement, c'est-à-dire indépendamment des valeurs de x,y. Par conséquent, il faut qu'on ait

$$\varphi'x=\frac{1}{k},\quad \psi'y=\frac{1}{k},$$

$\frac{1}{k}$ désignant une constante arbitraire. De là on tire en intégrant

$$\varphi x=\frac{x-a}{k},\quad \psi y=\frac{y-b}{k},$$

$$dz=\frac{(x-a)dx+(y-b)dy}{\sqrt{k^2-(x-a)^2-(y-b)^2}},$$

et en intégrant de nouveau

$$z-c=-\sqrt{k^2-(x-a)^2-(y-b)^2},$$

équation d'une sphère dont le rayon et les coordonnées du centre sont arbitraires.

497. On sait [126] que les projections en xy des *lignes de niveau* et des *lignes de plus grande pente* d'une surface ont respectivement pour équations différentielles

$$p+qy'=0,\quad py'-q=0.$$

Cela posé, si une famille de surfaces est caractérisée par une équation aux différences partielles de la forme $f\left(x,y,\frac{q}{p}\right)=0$, on a $f(x,y,y')=0$, pour l'équation différentielle des lignes de plus grande pente, commune à toutes les surfaces de cette famille.

Par exemple, les surfaces de révolution autour de l'axe des z étant caractérisées [254] par l'équation aux différences partielles $py=qx$, l'équation des lignes de plus grande pente est $xy'=y$, d'où $y=cx$, c désignant une constante arbitraire ; et en effet les lignes de plus grande pente se confondent avec les méridiens de la surface qui se projettent en xy suivant des lignes droites passant par l'origine.

De même les surfaces conoïdes droites [253], dont l'équation aux différences partielles est $px = -qy$, ont pour l'équation différentielle des projections de leurs lignes de plus grande pente, $yy' = -x$, d'où $x^2 + y^2 = c^2$; c'est-à-dire que les lignes de plus grande pente, pour toutes les surfaces de cette famille, se projettent suivant des cercles dont le centre est à l'origine des coordonnées : comme on le conclut de ce que toutes les lignes de niveau sont des droites passant par l'axe des z.

498. Les lignes de niveau de l'ellipsoïde

$$\frac{x^2}{a^2} + \frac{y^2}{b^2} + \frac{z^2}{c^2} = 1, \qquad (i)$$

se projettent en xy suivant les ellipses concentriques et semblables données par l'équation

$$\frac{x^2}{a^2} + \frac{y^2}{b^2} = k^2, \qquad (i')$$

le paramètre k pouvant varier entre zéro et l'unité. L'équation différentielle des projections des lignes de plus grande pente prend la forme

$$\frac{a^2 dx}{x} = \frac{b^2 dy}{y},$$

d'où, en désignant par γ une constante arbitraire,

$$y^{b^2} = \gamma x^{a^2}. \qquad (k)$$

Quand les axes a, b sont commensurables, les lignes de plus grande pente deviennent des courbes algébriques ; sinon, ce sont des courbes transcendantes.

Soit (x_0, y_0, z_0) un point de l'ellipsoïde par lequel on veut faire passer la ligne de plus grande pente : l'équation (k) devient

$$\left(\frac{y}{y_0}\right)^{b^2} = \left(\frac{x}{x_0}\right)^{a^2};$$

et quelles que soient les valeurs rationnelles ou irrationnelles assignées aux exposants a^2, b^2, la courbe a un cours continu pour toutes les valeurs de x,y qui sont respectivement de mêmes signes que x_0, y_0. En d'autres termes, si nous imaginons l'ellipsoïde partagé en quatre régions symétriques par les plans rectangulaires des $x\,z$ et des $y\,z$, la courbe n'éprouve aucune solution de continuité tant qu'elle ne sort pas de la région à laquelle appartient le point (x_0,y_0,z_0). Elle vient toucher au sommet de l'ellipsoïde le plan des xz ou celui des yz, selon qu'on a $a^2 >$ ou $< b^2$; et elle s'y raccorde avec toute autre ligne de plus grande pente, construite arbitrairement dans l'une des trois autres régions de l'ellipsoïde, ou même dans celle où se trouve déjà le point (x_0, y_0, z_0).

499. Dans le cas particulier de la commensurabilité des nombres a^2,b^2, on peut, pour plus de simplicité, les remplacer par des nombres proportionnels m,n, entiers et premiers entre eux, ce qui revient à multiplier par un facteur constant les équations (i), (i'). Alors la ligne de niveau, devenue algébrique, ne peut, en tant que courbe algébrique, s'arrêter au sommet de l'ellipsoïde, et elle ne forme algébriquement qu'une seule et même courbe avec une autre ligne de plus grande pente, de manière que la projection sur le plan xy de la courbe complète offre l'une des dispositions indiquées par les *fig.* 99, 100 et 101. Si l'on suppose, ce qui n'ôte rien à la généralité de la construction, $m > n$, ou $a^2 > b^2$, la *fig.* 99 correspond au cas de m impair et n pair, la *fig.* 100 au cas de m pair et n impair, la *fig.* 101 au cas de m et n tous deux impairs. Or, il est bien évident que la

commensurabilité des nombres a^2, b^2 ou m, n, la propriété arithmétique des nombres m, n, d'être pairs ou impairs, ne changent rien aux conditions géométriques du problème qui consiste à tracer sur un ellipsoïde des lignes de plus grande pente, ou sur un plan des courbes perpendiculaires à une suite d'ellipses concentriques et semblables. Il n'y aurait aucune raison géométrique du changement brusque de forme qu'éprouveraient les lignes de plus grande pente ou leurs projections, en subissant par exemple au sommet de l'ellipsoïde ou à l'origine des coordonnées, une inflexion au lieu d'un rebroussement, et cela en vertu d'une variation aussi petite qu'on le voudrait dans le rapport $\frac{m}{n}$, qui est celui des carrés de deux demi-axes de l'ellipsoïde. Il faut donc reconnaître que la liaison deux à deux des lignes de courbure partant du sommet, dans le cas de la commensurabilité du rapport $\frac{m}{n}$, est un fait de pure algèbre, une conséquence de la règle des signes, dont la nature du problème ne rend pas raison, et qui ne correspond à aucun fait géométrique.

Ces observations étaient essentielles pour compléter ce que nous avons dit jusqu'ici, et notamment dans le chap. IV du quatrième livre, sur la nature des connexions entre la géométrie et l'algèbre.

500. La pente de la surface au point (x, y, z) est mesurée [126] par le radical $\sqrt{p^2+q^2}$, qui devient pour l'ellipsoïde

$$\frac{c^2}{z}\sqrt{\frac{x^2}{a^4}+\frac{y^2}{b^4}}.$$

Sur une même ligne de niveau le *maximum* et le *minimum* de pente correspondent donc au *maximum* et au *minimum* de la fonction

$$\frac{x^2}{a^4}+\frac{y^2}{b^4},$$

qui devient, en vertu de l'équation (i'),

$$\frac{k^2}{b^2}-\frac{x^2}{a^2}\left(\frac{1}{b^2}-\frac{1}{a^2}\right).$$

Supposons, pour fixer les idées, $a>b$: le *maximum* de la fonction correspondra à $x=0$, et le *minimum* à $x=a$ ou à $y=0$. Ainsi la section de l'ellipsoïde par le plan qui comprend l'axe vertical et le plus petit des deux axes horizontaux, est la ligne de plus grande pente sur laquelle, pour la même hauteur verticale, la pente est la plus grande ; ou, dans le langage des géomètres, cette ligne correspond à un *maximum maximorum*. Au contraire, la section de l'ellipsoïde par le plan qui comprend avec l'axe vertical le plus grand des axes horizontaux, est la ligne *de moindre pente*, parmi les lignes de plus grande pente, et elle correspond à un *minimum maximorum*.

501. La détermination des projections des lignes de plus grande pente rentre, comme cas particulier, dans un problème qui a acquis de la célébrité, sous le nom de *problème des trajectoires*, à l'époque où les Bernoulli, mettant en œuvre les idées de Leibnitz, donnaient au calcul intégral ses premiers développements.

On a appelé *trajectoire*, dans un sens purement géométrique, la courbe qui coupe sous un angle constant toutes les lignes que représente l'équation

$$F(x,y,a)=0, \qquad (l)$$

quand on y fait varier sans discontinuité le paramètre a. Si l'angle d'intersection est droit, les deux systèmes de courbes orthogonales peuvent être pris pour les systèmes des projections sur le plan xy des lignes de niveau et des lignes de plus grande pente d'une surface.

Soit en général α la tangente de l'angle d'incidence des trajectoires, ξ, η les coordonnées courantes d'une trajectoire, parallèlement aux x et aux y : on aura au point d'intersection,

$$\frac{dy}{dx} = -\frac{dF}{dx} : \frac{dF}{dy}, \quad \alpha = \left(\frac{d\eta}{d\xi} - \frac{dy}{dx}\right) : \left(1 + \frac{d\eta}{d\xi} \cdot \frac{dy}{dx}\right),$$

d'où

$$\alpha\left(\frac{dF}{dy} - \frac{dF}{dx} \cdot \frac{d\eta}{d\xi}\right) = \frac{dF}{dy} \cdot \frac{d\eta}{d\xi} + \frac{dF}{dx}. \qquad (m)$$

Au point d'intersection on a $x = \xi$, $y = \eta$, en sorte que l'équation précédente ne contient de variables que ξ, η, $\frac{d\eta}{d\xi}$, et le paramètre a. Après qu'on a chassé ce paramètre au moyen de l'équation $F(\xi, \eta, a) = 0$, l'équation (m) est l'équation différentielle des trajectoires.

Prenons pour l'équation des courbes coupées $y^n = ax^m$: l'équation différentielle des trajectoires sera d'après ce calcul

$$\alpha\left(n\xi + m\eta \frac{d\eta}{d\xi}\right) + m\eta - n\xi \frac{d\eta}{d\xi} = 0; \qquad (m')$$

et comme elle est homogène, on pourra la traiter par la méthode du n° 439. Dans l'hypothèse $m = n = 1$, le système des lignes coupées étant un système de droites qui passent par l'origine, l'équation (m') devient

$$\alpha(\xi d\xi + \eta d\eta) + \eta d\xi - \xi d\eta = 0,$$

d'où l'on tire, en divisant par $\xi^2 + \eta^2$ et en intégrant,

$$\alpha \log.\sqrt{\xi^2 + \eta^2} - \text{arc tang}\frac{\eta}{\xi} = c.$$

Si l'on fait

$$\xi = r\cos\varphi, \quad \eta = r\sin\varphi, \quad e^{\frac{c}{\alpha}} = b,$$

l'intégrale prend la forme

$$r = be^{\frac{\varphi}{\alpha}},$$

et elle est l'équation d'une spirale logarithmique [181], courbe qui a en effet pour caractère de couper sous un angle constant les droites menées par le pôle.

Pour avoir les trajectoires orthogonales, il faut poser $\alpha = \infty$, ce qui réduit l'équation (m') à $n\xi d\xi + m\eta d\eta = 0$. L'intégrale $n\xi^2 + m\eta^2 = c$ appartient à une série d'ellipses ou d'hyperboles concentriques et semblables, selon que les exposants m, n sont de même signes ou de signes contraires, c'est-à-dire suivant que les courbes coupées sont du genre des paraboles ou des hyperboles.

CHAPITRE VI.

DE L'INTÉGRATION DES ÉQUATIONS DIFFÉRENTIELLES SIMULTANÉES.

---

502. Considérons, comme dans le n° 165, un système de ν équations entre la variable indépendante t, les ν variables $x, y, z, \ldots$ qui dépendent de t, et leurs dérivées $x'y', z' \ldots x'y', z' \ldots$ etc. : le problème de l'intégration des équations différentielles simultanées consiste à tirer d'équations qui se présentent sous cette forme les valeurs de $x, y, z, \ldots$, en fonction de t, en donnant à ces valeurs toute la généralité qu'elles comportent, par l'introduction d'un nombre convenable de constantes arbitraires. Pour fixer les idées sur une application, imaginons des points matériels en mouvement dans l'espace, et qui exercent les uns sur les autres des actions attractives ou répulsives, variables avec leurs distances mutuelles ; désignons par t le temps ; par $x, y, z ; x_1, y_1, z_1$, etc., les coordonnées des points mobiles : les variations infinitésimales des vitesses dépendront des forces auxquelles les points matériels sont soumis, et par conséquent des coordonnées en fonction desquelles s'expriment leurs distances mutuelles ; les vitesses mêmes s'exprimeront par les variations infinitésimales des coordonnées ; et sans qu'il soit besoin d'entrer dans des développements qui appartiennent à la mécanique, on conçoit que toutes ces liaisons doivent conduire à des équations où entrent à la fois les coordonnées des points mobiles et leurs coefficients différentiels, pris par rapport au temps. Il s'agit d'en tirer les

valeurs des coordonnées en fonction du temps, puis d'éliminer la variable t, de manière à avoir des équations entre $x, y, z; x_1, y_1, z_1$, etc., qui sont celles des courbes décrites dans l'espace par les points mobiles. La plus belle question de la philosophie naturelle, la théorie des mouvements planétaires, se trouve ainsi ramenée à un problème d'intégration qui porte sur des intégrations différentielles simultanées.

503. De quelque manière que l'on obtienne le système des équations intégrales, ou le système des équations en t,x,y,z, etc., qui satisfait aux équations différentielles proposées, ce système, pour avoir le même degré de généralité que le système proposé, doit contenir un nombre déterminé de constantes arbitraires, nombre qu'on assignera sans difficulté, dans chaque cas particulier, par des considérations analogues à celles qui ont été présentées au n° 466.

Prenons deux équations

$$f(t; x,x',\ldots x^{(m)}; y,y',\ldots y^{(n)}) = 0, \qquad (f)$$

$$f_1(t; x,x',\ldots x^{(m_1)}; y,'y,\ldots y^{(n_1)}) = 0; \qquad (f_1)$$

et examinons en premier lieu le cas où l'on aurait $m > m_1$, $n < n_1$. Si, pour une valeur de t que nous désignerons par t_0, on se donne arbitrairement les valeurs correspondantes

$$x_0, x'_0, \ldots x_0^{(m-1)}; y_0, y'_0, \ldots y_0^{(n_1-1)}, \qquad (o)$$

on tirera de l'équation (f) la valeur de $x_0^{(m)}$, de l'équation (f_1) la valeur de $y_0^{(n_1)}$, et de leurs dérivées successives les valeurs de

$$x_0^{(m+1)}, x_0^{(m+2)}, \text{ etc.}; \; y_0^{(n_1+1)}, y_0^{(n_1+2)}, \text{ etc.}$$

On pourra construire, par la série de Taylor, les valeurs de x,y en fonction de t, qui contiendront les constantes arbitraires (o), en nombre $m+n_1$. Donc, sous quelque forme qu'on obtienne les deux équations intégrales par lesquelles sont déterminées les valeurs de x,y en fonction de t, il est essentiel que ce système d'intégrales renferme $m+n_1$ constantes arbitraires, telles que le système des quantités (o) puisse se déduire des valeurs de ces constantes, et réciproquement.

Le raisonnement serait encore le même si l'on avait à la fois $m=m_1$, $n=n_1$, ou si l'une seulement des ces égalités subsistait.

Mais si l'on avait à la fois $m>m_1$, $n>n_1$, le calcul ne pourrait plus se faire de la même manière. Admettons, pour fixer les idées, que l'on ait

$$m+n_1>m_1+n, \text{ ou } m-m_1>n-n_1:$$

on différentiera $n-n_1$ fois l'équation (f_1), ce qui donnera

$$\left.\begin{array}{l} f'_1(t;x,x',\ldots x^{(m_1)},x^{(m_1+1)};y,y',\ldots y^{(n_1)},y^{(n_1+1)})=0,\\ f''_1(t;x\,x',\ldots x^{(m_1+2)};y,y',\ \ldots y^{(n_1+2)})=0,\\ \ldots\ldots\ldots\ldots\ldots\ldots\ldots\ldots\ldots\ldots\ldots\ldots\\ f_1^{(n-n_1)}(t;x,x',\ldots x^{(m_1+n-n_1)};y,y',\ldots y^{(n)})=0; \end{array}\right\}(f'_1)$$

Au moyen des valeurs initiales (o), en nombre $m+n_1$, on déterminera par les équations (f), (f_1) et (f'_1) les valeurs

$$x_0^{(m)};y_0^{(n_1)},y_0^{(n_1+1)},\ldots y_0^{(n)};$$

ensuite, les dérivées successives de l'équation (f) et de la dernière équation (f'_1) détermineront de proche en proche les valeurs de

$$x_0^{(m+1)},x_0^{(m+2)}, \text{ etc.}; \ y_0^{(n+1)},y_0^{(n+2)}, \text{ etc.};$$

et l'on pourra construire les valeurs générales de x, y par la série de Taylor, comme précédemment. Donc, dans tous les cas, le système des intrégales complètes des équations (f), (f_1) doit renfermer $m+n_1$ constantes arbitraires : $m+n_1$ étant le plus grand des nombres $m+n_1, m_1+n$.

504. Nous savons (165) qu'il est toujours possible de

tirer d'un système d'équations différentielles, en même nombre que les fonctions x, y, z, etc., de la variable indépendante t, une équation finale qui ne contienne que t, x et les dérivées de x par rapport à t. Ainsi le problème de l'intégration d'un système d'équations différentielles simultanées peut toujours se ramener à l'intégration d'équations différentielles ordinaires, entre deux variables. Ordinairement il suffit d'intégrer l'équation différentielle finale entre t et x : les valeurs des autres variables y, z, etc., en fonction de t sont données par de simples éliminations algébriques; et dans ce cas le nombre des constantes arbitraires qui doivent entrer dans les intégrales complètes du système proposé, marque l'ordre de l'équation finale en t et x. Mais il peut arriver aussi que y', y''... s'en aillent avec y, dans le calcul d'élimination qui conduit à l'équation finale, dont l'ordre se trouve en conséquence abaissé. Après l'intégration de celle-ci, on a à intégrer, pour déterminer la valeur de y en t, une équation de la forme

$$\varphi(y, y', y'', \ldots) = \psi t.$$

Les constantes arbitraires, amenées par cette nouvelle intégration, complètent le nombre des constantes qui doivent figurer dans les intégrales générales du système proposé. Une discussion plus minutieuse des différents cas possibles compliquerait l'exposition de cette théorie, sans utilité réelle.

505. On peut, dans certaines circonstances, sans avoir besoin de former l'équation finale, intégrer *conjointement* des équations différentielles simultanées. Lorsqu'on a, par exemple, entre trois variables x, y, t deux équations linéaires du premier ordre, il est toujours possible de les mettre sous la forme

$$x' + Px + Qy = V, \quad y' + P_1 x + Q_1 y = V_1,$$

P, Q, V, P_1, Q_1, V_1 désignant des fonctions de la variable indépendante t. Multiplions la seconde équation par un facteur λ, fonction de la même variable t, et faisons l'addition membre à membre avec la première équation : il viendra

$$x' + \lambda y' + (P + \lambda P_1)x + (Q + \lambda Q_1)y = V + \lambda V_1.$$

Posons $u = x + \lambda y$, u désignant une autre variable auxiliaire : nous aurons $x' + \lambda y' = u' - y\lambda'$, et en substituant,

$$u' + (P + \lambda P_1)u - y[\lambda' + \lambda(P + \lambda P_1) - (Q + \lambda Q_1)] = V + \lambda V_1.$$

Si l'on détermine la fonction λ de manière à satisfaire à l'équation

$$\lambda' + \lambda(P + \lambda P_1) - (Q + \lambda Q_1) = 0, \qquad (a)$$

laquelle ne renferme que λ et t, il n'y aura plus qu'à substituer cette valeur de λ dans l'équation

$$u' + (P + \lambda P_1)u = V + \lambda V_1, \qquad (b)$$

où n'entreront alors que les variables u et t, et qui est linéaire par rapport à u. Il suffit, pour traiter la question proposée, de trouver deux intégrales particulières λ_1, λ_2 de l'équation (a) ; remplaçant successivement λ dans l'équation (b) par chacune de ces deux valeurs et intégrant, on obtiendra deux fonctions u_1, u_2 de t, renfermant chacune une constante arbitraire ; les deux équations

$$u_1 = x + \lambda_1 y,$$
$$u_2 = x + \lambda_2 y,$$

donneront ensuite x et y.

Lorsque les coefficients P, Q, P_1, Q_1, sont constants, on peut supposer le multiplicateur λ constant ; l'équation (a) se réduit alors à l'équation du second degré

$$\lambda(P + \lambda P_1) - (Q + \lambda Q_1) = 0, \qquad (\alpha)$$

dont on prendra les deux racines λ_1 et λ_2, et l'équation (b) deviendra une équation linéaire à coefficients constants, facile à intégrer.

Si l'équation (α) avait ses deux racines égales, on n'aurait plus qu'une seule équation (b); après avoir intégré cette équation, on remplacerait x par $u-\lambda y$ dans l'une des deux équations proposées, ce qui conduirait à une équation linéaire du premier ordre en y.

Mais on pourrait aussi traiter complétement la question, en laissant le multiplicateur variable. L'équation (a), dans le cas dont il s'agit, se présente sous la forme

$$\lambda' + P(\lambda - \lambda_1)^2 = 0;$$

et elle admet pour intégrale générale

$$\lambda = \lambda_1 + \frac{1}{Pt + C}.$$

Si l'on donne à la constante deux valeurs quelconques, si l'on fait, par exemple $C = \infty$, $C=0$, on aura deux intégrales particulières $\lambda=\lambda_1$, $\lambda=\lambda_1+\frac{1}{Pt}$, la première constante, la seconde variable, que l'on portera successivement dans l'équation (b).

506. Admettons maintenant que l'on ait trois équation linéaires du premier ordre entre x, y, z et la variable indépendante t : on pourra toujours les ramener à la forme

$$\begin{aligned}
x' + Px + Qy + Rz &= V,\\
y' + P_1x + Q_1y + R_1z &= V_1,\\
z' + P_2x + Q_2y + R_2z &= V_2,
\end{aligned}$$

P, Q, R, V; P_1, etc. désignant des fonctions de t. Si l'on fait l'addition membre à membre, après avoir multiplié la seconde par un facteur λ et la troisième par un facteur μ, il viendra

$$\begin{aligned}
x' + \lambda y' + \mu z' + (P + \lambda P_1 + \mu P_2)x + (Q + \lambda Q_1 + \mu Q_2)y\\
+ (R + \lambda R_1 + \mu R_2)z = V + \lambda V_1 + \mu V_2.
\end{aligned}$$

On fera ensuite

$$x+\lambda y+\mu z=u, \quad \text{d'où} \quad x'+\lambda y'+\mu z'=u'-y\lambda'-z\mu',$$

et par-là substitution,

$$\begin{aligned} & u'+(P+\lambda P_1+\mu P_2)u \\ & -y[\lambda'+\lambda(P+\lambda P_1+\mu P_2)-(Q+\lambda Q_1+\mu Q_2)] \\ & -z[\mu'+\mu(P+\lambda P_1+\mu P_2)-(R+\lambda R_1+\mu R_2)] \\ & =V+\lambda V_1+\mu V_2. \end{aligned}$$

Il est permis de disposer des fonctions λ, μ de manière à satisfaire aux équations

$$\left.\begin{aligned} \lambda'+\lambda(P+\lambda P_1+\mu P_2)-(Q+\lambda Q_1+\mu Q_2)=0, \\ \mu'+\mu(P+\lambda P_1+\mu P_2)-(R+\lambda R_1+\mu R_2)=0. \end{aligned}\right\} \quad (c)$$

Quand on pourra trouver des intégrales particulières de ces équations, on en tirera les valeurs de λ, μ en fonction de t pour les substituer dans la troisième équation

$$u'+(P+\lambda P_1+\mu P_2)\,u=V+\lambda V_1+\mu V_2, \quad (d)$$

où n'entreront plus que les variables u et t, et qui est linéaire par rapport à u.

Admettons, comme plus haut, que les coefficients P, Q, etc., se réduisent à des constantes : on satisfait aux équations (c) en prenant pour λ, μ les racines des équations numériques

$$\begin{aligned} \lambda(P+\lambda P_1+\mu P_2)-(Q+\lambda Q_1+\mu Q_2)=0, \\ \mu(P+\lambda P_1+\mu P_2)-(R+\lambda R_1+\mu R_2)=0. \end{aligned}$$

Afin de faciliter l'élimination, nous poserons

$$P+\lambda P_1+\mu P_2=m, \quad (e)$$

ce qui donne

$$\lambda(m-Q_1)-\mu Q_2=Q,\ \mu(m-R_2)-\lambda R_1=R. \quad (e')$$

Les valeurs de λ, μ, tirées de ces équations linéaires et substituées dans l'équation (e), conduisent à l'équation finale en m

$$(m-\mathrm{P})(m-\mathrm{Q}_1)(m-\mathrm{R}_2)-\mathrm{Q}_2\mathrm{R}_1(m-\mathrm{P})-\mathrm{P}_2\mathrm{R}(m-\mathrm{Q}_1)$$
$$-\mathrm{P}_1\mathrm{Q}(m-\mathrm{R}_2)=\mathrm{P}_1\mathrm{Q}_2\mathrm{R}+\mathrm{P}_2\mathrm{Q}\mathrm{R}_1.$$

Celle-ci étant du troisième degré, a trois racines m_1, m_2, m_3, auxquelles correspondent pour λ, μ, en vertu des équations (e'), trois systèmes de valeurs $\lambda_1, \mu_1; \lambda_2, \mu_2; \lambda_3, \mu_3$.

L'équation (d) devient

$$u'+mu=\mathrm{V}+\lambda\mathrm{V}_1+\mu\mathrm{V}_2:$$

en y substituant successivement pour m, λ, μ les trois systèmes de valeurs dénotés par les indices (1), (2), (3), et en intégrant, on obtient les trois équations

$$x+\lambda_1 y+\mu_1 z=u_1,$$
$$x+\lambda_2 y+\mu_2 z=u_2,$$
$$x+\lambda_3 y+\mu_3 z=u_3,$$

d'où il est facile de tirer x, y, z en fonction de t et de trois constantes arbitraires. Rien ne serait plus simple que de généraliser ce calcul, en l'appliquant à un système d'équations simultanées, linéaires et du premier ordre, renfermant un nombre quelconque de variables.

507. On peut aussi, dans le seul cas qui se prête généralement à une intégration effective, celui où les coefficients $\mathrm{P}, \mathrm{Q}, \ldots, \mathrm{P}_1, \mathrm{Q}_1, \ldots$ etc., sont des nombres constants, donner au calcul une marche synthétique, plus analogue à celle qui a été suivie (455 *et suiv.*) pour les équations différentielles linéaires, à coefficients constants et à deux variables seulement.

Soit d'abord

$$\left.\begin{array}{l}
x'+\mathrm{P}x+\mathrm{Q}y+\mathrm{R}z+\ldots\ldots+\mathrm{U}u=0,\\
y'+\mathrm{P}_1x+\mathrm{Q}_1y+\mathrm{R}_1z+\ldots\ldots+\mathrm{U}_1u=0,\\
z'+\mathrm{P}_2x+\mathrm{Q}_2y+\mathrm{R}_2z+\ldots\ldots+\mathrm{U}_2u=0,\\
\ldots\ldots\ldots\ldots\ldots\ldots\ldots\ldots\ldots\ldots\ldots\ldots\\
u'+\mathrm{P}_{n-1}x+\mathrm{Q}_{n-1}y+\mathrm{R}_{n-1}z+\ldots\ldots+\mathrm{U}_{n-1}u=0,
\end{array}\right\}(g)$$

un système de n équations, *sans derniers termes* et à coefficients numériques, entre les n variables $x, y, z, \ldots u$, fonctions de t, et leurs dérivées du premier ordre : on aperçoit la possibilité d'y satisfaire par un système de valeurs particulières.

$$x = Ce^{-mt},\ y = \lambda Ce^{-mt},\ z = \mu Ce^{-mt},\ \ldots\ldots u = \nu Ce^{-mt},$$

C désignant une constante arbitraire, et λ, μ,... ν des nombres donnés par le système des n équations algébriques

$$\begin{array}{l} P + \lambda Q + \mu R + \ldots\ldots + \nu U = m, \\ P_1 + \lambda Q_1 + \mu R_1 + \ldots\ldots + \nu U_1 = \lambda m, \\ P_2 + \lambda Q_2 + \mu R_2 + \ldots\ldots + \nu U_2 = \mu m, \\ \ldots\ldots\ldots\ldots\ldots\ldots\ldots\ldots\ldots\ldots \\ P_{n-1} + \lambda Q_{n-1} + \mu R_{n-1} + \ldots\ldots + \nu U_{n-1} = \nu m. \end{array}$$

On peut substituer, dans la première de ces équations, les valeurs de λ, μ,...ν en fonction de m, données par les autres équations du même groupe, en nombre $n-1$; et, d'après la règle de Bezout, ces valeurs sont exprimées par des fractions dans lesquelles m entre au numérateur à la puissance $n-2$, et au dénominateur à la puissance $n-1$: donc l'équation finale en m est du degré n. Ses racines étant désignées par $m_1, m_2, \ldots m_n$, et les mêmes indices affectant les valeurs correspondantes de $\lambda, \mu, \ldots \nu$, C, on a pour les intégrales complètes du système (g),

$$\left.\begin{array}{l} x = C_1 e^{-m_1 t} + C_2 e^{-m_2 t} + \ldots\ldots + C_n e^{-m_n t}, \\ y = \lambda_1 C_1 e^{-m_1 t} + \lambda_2 C_2 e^{-m_2 t} + \ldots\ldots + \lambda_n C_n e^{-m_n t}, \\ z = \mu_1 C_1 e^{-m_1 t} + \mu_2 C_2 e^{-m_2 t} + \ldots\ldots + \mu_n C_n e^{-m_n t}, \\ \ldots\ldots\ldots\ldots\ldots\ldots\ldots\ldots\ldots\ldots \\ u = \nu_1 C_1 e^{-m_1 t} + \nu_2 C_2 e^{-m_2 t} + \ldots\ldots + \nu_n C_n e^{-m_n t}. \end{array}\right\} \quad (g_1)$$

Supposons maintenant qu'il y ait aux seconds membres des équations (g) des fonctions de t désignées par $V, V_1, V_2, \ldots V_{n-1}$: les équations (g_1) seront encore les intégrales générales du système, pourvu que les facteurs $C_1, C_2, \ldots C_n$ désignent, non plus des nombres constants, mais des fonctions de t qui satisfassent aux équations

$$\begin{aligned}
C'_1e^{-m_1t} + C'_2e^{-m_2t} + \ldots\ldots + C'_ne^{-m_nt} &= V,\\
\lambda_1C'_1e^{-m_1t} + \lambda_2C'_2e^{-m_2t} + \ldots\ldots + \lambda_nC'_ne^{-m_nt} &= V_1,\\
\mu_1C'_1e^{-m_1t} + \mu_2C'_2e^{-m_2t} + \ldots\ldots + \mu_nC'_ne^{-m_nt} &= V_2,\\
\ldots\ldots\ldots\ldots\ldots\ldots\ldots\ldots\ldots\ldots\ldots\ldots\ldots\ldots\\
\nu_1C'_1e^{-m_1t} + \nu_2C'_2e^{-m_2t} + \ldots\ldots + \nu_nC'_ne^{-m_nt} &= V_{n-1}.
\end{aligned}$$

On tirera de ces équations, par une élimination ordinaire, les valeurs des dérivées C'_1, C'_2,... C'_n, et, par des quadratures subséquentes, les valeurs des fonctions C_1, C_2,... C_n, qu'il faudra ensuite substituer dans les équations (g_1).

Comme nous l'avons déjà remarqué au n° 465, si l'on peut trouver un système d'intégrales particulières des équations proposées avec seconds membres, la question sera ramenée à la recherche des intégrales des mêmes équations privées des seconds membres.

508. On a vu qu'on peut éliminer une variable d'un système d'équations différentielles simultanées, en substituant aux proposées des équations différentielles en moindre nombre, mais d'un ordre plus élevé (165) : réciproquement on peut abaisser l'ordre d'une ou de plusieurs des équations proposées, en se donnant à intégrer simultanément un plus grand nombre d'équations différentielles. Ainsi l'intégration du système des deux équations linéaires du second ordre

$$\begin{aligned}
x'' + Px' + Qy' + Rx + Sy &= V,\\
y'' + P_1x' + Q_1y' + R_1x + S_1y &= V_1,
\end{aligned}$$

peut être ramenée à dépendre de l'intégration simultanée des quatre équations linéaires du premier ordre entre les variables x, y, ξ, η, t :

$$\begin{aligned}
x' - \xi &= 0,\\
y' - \eta &= 0,\\
\xi' + P\xi + Q\eta + Rx + Sy &= V,\\
\eta' + P_1\xi + Q_1\eta + R_1x + S_1y &= V_1.
\end{aligned}$$

Donc les calculs qui précèdent sont susceptibles de s'appliquer à l'intégration simultanée des équations linéaires d'ordres quelconques.

509. Désignons par

$$\left.\begin{array}{l} f(t;x,y,z,\ldots\ldots;x',y',z',\ldots\ldots)=0,\\ f_1(t;x,y,z,\ldots\ldots;x',y',z',\ldots\ldots)=0,\\ \ldots\ldots\ldots\ldots\ldots\ldots\ldots\ldots\ldots\ldots\ldots\\ f_{n-1}(t;x,y,z,\ldots\ldots;x',y',z',\ldots\ldots)=0, \end{array}\right\} \qquad (f)$$

un système de n équations différentielles simultanées du premier ordre, et par

$$\left.\begin{array}{l} F(t;x,y,z,\ldots;a,a_1,\ldots a_{n-1})=0,\\ F_1(t;x,y,z,\ldots;a,a_1,\ldots a_{n-1})=0,\\ \ldots\ldots\ldots\ldots\ldots\ldots\ldots\ldots\ldots\ldots\\ F_{n-1}(t;x,y,z,\ldots;a,a_1\ldots a_{n-1})=0, \end{array}\right\} \qquad (F)$$

le système de leurs intégrales complètes, dans lesquelles les constantes $a, a_1,\ldots a_{n-1}$, introduites par l'intégration, se trouvent combinées d'une manière quelconque. En général, on peut, par une élimination dirigée convenablement, transformer ce système d'équations dans un autre

$$\left.\begin{array}{l} \mathrm{f}(t;x,y,z,\ldots;a)=0,\\ \mathrm{f}_1(t;x,y,z,\ldots;a_1)=0,\\ \ldots\ldots\ldots\ldots\ldots\ldots\ldots\\ \mathrm{f}_{n-1}(t;x,y,z,\ldots;a_{n-1})=0, \end{array}\right\} \qquad (\mathrm{f})$$

équivalent au précédent, et qui jouit, comme celui-là, de la propriété de satisfaire au système (f) avec toute la généralité requise. Si on détermine $a,a_1,\ldots a_{n-1}$ en fonction de $t;\ x,y,z\ldots$ par les équations

$$\frac{d\mathrm{f}}{da}=0,\ \frac{d\mathrm{f}_1}{da_1}=0,\ldots\ldots\ \frac{d\mathrm{f}_{n-1}}{da_{n-1}}=0, \qquad (\mathrm{f}')$$

et qu'on substitue les valeurs ainsi trouvées dans les équations (f), on forme d'autres équations

$$\left.\begin{array}{l}\varphi\,(t;x,y,z,\ldots\ldots)=0,\\ \varphi_1(t;x,y,z,\ldots\ldots)=0,\\ \ldots\ldots\ldots\ldots\ldots\ldots\ldots\ldots\\ \varphi_{n-1}(t;x,y,z,\ldots\ldots)=0,\end{array}\right\}\quad(\varphi)$$

qui, prises ensemble, satisfont au système (f), mais en qualité d'intégrales singulières; à moins que, par accident, les valeurs de $a, a_1, \ldots a_{n-1}$, tirées des équations (f'), ne se réduisent à des constantes, ou à des fonctions de $t;\ x,y,z,\ldots$ qui prennent elles-mêmes des valeurs constantes, en vertu des équations (φ).

Au lieu de prendre à la fois tout le système (f), on pourrait remplacer partiellement certaines des équations (φ) par leurs correspondantes dans le système (φ), c'est-à-dire f_1 par φ_1 et ainsi de suite. On formerait des systèmes *mixtes*, qui satisfont encore à leur manière au système des équations différentielles proposées.

Cette analyse s'étendrait, s'il était nécessaire, aux équations différentielles simultanées, d'ordres quelconques.

510. Pour donner un exemple d'intégration simultanée dans le cas où les équations différentielles proposées ne sont pas linéaires, et pour indiquer en même temps l'application qu'on peut faire de la théorie des intégrales singulières aux équations différentielles où toutes les variables sont mêlées, prenons les deux équations du premier ordre à trois variables

$$(xy' + yx')^2 - 8\,tx'y' = 0, \tag{1}$$
$$xy - t(xy' - x'y) = 0. \tag{2}$$

En les différentiant on a

$$(x'y + y'x)(x''y + 2x'y' + xy'') = 4(x'y' + tx''y' + tx'y''),$$
$$2x'y - t(xy'' - x''y) = 0.$$

Si l'on tire de la seconde de ces équations dérivées la valeur de $x'y$ pour la reporter dans le second membre de la première, on mettra celle-ci sous la forme

$$(x''y + 2x'y' + xy'')(x'y + y'x - 2t) = 0, \tag{3}$$

et on la décomposera dans les deux équations

$$x''y + 2x'y' + xy'' = 0, \tag{4}$$
$$x'y + y'x - 2t = 0. \tag{5}$$

L'équation (4) équivaut à

$$\frac{d^2(xy)}{dt^2} = 0, \text{ d'où } xy = at + b, \tag{6}$$

a,b désignant deux constantes arbitraires.

Ces deux constantes ne sont pas indépendantes l'une de l'autre ; car les deux équations (1), (2) doivent s'accorder lorsqu'on en chasse y,y' au moyen de l'équation (6) ; et l'on trouve que, pour rendre ces deux équations identiques, il faut poser $b = -\frac{a^2}{4}$; au moyen de quoi l'intégrale (6) devient

$$xy = at - \frac{a^2}{4}. \tag{7}$$

Chacune des équations (1) et (2) donne ensuite

$$\frac{adt}{8t^2 - 2at} = \frac{dx}{x},$$

d'où, en intégrant et en désignant par c une constante arbitraire,

$$x^2t = c(4t - a). \tag{8}$$

En conséquence, le système des équations (7) et (8) donne les intégrales complètes des deux équations proposées (1) et (2).

On peut substituer à l'équation (8) une autre équation plus simple ; car on en tire

$$xt = 4c.\frac{t}{x} - ac.\frac{1}{x},$$

tandis que l'équation (7) donne

$$y = a.\frac{t}{x} - \frac{a^2}{4}\cdot\frac{1}{x};$$

donc, si l'on désigne par a_1 une nouvelle constante arbitraire, telle que $aa_1 = 4c$, l'équation (8) pourra être remplacée par

$$xt = a_1 y. \qquad (9)$$

Maintenant, si l'on emploie le second facteur de l'équation (3), et qu'on élimine x', y' entre l'équation (5) et les deux proposées, il viendra

$$xy = t^2, \qquad (10)$$

intégrale singulière, puisqu'elle ne contient pas de constante arbitraire, et qu'elle ne peut pas rentrer dans l'intégrale (7), par une détermination convenable de la constante a. D'ailleurs la dérivée de l'intégrale (7) par rapport à a donne $a = 2t$, et cette valeur reportée dans l'équation (7) fait retomber sur l'intégrale singulière (10), conformément à la théorie exposée dans le n° précédent.

Au moyen des valeurs de y, y', tirées de l'équation (10), les proposées se changent l'une et l'autre en $x - 2x't = 0$, d'où, en intégrant et en désignant par α une constante arbitraire,

$$x^2 = \alpha t. \qquad (11)$$

D'ailleurs il est aisé de voir que le système des équations (10), (11) devient identique avec celui des équations (9), (10), quand on pose $\alpha = a_1$.

511. Si l'on excepte les équations différentielles linéaires dans lesquelles les fonctions de la variable indépendante et leurs dérivées sont multipliées par des nombres constants, il est bien rare que des équations différentielles simultanées puissent s'intégrer autrement que par approximation. Dans certains cas, et notamment dans les problèmes relatifs aux mouvements des corps célestes, on a donné à l'approxima-

tion une forme trop remarquable pour que nous ne l'indiquions pas brièvement.

Afin de fixer les idées, soient

$$f(t;x,x',x'',\ldots;\,y,y',y'',\ldots)=0,$$
$$f_1(t;x,x',x'',\ldots;\,y,y',y'',\ldots)=0,$$

deux équations entre le temps t et les coordonnées x,y d'un point mobile sur un plan. Admettons de plus que l'on ait

$$f=\mathrm{f}+\varepsilon\varphi,\quad f_1=\mathrm{f}_1+\varepsilon\varphi_1, \tag{h}$$

f, φ, f_1, φ_1 désignant d'autres fonctions des mêmes variables et de leurs dérivées, et ε un nombre très petit : de sorte que, si l'on supposait ce facteur ε tout à fait nul, les équations du problème se réduiraient à

$$\mathrm{f}=0,\quad \mathrm{f}_1=0. \tag{h_0}$$

Supposons enfin que le système formé de ces dernières équations puisse s'intégrer, et qu'il ait pour intégrales générales

$$\mathrm{F}(t;x,y;a,b,c,\ldots)=0,\quad \mathrm{F}_1(t;x,y;a,b,c,\ldots)=0, \tag{i}$$

a,b,c, etc., désignant des constantes arbitraires amenées par l'intégration. Si l'on élimine t entre ces deux équations, on aura

$$\mathrm{F}_{0,1}(x,y;a,b,c,\ldots)=0 \tag{j}$$

pour l'équation de la courbe que le point mobile décrirait sur le plan xy, dans le cas où l'on pourrait supposer nul le facteur ε.

Maintenant il sera permis de représenter encore par les équations (i) les intégrales générales des équations (h), dans lesquelles on ne suppose plus nul le facteur ε, pourvu que dans les fonctions F,F_1 on regarde les paramètres a,b,c,etc., non plus comme des constantes, mais comme des fonctions de la variable indépendante t, qu'il faut déterminer de manière à satisfaire aux équations (h). D'après l'hypothèse, celles-ci ne diffèrent des équations (h_0) que par la présence de termes qui restent très petits : donc on peut traiter comme de très petites quantités les dérivées ou les fluxions

$$\frac{da}{dt}, \frac{db}{dt}, \frac{dc}{dt}, \text{etc.}, \qquad (k)$$

qui s'évanouiraient rigoureusement avec ε. Ordinairement il y a lieu de profiter de cette remarque pour simplifier les équations qu'il s'agit de traiter, et qui se trouvent substituées au système des équations proposées.

Dire que les fluxions (k) sont des quantités très petites, c'est exprimer en d'autres termes que les paramètres a,b,c, etc., varient très lentement, ou conservent pendant un long laps de temps des valeurs sensiblement constantes. Donc, si l'on observait à une certaine époque le mouvement du point (x,y), on trouverait qu'il décrit sensiblement la courbe donnée par l'équation (j), dans laquelle il faudrait attribuer à a,b,c, etc., de certaines valeurs constantes. Au bout d'un temps considérable, si l'on répétait les mêmes observations, on trouverait encore que le mobile décrit une courbe de même espèce, mais pour laquelle les paramètres a,b,c, etc., ont des valeurs sensiblement différentes de celles que leur assignaient les premières observations ; et ainsi de suite.

Il ne faut donc pas voir seulement un artifice ingénieux d'analyse dans la méthode d'intégration *par la variation des constantes arbitraires*, dont Lagrange a été le promoteur, et dont nous avons vu une application élégante à l'intégration rigoureuse des équations différentielles linéaires où les fonctions et leurs dérivées ne sont multipliées que par des nombres constants. Elle aurait pu être suggérée par l'observation des phénomènes, à la représentation desquels elle s'adapte naturellement dans des circonstances comme celles qui viennent d'être définies.

CHAPITRE VII.

DE LA CONSTRUCTION DES ÉQUATIONS DIFFÉRENTIELLES A UNE SEULE VARIABLE INDÉPENDANTE.

---

512. Nous avons discuté les cas principaux où l'on sait assigner la fonction qui satisfait de la manière la plus générale à une équation différentielle donnée, ou trouver l'équation générale des courbes qui jouissent en tous leurs points de la propriété exprimée par l'équation différentielle. Nous avons indiqué comment, lorsque l'intégration n'est plus possible sous forme finie, on peut encore souvent, ou ramener l'intégration aux quadratures, ou développer l'intégrale en séries convergentes, ou quelquefois même remplacer es séries par des intégrales définies, prises entre des limites spéciales, et susceptibles d'être évaluées numériquement, avec une approximation illimitée, pour chaque valeur de la variable indépendante. Mais une équation différentielle à laquelle aucun de ces procédés d'intégration n'est applicable, n'en détermine pas moins la série des valeurs numériques par lesquelles la fonction doit passer, après qu'on a assigné, pour une certaine valeur de la variable indépendante, les valeurs correspondantes de la fonction et de ses dérivées, jusqu'à celle dont l'ordre est inférieur d'une unité à l'ordre de l'équation proposée. Il peut même arriver que, par la discussion directe de l'équation différentielle, on découvre la marche et toutes les propriétés caractéristiques de la fonction qu'elle détermine implicitement, mieux

qu'on ne pourrait le faire à l'inspection de l'intégrale générale, donnée sous forme finie, ou développée en séries, ou bien enfin exprimée par des intégrales définies ou indéfinies. C'est ce que Sturm a montré dans son beau mémoire sur la discussion des fonctions V, déterminées implicitement par l'équation différentielle du second ordre

$$\frac{d\left(K\frac{dV}{dx}\right)}{dx} + GV = 0, \tag{V}$$

dans laquelle G, K désignent des fonctions de la variable indépendante x (¹).

Cette équation comprend celle de Riccati, ou celles dont l'intégration par les séries et par les intégrales définies a fait l'objet du chapitre III du présent livre. Lorsque les fonctions G, K se réduisent à des constantes réelles et positives, la fonction V représente un sinus ou un cosinus. Dans le cas général, la marche de la fonction V offre avec celle des fonctions *sin* et *cos* des analogies très remarquables, que fait ressortir la discussion directe de l'équation (V), et qu'il faut voir dans dans le mémoire cité. Ce chapitre doit porter sur des considérations beaucoup plus élémentaires, et indispensables (437) pour compléter la théorie de l'intégration des équations différentielles.

513. Soit

$$F(x, y, y') = 0 \tag{F}$$

une équation différentielle du premier ordre à deux variables, qui devient

$$y' = f(x, y), \tag{f}$$

quand on la résout par rapport à y'. Pour chaque système de valeurs de x et de y, cette équation détermine le rapport

(¹) Voyez le *Journal de mathématiques* de M. Liouville, t. I, p. 106.

de la variation infiniment petite de y à la variation infiniment petite de x : elle détermine donc implicitement la différence finie des valeurs de y, correspondantes à deux valeurs de x séparées par un intervalle fini, lorsque dans l'intervalle dy ne cesse pas d'être une quantité infiniment petite, ou lorsque la fonction y n'éprouve pas de solution de continuité du premier ordre; ce qui a lieu quand la fonction y' reste finie, et même dans certains cas, quoique la la fonction y' passe par l'infini.

Désignons par x_0,X deux valeurs de x séparées par un intervalle fini; posons $n\Delta x = X - x_0$, n désignant un nombre assez grand pour que la quantité Δx puisse être considérée comme une quantité très petite du premier ordre (45); faisons

$$x_1 = x_0 + \Delta x, \quad x_2 = x_0 + 2\Delta x, \quad x_3 = x_0 + 3\Delta x, \text{ etc.},$$

et désignons par y_0, y_1, y_2, etc.; y'_0, y'_1, y'_2, etc., les valeurs de y, y' qui répondent respectivement aux valeurs de x désignées par x_0, x_1, x_2, etc. Si l'on se donne arbitrairement la valeur de y_0, on peut, avec l'équation (f), calculer approximativement, de proche en proche, la série des valeurs de la fonction y entre les limites $x = x_0$, $x = X$. En effet, cette équation donne

$$y'_0 = f(x_0, y_0);$$

et l'on a, en négligeant une quantité très petite du second ordre,

$$y_1 = y_0 + y'_0 \Delta x = y_0 + f(x_0, y_0) \cdot \Delta x.$$

Par la substitution de cette valeur de y_1 dans l'équation

$$y'_1 = f(x_1, y_1),$$

on obtient la valeur y'_1, affectée d'une erreur qui ne peut être non plus, en général, qu'une quantité du second ordre; car, en général, la variation de la fonction f est une quantité de même ordre que les variations des quantités x, y dont elle dépend. On aura donc, aux quantités près du second ordre,

$$y_2 = y_1 + y'_1 \Delta x = y_0 + f(x_0, y_0) . \Delta x + f(x_1, y_1) . \Delta x,$$

et ainsi de suite. Comme n est, par hypothèse, un très grand nombre, ou $\frac{1}{n}$ une quantité de l'ordre de Δx, l'erreur qui se commet, à chaque valeur de y que l'on détermine, étant répétée n fois, peut amener sur la valeur trouvée pour Y qui correspond à X, une erreur égale à une quantité très petite du premier ordre, ou de l'ordre de Δx, et qui sera négligeable si l'on a pris pour Δx un quantité suffisamment petite (1).

On remarquera que le calcul arithmétique qui vient d'être indiqué, équivaut à construire la courbe dont l'ordonnée est la fonction y, en substituant à cette courbe un polygone qui s'en rapproche d'autant plus que la ligne Δx a été choisie plus petite, et en se donnant en outre un point par lequel la courbe doit passer, et qui est un des sommets du polygone construit.

514. Quand pour $x = x_1$, la valeur de y', donnée par l'équation f, passe par l'infini, on peut renverser cette équation et écrire

$$x' = \frac{1}{f(x,y)},$$

en prenant y pour variable indépendante. Si la fonction y doit devenir infinie en même temps que y', l'équation différentielle, mise sous cette dernière forme, pourra servir à

(1) On n'a guère occasion de pratiquer le calcul d'approximation indiqué dans ce numéro, et par conséquent de désirer une expression rigoureuse des limites de l'erreur commise. Cette expression a été donnée par M. Cauchy. On peut consulter là-dessus les ouvrages de cet habile analyste, et un mémoire de M. Binet, inséré dans le *Journal de mathématiques* de M. Liouville, t. II, p. 229.

prolonger tant qu'on le voudra la branche de courbe m_0n (*fig.* 102), sur laquelle on a pris le point m_0 pour point initial, et qui est située en deçà de l'asymptote PN, parallèle à l'axe des y. Mais on ne pourra pousser plus loin l'intégration qu'en faisant passer la variable x par des valeurs imaginaires, comme nous l'avons déjà remarqué à propos des intégrales définies.

515. Il y a lieu de soumettre à une discussion spéciale le cas où l'équation différentielle serait de la forme

$$y' = \varphi y \cdot \psi(x,y). \qquad (1)$$

En effet, soit y_n une valeur de y qui fait évanouir φy : si la valeur de la fonction y croît ou décroît sans discontinuité, de la valeur initiale y_0 à la valeur y_n, au moment où y aura atteint cette valeur y_n, celle de y' sera nulle; la valeur consécutive

$$y_{n+1} = y_n + y'_n \Delta x$$

se réduira donc à y_n; de sorte que y'_{n+1} sera encore une quantité nulle, et ainsi indéfiniment. Par conséquent la valeur de la fonction, après avoir été une quantité variable de y_0 à y_n, deviendra tout à coup une quantité constante.

Il faut bien considérer que la remarque faite ici ne porte pas seulement sur la construction arithmétique ou graphique au moyen de laquelle les valeurs consécutives d'une fonction se trouvent déterminées avec une approximation illimitée, en vertu de l'équation différentielle qui exprime la loi de ses variations infinitésimales, lors même que cette équation ne comporterait pas d'intégrale exprimable analytiquement. La remarque porte avant tout sur la génération même de la fonction, toutes les fois qu'elle passe effectivement et dans le sens propre par une succession de valeurs; ce qui suppose que la variable indépendante x désigne le temps ou une quantité qui croît avec le temps.

516. Il s'agit de savoir dans quelles circonstances la fonction y peut atteindre la valeur qui fait évanouir φy, en partant d'une valeur initiale différente. Pour cela, considérons d'abord le cas où la fonction $\psi(x, y)$ se réduirait à une constante c, et où la fonction φy serait de la forme $my + n$, m et n désignant des nombres constants. L'équation

$$y' = c(my + n)$$

a pour intégrale

$$my + n = (my_0 + n)e^{mc(x-x_0)},$$

x_0, y_0 désignant les valeurs initiales des deux variables. La quantité $my_0 + n$ est par hypothèse différente de zéro : il résulte donc de la forme de l'intégrale, que la quantité $my + n$ ne peut redevenir nulle pour aucune valeur finie de x ; que seulement elle converge vers zéro quand la quantité $mc(x - x_0)$, supposée négative, prend des valeurs numériques de plus en plus grandes.

Passons au cas général, et admettons seulement que la fonction $\varphi' y$ ne devienne pas infinie pour la valeur de y qui annule φy. Soit η cette valeur : si la fonction y, en partant d'une valeur plus petite ou plus grande, peut croître ou décroître jusqu'au point d'atteindre la valeur η, il sera permis de prendre pour y_0 une valeur infiniment peu différente de η, et alors φy différera infiniment peu de $(y - \eta)\varphi'\eta$. Admettons, pour fixer les idées, qu'on ait $y_0 > \eta$, $\varphi'\eta > 0$: dy ne pourra pas devenir négatif pour des valeurs positives de dx, et par conséquent y ne pourra point passer de la valeur y_0 à la valeur η, si la fonction $\psi(x, y)$ ne prend dans l'intervalle des valeurs négatives. On exclut d'ailleurs le cas où cette fonction passerait par l'infini ou deviendrait indéterminée. Soit donc $-c$ la plus grande numériquement des valeurs négatives que la fonction $\psi(x, y)$ prend dans l'intervalle : on vient de voir, d'après la forme de l'intégrale que comporte l'équation

$$dy = -c(y-\eta).\ \varphi\eta\ dx, \qquad (2)$$

que la différence $y-\eta$ ne peut devenir nulle pour aucune valeur finie de x; à plus forte raison il est impossible, quand la fonction y doit satisfaire à l'équation différentielle

$$dy = \psi(x,y).(y-\eta).\varphi'\eta dx, \qquad (3)$$

que la différence $y-\eta$ s'évanouisse pour aucune valeur finie de x; puisque, par hypothèse, la fonction $\psi\ (x, y)$, en la supposant même constamment négative, n'atteindrait jamais une valeur numérique égale à c, et qu'ainsi y décroît moins rapidement en vertu de l'équation (3) qu'en vertu de l'équation (2).

Si l'on supposait $y_0 < \eta$, ou $\varphi'\eta < 0$, on démontrerait par un raisonnement semblable, que y ne peut devenir égal à η pour aucune valeur finie de x.

Il ne reste donc plus que l'hypothèse où le coefficient $\varphi'\eta$ devient infini ; ce qui arriverait, par exemple, si l'on supposait

$$\varphi y = (y-\eta)^k,$$

k désignant un nombre compris entre 0 et 1, ou bien encore

$$\varphi y = \frac{1}{\log(y-\eta)};$$

et alors l'équation $y=\eta$ est une intégrale singulière de l'équation (1).

517. Nous avons admis que l'équation (F), résolue par rapport à y', ne donnait pour y' qu'une seule valeur réelle $f\ (x, y)$. Évidemment dans ce cas il n'y a pas d'intersection entre les lignes, en nombre infini, que l'on peut construire en vertu de l'équation (F), en se donnant arbitrairement

un point de chaque ligne; puisque, si elles se coupaient, y' aurait, contre l'hypothèse, plusieurs valeurs correspondantes aux coordonnées x, y des points de rencontre. Ce principe ne souffre d'exception que si la valeur de y' devient indéterminée pour certaines valeurs de x, y. Par exemple, l'équation différentielle $y' = \frac{y}{x}$ appartient à une infinité de lignes droites qui se coupent toutes à l'origine des coordonnées, point pour lequel la valeur de y' se présente sous la forme $\frac{0}{0}$ [182].

Lorsque l'équation (F) donne à y' plusieurs valeurs distinctes $y' = f_1(x, y)$, $y' = f_2(x, y)$, etc., chacune de ces équations, prise séparément, peut se construire comme l'équation (f), et donne naissance à un système formé d'une infinité de courbes ou de branches de courbes, particularisées par le choix du point initial.

Ainsi l'équation

$$y'^2x^2 - 2y'x(y - p) + y^2 + x^2 = 0 \qquad (a)$$

équivaut aux deux suivantes

$$y' = \frac{y - p + \sqrt{p(p - 2y) - x^2}}{x}, \qquad (a_1)$$

$$y' = \frac{y - p - \sqrt{p(p - 2y) - x^2}}{x}, \qquad (a_2)$$

dont chacune peut être séparément construite.

Dans cet exemple, y' prend une valeur imaginaire, toutes les fois que les variables x, y satisfont à l'inégalité

$$p(p - 2y) - x^2 < 0.$$

La courbe

$$p(p - 2y) - x^2 = 0 \qquad (b)$$

limite donc sur le plan xy la région dans laquelle peuvent s'étendre les courbes caractérisées par l'équation (a).

Les deux valeurs de y' deviennent égales pour les points situés sur la courbe (b) ; c'est-à-dire qu'elle est le lieu des points où se raccordent deux à deux les branches de courbes caractérisées respectivement par les équations (a_1), (a_2). Or ce raccordement peut avoir lieu de deux manières différentes.

En général, la tangente commune aux deux branches de courbes (a_1), (a_2), pour les points situés sur la courbe (b), diffère de la tangente à la courbe (b) en ces mêmes points. C'est ce qui arrive notamment dans l'exemple que nous avons choisi. La valeur de y' tirée des équations (a_1), (a_2), se réduit pour les points situés sur la courbe (b) à

$$y' = \frac{y-p}{x};$$

tandis que la différentiation de l'équation (b) donne

$$\frac{dy}{dx} = -\frac{x}{p};$$

et pour que cette valeur de $\frac{dy}{dx}$ fût égale à celle précédemment trouvée pour y', il faudrait qu'on eût

$$\frac{y-p}{x} = -\frac{x}{p}, \quad \text{ou} \quad p(p-y) - x^2 = 0,$$

relation inconciliable avec l'équation (b), excepté quand $y=0$.

En pareil cas, les branches (a_1), (a_2) se raccordent sur la courbe (b) en formant un rebroussement ; et cette courbe limite est le lieu de tous les points de rebroussement des courbes auxquelles appartient l'équation différentielle (a).

518. Mais si l'on a l'équation

$$y'^2x^2 - 2y'x(2y-p) + 2y(2y-p) + x^2 = 0, \qquad (\alpha)$$

laquelle se décomposé dans les deux suivantes :

$$y' = \frac{2y - p + \sqrt{p(p-2y) - x^2}}{x}, \qquad (\alpha_1)$$

$$y' = \frac{2y - p - \sqrt{p(p-2y) - x^2}}{x}; \qquad (\alpha_2)$$

il arrive que la tangente commune aux branches (α_1), (α_2), aux points de raccordement de ces branches situés sur la courbe (b), se confond avec la tangente à cette dernière courbe, qui devient ainsi l'enveloppe de toutes les courbes caractérisées par le système des équations (α_1), (α_2). En effet, l'équation qui établit cette coïncidence, savoir,

$$\frac{2y - p}{x} = -\frac{x}{p}$$

est identique avec l'équation (b).

Ce résultat s'accorde avec ce qu'on a vu [184] : l'équation (α) est celle qui s'obtient quand on élimine la constante a entre l'équation

$$y = ax + \frac{1 + a^2}{p^2} x^2, \qquad (c)$$

et sa dérivée immédiate. L'enveloppe de toutes les paraboles caractérisées par l'équation (α), ou par l'équation (c) qui en est l'intégrale générale, est précisément la parabole (b).

De sorte que le point de contact de chaque enveloppée avec l'enveloppe divise l'enveloppée en deux arcs paraboliques, sur l'un desquels la valeur de y' est donnée par l'équation (a_1), tandis que sur l'autre elle est donnée par l'équation (a_2).

519. Ceci fait naître une autre difficulté : car, si x désigne le temps ou une quantité croissant avec le temps, on ne voit pas de raison pour que la fonction y, dont la loi de

variation est exprimée par l'équation (α), soit représentée, pour des valeurs de x plus grandes que l'abscisse Op (*fig.*48) du point de contact de l'enveloppée avec l'enveloppe, plutôt par l'ordonnée de l'arc mn appartenant à l'enveloppée, que par celle de l'arc $m\mu$ appartenant à l'enveloppe ; et cependant il est impossible que cette fonction, partant d'une valeur initiale donnée, ait à la même époque, ou pour la même valeur de x, deux valeurs différentes.

Cette difficulté sera levée à l'aide des considérations suivantes :

Désignons par $u=0$ l'équation de la courbe enveloppe, u étant une fonction de x,y, au moyen de laquelle nous pourrons chasser y et dy de l'équation différentielle proposée. Il faut que cette équation prenne la forme

$$du = \varphi u . \psi(u,x)dx,$$

φu étant une fonction de u qui s'évanouit avec u, et dont la dérivée $\varphi' u$ devient infinie pour $u=0$, du moins lorsque la fonction $\psi(u,x)$ ne devient point elle-même infinie ou indéterminée. Car, de cette manière, lorsque la fonction u, après avoir eu à l'origine une valeur différente de zéro, vient à s'évanouir, ce qui arrive au point de contact de l'enveloppée et de l'enveloppe, la tangente de l'enveloppée est déterminée par l'équation $du=0$, et se confond avec celle de l'enveloppe, comme cela doit être.

Il en résulte [515] que la fonction u, ayant une fois atteint la valeur zéro, conserve indéfiniment cette valeur pour des valeurs croissantes du temps ou de la variable x : de sorte que la fonction y, représentée dans une première partie de son cours par l'ordonnée de l'enveloppée, est représentée ultérieurement par l'ordonnée de l'enveloppe.

Pour appliquer ceci à notre exemple, si l'on pose

$$u = p(p-2y) - x^2,$$

les équations (α_1), (α_2) deviendront

$$du = \sqrt{u}\,.\frac{2\sqrt{u}+1}{x}, \quad du = \sqrt{u}\,.\frac{2\sqrt{u}-1}{x}.$$

520. Nous retombons de cette manière sur la théorie des intégrales singulières exposée dans le chapitre IV du présent livre. On voit pourquoi nous leur avons conservé le nom d'*intégrales* que quelques auteurs leur refusent à tort : c'est qu'en effet, quand le temps joue explicitement ou implicitement le rôle de variable indépendante, le problème de l'intégration proprement dite, qui consiste à assigner la somme des accroissements infiniment petits de la fonction dans un intervalle de temps donné, est résolu successivement au moyen d'une intégrale particulière et au moyen de l'intégrale singulière ; de sorte que la solution n'est complète que quand on joint l'intégrale singulière au système des intégrales particulières ou à l'intégrale générale.

Cette propriété de l'intégrale singulière lui appartient en raison de ce qu'elle représente la ligne enveloppe de toutes les lignes données par les intégrales particulières. En conséquence, lors même que l'équation de la ligne enveloppe pourrait se tirer de l'intégrale générale par une détermination convenable de la constante arbitraire (auquel cas elle ne serait plus une intégrale singulière dans le sens purement abstrait que les analystes sont convenus d'attacher à cette expression), elle n'en mériterait pas moins la qualification d'intégrale *singulière*, en ce sens qu'il faudrait la joindre à chacune des autres intégrales particulières, pour compléter la solution du problème d'intégration, lorsque la variable indépendante est le temps ou une quantité croissant avec le temps.

Par exemple, l'équation différentielle

$$y' = \frac{2xy}{x^2 - y^2} \qquad (d)$$

a pour intégrale générale l'équation

$$y^2 + x^2 - 2ay = 0,$$

qui représente une infinité de cercles ayant leurs centres sur l'axe des y, et touchant tous l'axe des x à l'origine des coordonnées. L'équation $y = 0$, qui satisfait à la proposée, n'est qu'une intégrale particulière, en ce sens qu'elle se tire de l'intégrale générale quand on y fait $a = \infty$: mais, si la variable x représente le temps, et que, pour une valeur négative de x on donne à y une valeur positive, assujettie seulement à la condition d'être numériquement plus petite que x, la fonction y s'annulera en même temps que x, et restera ensuite constamment nulle pour toutes les valeurs positives de x. Il faut donc associer l'équation $y=0$ à chacune des autres intégrales particulières, pour en former un système qui, dans chaque cas particulier, résout le problème d'intégration ; et, à cet égard, l'équation $y = 0$ est vraiment une intégrale singulière de la proposée.

Pour comparer l'équation (d) à l'équation (1), on posera

$$\varphi y = y, \quad \psi(x,y) = \frac{2x}{x^2 - y^2};$$

et la fonction φy ne satisfera plus à la condition établie [516], pour que la fonction y, partant d'une valeur initiale autre que zéro, puisse devenir nulle ; mais cela tient à ce que le facteur $\psi\,(x,y)$ devient infini pour le système de valeurs $x = 0$, $y = 0$; et ce cas était exclu dans la démonstration rapportée au n° cité.

521. Passons aux équations du second ordre : ce que nous allons en dire s'appliquera facilement aux équations d'un ordre quelconque.

Soit

$$y'' = f(x,y,y') \qquad (e)$$

une équation du second ordre, résolue par rapport à y'' :

admettons que, pour une valeur x_0 de la variable indépendante, on se soit donné arbitrairement les valeurs correspondantes y_0, y'_0; il viendra

$$y''_0 = f(x_0, y_0, y'_0);$$

et si l'on pose $x_1 = x_0 + \Delta x$, Δx désignant une quantité très petite du premier ordre, on aura, aux quantités près du second ordre,

$$y_1 = y_0 + y'_0 \Delta x, \quad y'_1 = y'_0 + y''_0 \Delta x;$$

puis

$$y''_1 = f(x_1, y_1, y'_1), \; y_2 = y_1 + y'_1 \Delta x, \; y'_2 = y'_1 + y''_1 \Delta x;$$

et ainsi de suite ; en sorte que la série de valeurs par lesquelles passe chacune des fonctions y', y, peut être calculée arithmétiquement avec une approximation indéfinie.

Si l'équation (e) est de la forme

$$y'' = \varphi y' \cdot \psi(x, y, y'),$$

et que y' atteigne une valeur η' qui fait évanouir $\varphi y'$, y'' s'évanouira, et par suite y' conservera, à partir de cette époque, une valeur constante. La proposée aura pour intégrale première singulière $y' = \eta'$; et l'intégrale de celle-ci, $y = \eta' x + c$, satisfera à la proposée, mais sans en être l'intégrale générale, puisqu'elle ne renfermera que la constante arbitraire c.

Si la proposée se met sous la forme

$$y'' = \varphi y \cdot \psi(x, y, y') = 0,$$

et que y atteigne une valeur η qui fait évanouir φy, y'' s'évanouira ; mais comme en même temps y' a une valeur en général différente de zéro, y et y'' prendront aussi, dans l'instant suivant, des valeurs différentes de zéro. Par conséquent l'équation $y = \eta$, qui est une intégrale singulière de la proposée, sans constante arbitraire, ne représentera point, à aucune époque, la suite des valeurs par lesquelles doit passer la fonction y, lorsque la variable x désigne le temps ou une quantité croissant avec le temps, à moins toutefois que y' ne s'évanouisse en même temps que φy.

On pourrait donner plus de généralité à ces remarques, comme nous l'avons fait pour les équations du premier ordre ; mais il suffit que ce sujet soit indiqué.

522. Considérons encore le système des équations simultanées [510]

$$(x'y + y'x)^2 - 8tx'y' = 0,\ xy - t(xy' - x'y) = 0\,;$$

et posons $xy - t^2 = u$, ce qui les changera en

$$u'^2 + 4u = 0,\quad 2t(u + t^2)x' = (t^2 + u't - u)x.$$

Lorsque t,x,y auront atteint des valeurs qui annulent la fonction u, u' s'évanouira, et par suite la fonction u restera constamment nulle : on aura pour déterminer x l'équation $2tx' = x$, d'où $x^2 = a_1 t$. Les intégrales générales des équations proposées sont

$$xy = at - \frac{a^2}{4},\quad xt = a_1 y.$$

Supposons, afin de fixer les idées, $a > 0$: ce système représentera les valeurs de x,y pour les valeurs de $t < \frac{a}{2}$; mais, pour $t > \frac{a}{2}$, les valeurs de x,y seront données par le système

$$xy - t^2 = 0,\quad x^2 = a_1 t,$$

qui représente l'intégrale singulière des proposées.

LIVRE SEPTIÈME.

INTÉGRATION

DES ÉQUATIONS DIFFÉRENTIELLES A PLUSIEURS VARIABLES INDÉPENDANTES.

CHAPITRE PREMIER.

DE L'INTÉGRATION DES ÉQUATIONS AUX DIFFÉRENTIELLES TOTALES. — APPLICATIONS GÉOMÉTRIQUES.

523. Si l'on a, entre les variables indépendantes x, y, et la fonction z qui en dépend, une équation de la forme

$$dz = \varphi(x,y)dx + \psi(x,y)dy,$$

l'intégration de cette équation se ramène aux quadratures [393], pourvu que les fonctions φ, ψ satisfassent à la condition d'intégrabilité

$$\frac{d\varphi}{dy} = \frac{d\psi}{dx}.$$

Si les fonctions φ, ψ renfermaient la variable z, ou si l'on avait entre les variables x, y, z et leurs différentielles totales, l'équation

$$\mathrm{X}dx + \mathrm{Y}dy + \mathrm{Z}dz = 0, \tag{1}$$

X, Y, Z désignant des fonctions de x, y, z, on ramènerait encore aux quadratures l'intégration de cette équation

[396], pourvu que les fonctions X,Y,Z satisfissent aux conditions d'intégrabilité

$$\frac{dX}{dy}=\frac{dY}{dx}, \frac{dX}{dz}=\frac{dZ}{dx}, \frac{dY}{dz}=\frac{dZ}{dy};$$

et l'intégrale aurait la forme $F(x,y,z)=const.$, F désignant la fonction dont le premier membre de l'équation (1) est la différentielle exacte.

L'équation (1) peut être mise sous la forme

$$dx=-\frac{Y}{X}dy-\frac{Z}{X}dz;$$

il s'agit de trouver une fonction x de deux variables indépendantes y et z satisfaisant à cette équation, c'est-à-dire une fonction x dont les deux dérivées partielles par rapport à y et à z soient égales, la première à $-\frac{Y}{X}$, la seconde à $-\frac{Z}{X}$. Regardons d'abord z comme une constante, et cherchons la fonction la plus générale dont la dérivée partielle par rapport à y est égale à $-\frac{Y}{X}$; cette fonction devra satisfaire à l'équation différentielle ordinaire

$$dx=-\frac{Y}{X}dy,$$

ou

$$Xdx+Ydy=0, \tag{2}$$

dx étant ici la différentielle partielle par rapport à y. Soit

$$U=Z_1 \tag{3}$$

l'intégrale générale de cette équation, Z_1 désignant une fonction arbitraire de z. Il faut maintenant déterminer Z_1 de manière que la valeur de la dérivée partielle $\frac{dx}{dz}$ tirée de l'équation

$$\frac{dU}{dx}\frac{dx}{dz}+\frac{dU}{dz}=\frac{dZ_1}{dz}$$

soit égale à $-\frac{Z}{X}$, ce qui donne

$$\frac{dZ_1}{dz}=\frac{dU}{dz}-\frac{Z}{X}\frac{dU}{dx}. \tag{4}$$

Si dans le second membre de cette équation on remplace x par sa valeur tirée de l'équation (3), y doit disparaître, puisque Z_1 ne contient que z. Pour que la question proposée soit possible, il faut donc que cette condition soit remplie. Quand elle sera remplie, on intégrera l'équation (4) entre les variables z et Z_1 ; soit

$$f(z,Z_1)=C \tag{5}$$

l'intégrale générale de l'équation (4) ; en remplaçant Z_1 par sa valeur U donnée par l'équation (3), on arrivera à une équation de la forme

$$F(x,y,z)=C, \tag{6}$$

C étant une constante arbitraire.

De l'équation (6) on déduit

$$\frac{dx}{dy}=-\frac{\frac{dF}{dy}}{\frac{dF}{dx}},\quad \frac{dx}{dz}=-\frac{\frac{dF}{dz}}{\frac{dF}{dx}};$$

on aura donc

$$\frac{\frac{dF}{dy}}{\frac{dF}{dx}}=\frac{Y}{X},\quad \frac{\frac{dF}{dz}}{\frac{dF}{dx}}=\frac{Z}{X},$$

ou

$$\frac{\frac{dF}{dx}}{X}=\frac{\frac{dF}{dy}}{Y}=\frac{\frac{dF}{dz}}{Z}.$$

Ces deux équations doivent être vérifiées quels que soient x, y, z ; autrement, en remplaçant x par sa valeur tirée de l'équation (6), on aurait une relation entre y, z et la constante C.

En appelant μ ces rapports égaux, on a

$$\frac{dF}{dx} = \mu X, \quad \frac{dF}{dy} = \mu Y, \quad \frac{dF}{dz} = \mu Z.$$

Le premier membre de l'équation (1) multiplié par μ devient une différentielle exacte. On en déduit les conditions

$$\frac{d.\mu Y}{dz} = \frac{d.\mu Z}{dy}, \quad \frac{d.\mu Z}{dx} = \frac{d.\mu X}{dz}, \quad \frac{d\ \mu X}{dy} = \frac{d.\mu Y}{dx},$$

ou en développant

$$\mu.\frac{dY}{dz} + Y\frac{d\mu}{dz} = \mu\frac{dZ}{dy} + Z\frac{d\mu}{dy},$$

$$\mu.\frac{dZ}{dx} + Z\frac{d\mu}{dx} = \mu\frac{dX}{dz} + X\frac{d\mu}{dz},$$

$$\mu.\frac{dX}{dy} + X\frac{d\mu}{dy} = \mu\frac{dY}{dx} + Y\frac{d\mu}{dx}.$$

Si l'on ajoute ces trois équations, multipliées respectivement par X, Y, Z, et si l'on supprime le facteur μ, il vient

$$X\left(\frac{dY}{dz} - \frac{dZ}{dy}\right) + Y\left(\frac{dZ}{dx} - \frac{dX}{dz}\right) + Z\left(\frac{dX}{dy} - \frac{dY}{dx}\right) = 0. \quad (7)$$

Telle est la condition d'intégrabilité.

Nous allons faire voir maintenant que cette condition est suffisante. Revenons à l'équation (2) qui admet pour intégrale l'équation (3) ; on a

$$\frac{dU}{dx} = \lambda X, \quad \frac{dU}{dy} = \lambda Y.$$

Nous avons ensuite à intégrer l'équation (4), dont le second membre

$$\frac{dU}{dz} - \lambda Z$$

ne doit pas renfermer y, après qu'on a remplacé x par sa valeur tirée de l'équation (3). Il faut pour cela que la dérivée par rapport à y, en regardant x comme une fonction de y, soit nulle. On doit donc avoir

$$\frac{d.\left(\frac{dU}{dz} - \lambda Z\right)}{dx}\frac{dx}{dy} + \frac{d.\left(\frac{dU}{dz} - \lambda Z\right)}{dy} = 0,$$

ou

$$Y\left[\frac{d.\lambda X}{dz} - \frac{d.\lambda Z}{dx}\right] + X\left[\frac{d.\lambda Y}{dz} - \frac{d.\lambda Z}{dy}\right] = 0;$$

et en ayant égard à la relation

$$\frac{d.\lambda X}{dy} = \frac{d.\lambda Y}{dx},$$

on retombe sur la condition (7).

524. Lorsque cette équation n'est pas satisfaite, il n'existe pas une fonction x de deux variables indépendantes y, z, susceptible de vérifier l'équation (1); ce qui revient à dire que cette équation n'exprime plus une propriété dont puissent jouir les coordonnées x, y, z d'une certaine surface. Cependant l'équation (1) n'est pas dépourvue pour cela de toute signification, et rien n'empêche qu'elle exprime, par exemple, une propriété commune à une série de courbes, dont x, y, z désigneraient les coordonnées courantes [263 *et* 267] : seulement il n'existe pas de surface qui soit le lieu géométrique de toutes ces lignes. Si l'on établit une liaison arbitraire entre y et x, ce qui revient à tracer arbitrairement la projection d'une de ces lignes sur le plan xy, z devient fonction de la seule variable indépendante x, et l'équation (1), construite comme une équation différentielle ordinaire, détermine la projection de la même ligne sur le plan xz,

pourvu seulement qu'on donne un point par lequel cette projection doit passer. L'intégration de l'équation (1) consiste dans ce cas à trouver entre les coordonnées finies x, y, z un système d'équations renfermant une fonction arbitraire, et d'où l'on puisse tirer, par une détermination convenable de la fonction arbitraire, toutes les lignes dont les coordonnées jouissent de la propriété de satisfaire à l'équation différentielle proposée.

Or, la solution de ce problème dérive immédiatement de l'analyse qui nous a conduit à l'intégration de l'équation proposée, lorsqu'elle satisfait à la condition d'intégrabilité; car si, dans le cas contraire, au lieu de déterminer la fonction Z_1 qui entre dans l'équation (3), on pose

$$U = \varphi z, \tag{8}$$

φ désignant une constante arbitraire, et ensuite

$$\frac{dU}{dz} - \frac{Z}{X}\frac{dU}{dx} = \varphi' z, \tag{9}$$

les valeurs de x, y en fonction de z, qui vérifieront les équations (8) et (9), vérifieront aussi l'équation proposée, dont l'intégrale sera exprimée en conséquence par le système des équations (8) et (9), contenant la fonction arbitraire φ et sa dérivée. En effet, si l'on différentie l'équation (8) en faisant varier à la fois x, y, z, on a

$$\frac{dU}{dx}dx + \frac{dU}{dy}dy + \frac{dU}{dz}dz - \varphi' z dz = 0,$$

et, en vertu de l'équation (9),

$$\frac{dU}{dx}dx + \frac{dU}{dy}dy + \frac{Z}{X}\frac{dU}{dx}dz = 0.$$

Mais

$$\frac{dU}{dx} = \lambda X, \quad \frac{dU}{dy} = \lambda Y;$$

il en résulte

$$Xdx + Ydy + Zdz = 0.$$

Supposons qu'il s'agisse d'exprimer que la ligne dont les coordonnées courantes sont x,y,z, est déterminée par le contact d'une surface conique ayant son centre au point (x_0,y_0,z_0), et d'une surface de révolution autour de l'axe des z : les coordonnées des points situés sur cette ligne devront vérifier à la fois [249 *et* 254] les équations

$$z - z_0 = p(x - x_0) + q(y - y_0), \tag{10}$$

$$py - qx = 0, \tag{11}$$

$$dz = pdx + qdy,$$

d'où l'on tire, par l'élimination de p et de q,

$$\frac{dz}{z - z_0} = \frac{xdx + ydy}{x(x - x_0) + y(y - y_0)}. \tag{12}$$

Cette équation ne satisfait pas à la condition d'intégrabilité, tant que x_0, y_0 ne sont pas nuls : on a dans ce cas

$$\lambda = x(x - x_0) + y(y - y_0),$$

$$U = \tfrac{1}{2}(x^2 + y^2),\ Z = -\frac{1}{z - z_0};$$

au moyen de quoi les équations (8) et (9) deviennent

$$x^2 + y^2 = 2\varphi z,\ \frac{x(x - x_0) + y(y - y_0)}{z - z_0} = \varphi' z. \tag{13}$$

L'équation (12), ou le système des équations (13) qui en est l'équivalent, appartiennent donc à toutes les lignes qui jouissent de la propriété géométrique définie ci-dessus.

On aurait pu modifier l'énoncé du même problème, en demandant quelle est l'équation de la surface qui se trouve comprise à la fois dans la famille des surfaces coniques caractérisées par l'équation (10) et dans celle des surfaces de révolution caractérisées par l'équation (11). L'équation (12) à laquelle on est conduit pour exprimer cette double condition, ne satisfaisant pas à la condition d'intégrabilité tant que x_0, y_0 ne sont pas nuls, il en résulte que, dans le cas général, une telle surface n'existe pas. Lorsque x_0, y_0 sont nuls, l'équation (12) s'intègre et donne

$$z - z_0 = c\sqrt{x^2 + y^2},$$

c désignant la constante arbitraire. Cette équation appartient à tous les cônes droits qui ont leur centre au point de l'axe des z dont l'ordonnée est z_0 ; et il est bien évident qu'en effet ces cônes droits satisfont au problème ainsi énoncé.

En mettant l'équation (12) sous la forme

$$dz[x(x - x_0) + y(y - y_0)] = (z - z_0)(xdx + ydy),$$

on voit qu'elle est satisfaite par l'équation $z - z_0 = 0$, sans qu'on ait besoin de supposer nulles les coordonnées x_0, y_0. Ainsi le plan mené par le point (x_0, y_0, z_0), perpendiculairement à l'axe des z, est une surface qui satisfait à l'énoncé du problème; mais cette solution n'est que singulière, comme le montre bien la forme de l'équation ci-dessus, et l'on n'y trouve pas la constante arbitraire essentielle à l'intégrale complète.

* 525. Lorsque l'équation proposée n'est pas linéaire par rapport aux différentielles dx, dy, dz, elle n'est susceptible de satisfaire à l'équation (7), et d'avoir en conséquence pour intrégrale complète une équation entre x, y, z et un paramètre arbitraire, qu'autant qu'elle peut se décomposer préalablement en facteurs linéaires. Cependant, parmi les équations non linéaires qui ne satisfont pas à cette condition préalable d'intégrabilité, il y en a encore qui comportent une signification géométrique, et qui sont susceptibles de s'intégrer, avec toute la généralité requise, moyennant l'introduction de fonctions arbitraires.

Ainsi le problème de la rectification des courbes planes consiste à intégrer l'équation différentielle à trois variables

$$ds^2 = dx^2 + dy^2, \tag{14}$$

qui ne peut point se décomposer en facteurs linéaires, ni comporter pour intégrale une équation unique entre x, y, s et une constante arbitraire, mais dont néanmoins l'intégrale générale peut s'écrire sous une forme plus complexe.

En effet, il est permis de mettre l'équation (14) sous la forme

$$ds^2 = (dx \cos \alpha - dy \sin \alpha)^2 + (dx \sin \alpha + dy \cos \alpha)^2,$$

α désignant un angle arbitraire ; et par suite on peut remplacer cette équation par le système des deux autres

$$ds = dx \cos \alpha - dy \sin \alpha, \quad dx \sin \alpha + dy \cos \alpha = 0,$$

qui ont pour intégrales

$$s = x \cos \alpha - y \sin \alpha + \beta, \quad x \sin \alpha + y \cos \alpha = \gamma, \tag{15}$$

β, γ désignant d'autres constantes arbitraires. Maintenant que le système (15) nous fournit une solution particulière de l'équation (14), il s'agit de généraliser cette solution ; et pour cela, suivant la méthode déjà appliquée dans le chapitre VIII du quatrième livre, nous poserons d'abord $\beta = \varphi\alpha$, $\gamma = \psi\alpha$, puis nous égalerons à zéro les dérivées des équations (15) par rapport à α, considéré maintenant comme variable. Ce calcul donne

$$0 = -x \sin \alpha - y \cos \alpha + \varphi'\alpha, \quad x \cos \alpha - y \sin \alpha = \psi'\alpha,$$

d'où $\psi\alpha = \varphi'\alpha$, $\psi'\alpha = \varphi''\alpha$. Conséquemment on satisfera à l'équation (14) par le système des trois équations

$$\begin{aligned} s &= x \cos \alpha - y \sin \alpha + \varphi\alpha, \\ x \sin \alpha + y \cos \alpha &= \varphi'\alpha, \\ x \cos \alpha - y \sin \alpha &= \varphi''\alpha, \end{aligned}$$

dans lequel la fonction φ reste arbitraire, ou par le système suivant qui s'en déduit,

$$\left.\begin{array}{l} x = \varphi'\alpha . \sin\alpha + \varphi''\alpha . \cos\alpha, \\ y = \varphi'\alpha . \cos\alpha - \varphi''\alpha . \sin\alpha, \\ s = \varphi\alpha + \varphi''\alpha; \end{array}\right\} \qquad (16)$$

et d'où l'on tire en effet

$$\begin{aligned} dx &= (\varphi'\alpha + \varphi'''\alpha)\cos\alpha d\alpha, \\ dy &= -(\varphi'\alpha + \varphi'''\alpha)\sin\alpha d\alpha, \\ ds &= (\varphi'\alpha + \varphi'''\alpha)d\alpha, \end{aligned}$$

valeurs qui vérifient bien évidemment l'équation (14). Si l'on assigne la forme de la fonction φ, on aura l'équation de la courbe plane dont s,x,y désignent respectivement l'arc, l'abscisse et l'ordonnée, en éliminant α, si c'est possible, entre les deux premières équations (16), et la valeur de l'arc en fonction de x ou de y, en éliminant α entre la troisième et la première ou la seconde des équations de ce groupe. Si l'on donne au contraire l'équation de la courbe

$$f(x,y) = 0, \qquad (f)$$

on y substituera les valeurs précédentes de x et de y, ce qui donnera une équation différentielle du second ordre, entre α et $\varphi\alpha$, dont l'intégration complète doit amener deux constantes arbitraires. Or, dans ce cas, la troisième équation (16) donnerait aussi la valeur de s avec deux constantes arbitraires ; tandis que cette valeur ne comporte essentiellement qu'une constante arbitraire, en raison du choix arbitraire de l'origine des arcs. Voici comment cette difficulté a été levée par Poisson, d'après une remarque analogue de Lagrange [492] :

Quand on différentie l'équation (f) et qu'on y substitue pour dx, dy leurs valeurs en fonction de α, il vient

$$\left(\frac{df}{dx}\cos\alpha - \frac{df}{dy}\sin\alpha\right)(\varphi'\alpha + \varphi'''\alpha)d\alpha = 0,$$

équation qui se décompose en deux autres

$$\varphi'\alpha + \varphi'''\alpha = 0, \quad \frac{df}{dx}\cos\alpha - \frac{df}{dy}\sin\alpha = 0.$$

La première s'intègre immédiatement et donne

$$\varphi\alpha + \varphi''\alpha = const.;$$

mais cette solution ne satisfait pas à la question, puisqu'on en conclurait $s = const.$ La seconde équation ne contient pas $\varphi'''\alpha$, et elle est du second ordre par rapport à φ, aussi bien que l'équation (f). Si donc on élimine $\varphi''\alpha$ entre ces deux équations du second ordre, on obtiendra une équation du premier ordre, qui sera une intégrale singulière de (f) : en intégrant de nouveau, on aura la valeur de $\varphi\alpha$, et par suite celle de s avec une seule constante arbitraire.

*526. Le système des équations (16) n'est pas le seul qu'on puisse poser comme équivalent à l'équation (14). Il est clair que l'on satisferait à cette équation par le système de valeurs particulières

$$x = as + \alpha, \quad y = s\sqrt{1 - a^2} + \beta,$$

dans l'expression desquelles a, α, β désignent des constantes. Donc on satisfera aussi à l'équation (14) par le système de formules

$$x = s\varphi\alpha + \alpha, \quad y = s\sqrt{1 - (\varphi\alpha)^2} + \psi\alpha, \tag{17}$$

dans lesquelles φ, ψ désignent des fonctions arbitraires de la variable α, assujetties à vérifier les équations dérivées

$$0 = s\varphi'\alpha + 1, \quad 0 = -\frac{s\varphi\alpha . \varphi'\alpha}{\sqrt{1 - (\varphi\alpha)^2}} + \psi'\alpha. \tag{18}$$

Les équations (17) et (18) peuvent s'écrire ainsi qu'il suit :

$$\varphi\alpha - \frac{x - \alpha}{s} = 0, \quad \varphi'\alpha + \frac{1}{s} = 0,$$

$$\frac{y - \psi\alpha}{s}\sqrt{1 - \left(\frac{x-\alpha}{s}\right)^2} = 0, \quad \psi'\alpha + \frac{\dfrac{x - \alpha}{s}}{\sqrt{1 - \left(\dfrac{x-\alpha}{s}\right)^2}} = 0;$$

par où l'on voit que la première s'identifiera avec la quatrième, si l'on détermine la fonction φ de manière à satisfaire à la relation

$$\varphi\alpha = -\psi'\alpha . \sqrt{1 - \left(\frac{x-\alpha}{s}\right)^2}.$$

En même temps la seconde équation, qui est la dérivée de la première par rapport à α, s'identifiera avec la dérivée de la quatrième ou avec la seconde dérivée de la troisième : la fonction φ se trouvera éliminée, et l'on aura, pour satisfaire à l'équation (14), le système des trois équations

$$\left.\begin{array}{r} s^2 = (x-\alpha)^2 + (y - \varphi\alpha)^2, \\ x - \alpha + (y - \psi\alpha)\,\psi'\alpha = 0, \\ -1 - (\psi'\alpha)^2 + (y - \psi\alpha)\,\psi''\alpha = 0\,; \end{array}\right\} \qquad (19)$$

à l'inspection desquelles on reconnaît que α, $\psi\alpha$ et s désignent les coordonnées parallèles aux x et aux y, et le rayon de courbure de la ligne qui aurait pour développée celle dont x,y sont les coordonnées courantes [190 *et suiv.*, 344 *et* 492].

Si l'équation (14) était remplacée par cette autre plus générale

$$\mathrm{F}\left(\frac{dx}{ds}, \frac{dy}{ds}\right) = 0,$$

la même analyse donnerait, au lieu des équations (19),

$$\mathrm{F}\left(\frac{x-\alpha}{s}, \frac{y-\psi\alpha}{s}\right) = 0, \quad \frac{d\mathrm{F}}{d\alpha} = 0, \quad \frac{d^2\mathrm{F}}{d\alpha^2} = 0.$$

CHAPITRE II.

DE L'INTÉGRATION, EN TERMES FINIS, DES ÉQUATIONS AUX DIFFÉRENCES PARTIELLES DU PREMIER ORDRE.

527. On a vu [166 *et suiv.*] comment se pratique l'élimination des fonctions arbitraires entre une équation à plusieurs variables indépendantes et ses dérivées ; et comment, par cette élimination, on tombe sur une équation aux différences partielles, qui a autant de généralité que l'équation primitive, et dont cette équation primitive est l'intégrale. Ce sujet a été repris avec plus de détails, en vue des applications à la théorie des surfaces, dans les chapitres VII et VIII du quatrième livre. Maintenant il s'agit d'exposer les procédés les plus généraux qu'on emploie pour remonter d'une équation aux différences partielles à son intégrale ; quand cette intégrale peut s'exprimer sous forme finie, ou en séries convergentes d'un nombre infini de termes, avec les signes reçus dans l'analyse. D'ailleurs les équations aux différences partielles, considérées en elles-mêmes, indépendamment des accidents de forme qui font qu'elles admettent ou qu'elles n'admettent pas des intégrales analytiques, ont une signification et une valeur propres qui doivent faire l'objet d'une étude particulière et d'une discussion directe : c'est par cette discussion que nous terminerons le présent livre.

§ 1er. De l'intégration des équations linéaires du premier ordre.

528. L'intégration des équations aux différences par-

tielles du premier ordre, linéaires par rapport aux dérivées partielles qu'elles renferment, a été ramenée par Lagrange à dépendre de l'intégration d'un système d'équations différentielles simultanées. Soit l'équation aux différences partielles

$$X\frac{du}{dx}+Y\frac{du}{dy}+Z\frac{du}{dz}+T\frac{du}{dt}+\text{etc.}=U, \qquad (a)$$

U,X,Y,Z,T, etc. désignant des fonctions quelconques des $n+1$ variables u,x,y,z,t, etc. Il s'agit de trouver une fonction u des n variables indépendantes x, y, z, $t\ldots$, qui, substituée, avec ses dérivées partielles, dans l'équation (a), vérifie cette équation, quelles que soient les valeurs des n variables indépendantes. Représentons par

$$F(u,x,y,z,t,\ldots\ldots)=0 \qquad (a')$$

l'équation intégrale donnant la valeur de u.

Les dérivées partielles de la fonction u sont données par les équations

$$\frac{dF}{dx}+\frac{dF}{du}\cdot\frac{du}{dx}=0,\quad \frac{dF}{dy}+\frac{dF}{du}\cdot\frac{du}{dy}=0,\quad \frac{dF}{dz}+\frac{dF}{du}\cdot\frac{du}{dz}=0,\ \text{etc.};$$

si l'on substitue dans l'équation (a), il vient

$$U\frac{dF}{du}+X\frac{dF}{dx}+Y\frac{dF}{dy}+Z\frac{dF}{dz}+T\frac{dF}{dt}+\text{etc.}=0; \qquad (b)$$

cette équation doit être vérifiée, quelles que soient les n variables indépendantes $x,y,z,t\ldots\ldots$, après qu'on a remplacé u par sa valeur tirée de l'équation (a'). Nous cherchons en ce moment les solutions pour lesquelles l'équation (b) est vérifiée identiquement, c'est-à-dire quelles que soient les $n+1$ variables $u,x,y,z,t\ldots$, sans qu'on remplace u par sa valeur tirée de l'équation (a'). La question revient à intégrer l'équation (b) dans laquelle F désigne une fonction de $n+1$ variables indépendantes $u,x,y,z,t\ldots$

Concevons qu'on ait intégré, avec toute la généralité requise, le système des n équations différentielles simultanées,

$$\frac{du}{U}=\frac{dx}{X}=\frac{dy}{Y}=\frac{dz}{Z}=\frac{dt}{T}=\text{etc.}, \tag{c}$$

dans lesquelles il n'y a qu'une variable indépendante, on pourra mettre les intégrales sous la forme

$$f_1(x,y,z,t,\ldots u)=a_1,\quad f_2(x,y,z,t,\ldots u)=a_2,\ldots$$
$$\ldots f_n(x,y,z,t,\ldots u)=a_n, \tag{d}$$

a_1, a_2,... a_n désignant les n constantes arbitraires amenées par l'intégration; et l'on aura par conséquent

$$\frac{df_1}{du}du+\frac{df_1}{dx}dx+\frac{df_1}{dy}dy+\frac{df_1}{dz}dz+\frac{df_1}{dt}dt+\text{etc.}=0,$$
$$\frac{df_2}{du}du+\frac{df_2}{dx}dx+\frac{df_2}{dy}dy+\frac{df_2}{dz}dz+\frac{df_2}{dt}dt+\text{etc.}=0,$$
$$\cdots\cdots\cdots\cdots\cdots\cdots\cdots\cdots\cdots\cdots$$
$$\frac{df_n}{du}du+\frac{df_n}{dx}dx+\frac{df_n}{dy}dy+\frac{df_n}{dz}dz+\frac{df_n}{dt}dt+\text{etc.}=0;$$

ou bien, en vertu des équations (c),

$$\left.\begin{array}{l}
U\frac{df_1}{du}+X\frac{df_1}{dx}+Y\frac{df_1}{dy}+Z\frac{df_1}{dz}+T\frac{df_1}{dt}+\text{etc.}=0,\\
U\frac{df_2}{du}+X\frac{df_2}{dx}+Y\frac{df_2}{dy}+Z\frac{df_2}{dz}+T\frac{df_2}{dt}+\text{etc.}=0,\\
\cdots\cdots\cdots\cdots\cdots\cdots\cdots\cdots\cdots\cdots\\
U\frac{df_n}{du}+X\frac{df_n}{dx}+Y\frac{df_n}{dy}+Z\frac{df_n}{dz}+T\frac{df_n}{dt}+\text{etc.}=0.
\end{array}\right\} \tag{d'}$$

Ces équations (d') doivent être vérifiées identiquement, c'est-à-dire quelles que soient $u,x,y,z,t\ldots$; car si l'on prend t pour variable indépendante, rien n'empêche de supposer que ces constantes sont les valeurs $u_0,x_0,y_0,z_0\ldots$, de $u,x,y,z\ldots$, pour $t=t_0$; si donc on fait $t=t_0$ dans les équations (d') on aura des relations entre les $n+1$ quantités arbitraires $t_0, u_0, x_0, y_0, z_0 \ldots$, ce qui est impossible. On voit par là que les n fonctions $f_1, f_2, \ldots f_n$ satisfont à l'équation (b) et fournissent autant d'intégrales particulières de cette équation.

Il est facile de voir qu'une fonction arbitraire Φ des quantités $f_1, f_2, \ldots f_n$ satisfait pareillement à l'équation (b) ; car si l'on ajoute les premiers membres des équations (d'), après les avoir multipliés respectivement par

$$\frac{d\Phi}{df_1}, \frac{d\Phi}{df_2}, \ldots \frac{d\Phi}{df_n},$$

il vient identiquement

$$U\frac{d\Phi}{du}+X\frac{d\Phi}{dx}+Y\frac{d\Phi}{dy}+Z\frac{d\Phi}{dz}+T\frac{d\Phi}{dt}+\text{etc.}=0.$$

Donc on a pour intégrale générale de l'équation (b), ou, ce qui est la même chose, de l'équation (a),

$$\Phi(f_1, f_2, f_3 \ldots f_n)=0, \quad \text{ou} \quad f_1=\varphi(f_2, f_3 \ldots f_n),$$

Φ, φ étant des caractéristiques de fonctions arbitraires.

529. Appliquons cette analyse à l'équation à trois variables

$$X\frac{dz}{dx}+Y\frac{dz}{dy}=Z, \quad \text{ou} \quad Xp+Yq=Z, \tag{1}$$

et supposons en premier lieu que les fonctions X, Y, Z se réduisent à des nombres constants P, Q, R : les équations (c) deviennent

$$Rdx-Pdz=0, \quad Rdy-Qdz=0,$$

et elles conduisent aux intégrales

$$Rx-Pz=a_1, \quad Ry-Qz=a_2; \tag{2}$$

de sorte que la proposée (1) a pour intégrale générale

$$Rx - Pz = \varphi(Ry - Qz).$$

Cette équation caractérise la famille des surfaces cylindriques, et les équations (2) sont celles des droites génératrices [247].

Conservons à X, Y leurs valeurs constantes P, Q, et posons $Z = z$: on aura pour équations différentielles à intégrer

$$Pdy - Qdx = 0, \quad zdx - Pdz = 0,$$

d'où

$$Py - Qx = a_1, \quad z = a_2 e^{\frac{x}{P}};$$

ce qui met l'intégrale de la proposée sous la forme

$$z = e^{\frac{x}{P}} . \varphi(Py - Qx). \tag{3}$$

Enfin, si nous prenons pour dernier exemple l'équation

$$px + qy = n\sqrt{x^2 + y^2}, \tag{4}$$

nous aurons à intégrer les équations différentielles à deux variables

$$xdz = ndx\sqrt{x^2 + y^2}, \quad xdy - ydx = 0 :$$

la seconde donne $y = a_1 x$, et la première devient, par la substitution de cette valeur de y,

$$dz = ndx\sqrt{1 + a_1^2}, \quad \text{d'où} \quad z = n\sqrt{1 + a_1^2} . x + a_2,$$

et en remettant pour a_1 sa valeur,

$$z - n\sqrt{x^2 + y^2} = a_2.$$

En conséquence l'intégrale est

$$z = n\sqrt{x^2 + y^2} + \varphi\left(\frac{y}{x}\right).$$

530. Le propre des intégrales complètes (d) est, comme

nous l'avons expliqué, de satisfaire aux équations (c) immédiatement, en ce sens que les valeurs de du, dx, dy, dz, etc., tirées des dérivées des équations (d), rendent les équations (c) identiques, sans qu'on ait besoin de revenir aux liaisons établies entre les variables u, x, y, z, etc., par les mêmes équations (d). Inversement, et par une raison contraire, si les équations (c) admettent des intégrales singulières

$$\left.\begin{array}{c}\varphi_1(x,y,z,t,\ldots u)=0,\\ \varphi_2(x,y,z,t,\ldots u)=0,\ldots\varphi_n(x,y,z,t,\ldots u)=0,\end{array}\right\} \qquad (\delta)$$

les dérivées de celles-ci ne vérifieront les équations (c) qu'autant que l'on tiendra compte des liaisons exprimées par les équations (δ); ou, en d'autres termes, il faudra combiner les équations (δ) avec leurs dérivées, pour satisfaire au système des équations (c). Cela posé, chacune des équations (δ) satisfera à l'équation (b), ou à l'équation (a) dont celle-ci est une transformée ; mais on ne satisferait pas à l'équation (b) en prenant pour F une fonction arbitraire des quantités $\varphi_1, \varphi_2, \ldots \varphi_n$, ou une fonction arbitraire dans laquelle entreraient, en totalité ou en partie, les quantités $\varphi_1, \varphi_2, \ldots \varphi_n$, associées aux quantités $f_1, f_2, \ldots f_n$, prises aussi en totalité ou en partie. Donc l'équation (a) n'admet pas d'autre intégrale complète que celle où les quantités $f_1, f_2, \ldots f_n$ entrent exclusivement sous le signe de fonction arbitraire, mais elle est satisfaite par chacune des équations (δ) ; et ces équations sont des intégrales singulières de l'équation (a), puisqu'elles ne sont pas renfermées dans l'intégrale complète.

Prenons pour exemple l'équation linéaire du premier ordre à trois variables

$$p - q(\tfrac{1}{2} + x - \sqrt{x^2 + y + z}) = \tfrac{1}{2} - x + \sqrt{x^2 + y + z}, \qquad (5)$$

dont l'intégration est subordonnée à celle des équations différentielles simultanées

$$y' = -\tfrac{1}{2} - x + \sqrt{x^2 + y + z},$$
$$z' = \tfrac{1}{2} - x + \sqrt{x^2 + y + z},$$

que l'on peut remplacer par

$$z' = 1 + y', \quad z + y = x(z' + y') + \left(\frac{z' + y'}{2}\right)^2,$$

et qui ont pour intégrales complètes,

$$z = x + y + a_1, \quad z + y = 2a_2 x + a_2^2.$$

La seconde de ces intégrales donne naissance à l'intégrale singulière

$$x^2 + y + z = 0. \qquad (6)$$

Chacune des équations

$$z - x - y = a_1, \quad -x + \sqrt{x^2 + y + z} = a_2$$

donne pour p et q des valeurs qui, mises dans l'équation (5), la rendent identique : en conséquence, l'équation (5) a pour intégrale complète

$$-x + \sqrt{x^2 + y + z} = \psi(z - x - y),$$

ψ étant une caractéristique de fonction arbitraire. Au contraire, l'équation (6) donne pour p et q des valeurs qui, substituées dans l'équation (5), ne satisfont à cette équation qu'autant qu'on tient compte de l'équation (6) pour supprimer le radical qui entre dans l'équation (5). Dès lors l'équation (6) ne satisfait à la proposée (5) qu'en qualité d'intégrale singulière.

Si l'on met l'équation (4) sous la forme équivalente

$$x\frac{dF}{dx} + y\frac{dF}{dy} + n\sqrt{x^2 + y^2}.\frac{dF}{dz} = 0,$$

on trouvera de même qu'elle admet pour intégrale singulière l'équation

$$x^2 + y^2 = 0,$$

ou le système des équations $x = 0$, $y = 0$.

*531. Soient x, y, z, etc., des variables indépendantes en nombre n; u, v, w, etc., des fonctions de ces variables en nombre $m+1$, qui doivent vérifier le système des $m+1$ équations aux différences partielles, linéaires et du premier ordre :

$$\left.\begin{array}{l} \mathrm{U}=\mathrm{X}\dfrac{du}{dx}+\mathrm{Y}\dfrac{du}{dy}+\mathrm{Z}\dfrac{du}{dz}+\text{etc.}, \\ \mathrm{V}=\mathrm{X}\dfrac{dv}{dx}+\mathrm{Y}\dfrac{dv}{dy}+\mathrm{Z}\dfrac{dv}{dz}+\text{etc.}, \\ \mathrm{W}=\mathrm{X}\dfrac{dw}{dx}+\mathrm{Y}\dfrac{dw}{dy}+\mathrm{Z}\dfrac{dw}{dz}+\text{etc.}, \\ \text{etc.}, \end{array}\right\} \quad (\mathrm{A})$$

dans lesquelles U, V, W, etc. ; X, Y, Z, etc., désignent des fonctions quelconques de toutes les variables dépendantes et indépendantes. Soient

$$\mathrm{f}_1,\ \mathrm{f}_2,\ \mathrm{f}_3 \ldots \mathrm{f}_{m+n}$$

des fonctions des mêmes variables, qui, mises à la place de F, rendent identique l'équation

$$\mathrm{U}\frac{d\mathrm{F}}{du}+\mathrm{V}\frac{d\mathrm{F}}{dv}+\mathrm{W}\frac{d\mathrm{F}}{dw}+\text{etc.}$$
$$+\mathrm{X}\frac{d\mathrm{F}}{dx}+\mathrm{Y}\frac{d\mathrm{F}}{dy}+\mathrm{Z}\frac{d\mathrm{F}}{dz}+\text{etc.}=0; \quad (\mathrm{B})$$

ou bien des fonctions telles que le système d'équations différentielles simultanées

$$\frac{du}{\mathrm{U}}=\frac{dv}{\mathrm{V}}=\frac{dw}{\mathrm{W}}=\text{etc.}=\frac{dx}{\mathrm{X}}=\frac{dy}{\mathrm{Y}}=\frac{dz}{\mathrm{Z}}=\text{etc.}$$

ait pour intégrales complètes

$$\mathrm{f}_1=a_1,\ \mathrm{f}_2=a_2,\ \mathrm{f}_3=a_3,\ldots \mathrm{f}_{m+n}=a_{m+n}:$$

le système des équations (A) aura pour intégrales complètes

$$\left.\begin{array}{l}\Phi_1(f_1,f_2,f_3\ldots f_{m+n})=0,\quad \Phi_2(f_1,f_2,f_3,\ldots f_{m+n})=0,\ldots\\ \ldots\Phi_{m+1}(f_1,f_2,f_3,\ldots f_{m+n})=0,\end{array}\right\}\quad(\Phi)$$

$\Phi_1, \Phi_2, \ldots \Phi_{m+1}$ étant des caractéristiques de fonctions arbitraires. Voici comment ce théorème remarquable a été établi par Jacobi :

Désignons par $\lambda_1, \lambda_2, \ldots \lambda_{m+1}$ des quantités auxiliaires telles que les rapports de l'une d'entre elles à toutes les autres soient déterminés par le système d'équations linéaires, en nombre m :

$$\left.\begin{array}{l}\lambda_1\dfrac{d\Phi_1}{dv}+\lambda_2\dfrac{d\Phi_2}{dv}+\ldots+\lambda_{m+1}\dfrac{d\Phi_{m+1}}{dv}=0,\\ \lambda_1\dfrac{d\Phi_1}{dw}+\lambda_2\dfrac{d\Phi_2}{dw}+\ldots+\lambda_{m+1}\dfrac{d\Phi_{m+1}}{dw}=0,\\ \text{etc.};\end{array}\right\}\quad(\lambda)$$

et posons pour abréger

$$\lambda_1\frac{d\Phi_1}{du}+\lambda_2\frac{d\Phi_2}{du}+\ldots+\lambda_{m+1}\frac{d\Phi_{m+1}}{du}=\Lambda : \qquad (\Lambda)$$

nous aurons, en différentiant successivement chacune des équations (Φ) par rapport à la variable indépendante x,

$$\left.\begin{array}{l}\dfrac{d\Phi_1}{dx}+\dfrac{d\Phi_1}{du}\cdot\dfrac{du}{dx}+\dfrac{d\Phi_1}{dv}\cdot\dfrac{dv}{dx}+\dfrac{d\Phi_1}{dw}\cdot\dfrac{dw}{dx}+\text{etc.}=0,\\ \dfrac{d\Phi_2}{dx}+\dfrac{d\Phi_2}{du}\cdot\dfrac{du}{dx}+\dfrac{d\Phi_2}{dv}\cdot\dfrac{dv}{dx}+\dfrac{d\Phi_2}{dw}\cdot\dfrac{dw}{dx}+\text{etc.}=0,\\ \ldots\ldots\ldots\ldots\ldots\ldots\ldots\ldots\ldots\ldots\ldots\ldots\\ \dfrac{d\Phi_{m+1}}{dx}+\dfrac{d\Phi_{m+1}}{du}\cdot\dfrac{du}{dx}+\dfrac{d\Phi_{m+1}}{dv}\cdot\dfrac{dv}{dx}+\dfrac{d\Phi_{m+1}}{dw}\cdot\dfrac{dw}{dx}+\text{etc.}=0.\end{array}\right\}(\Phi')$$

Multiplions les équations (λ) respectivement par $\dfrac{dv}{dx}, \dfrac{dw}{dx}$, etc., l'équation ($\Lambda$) par $\dfrac{du}{dx}$, et ajoutons, en tenant compte des équations (Φ') : il viendra

$$\Lambda\frac{du}{dx}=-\left(\lambda_1\frac{d\Phi_1}{dx}+\lambda_2\frac{d\Phi_2}{dx}+\ldots+\lambda_{m+1}\frac{d\Phi_{m+1}}{dx}\right).$$

On trouverait de même

$$\left.\begin{aligned}\Lambda\frac{du}{dy}&=-\left(\lambda_1\frac{d\Phi_1}{dy}+\lambda_2\frac{d\Phi_2}{dy}+\ldots+\lambda_{m+1}\frac{d\Phi_{m+1}}{dy}\right),\\ \Lambda\frac{du}{dz}&=-\left(\lambda_1\frac{d\Phi_1}{dz}+\lambda_2\frac{d\Phi_2}{dz}+\ldots+\lambda_{m+1}\frac{d\Phi_{m+1}}{dz}\right),\\ &\text{etc.}\end{aligned}\right\}\quad(\Phi'_1)$$

Mais, parce que les fonctions f, et par suite les fonctions Φ, mises à la place de F, vérifient l'équation (B), on a identiquement

$$\mathrm{U}\frac{d\Phi_1}{du}+\mathrm{V}\frac{d\Phi_1}{dv}+\text{etc.}+\mathrm{X}\frac{d\Phi_1}{dx}+\mathrm{Y}\frac{d\Phi_1}{dy}+\text{etc.}=0,$$

$$\mathrm{U}\frac{d\Phi_2}{du}+\mathrm{V}\frac{d\Phi_2}{dv}+\text{etc.}+\mathrm{X}\frac{d\Phi_2}{dx}+\mathrm{Y}\frac{d\Phi_2}{dy}+\text{etc.}=0,$$

....

$$\mathrm{U}\frac{d\Phi_{m+1}}{du}+\mathrm{V}\frac{d\Phi_{m+1}}{dv}+\text{etc.}+\mathrm{X}\frac{d\Phi_{m+1}}{dx}+\mathrm{Y}\frac{d\Phi_{m+1}}{dy}+\text{etc.}=0.$$

Multiplions ces équations respectivement par $\lambda_1, \lambda_2, \ldots \lambda_{m+1}$, et ajoutons, en ayant égard aux équations (Φ'_1) : il vient

$$\mathrm{U}=\mathrm{X}\frac{du}{dx}+\mathrm{Y}\frac{du}{dy}+\mathrm{Z}\frac{du}{dz}+\text{etc.};$$

c'est-à-dire que nous retombons sur la première des équations du système proposé, et l'on prouverait de même que toutes les autres équations sont vérifiées.

*§ 2. De l'intégration des équations non linéaires du premier ordre.

532. La méthode exposée pour l'intégration des équations linéaires du premier ordre a été étendue par Lagrange aux équations quelconques du premier ordre, mais à trois variables seulement, puis par M. Cauchy aux équations

renfermant un nombre quelconque de variables. Nous allons exposer la méthode de M. Cauchy ([1]).

Intégrer l'équation aux dérivées partielles

$$F(x,y,z,\ldots\ldots,t,u,p,q,r,\ldots\ldots,s)=0, \qquad (1)$$

dans laquelle

$$p=\frac{du}{dx},\quad q=\frac{du}{dy},\quad r=\frac{du}{dz},\ldots\ldots s=\frac{du}{dt}, \qquad (2)$$

c'est trouver pour

$$u,p,q,r,\ldots\ldots,s$$

des fonctions de

$$x,y,z,\ldots\ldots t,$$

qui vérifient simultanément l'équation (1) et l'équation multiple

$$du=pdx+qdy+rdz+\ldots\ldots+sdt, \qquad (3)$$

quelles que soient les valeurs des n variables indépendantes $x, y, z, \ldots\ldots t$. L'équation (3) comprend les équations (2), quand on fait varier une seule des variables, en laissant les autres constantes.

Pour préciser la question, nous assujettirons en outre la fonction cherchée u à se réduire pour $t=t_0$, à

$$u=f(x,y,z,\ldots\ldots), \qquad (4)$$

f désignant uue fonction donnée des $n-1$ autres variables indépendantes $x,y,z,\ldots\ldots$

La méthode d'intégration de M. Cauchy repose sur un changement de variables. Imaginons que $x,y,z,\ldots\ldots$ soient des fonctions de t et de $n-1$ nouvelles variables indépendantes $\xi,\eta,\zeta,\ldots\ldots$ On pourra remplacer le système des n variables indépendantes

---

([1]) *Exercices d'analyse et de physique mathématique*, t. II, p. 261.

$$t, x, y, z, \ldots\ldots$$

par le suivant

$$t, \xi, \eta, \zeta, \ldots\ldots$$

Nous désignerons par la lettre d les différentielles qui se rapportent à la variable t dans ce nouveau système et par la lettre δ celles qui se rapportent à toutes les autres variables $\xi, \eta, \zeta, \ldots$. A ce point de vue, l'équation (3), qui tient lieu de n équations, se décompose en deux, l'une simple

$$du = p\,dx + q\,dy + r\,dz + \ldots\ldots + s\,dt, \tag{5}$$

l'autre multiple

$$\delta u = p\,\delta x + q\,\delta y + r\,\delta z + \ldots\ldots, \tag{6}$$

et tenant lieu de $n - 1$ équations.

On a identiquement

$$\begin{aligned} &d(\delta u - p\,\delta x - p\,\delta y - r\,\delta z \ldots\ldots) \\ &= \delta du - p\,\delta dx - q\,\delta dy - r\,\delta dz \ldots\ldots \\ &\quad - dp.\delta x - dq.\delta y - dr.\delta z \ldots \end{aligned}$$

De l'équation (5) on déduit

$$\begin{aligned} 0 &= \delta du - p\,\delta dx - q\,\delta dy - r\,\delta dz \ldots\ldots \\ &\quad - dx.\delta p - dy.\delta q - dz.\delta r \ldots\ldots - dt.\delta s\,; \end{aligned}$$

en retranchant cette équation de la précédente, il vient

$$\begin{aligned} &d(\delta u - p\,\delta x - q\,\delta y - r\,\delta z \ldots\ldots) \\ &= - dp.\delta x - dq.\delta y - dr.\delta z - \ldots\ldots \\ &\quad + dx.\delta p + dy.\delta q + dz.dr + \ldots\ldots + dt.\delta s. \end{aligned}$$

Eliminons δs au moyen de l'équation [1]

$$\begin{aligned} &D_x F.\delta x + D_y F.\delta y + D_z F.\delta z + \ldots\ldots + D_u F.\delta u \\ &+ D_p F.\delta p + D_q F.\delta q + D_r F.\delta r + \ldots\ldots + D_s F.\delta s = 0, \end{aligned}$$

déduite de l'équation (1) par la différentiation ; nous aurons

---

[1] M. Cauchy désigne par la lettre D la dérivée d'une fonction d'une seule variable, et par D_x, D_y, D_z les dérivées partielles d'une fonction de plusieurs variables x, y, z.

$$
\begin{aligned}
& d(\delta u - p\delta x - q\delta y - r\delta z \ldots\ldots) \qquad (7)\\
&= -\frac{D_u F}{D_t F}.dt.\delta u - \left(dp + \frac{D_x F}{D_t F}.dt\right)\delta x - \left(dq + \frac{D_y F}{D_t F}.dt\right)\delta y \\
&\quad - \left(dr + \frac{D_z F}{D_t F}.dt\right)\delta z - \ldots \\
&\quad + \left(dx - \frac{D_p F}{D_t F}\,dt\right)\delta p + \left(dy - \frac{D_q F}{D_t F}\,dt\right)\delta q \\
&\quad + \left(dz - \frac{D_r F}{D_t F}\,dt\right)\delta r + \ldots
\end{aligned}
$$

Supposons maintenant que les $2n-1$ quantités $x, y, z, \ldots.\ u, p, q, r, \ldots.$, fonctions de t, satisfassent aux $2n-2$ équations simultanées

$$
dx = \frac{D_p F}{D_t F}.dt, \quad dy = \frac{D_q F}{D_t F}dt, \quad dz = \frac{D_r F}{D_t F}dt, \ldots\ldots
$$

$$
dp = -\frac{D_x F + pD_u F}{D_t F}dt, \; dq = -\frac{D_y F + qD_u F}{D_t F}dt, \; dr = -\frac{D_z F + rD_u F}{D_t F}dt, \ldots,
$$

auxquelles on joint l'équation (5)

$$
du = pdx + qdy + rdz + \ldots\ldots + sdt,
$$

équations que l'on peut écrire sous la forme

$$
\begin{aligned}
&\frac{dt}{D_t F} = \frac{dx}{D_p F} = \frac{dy}{D_q F} = \frac{dz}{D_r F} = \ldots\ldots = \frac{du}{pD_p F + qD_q F + \ldots\ldots + sD_s F} \\
&= \frac{dp}{-(D_x F + pD_u F)} = \frac{dq}{-(D_y F + qD_u F)} = \frac{dr}{-(D_z F + rD_u F)} = \ldots\ldots\ldots, \quad (8)
\end{aligned}
$$

et que les mêmes quantités admettent pour $t = t_0$ les valeurs initiales $x_0, y_0, z_0, \ldots.\ u_0, p_0, q_0, r_0, \ldots\ldots$; l'équation (7) deviendra

$$
\begin{aligned}
& d(\delta u - p\delta x - q\delta y - r\delta z \ldots\ldots) \\
&= -\frac{D_u F}{D_t F}.(\delta u - p\delta x - q\delta y - r\delta z \ldots\ldots)dt\,;
\end{aligned}
$$

d'où en intégrant par rapport à t,

$$
\delta u - p\delta x - q\delta y - r\delta z \ldots\ldots = (\delta u_0 - p_0\delta x_0 - q_0\delta y_0 - r_0\delta z_0 \ldots)e^{-\int_{t_0}^{t}\frac{D_u F}{D_t F}dt}.
$$

L'équation (6)

$$\delta u = p\delta x + q\delta y + r\delta z + \ldots\ldots$$

sera vérifiée si l'on a

$$\delta u_0 = p_0 \delta x_0 + q_0 \delta y_0 + r_0 \delta z_0 + \ldots\ldots \qquad (9)$$

Dans le système des $2n-1$ équations simultanées (8), nous supposons que la fonction s a été éliminée au moyen de l'équation (1). Admettons que l'on ait intégré ce système d'équations différentielles dans lesquelles t est la seule variable indépendante, et mis les équations intégrales sous la forme

$$\left.\begin{array}{l} X = x_0,\quad Y = y_0,\quad Z = z_0, \ldots\ldots U = u_0, \\ P = p_0,\quad Q = q_0,\quad R = r_0, \ldots\ldots\ldots\ldots, \end{array}\right\} \qquad (10)$$

en résolvant par rapport aux constantes arbitraires, qui sont ici les valeurs initiales des fonctions $x, y, z, \ldots.$ $u, p, q, r, \ldots.$ pour $t = t_0$. D'après cela, X,Y,Z,... U,P,Q,R,.... sont des fonctions des $2\,n$ quantités $t, x, y, z, \ldots. u, p, q, r, \ldots.$ qui jouissent de la propriété, quand on y fait $t = t_0$, de se réduire respectivement à $x, y, z, \ldots. u, p, q, r$.

Cela posé, établissons entre les constantes arbitraires les n relations suivantes

$$\left.\begin{array}{l} u_0 = f(x_0, y_0, z_0 \ldots\ldots) \\ p_0 = \dfrac{df}{dx_0},\quad q_0 = \dfrac{df}{dy_0},\quad r_0 = \dfrac{df}{dz_0}, \ldots\ldots, \end{array}\right\} \qquad (11)$$

f désignant la fonction initiale donnée. Entre ces relations et les équations (10), éliminons $x_0, y_0, z_0, \ldots. u_0, p_0, q_0, r_0, \ldots.$; nous obtiendrons les n équations

$$\left.\begin{array}{l} U = f(X, Y, Z, \ldots\ldots), \\ P = \dfrac{df}{dX},\quad Q = \dfrac{df}{dY},\quad R = \dfrac{df}{dZ}, \ldots\ldots, \end{array}\right\} \qquad (12)$$

qui, jointes à l'équation (1), détermineront les $n+1$ fonctions cherchées $u, p, q, r, \ldots. s$. Enfin, si entre les équations (12) on élimine les $n-1$ quantités $p, q, r, \ldots.$ on arrivera à une équation entre les seules quantités $t, x, y, z, \ldots u$, qui donnera la fonction cherchée u.

533. Pour démontrer cette proposition importante, remarquons que des équations (10), jointes aux relations (11), on pourra tirer les valeurs de $x, y, z, \ldots.$ en fonction de $t, x_0, y_0, z_0, \ldots$; imaginons donc que l'on prenne pour le nouveau système de variables indépendantes

$$t, x_0, y_0, z_0, \ldots\ldots,$$

faisant ainsi

$$\xi = x_0, \quad \eta = y_0, \quad \zeta = z_0, \ldots\ldots$$

Dans les équations simultanées (8) le signe d a bien la signification que nous lui avons attribuée. Il est évident d'abord que l'équation (5) est vérifiée, puisque cette équation est l'une des équations (8).

D'un autre côté, on a identiquement

$$\delta u_0 = \frac{df}{dx_0}\delta x_0 + \frac{df}{dy_0}\delta y_0 + \frac{df}{dz_0}\delta z_0 + \ldots\ldots,$$

et, en vertu des relations (11),

$$\delta u_0 = p_0 \delta x_0 + q_0 \delta y_0 + r_0 \delta z_0 + \ldots\ldots;$$

ainsi l'équation (9), et par suite l'équation (6), est aussi vérifiée. On a d'ailleurs tenu compte de l'équation (1) dont on s'est servi pour éliminer s des équations (8).

Remarquons en passant, qu'au lieu d'éliminer s au moyen de l'équation (1), on aurait pu, pour plus de symétrie, écrire à la suite des équations (8) le rapport égal

$$\frac{ds}{-(D_t F + s D_u F)},$$

et joindre aux équations finies (10) l'équation

$$S = s_0,$$

à la condition que les constantes satisfissent à l'équation

$$F(x_0, y_0, z_0, \ldots t_0, u_0, p_0, q_0, r_0, \ldots s_0) = 0.$$

Il reste à faire voir que la condition initiale est aussi vérifiée. Or, si l'on fait $t = t_0$, les fonctions X, Y, Z, ... U, se réduisant à $x, y, z, \ldots u$, on a évidemment, d'après la première des équations (12)

$$u = f(x, y, z, \ldots\ldots).$$

534. La méthode si ingénieuse que nous venons d'exposer convient très bien aux questions de mécanique et de physique mathématique, parce que dans ces questions la fonction cherchée doit, non-seulement satisfaire à une équation différentielle, mais encore admettre une valeur initiale donnée. La question se trouve ainsi résolue par une seule opération, ce qui est un grand avantage, tandis que, si l'on avait introduit des fonctions arbitraires quelconques, il aurait fallu les déterminer ensuite pour satisfaire aux conditions initiales.

Il est facile toutefois de modifier cette méthode de manière à se rapprocher du point de vue géométrique de Lagrange. Lagrange appelle *intégrale complète* de l'équation aux différentielles partielles (1), une intégrale particulière renfermant n constantes arbitraires. Si dans l'intégrale générale que nous venons de trouver et qui renferme une fonction arbitraire $f(x, y, z, \ldots)$, on remplace cette fonction par une fonction déterminée de $x, y, z, \ldots$ contenant n constantes arbitraires $\alpha, \beta, \gamma, \ldots\ldots \omega$, on obtiendra, en procédant de la même manière, une intégrale complète de l'équation différentielle. Une même équation différentielle admet évidemment une infinité d'intégrales complètes. Parmi ces intégrales, M. Cauchy en a signalé une qu'il est bon de remarquer.

Revenons aux équations finies (10) ; rien n'empêche de

laisser $x_0, y_0, z_0, \ldots u_0$, constantes, et de prendre pour intégrer l'équation aux différentielles partielles,

$$t, p_0, q_0, r_0, \ldots\ldots,$$

comme nouveau système de variables indépendantes; on aura $\delta u_0 = 0$, $\delta x_0 = 0$, $\delta y_0 = 0$, $\delta z_0 = 0, \ldots$ et par suite l'équation (9) sera vérifiée. Il résulte de là que si entre les n équations

$$X = x_0, \quad Y = y_0, \quad Z = z_0, \ldots\ldots U = u_0, \tag{13}$$

on élimine les $n-1$ quantités $p, q, r, \ldots$, on obtiendra une intégrale particulière renfermant n constantes arbitraires $x_0, y_0, z_0, \ldots u_0$; ce sera donc une intégrale complète que nous représenterons par

$$u = \varphi(x, y, z, \ldots t, x_0, y_0, z_0, \ldots u_0). \tag{14}$$

De cette intégrale complète (14), il est aisé de déduire l'intégrale générale, telle que nous l'avons trouvée d'abord. Supposons que la constante u_0 soit une fonction arbitraire

$$u_0 = f(x_0, y_0, z_0, \ldots) \tag{15}$$

des $n-1$ autres. Considérons les $n-1$ équations

$$\left.\begin{array}{l} \dfrac{du}{dx_0} = \left(\dfrac{d\varphi}{dx_0}\right) + \left(\dfrac{d\varphi}{du_0}\right)\dfrac{df}{dx_0} = 0, \\ \dfrac{du}{dy_0} = \left(\dfrac{d\varphi}{dy_0}\right) + \left(\dfrac{d\varphi}{du_0}\right)\dfrac{df}{dy_0} = 0, \\ \ldots\ldots\ldots\ldots\ldots\ldots\ldots\ldots \end{array}\right\} \tag{16}$$

Si entre les équations (14) et (16) on élimine $x_0, y_0, z_0, \ldots$, on obtiendra l'intégrale générale avec une fonction arbitraire f. En effet, quand on regarde $x_0, y_0, z_0, \ldots$, non plus comme des constantes, mais comme des fonctions de $x, y, z, \ldots t$, données par les équations (16), les dérivées partielles de la fonction u sont les mêmes que si $x_0, y_0, z_0, \ldots$ étaient constantes, en vertu des équations (16) elles-mêmes; et par conséquent l'équation aux différentielles partielles est encore vérifiée.

Une intégrale complète quelconque

$$u=\varphi(x,y,z,\ldots t,\alpha,\beta,\gamma,\ldots\omega)$$

conduit de la même manière à l'intégrale générale. On posera

$$\omega=f(\alpha,\beta,\gamma,\ldots)$$

puis on éliminera les n constantes entre ces équations et les suivantes

$$\frac{d\varphi}{d\alpha}+\frac{d\varphi}{d\omega}\frac{df}{d\alpha}=0,$$

$$\frac{d\varphi}{d\beta}+\frac{d\varphi}{d\omega}\frac{df}{d\beta}=0,$$

$$\ldots\ldots\ldots\ldots\ldots$$

535. Appliquons cette méthode à l'équation aux différentielles partielles

$$F(x,y,z,p,q)=0,$$

dans laquelle z est une fonction des deux variables indépendantes x et y. On intégrera les équations simultanées

$$\frac{dx}{D_pF}=\frac{dy}{D_qF}=\frac{dz}{pD_pF+qD_qF}=\frac{dp}{-(D_xF+pD_zF)}=\frac{dq}{-(D_yF+qD_zF)}.$$

Soient

$$Y=y_0,\quad Z=z_0,\quad P=p_0,\quad Q=q_0,$$

les intégrales mises sous la forme indiquée, y_0,z_0,p_0,q_0, étant les valeurs de y,z,p,q, pour $x=x_0$; ces constantes satisfaisant d'ailleurs à la condition

$$F(x_0,y_0,z_0,p_0,q_0)=0.$$

On établira ensuite les relations

$$z_0=f(y_0),\quad q_0=\frac{df(y_0)}{dy_0},$$

entre les constantes; et l'on obtiendra ainsi les deux équations

$$Z=f(Y),\quad Q=\frac{df(Y)}{dY},$$

qui jointes à l'équation proposée détermineront les trois fonctions inconnues z,p,q. Eliminant p et q entre ces trois équations, on aura l'intégrale générale z fonction de x et de y.

Si, entre l'équation proposée et les deux équations

$$Y=y_0,\quad Z=z_0,$$

on élimine p et q, on obtiendra une intégrale complète

$$z=\varphi(x,y,y_0,z_0), \tag{17}$$

avec deux constantes arbitraires y_0 et z_0. Posant $z_0=f(y_0)$ cette intégrale complète s'écrira

$$z=\varphi(x,y,y_0,fy_0), \tag{18}$$

et si l'on élimine y_0 entre cette équation et la suivante

$$\left(\frac{d\varphi}{dy_0}\right)+\left(\frac{d\varphi}{dz_0}\right)\frac{df}{dy_0}=0, \tag{19}$$

on aura l'intégrale générale.

Il est visible, quand on se reporte à la théorie de l'enveloppement des surfaces [liv. IV, chap. VIII], que l'équation (18) est celle des surfaces enveloppées qui ont la propriété de satisfaire à la proposée ; tandis que les surfaces enveloppes qui y satisfont d'une manière plus générale, à cause de l'indétermination de la liaison établie entre les deux paramètres variables de l'enveloppée, sont représentées par le système des équations (18) et (19).

Les familles de surfaces, caractérisées par des équations aux différences partielles du premier ordre, à trois variables, se distribuent donc essentiellement en deux groupes.

L'un se compose des surfaces dont l'équation différentielle caractéristique est linéaire par rapport aux coefficients p, q: en sorte que l'intégrale générale est donnée par une équation unique comprenant une fonction arbitraire, et que la surface est définie par le mouvement d'une ligne génératrice qui peut varier de forme en même temps qu'elle se déplace. L'autre groupe comprend les surfaces dont l'équation aux différences partielles n'est plus linéaire : d'où il résulte, d'une part, que l'intégrale générale est donnée par le système de deux équations où entrent à la fois la fonction arbitraire et sa dérivée ; d'autre part, que les surfaces qu'elle représente peuvent être considérées comme autant d'enveloppes. Selon que les équations différentielles simultanées, à l'intégration desquelles on ramène celle de l'équation proposée aux différences partielles, ont ou n'ont pas d'intégrales algébriques, les lignes génératrices ou caractéristiques sont ou ne sont pas des courbes algébriques : mais cette circonstance accessoire ne change rien à la distribution dont nous parlons.

536. Il ne sera pas inutile d'indiquer quelques cas particuliers où l'on peut arriver à l'intégrale plus rapidement qu'en suivant la méthode générale. Soit, par exemple,

$$p = \Pi q,$$

l'équation proposée qui appartient à une famille de surfaces développables [245 *et* 266], caractérisée par la forme de la fonction donnée Π : on a

$$dz = \Pi q \cdot dx + q dy. \qquad (20)$$

Il s'agit de trouver deux fonctions z et q des variables x et y satisfaisant à cette équation aux différentielles partielles qui tient lieu de deux équations. De l'expression de q on peut déduire y en fonction de x et de q et remplacer les deux variables indépendantes x et y par x et q. Affectant à ce point de vue la lettre d à la variable x, la lettre δ à la variable q, l'équation(20) se décomposera dans les deux suivantes:

$$dz = \Pi q.dx + qdy, \tag{21}$$

$$\delta z = q\delta y. \tag{22}$$

La première, dans laquelle q doit être regardée comme une constante, admet pour intégrale

$$z = x\Pi q + qy + \varphi q, \tag{23}$$

φq désignant une fonction arbitraire de q. En différentiant z par rapport à q, on a

$$\delta z = (x\Pi' q + y + \varphi' q)\delta q + q\delta y;$$

pour satisfaire à l'équation (22), on posera

$$x\Pi' q + y + \varphi' q = 0 \tag{24}$$

Les deux équations (23) et (24) déterminent z et q ; en éliminant q, on aura z en fonction de x et y.

La méthode générale conduit au même résultat. On a à intégrer les équations simultanées

$$\frac{dx}{1} = \frac{dy}{-\Pi' q} = \frac{dz}{\Pi q - q\Pi' q} = \frac{dq}{0},$$

dans lesquelles p a été remplacée par sa valeur Πq. Ces équations admettent pour intégrales

$$y + x\Pi' q = y_0,$$
$$z - x(\Pi q - q\Pi' q) = z_0,$$
$$q = q_0,$$

en désignant par y_0, z_0, q_0 les valeurs initiales de y, z, q pour $x = 0$. Supposons que pour $x = 0$, on ait $z = f(y)$; la fonction cherchée z sera donnée par l'élimination de q entre les deux équations

$$z - x(\Pi q - q\Pi' q) = f(y + x\Pi' q), \tag{25}$$

$$q = f'(y + x\Pi' q). \tag{26}$$

Ces deux équations ne sont pas tout à fait les mêmes que les équations (23) et (24). Il est facile de les ramener à la même forme. Posons

$$fy = \alpha y + \alpha\Pi'\alpha . x + \beta,$$

α et β étant deux constantes arbitraires ; il en résulte

$$f'y = \alpha,$$

et les deux équations (25) et (26) se réduisent à

$$z - x(\Pi q - q\Pi' q) = \alpha y + \alpha x \Pi'\alpha + \beta,$$
$$q = \alpha;$$

ce qui par l'élimination de q conduit à l'intégrale complète

$$z = x\Pi\alpha + \alpha y + \beta.$$

L'élimination de α entre les deux équations

$$z = x\Pi\alpha + \alpha y + \varphi\alpha,$$
$$0 = x\Pi'\alpha + y + \varphi'\alpha,$$

donne la surface enveloppe ou l'intégrale générale.

Soit encore l'équation

$$f(p,x) = \mathrm{f}(q,y) :$$

on pourra poser

$$f(p,x) = \alpha = \mathrm{f}(q,y),$$

d'où

$$p = f_1(x,\alpha), \quad q = \mathrm{f}_1(y,\alpha),$$
$$dz = f_1(x,\alpha)dx + \mathrm{f}_1(y,\alpha)dy. \tag{27}$$

Si l'on remplace les deux variables indépendantes x et y par x et α, l'équation (27) se décompose dans les deux suivantes :

$$dz = f_1(x,\alpha)dx + \mathrm{f}_1(y,\alpha)dy,$$
$$\delta z = \mathrm{f}_1(x,\alpha)\delta y.$$

De la première on déduit

$$z = \mathrm{X} + \mathrm{Y} + \varphi\alpha, \tag{28}$$

quand on pose, pour abréger,

$$X = \int f_1(x,\alpha)dx, \quad Y = \int f_1(y,\alpha)dy.$$

En différentiant z par rapport à α, on a

$$\delta z = \frac{dX}{d\alpha}\delta\alpha + \frac{dY}{d\alpha}\delta\alpha + f_1(y,\alpha)\delta y + \varphi'\alpha.$$

Pour satisfaire à la seconde équation, il faudra poser

$$\frac{dX}{d\alpha} + \frac{dY}{d\alpha} + \varphi'\alpha = 0. \qquad (29)$$

Donc l'intégrale générale consiste dans le système des deux équations (28) et (29), où φ désigne une fonction arbitraire.

Enfin, si l'on avait l'équation

$$z^2 - pq = 0,$$

sa forme indiquerait qu'elle admet pour intégrale complète l'équation

$$z = \beta e^{\alpha x + \frac{y}{\alpha}},$$

α, β désignant des constantes arbitraires : donc l'intégrale générale est donnée par le système

$$z = \varphi\alpha . e^{\alpha x + \frac{y}{\alpha}}, \quad 0 = \varphi'\alpha + \left(x - \frac{y}{\alpha^2}\right)\varphi\alpha.$$

CHAPITRE III.

DE L'INTÉGRATION, EN TERMES FINIS, DES ÉQUATIONS AUX DIFFÉRENCES PARTIELLES DES ORDRES SUPÉRIEURS, A TROIS VARIABLES. — REMARQUES SUR LES INTÉGRALES SINGULIÈRES ET SUR LES INTÉGRALES PARTICULIÈRES DES ÉQUATIONS AUX DIFFÉRENCES PARTIELLES.

§ 1er. De l'intégration, en termes finis, des équations aux différences partielles du second ordre, à trois variables.

538. Considérons d'abord l'équation du second ordre

$$Rr + Ss + Tt = V,$$

linéaire par rapport aux dérivées du second ordre r,s,t: R,S,T,V désignant des fonctions quelconques des variables x,y,z, et des dérivées p,q. L'élimination de r,t, au moyen des équations

$$dp = rdx + sdy, \quad dq = sdx + tdy, \qquad (a)$$

donne

$$Rdpdy + Tdqdx - Vdxdy = s(Rdy^2 - Sdxdy + Tdx^2).$$

Posons séparément

$$Rdpdy + Tdqdx - Vdydx = 0, \qquad (b)$$

$$Rdy^2 - Sdxdy + Tdx^2 = 0; \qquad (c)$$

joignons-y

$$dz = pdx + qdy; \qquad (d)$$

et admettons qu'on puisse satisfaire à ces trois équations entre les cinq variables x,y,z,p,q, par des équations de la forme

$$f_1(x,y,z,p,q) = a_1, \quad f_2(x,y,z,p,q) = a_2 : \qquad (e)$$

l'équation

$$f_2 = \varphi f_1 \qquad (f)$$

satisfera à la proposée dont elle sera une intégrale du premier ordre; et, à cause de l'indétermination du signe φ, cette intégrale aura toute la généralité qu'elle comporte.

Pour établir cette proposition, mettons l'équation (c) sous la forme

$$Ry'^2 - Sy' + T = 0, \qquad (c_1)$$

et désignons par y'_1 l'une de ses racines : l'équation (b) devient

$$Ry'_1 dp + Tdq - Vy'_1 dx = 0. \qquad (b_1)$$

Les équations (e) ont pour dérivées

$$\frac{df_1}{dx}dx + \frac{df_1}{dy}dy + \frac{df_1}{dz}dz + \frac{df_1}{dp}dp + \frac{df_1}{dq}dq = 0,$$
$$\frac{df_2}{dx}dx + \frac{df_2}{dy}dy + \frac{df_2}{dz}dz + \frac{df_2}{dp}dp + \frac{df_2}{dq}dq = 0,$$

ou bien, en remplaçant dy par $y'_1 dx$, et en chassant dz, dq, au moyen des équations (d) et (b_1),

$$\left[\frac{df_1}{dx} + y'_1\frac{df_1}{dy} + (p+qy'_1)\frac{df_1}{dz} + \frac{Vy'_1}{T}\cdot\frac{df_1}{dq}\right]dx + \left(\frac{df_1}{dp} - \frac{Ry'_1}{T}\cdot\frac{df_1}{dq}\right)dp = 0,$$
$$\left[\frac{df_2}{dx} + y'_1\frac{df_2}{dy} + (p+qy'_1)\frac{df_2}{dz} + \frac{Vy'_1}{T}\cdot\frac{df_2}{dq}\right]dx + \left(\frac{df_2}{dp} - \frac{Ry'_1}{T}\cdot\frac{df_2}{dq}\right)dp = 0.$$

Ces dernières équations doivent être identiques, puisque, par hypothèse, les équations (e) vérifient le système (b), (c), (d); et ainsi l'on a séparément

$$\left.\begin{aligned}
&\frac{df_1}{dx}+y'_1\frac{df_1}{dy}+(p+qy'_1)\frac{df_1}{dz}+\frac{Vy'_1}{T}.\frac{df_1}{dq}=0,\\
&\frac{df_1}{dp}-\frac{Ry'_1}{T}.\frac{df_1}{dq}=0,\\
&\frac{df_2}{dx}+y'_1\frac{df_2}{dy}+(p+qy'_1)\frac{df_2}{dz}+\frac{Vy'_1}{T}.\frac{df_2}{dq}=0,\\
&\frac{df_2}{dp}-\frac{Ry'_1}{T}.\frac{df_2}{dq}=0.
\end{aligned}\right\}\qquad (e')$$

D'autre part, l'équation (f) donne

$$\begin{aligned}
&\frac{df_2}{dx}dx+\frac{df_2}{dy}dy+\frac{df_2}{dz}dz+\frac{df_2}{dp}dp+\frac{df_2}{dq}dq\\
&=\left(\frac{df_1}{dx}dx+\frac{df_1}{dy}dy+\frac{df_1}{dz}dz+\frac{df_1}{dp}dp+\frac{df_1}{dq}dq\right).\varphi' f_1;
\end{aligned}$$

et celle-ci, quand on y met pour

$$dz,\ \frac{df_1}{dx},\ \frac{df_1}{dp},\ \frac{df_2}{dx},\ \frac{df_2}{dp},$$

les valeurs tirées des équations (d) et (e'), devient

$$Ry'_1dp+Tdq-Vy'_1dx=(dy-y'_1dx)\Phi, \qquad (g)$$

en posant, pour abréger,

$$\Phi=-\left[\frac{df_2}{dy}+q\frac{df_2}{dz}-\left(\frac{df_1}{dy}+q\frac{df_1}{dz}\right).\varphi' f_1\right]:\frac{1}{T}\left(\frac{df_2}{dq}-\frac{df_1}{dq}.\varphi' f_1\right).$$

Remettons dans l'équation (g) pour dp, dq leurs valeurs tirées des équations (a), et nous aurons

$$(Ry'_1r+Ts-Vy'_1+\Phi y'_1)dx+(Ry'_1s+Tt-\Phi)dy=0.$$

Puisque les variables x, y sont indépendantes, il faut qu'on ait séparément

$$Ry'_1r+Ts-Vy'_1+\Phi y'_1=0,\quad Ry'_1s+Tt-\Phi=0.$$

Mais de là on conclut que l'équation (g) satisfait à la proposée, quelle que soit la forme de la fonction φ qui n'entre que dans Φ ; car, si l'on tire des équations précédentes les valeurs de r,t en fonction de s, pour les substituer dans la proposée, Φ disparaît, et il reste

$$s(Ry'^2_1 - Sy'_1 + T) = 0,$$

équation identique, puisque y'_1 désigne une racine de l'équation (c_1).

539. Pour éclaircir ce calcul par quelques exemples, supposons d'abord que les coefficients R,S,T se réduisent à des constantes, et qu'on ait $V=0$: les racines de l'équation (c_1) seront aussi des nombres constants m_1,m_2 ; en employant la première racine, on aura pour intégrales des équations (c) et (b),

$$y - m_1x = a_1, \quad Rm_1p + Tq = a_2,$$

d'où l'on conclut que la proposée a pour intégrale première

$$Rm_1p + Tq = \varphi_1(y - m_1x).$$

L'emploi de la racine m_2 donnerait de même

$$Rm_2p + Tq = \varphi_2(y - m_2x).$$

A cause de la relation $m_1m_2 = \frac{T}{R}$, ces deux intégrales premières peuvent être mises sous la forme

$$p + m_2q = \frac{1}{Rm_1}.\varphi_1(y - m_1x), \quad p + m_1q = \frac{1}{Rm_2}.\varphi_2(y - m_2x); \quad (h)$$

et l'on en déduit

$$p = m_2\psi(y - m_2x) - m_1\varphi(y - m_1x),$$
$$q = \varphi(y - m_1x) - \psi(y - m_2x),$$

en posant, pour plus de simplicité,

$$\frac{\varphi_1(y - m_1x)}{Rm_1(m_2 - m_1)} = \varphi(y - m_1x), \quad \frac{\varphi_2(y - m_2x)}{Rm_2(m_2 - m_1)} = \psi(y - m_2x).$$

Si l'on substitue ces valeurs de p,q dans l'équation (d), il vient

$$dz = (dy - m_1dx).\varphi(y - m_1x) - (dy - m_2dx).\psi(y - m_2x),$$

d'où, en intégrant et en désignant par Φ, Ψ les fonctions qui ont pour dérivées les arbitraires φ et $-\psi$,

$$z = \Phi(y - m_1 x) + \Psi(y - m_2 x). \qquad (i)$$

Les deux fonctions arbitraires qui entrent dans cette intégrale de la proposée, lui donnent toute la généralité qu'elle comporte.

Soit

$$S = 0, \quad \frac{T}{R} = -a^2:$$

la proposée devient

$$\frac{d^2z}{dx^2} = a^2 \frac{d^2z}{dy^2}, \qquad (1)$$

et elle a pour intégrale complète

$$z = \Phi(y - ax) + \Psi(y + ax). \qquad (2)$$

L'équation (1) qui exprime la loi des vibrations transversales d'une corde élastique, et celle de la propagation du son dans un tuyau cylindrique, est la première équation aux différences partielles dont on ait trouvé l'intégrale générale. Les recherches des géomètres, à propos de cette équation, sur laquelle nous reviendrons dans les chapitres suivants, ont fondé la physique mathématique, et créé une branche nouvelle de l'analyse.

Si le terme V n'était pas nul, et s'il renfermait seulement la variable indépendante x, on serait conduit à ajouter aux premiers membres des équations (h) le terme $-\frac{1}{R}\int V dx$, et à la place de l'équation (i) l'on aurait

$$z = \frac{1}{R}\int dx \int V dx + \Phi(y - m_1 x) + \Psi(y - m_2 x).$$

540. Cette analyse demande à être modifiée, dans le cas où le terme V contient à la fois les deux variables x, y, et dans celui où les racines m_1, m_2 sont égales ; ce qui fait que

les deux fonctions arbitraires Φ, Ψ se confondent en une seule, et que la valeur de z n'a plus la généralité requise. Considérons d'abord le premier cas : nous aurons pour l'une des intégrales premières

$$p + m_2 q - \frac{1}{R}\int V dx = \frac{1}{Rm_1} \cdot \varphi_1(y - m_1 x) = \varphi(y - m_1 x).$$

L'intégrale $\int V dx$ est prise dans l'hypothèse où l'on a

$$dy - m_1 dx = 0, \quad \text{d'où} \quad y - m_1 x = \alpha_1 ;$$

en sorte qu'il faut d'abord substituer dans V cette valeur de y, intégrer ensuite par rapport à x, puis remettre pour α_1 sa valeur $y - m_1 x$; ce qui donne

$$\frac{1}{R}\int V dx = f(x, y - m_1 x),$$

f étant une fonction connue, qui se tire de V par une simple quadrature.

La valeur de p, substituée dans (d), donnera donc

$$dz = q(dy - m_2 dx) + f(x, y - m_1 x) . dx + \varphi(y - m_1 x) . dx,$$

équation qui s'intégrera si l'on peut intégrer conjointement les deux équations différentielles ordinaires

$$dy - m_2 dx = 0,$$
$$dz = [f(x, y - m_1 x) + \varphi(y - m_1 x)] dx.$$

La première donne

$$y - m_2 x = \alpha_2 ; \tag{k}$$

au moyen de quoi la seconde devient

$$dz = \{f[x, \alpha_2 + (m_2 - m_1)x] + \varphi[\alpha_2 + (m_2 - m_1)x]\} dx, \tag{l}$$

et elle a pour intégrale

$$z - F(x, \alpha_2) - \Phi[\alpha_2 + (m_2 - m_1)x] = \beta_2, \tag{m}$$

β_2 désignant une constante arbitraire, Φ une fonction arbitraire, et F une fonction connue, qui se tire de f au moyen d'une quadrature. L'intégrale de la proposée sera

$\beta_2 = \Psi\alpha_2$, où il faudra substituer pour α_2, β_2, leurs valeurs fournies par $(k),(m)$: or, cette substitution donne

$$z = \mathrm{F}(x, y - m_2 x) + \Phi(y - m_1 x) + \Psi(y - m_2 x).$$

541. Passons au cas d'égalité des racines m_1, m_2; et, pour simplifier, prenons $\mathrm{V} = 0$: on a, en supprimant les indices qui deviennent inutiles, $y - mx = \alpha$, $dy = mdx$,

$$p + mq = \varphi(y - mx) = \varphi\alpha,$$

et l'équation (d) devient

$$dz = \varphi\alpha . dx, \quad \text{d'où} \quad z - x\varphi\alpha = \beta;$$

en sorte que la relation $\beta = \psi\alpha$ donne pour l'intégrale

$$z = x\varphi(y - mx) + \psi(y - mx); \qquad (n)$$

et comme les fonctions arbitraires φ, ψ ne se confondent plus, cette intégrale a la généralité requise.

Ceci s'applique à l'équation [251]

$$\mathrm{B}^2 r - 2\mathrm{AB}s + \mathrm{A}^2 t = 0,$$

qui est celle des surfaces réglées dont la génératrice reste constamment parallèle à un plan directeur $\mathrm{A}x + \mathrm{B}y = 0$: on a pour l'intégrale complète

$$z = x\varphi(\mathrm{A}x + \mathrm{B}y) + \psi(\mathrm{A}x + \mathrm{B}y).$$

Les mêmes surfaces ont pour équations aux différences partielles, quand le plan directeur est celui des xy,

$$q^2 r - 2pqs + p^2 t = 0.$$

Les équations (c) et (b) deviennent alors

$$pdx + qdy = dz = 0, \quad qdp - pdq = 0 :$$

on a, en les intégrant, $z = \alpha, p = \beta q$; ce qui donne pour intégrale première de la proposée $p = q\varphi z$. Afin de passer à l'intégrale seconde, on substitue cette valeur de p dans l'équation (d), et il vient

$$dz = q(\varphi z . dx + dy),$$

formule dont l'intégration se ramène à celle des équations différentielles ordinaires

$$dz = 0, \quad \varphi z . dx + dy = 0.$$

Mais celles-ci ont pour intégrales $z = \alpha_1$, $x\varphi\alpha_1 + y = \beta_1$; ce qui donne pour l'intégrale seconde de la proposée,

$$x\varphi z + y = \psi z. \qquad (o)$$

542. Enfin nous avons trouvé [250] pour l'équation aux différences partielles qui caractérise l'ordre des surfaces réglées à directrices rectilignes,

$$x^2 r + 2xys + y^2 t = 0.$$

Les équations (c) et (b) deviennent, dans ce cas,

$$xdy - ydx = 0, \quad xdp + ydq = 0,$$

et elles ont pour intégrales $y = \alpha x$, $p + \alpha q = \beta$, d'où l'on tire

$$p + q . \frac{y}{x} = \varphi' \left(\frac{y}{x}\right)$$

pour l'intégrale première de la proposée. En substituant, comme à l'ordinaire, la valeur de p dans l'équation (d), on a

$$dz = \varphi\left(\frac{y}{x}\right) . dx + q \left(dy - \frac{y}{x} dx\right);$$

ce qui conduit à intégrer les équations différentielles

$$xdy - ydx = 0, \quad dz - \varphi \left(\frac{y}{x}\right) . dx = 0.$$

L'intégration donne $y = \alpha_1 x, z - x\varphi\alpha_1 = \beta_1$; et l'on trouve, en conséquence, pour l'intégrale seconde de la proposée,

$$z = x\varphi\left(\frac{y}{x}\right) + \psi\left(\frac{y}{x}\right). \qquad (p)$$

On peut remarquer l'analogie de forme des équations

(n), (o), (p), qui toutes trois rentrent dans le cas d'égalité des racines de l'équation (c_1).

543. La méthode exposée ci-dessus d'après Monge, et dont nous venons de faire diverses applications, tombe en défaut lorsque le système des équations (b),(c),(d), dans lesquelles entrent, en général, les cinq variables x,y,z,p,q, et qu'on ramène par l'élimination à une équation différentielle entre trois variables, ne satisfait pas aux conditions d'intégrabilité. Soit, par exemple, l'équation proposée

$$r - t - \frac{2p}{x} = 0 : \qquad (q)$$

les équations (c) et (b) deviendront pour $m_1 = \pm 1$,

$$dy \mp dx = 0, \quad dp \mp dq - \frac{2pdx}{x} = 0 ;$$

mais, quel que soit le signe adopté, l'équation en dp,dq,dx ne satisfait pas à la condition d'intégrabilité [523]. Cependant l'équation (q) a pour intégrale en termes finis

$$z = \varphi(y + x) + \psi(y - x) - x[\varphi'(y + x) - \psi'(y - x)],$$

comme on s'en assurerait *a posteriori* ; et la théorie de la construction des équations aux différences partielles montrera que cette intégrale a toute la généralité requise, à cause des deux signes de fonctions arbitraires φ,ψ.

§ 2. De l'intégration des équations linéaires aux différences partielles, à trois variables et d'un ordre quelconque.

544. Parmi les équations aux différences partielles, d'un ordre plus élevé que le second, nous nous bornerons à considérer ici l'équation linéaire à trois variables

$$\mathrm{A}\frac{d^nz}{dx^n} + \mathrm{B}\frac{d^nz}{dx^{n-1}dy} + \mathrm{C}\frac{d^nz}{dx^{n-2}dy^2} + \ldots$$
$$\ldots + \mathrm{G}\frac{d^nz}{dxdy^{n-1}} + \mathrm{H}\frac{d^nz}{dy^n} = 0,$$

A,B,C,... G,H désignant des coefficients constants. Prenons $z=\varphi(y+mx)$: il viendra

$$\frac{d^nz}{dx^n}=m^n\varphi^{(n)}(y+mx), \quad \frac{d^nz}{dx^{n-1}dy}=m^{n-1}\varphi^{(n)}(y+mx), \text{ etc.};$$

et l'on satisfera à la proposée, pourvu que la constante m soit une des n racines $m_1, m_2, \ldots m_n$, de l'équation algébrique

$$Am^n+Bm^{n-1}+Cm^{n-2}+\ldots\ldots+Gm+H=0. \qquad (r)$$

Donc on pourra prendre, à cause de la forme linéaire de la proposée,

$$z=\varphi_1(y+m_1x)+\varphi_2(y+m_2x)+\ldots\ldots+\varphi_n(y+m_nx),$$

$\varphi_1, \varphi_2 \ldots \varphi_n$ étant employées comme caractéristiques de fonctions arbitraires distinctes. On s'assurerait d'ailleurs que cette valeur de z a toute la généralité que peut comporter l'intégrale de l'équation proposée.

545. Il n'en serait plus de même si l'équation (r) avait des racines égales, par exemple, $m_1=m_2$, car alors les deux fonctions φ_1, φ_2 se confondraient en une seule : mais si l'on pose dans ce cas

$$z=\varphi_1(y+m_1x)+x\varphi_2(y+m_1x),$$

on a

$$\frac{d^nz}{dx^n}=m_1{}^n[\varphi_1{}^{(n)}+x\varphi_2{}^{(n)}]+nm_1{}^{n-1}\varphi_2{}^{(n-1)},$$

$$\frac{d^nz}{dx^{n-1}dy}=m_1{}^{n-1}[\varphi_1{}^{(n)}+x\varphi_2{}^{(n)}]+(n-1)m_1{}^{n-2}\varphi_2{}^{(n-1)}, \text{ etc.};$$

en sorte que la substitution dans la proposée donne

$$\begin{aligned}&[Am_1{}^n+Bm_1{}^{n-1}+\ldots+Gm_1+H]\,[\varphi_1{}^{(n)}+x\varphi_2{}^{(n)}]\\&+[Anm_1{}^{n-1}+B(n-1)m_1{}^{n-2}+\ldots+H]\varphi_2{}^{(n-1)}=0;\end{aligned}$$

et il devient évident que cette valeur de z satisfait à la proposée, puisque, par hypothèse, m_1 est une racine double de l'équation (r). Donc on peut prendre dans ce cas

$$z=\varphi_1(y+m_1x)+x\varphi_2(y+m_1x)$$
$$+\varphi_3(y+m_3x)+\ldots+\varphi_n(y+m_nx),$$

le nombre des fonctions arbitraires distinctes restant égal à n.

§ 3. Remarques sur les intégrales singulières et sur les intégrales particulières des équations aux différences partielles.

546. Considérons une équation aux différences partielles du premier ordre

$$f(x,y,z,p,q)=0, \qquad (f)$$

délivrée de radicaux et de dénominateurs : et soit

$$z=\mathfrak{f}(x,y) \qquad (\mathfrak{f})$$

une solution de cette équation, dans laquelle n'entre pas de fonction arbitraire, et qui peut être, ou une intégrale particulière, ou une intégrale singulière. Si c'est une intégrale particulière, il sera permis de représenter l'intégrale générale par

$$z=\mathfrak{f}(x,y)+\varepsilon\varphi, \qquad (\varphi)$$

φ désignant une fonction de x, y, ε, qui ne s'évanouit ni ne devient infinie quand on y fait $\varepsilon=0$ [477]. En substituant dans la proposée, on trouve, pour déterminer la partie de φ indépendante de la constante ε, l'équation

$$\varphi\frac{df}{dz}+\frac{df}{dp}\cdot\frac{d\varphi}{dx}+\frac{df}{dq}\cdot\frac{d\varphi}{dy}=0, \qquad (\varphi_1)$$

dans laquelle les différences partielles

$$\frac{df}{dz},\ \frac{df}{dp},\ \frac{df}{dq}$$

se rapportent à la valeur $z=\mathfrak{f}(x,y)$. D'ailleurs on peut s'assurer que la partie de φ indépendante de ε doit renfermer le même nombre de fonctions arbitraires que la valeur complète de φ; en sorte que la considération de cette partie suffit pour reconnaître la nature de la solution (f).

Cela posé, si la valeur $z = f(x,y)$ donne

$$\frac{df}{dp} = 0, \quad \frac{df}{dq} = 0, \qquad (p,q)$$

sans qu'il en résulte

$$\frac{df}{dz} = 0, \qquad (z)$$

on ne peut satisfaire à l'équation (φ_1) qu'en prenant $\varphi = 0$; de sorte que la solution (f), n'étant pas susceptible de se compléter comme l'indique l'équation (φ), constitue une intégrale singulière de la proposée.

Ainsi la recherche des intégrales singulières consiste à déterminer les valeurs de z en x,y, qui satisfont à la fois aux équations (f) et (p,q), en éliminant p,q entre ces mêmes équations. Il faut, de plus, s'assurer que ces valeurs de z ne vérifient pas l'équation (z).

Appliquons ceci à l'équation des surfaces-canaux

$$z^2(1 + p^2 + q^2) - R^2 = 0:$$

on aura pour les équations (p,q), $z^2p = 0$, $z^2q = 0$. On ne peut pas en tirer $z = 0$, car la proposée ne serait pas satisfaite, et au contraire l'équation (z) serait vérifiée; mais les solutions $p = 0$, $q = 0$, conduisent à l'intégrale singulière $z^2 - R^2 = 0$.

547. Si l'on donnait une équation du second ordre

$$f(x,y,z,p,q,r,s,t) = 0,$$

le même calcul mènerait aux équations de condition (p,q), et en outre à

$$\frac{df}{dr} = 0, \frac{df}{ds} = 0, \frac{df}{dt} = 0; \qquad (r,s,t)$$

de manière que l'élimination de p,q,r,s,t entre les équations (p,q),(r,s,t) et la proposée donnerait une valeur de z

en x,y, qui serait une solution singulière, pourvu que cette même valeur de z ne vérifiât pas l'équation (z). Si la valeur (f) vérifiait seulement les équations (r,s,t), on aurait, pour déterminer la partie φ indépendante de ε, l'équation (φ_1) aux différences partielles du premier ordre, dont l'intégrale ne pourrait renfermer qu'une fonction arbitraire : en sorte que la solution (f), n'étant pas susceptible de se compléter par l'adjonction de deux fonctions arbitraires, comme le requiert l'ordre de l'équation proposée, ne serait qu'une valeur particulière provenant de l'intégration d'une solution singulière du premier ordre.

On conclut de là que, si l'on trouve une équation du premier ordre qui satisfasse à la fois à la proposée et aux équations (r,s,t), cette équation sera une intégrale singulière du premier ordre.

Soit donnée, par exemple, l'équation du second ordre

$$r^2 - (2rq - y)\left(p - \frac{z}{1+x}\right) = 0, \tag{3}$$

qui ne contient, ni s, ni t : le système des équations (r,s,t) se réduit à

$$r - q\left(p - \frac{z}{1+x}\right) = 0.$$

On satisfait à cette équation, ainsi qu'à la proposée, en faisant

$$p - \frac{z}{1+x} = 0,$$

équation du premier ordre, qui a pour intégrale

$$z = (1+x)\varphi y,$$

φ désignant une fonction arbitraire. Par conséquent cette dernière équation est une intégrale singulière de la proposée.

548. On peut aussi, dans certains cas, assigner des inté-

grales particulières à des équations aux différences partielles dont les intégrales générales ne sont pas connues, ou même ne pourraient exister sous forme finie ; et les intégrales ainsi obtenues, quoiqu'elles n'aient pas toute la généralité requise pour la solution analytique, peuvent résoudre avec une généralité suffisante le problème qui a conduit à l'équation aux différences partielles. Admettons que cette équation soit du second ordre, de la forme

$$f(p,q,r,s,t)=0,$$

de manière qu'elle ne contienne point les variables x,y,z ; et supposons-la en outre homogène en r,s,t : malgré ces restrictions, elle ne pourra s'intégrer généralement que pour de certaines formes de la fonction f ; mais si, parmi toutes les surfaces susceptibles de satisfaire à cette équation, on n'a en vue que les surfaces développables pour lesquelles $p=\Pi q$, on pourra poser

$$s=t\Pi'q,\quad r=s\Pi'q=t(\Pi'q)^2;$$

en sorte qu'après la substitution de ces valeurs de s et de r dans la proposée, qui est homogène en r,s,t, la dérivée t s'en ira. Il restera une équation différentielle ordinaire en q, Πq, $\Pi' q$, ou $q,p,\dfrac{dp}{dq}$, par laquelle on déterminera la fonction Π avec une constante arbitraire. L'équation $p=\Pi q$ étant ensuite intégrée, donnera une équation primitive avec une fonction arbitraire, laquelle équation primitive caractérisera une famille de surfaces développables, jouissant de la propriété exprimée par la proposée.

Par exemple, l'équation du second ordre

$$(1+q^2)r-2pqs+(1+p^2)t=0,$$

qui appartient aux surfaces pour lesquelles les deux courbures principales sont égales et de sens contraires [281], et dont l'aire est un *minimum* entre les limites données

[391], ne comprend que les dérivées du premier et du second ordre, et elle est homogène en r,s,t. Si donc l'on cherche quelles sont, parmi ces surfaces, celles qui peuvent se développer sur un plan, on sera conduit à l'équation

$$(1+q^2)dp^2-2pqdpdq+(1+p^2)dq^2=0. \qquad (4)$$

Pour l'intégrer, on fera $p=mq+n$, m, n désignant des constantes, et il viendra $1+m^2+n^2=0$, ce qui donne

$$p=mq+(1+m^2)^{\frac{1}{2}}\sqrt{-1}. \qquad (5)$$

D'ailleurs les équations $p=a$, $q=b$ satisfont aussi à l'équation (4) et conduisent à l'équation générale du plan

$$z=ax+by+c. \qquad (6)$$

En appliquant à l'équation (5) le procédé du n°. 536, on obtient une intégrale exprimée par le système

$$\left.\begin{aligned} z &= (y+mx)\alpha + x(1+m^2)^{\frac{1}{2}}\sqrt{-1}-\varphi\alpha,\\ y+mx &= \varphi'\alpha. \end{aligned}\right\} \qquad (7)$$

Mais il est impossible d'en tirer un résultat réel à moins de poser $1+m^2=0$, $\varphi\alpha=c_1\alpha-c$, et alors on a simplement $z=c$: solution moins générale que celle qui est donnée par l'équation (6), quoiqu'en apparence le système (7) ait une généralité plus grande, à cause de la présence du signe de fonction arbitraire φ. Au reste, puisque les surfaces développables ont l'une de leurs courbures principales nulle, il est bien évident que l'autre doit s'évanouir aussi, pour satisfaire à l'une des propriétés géométriques exprimées par l'équation proposée; et qu'ainsi le plan seul, parmi les surfaces développables, peut fournir une solution réelle de cette équation.

CHAPITRE IV.

DE L'INTÉGRATION DES ÉQUATIONS AUX DIFFÉRENCES PARTIELLES PAR LES SÉRIES, ET EN PARTICULIER DE L'INTÉGRATION DES ÉQUATIONS LINÉAIRES, A DEUX VARIABLES INDÉPENDANTES, ET A COEFFICIENTS CONSTANTS.

549. Le chapitre précédent a mis en évidence l'imperfection des procédés par lesquels on détermine, sous forme finie, les intégrales des équations aux différences partielles d'un ordre supérieur au premier, dans les cas peu étendus où cette détermination est possible. D'ailleurs le problème de l'intégration n'est effectivement résolu que lorsqu'on a déterminé, d'après les conditions propres à chaque question, et sans les restreindre, les fonctions arbitraires qui entrent dans la composition des intégrales ; ce qui est souvent impossible, même lorsque le signe de fonction arbitraire ne porte que sur les quantités réelles, et à plus forte raison lorsque les procédés d'intégration ont fait arriver sous ce signe des quantités compliquées de facteurs imaginaires. Aussi, quand les progrès de la physique mathématique ont exigé que le calcul aux différences partielles fût cultivé dans un autre but que celui de caractériser et de classer des familles de surfaces, les géomètres ont dû essayer de résoudre d'une autre manière les problèmes d'intégration qui s'offraient à eux ; et il était naturel qu'ils recourussent d'abord au procédé le plus ordinaire de l'analyse, à celui du développement en séries.

En général, soit une équation aux différences partielles de l'ordre n entre la fonction u et les variables indépendantes x,y,z,t, etc. Prenons une variable auxiliaire θ, composée d'une manière quelconque en x,y,z,t, etc. : on peut supposer la fonction u développée en série de la forme

$$u = \Theta\theta^{\alpha} + \Theta_1\theta^{\alpha_1} + \Theta_2\theta^{\alpha_2} + \text{etc.}; \qquad (\theta)$$

de manière que les exposants α_i forment une suite croissante ou décroissante de nombres constants, tandis que les coefficients Θ_i sont des fonctions inconnues de variables indépendantes, en nombre inférieur au moins d'une unité à celui des variables dont u dépend. Si l'on substitue cette valeur de u dans l'équation proposée, que l'on ordonne le premier membre suivant les puissances de θ, et qu'on égale séparément à zéro les coefficients de chaque terme du développement, on aura une suite infinie d'équations différentielles aux différences partielles, dont chacune renfermera une variable indépendante de moins que la proposée, et si l'on parvient à obtenir les valeurs les plus générales de Θ_i, α_i, propres à vérifier cette suite d'équations, la série (θ) satisfera, aussi de la manière la plus générale, à l'équation proposée. En prenant successivement pour θ chacune des variables x,y,z,t, etc., ou des fonctions différentes de ces mêmes variables, on peut assigner à u plusieurs développements distincts : bien entendu que ces développements seront illusoires, toutes les fois qu'il ne conduiront pas à des séries convergentes.

Dans ces divers développements, les coefficients Θ_i, déterminés de la manière la plus générale, pourront néanmoins renfermer des fonctions arbitraires en nombres inégaux, selon qu'on aura choisi pour θ telle des variables indépendantes, ou telle fonction de ces mêmes variables. Le nombre des fonctions arbitraires qui entrent dans la composition de ces coefficients ne peut pas surpasser n, mais il pourrait être moindre. Nous établirons ce principe d'une manière fort simple en traitant de la construction arithmétique des équations aux différences partielles, et il se vérifiera sur les exemples que nous discuterons dans ce chapitre.

550. Ce que nous venons de dire sur le développement en série par la méthode des coefficients indéterminés a pour but de donner à la théorie toute la généralité désirable ; mais ordinairement il suffit de recourir pour le développement aux théorèmes de Taylor ou de Maclaurin. Les exposants α_i suivent alors la progression des nombres naturels. Soit, par exemple, l'équation

$$\frac{du}{dt} = a\frac{du}{dx},$$

la formule de Maclaurin donnera

$$u = \varphi x + \frac{t}{1}\cdot\left(\frac{du}{dt}\right)_0 + \frac{t^2}{1.2}\left(\frac{d^2u}{dt^2}\right)_0 + \frac{t^3}{1.2.3}\left(\frac{d^3u}{dt^3}\right)_0 + \text{etc.}, \quad (1)$$

φx étant ce que devient la valeur de u quand on y fait $t = 0$, et $\left(\frac{d^iu}{dt^i}\right)_0$ désignant la valeur de la dérivée $\frac{d^iu}{dt^i}$ pour la même valeur particulière $t = 0$. En vertu de l'équation proposée, on a

$$\left(\frac{du}{dt}\right)_0 = a\left(\frac{du}{dx}\right)_0 = a\varphi' x,$$

$$\left(\frac{d^2u}{dt^2}\right)_0 = a\left(\frac{d^2u}{dxdt}\right)_0 = a^2\left(\frac{d^2u}{dx^2}\right)_0 = a^2\varphi'' x, \text{ etc.},$$

moyennant quoi la série (1) devient

$$u = \varphi x + \frac{at}{1}.\varphi' x + \frac{a^2t^2}{1.2}.\varphi'' x + \frac{a^3t^3}{1.2.3}.\varphi''' x + \text{etc.}$$

Mais le second membre de cette équation n'est autre chose que le développement de la fonction $\varphi(x + at)$ suivant les puissances de at : on retrouve donc de cette manière l'intégrale sous forme finie

$$u = \varphi(x + at), \tag{2}$$

telle qu'on l'aurait obtenue par la méthode du n° 528. L'équation proposée laisse la fonction φ arbitraire, comme cela doit être.

Nous aurions pu développer la fonction u par le théorème de Taylor, suivant les puissances de $t - t_0$, en laissant la constante t_0 indéterminée, de manière à éviter l'exception à laquelle est sujette la formule de Maclaurin, lorsque le développement de la fonction suivant les puissances entières et positives de la variable cesse d'être possible. φx désignerait alors la valeur de la fonction u qui correspond à la valeur particulière $t = t_0$. Mais, pour la plus grande simplicité des calculs, nous ferons toujours usage de la série de Maclaurin : il sera facile de substituer, si l'on veut, aux développements obtenus, des développements ordonnés suivant les puissances de la variable, diminuée d'une constante arbitraire.

551. Passons à l'équation

$$\frac{du}{dt} = \frac{d^2u}{dx^2} : \tag{3}$$

en développant l'intégrale suivant les puissances de t, et en conservant les mêmes notations que ci-dessus, on aura

$$\left(\frac{du}{dt}\right)_0 = \varphi'' x, \quad \left(\frac{d^2u}{dt^2}\right)_0 = \varphi^{\text{IV}} x, \quad \left(\frac{d^3u}{dt^3}\right)_0 = \varphi^{\text{VI}} x, \text{ etc.,}$$

d'où

$$u = \varphi x + \frac{t}{1} \cdot \varphi'' x + \frac{t^2}{1 \cdot 2} \cdot \varphi^{\text{IV}} x + \frac{t^3}{1 \cdot 2 \cdot 3} \cdot \varphi^{\text{VI}} x + \text{etc.} \tag{4}$$

On ne peut plus, comme tout à l'heure, revenir de la série à une intégrale sous forme finie, du moins de la nature de celles que nous avons rencontrées jusqu'ici ; mais, toutes les fois que la série est convergente, elle détermine la valeur de u en fonction des variables indépendantes x,t; et cette valeur ne dépend que de la fonction arbitraire φ qui doit être assignée dans chaque cas particulier.

Par un procédé absolument semblable on trouverait pour la valeur de u, développée suivant les puissances de x,

$$u = \psi t + \frac{x}{1}.\pi t + \frac{x^2}{1.2}.\psi' t + \frac{x^3}{1.2.3}.\pi' t + \frac{x^4}{1.2.3.4}.\psi'' t + \text{etc.} \quad (5)$$

Les fonctions ψt, πt restent toutes deux arbitraires, et désignent respectivement ce que deviennent les valeurs de $u, \frac{du}{dx}$, quand on y fait $x = 0$.

Pour montrer que les intégrales (4), (5) rentrent l'une dans l'autre, quoique la première ne renferme que la fonction arbitraire φx et ses dérivées, tandis que la seconde dépend des deux fonctions arbitraires ψt, πt, Poisson développe les fonctions ψt, πt suivant les puissances de t, et il pose en conséquence

$$\psi t = \mathrm{A} + \mathrm{B}\frac{t}{1} + \mathrm{C}\frac{t^2}{1.2} + \mathrm{D}\frac{t^3}{1.2.3} + \text{etc.}$$

$$\pi t = \mathrm{A}' + \mathrm{B}'\frac{t}{1} + \mathrm{C}'\frac{t^2}{1.2} + \mathrm{D}'\frac{t^3}{1.2.3} + \text{etc.}$$

L'équation (5) devient alors

$$\begin{aligned} u = \mathrm{A} &+ \mathrm{A}'\frac{x}{1} + \mathrm{B}\frac{x}{1.2} + \mathrm{B}'\frac{x^3}{1.2.3} + \mathrm{C}\frac{x^4}{1.2.3.4} + \text{etc.} \\ &+ \frac{t}{1}\left(\mathrm{B} + \mathrm{B}'\frac{x}{1} + \mathrm{C}\frac{x^2}{1.2} + \mathrm{C}'\frac{x^3}{1.2.3} + \text{etc.}\right) \\ &+ \frac{t^2}{1.2}\left(\mathrm{C} + \mathrm{C}'\frac{x}{1} + \text{etc.}\right) + \text{etc.} \end{aligned}$$

Maintenant, si l'on désigne par φx, comme cela est permis, la fonction arbitraire

$$A + A'\frac{x}{1} + B\frac{x^2}{1.2} + B'\frac{x^3}{1.2.3} + C\frac{x^4}{1.2.3.4} + \text{etc.},$$

le second membre de l'équation précédente se confondra avec la série (4).

552. Le théorème de Maclaurin donne encore pour l'intégrale de l'équation

$$\frac{d^2u}{dxdt} = u, \tag{6}$$

développée suivant les puissances de t,

$$u = \varphi x + \frac{t}{1}\int \varphi x dx + \frac{t^2}{1.2}\iint \varphi x dx^2 + \frac{t^3}{1.2.3}\iiint \varphi x dx^3 + \text{etc.}, \tag{7}$$

et, sous cette forme, l'intégrale ne semble dépendre que de la fonction arbitraire φx qui représente la valeur de u pour $t = 0$. Mais il faut observer que chacune des intégrations, en nombre infini, indiquées dans le développement, introduit une constante arbitraire, et que le système de ces constantes, multipliées respectivement par des facteurs variables, équivaut à une autre fonction arbitraire. En effet l'on peut écrire :

$$\varphi x = A + \varphi_1 x,$$

$$\int \varphi x dx = B + A\frac{x}{1} + \varphi_2 x,$$

$$\iint \varphi x dx^2 = C + B\frac{x}{1} + A\frac{x^2}{1.2} + \varphi_3 x,$$

$$\iiint \varphi x dx^3 = D + C\frac{x}{1} + B\frac{x^2}{1.2} + A\frac{x^3}{1.2.3} + \varphi_4 x,$$

etc.,

A,B,C,D, etc., désignant des constantes arbitraires, et $\varphi_1 x$, $\varphi_2 x, \varphi_3 x$, etc., des fonctions qui s'évanouissent avec x. Par la substitution de ces valeurs dans la formule précédente, il vient :

$$
\begin{aligned}
u = \mathrm{A}\Big(1 &+ \frac{xt}{(1)^2} + \frac{x^2t^2}{(1.2)^2} + \frac{x^3t^3}{(1.2.3)^2} + \text{etc.}\Big)\\
&+ \varphi_1 x + \frac{t}{1}.\varphi_2 x + \frac{t^2}{1.2}.\varphi_3 x + \frac{t^3}{1.2.3}.\varphi_4 x + \text{etc.}\\
&+ \mathrm{B}\frac{t}{1} + \mathrm{C}\frac{t^2}{1.2} + \mathrm{D}\frac{t^3}{1.2.3} + \text{etc.}\\
&+ \frac{x}{1}\Big(\mathrm{B}\frac{t^2}{1.2} + \mathrm{C}\frac{t^3}{1.2.3} + \mathrm{D}\frac{t^4}{1.2.3.4} + \text{etc.}\Big)\\
&+ \frac{x^2}{1.2}\Big(\mathrm{B}\frac{t^3}{1.2.3} + \mathrm{C}\frac{t^4}{1.2.3.4} + \mathrm{D}\frac{t^5}{1.2.3.4.5} + \text{etc.}\Big)\\
&+ \text{etc.}
\end{aligned}
$$

Or, si l'on pose

$$\mathrm{B}\frac{t}{1} + \mathrm{C}\frac{t^2}{1.2} + \mathrm{D}\frac{t^3}{1.2.3} + \text{etc.} = \psi_1 t,$$

on aura

$$
\begin{aligned}
&\mathrm{B}\frac{t^2}{1.2} + \mathrm{C}\frac{t^3}{1.2.3} + \mathrm{D}\frac{t^4}{1.2.3.4} + \text{etc.} = \int_0^t \psi_1 t\,dt = \psi_2 t,\\
&\mathrm{B}\frac{t^3}{1.2.3} + \mathrm{C}\frac{t^4}{1.2.3.4} + \mathrm{D}\frac{t^5}{1.2.3.4.5} = \int_0^t \psi_2 t\,dt = \psi_3 t,\\
&\text{etc.},
\end{aligned}
$$

les fonctions $\psi_1 t, \psi_2 t, \psi_3 t$, etc., s'évanouissant toutes avec t; et l'on donnera au développement de l'intégrale la forme symétrique

$$
\begin{aligned}
u = \mathrm{A}\Big(1 &+ \frac{xt}{(1)^2} + \frac{x^2t^2}{(1.2)^2} + \frac{x^3t^3}{(1.2.3)^2} + \text{etc.}\Big)\\
&+ \varphi_1 x + \frac{t}{1}.\varphi_2 x + \frac{t^2}{1.2}.\varphi_3 x + \frac{t^3}{1.2.3}.\varphi_4 x + \text{etc.}\\
&+ \psi_1 t + \frac{x}{1}.\psi_2 t + \frac{x^2}{1.2}.\psi_3 t + \frac{x_3}{1.2.3}.\psi_4 t + \text{etc.}
\end{aligned}
$$

Quand la constante A et les fonctions φ_1, ψ_1 auront été assignées arbitrairement, toutes les fonctions $\varphi_2, \psi_2, \varphi_3, \psi_3$, etc., s'obtiendront par des quadratures. A est la valeur numérique de u pour le système de valeurs $x = 0$, $t = 0$;

$A + \varphi_1 x$, $A + \psi_1 t$ sont les valeurs de u en fonction de x et de t, qui correspondent l'une à $t = 0$, l'autre à $x = 0$.

553. Les équations aux différences partielles, traitées dans les n^{os} précédents, étaient linéaires; considérons maintenant l'équation (3) du n° 547,

$$\left(\frac{d^2z}{dx^2}\right)^2 - \left(2\frac{d^2z}{dx^2}.\frac{dz}{dy} - y\right)\left(\frac{dz}{dx} - \frac{z}{1+x}\right) = 0,$$

à laquelle nous avons trouvé pour intégrale singulière

$$z = (1 + x)\varphi y. \tag{8}$$

Son intégrale générale, développée par la formule de Maclaurin suivant les puissances de x, est

$$z = \psi y + \frac{x}{1}.\pi y + \frac{x^2}{1.2}(\pi y - \psi y)\left[\psi' y \pm \sqrt{(\psi' y)^2 - \frac{y}{\pi y - \psi y}}\right]$$
$$+ \text{etc.};$$

et si on la développe suivant les puissances de y, il vient

$$z = \chi x + \frac{y}{1}.\frac{\chi'' x}{2\left(\chi' x - \frac{\chi x}{1+x}\right)} + \text{etc.}; \tag{9}$$

en sorte qu'elle dépend dans le premier cas des deux fonctions arbitraires ψ, π, et dans le second de la seule fonction arbitraire χ.

Si l'on considère l'intégrale, au point de vue géométrique, comme l'équation d'un ordre ou d'une famille de surfaces, on pourra dire que l'intégrale singulière (8) a *autant d'étendue* que l'intégrale générale donnée par la série (9) : car, pour particulariser l'équation (8), il faut se donner la courbe $z = \varphi y$ suivant laquelle la surface coupe le plan des yz ; et de même pour particulariser l'équation (9), il suffit de se donner la courbe $z = \chi x$ qui est l'intersection de la surface avec le plan des xz. Les deux équations caractérisent donc deux familles distinctes de surfaces, dans chacune desquelles les surfaces individuelles sont déterminées par des conditions de même nature et en même nombre.

554. Le développement des intégrales en séries, par l'emploi des formules de Taylor ou de Maclaurin, ou par la méthode plus générale des coefficients indéterminés, indiquée en premier lieu, mène pour l'ordinaire à des calculs pénibles ou même inextricables, lorsque l'équation qu'il s'agit d'intégrer n'est pas linéaire, ainsi qu'on en jugerait d'après l'exemple du n° précédent, si l'on voulait prolonger le développement au-delà du troisième terme. Au contraire, le développement de l'intégrale en série prend une forme aussi simple que remarquable, lorsque l'équation aux différences partielles est linéaire, à trois variables indépendantes, à coefficients constants, et quand elle ne contient pas les variables indépendantes dans un dernier terme, indépendant de la fonction et de ses dérivées partielles.

Désignons en effet par u la fonction, et par x, t les variables indépendantes : si l'on substitue dans l'équation proposée la valeur

$$u = Ce^{\alpha x + \beta t}, \qquad \text{(C)}$$

C désignant une constante arbitraire et α, β des paramètres indéterminés, l'exponentielle et la constante C qui la multiplie s'en iront comme facteurs communs : il restera une équation algébrique

$$f(\alpha, \beta) = 0, \qquad \text{(f)}$$

à laquelle devront satisfaire les indéterminées α, β pour que l'équation (C) soit une intégrale particulière de la proposée. Celle-ci, à cause de sa forme linéaire, sera donc satisfaite quand on y substituera pour u la somme d'un nombre infini de valeurs particulières telles que (C), ou la série

$$C_1 e^{\alpha_1 x+\beta_1 t}+C_2 e^{\alpha_2 x+\beta_2 t}+C_3 e^{\alpha_3 x+\beta_3 t}+\text{etc.},$$

que nous désignerons ordinairement, pour abréger, par

$$\Sigma . C e^{\alpha x+\beta t},$$

et dans laquelle il n'y aura d'arbitraires que les coefficients C, α ; les nombres β se trouvant déterminés en fonction des nombres α, au moyen de l'équation (f).

555. Appliquons ceci à l'équation linéaire du premier ordre

$$\frac{du}{dt}=a\frac{du}{dx}+bu:$$

l'équation (f) aura la forme $\beta=a\alpha+b$; de sorte qu'on satisfait à la proposée en prenant

$$u=e^{bt}\Sigma . C e^{\alpha(x+at)}.$$

Pour $t=0$, cette série donne

$$u=\Sigma . C e^{\alpha x}.$$

Soit donc φx une fonction telle que, si on la développait en série d'exponentielles [114], on aurait

$$\varphi x=\Sigma . C e^{\alpha x}:$$

la valeur générale de u sera, sous forme finie,

$$u=e^{bt}\varphi(x+at),$$

comme cela résulte par un changement de lettres de la formule (3) du n°529. La fonction φ reste arbitraire, à cause de l'indétermination des coefficients C, α : elle sera déterminée, si l'on assigne la valeur de u en fonction de x, pour $t=0$.

Quand on fait $b=0$, on retombe sur l'équation (2). En général, si l'on a une équation aux différences partielles de la forme

$$\frac{du}{dt}=[u]+bu,$$

$[u]$ désignant, pour abréger, une fonction linéaire des dérivées partielles de u, par rapport aux variables $x,y,z,\ldots$ autres que t, on posera $u=ve^{bt}$, et l'on aura la transformée en v

$$\frac{dv}{dt}=[v].$$

556. Soit l'équation du second ordre

$$\frac{d^2u}{dt^2}=a^2\frac{d^2u}{dx^2}: \qquad (10)$$

l'équation (f) devient $\beta^2=a^2\alpha^2$, d'où ces deux valeurs de β : $\beta'=a\alpha$, $\beta''=-a\alpha$. A chaque valeur de β correspondent deux séries distinctes, propres à vérifier la proposée, et qui en sont des intégrales particulières : la somme de ces deux séries compose l'intégrale générale

$$u=\Sigma.C'e^{\alpha'(x+at)}+\Sigma.C''e^{\alpha''(x-at)},$$

équivalente à l'intégrale sous forme finie

$$u=\varphi(x+at)+\psi(x-at), \qquad (11)$$

qui ne diffère que par le choix des lettres, de la formule (2) du n° 539.

D'après cette analyse, l'intégrale générale de la proposée doit s'obtenir sous forme finie et renfermer n fonctions arbitraires distinctes, lorsque $f(\alpha,\beta)$ se décompose en n facteurs linéaires $\beta-(a\alpha+b)$, et en particulier lorsque la fonction f est homogène par rapport aux indéterminées α,β, ou lorsque l'équation linéaire aux différences partielles ne renferme que des différences partielles du même ordre [544].

Les deux fonctions arbitraires φ, ψ qui entrent dans l'intégrale (11), se déterminent sans difficulté lorsqu'on assigne deux fonctions fx, $\mathrm{f}x$, dont la première représente la valeur de u et la seconde celle de $\frac{du}{dt}$, pour $t=0$. Effectivement, d'après ces données on a

$$\varphi x + \psi x = fx, \quad \varphi' x - \psi' x = \frac{1}{a}.\mathfrak{f}x.$$

Par l'intégration de la seconde de ces équations, il vient

$$\varphi x - \psi x = \frac{1}{a}\int \mathfrak{f}x dx = \mathrm{F}x + c,$$

Fx désignant une fonction connue de x, et c une constante arbitraire.

De là on tire

$$\varphi x = \tfrac{1}{2}(fx + \mathrm{F}x + c), \quad \psi x = \tfrac{1}{2}(fx - \mathrm{F}x - c),$$

et par suite

$$u = \tfrac{1}{2}[f(x+at) + f(x-at) + \mathrm{F}(x+at) - \mathrm{F}(x-at)], \quad (12)$$

la constante arbitraire c ayant disparu.

557. Reprenons l'équation déjà traitée

$$\frac{du}{dt} = \frac{d^2u}{dx^2}, \quad (3)$$

pour laquelle l'équation (f) se réduit à $\beta = \alpha^2$. Suivant qu'on se sert de cette équation pour chasser les coefficients β ou les coefficients α, on a les deux développements

$$u = \Sigma.\mathrm{C}e^{\alpha x + \alpha^2 t}, \quad (13)$$

$$u = \Sigma.\mathrm{C}'e^{x\sqrt{\beta'} + \beta' t} + \Sigma.\mathrm{C}''e^{-x\sqrt{\beta''} + \beta'' t}. \quad (14)$$

Si l'on développe la série (13) suivant les puissances de t, il vient

$$u = \Sigma.\mathrm{C}e^{\alpha x} + \frac{t}{1}.\Sigma.\mathrm{C}\alpha^2 e^{\alpha x} + \frac{t^2}{1.2}.\Sigma.\mathrm{C}\alpha^4 e^{\alpha x} + \text{etc.},$$

développement qui se confond avec la série (4), quand on pose $\Sigma.\ \mathrm{C}e^{\alpha x} = \varphi x$, la fonction arbitraire φx désignant toujours la valeur de u, pour $t = 0$.

On trouverait de même, en développant le second membre de l'équation (14) suivant les puissances de x :

$$u = \Sigma . C' e^{\beta' t} + \Sigma . C'' e^{\beta'' t}$$
$$+ \frac{x}{1} . (\Sigma . C' \sqrt{\beta'} e^{\beta' t} - \Sigma . C'' \sqrt{\beta''} e^{\beta'' t})$$
$$+ \frac{x^2}{1.2} . (\Sigma . C' \beta' e^{\beta' t} + \Sigma . C'' \beta'' e^{\beta'' t})$$
$$+ \frac{x^3}{1.2.3} . (\Sigma . C' \beta' \sqrt{\beta'} e^{\beta' t} - \Sigma . C'' \beta'' \sqrt{\beta''} e^{\beta'' t}) + \text{etc.}$$

Si maintenant on pose

$$\psi t = \Sigma . C' e^{\beta' t} + \Sigma . C'' e^{\beta'' t},$$
$$\pi t = \Sigma . C' \sqrt{\beta'} e^{\beta' t} - \Sigma . C'' \sqrt{\beta''} e^{\beta'' t},$$

on retombera sur la série (5). Pour montrer que les deux fonctions ψ, π sont arbitraires et indépendantes l'une de l'autre, nous ferons

$$\Sigma . C' e^{\beta' t} = \Psi t, \quad \Sigma . C'' e^{\beta'' t} = \Pi t;$$
$$\Sigma . C' \sqrt{\beta'} e^{\beta' t} = \Psi_{,} t, \quad \Sigma . C'' \sqrt{\beta''} e^{\beta'' t} = \Pi_{,} t,$$

d'où

$$\psi t = \Psi t + \Pi t, \tag{15}$$
$$\pi t = \Psi_{,} t - \Pi_{,} t. \tag{16}$$

A la place de cette dernière équation l'on peut écrire

$$\pi' t = \Psi t - \Pi t, \tag{17}$$

π' étant une fonction qui dérive de π par une opération inverse de celle au moyen de laquelle les fonctions $\Psi_{,}, \Pi_{,}$, dérivent respectivement des fonctions Ψ, Π (¹). On tire des équations (15) et (17) :

$$\Psi t = \tfrac{1}{2} \psi t + \tfrac{1}{2} \pi' t; \quad \Pi t = \tfrac{1}{2} \psi t - \tfrac{1}{2} \pi' t;$$

(¹) De l'équation $\Sigma . C' e^{\beta' t} = \psi t$ on tire

$$\Sigma . C' (\beta')^n e^{\beta' t} = \frac{d^n . \Psi t}{dt^n},$$
$$\Sigma . C' (\beta')^{-n} e^{\beta' t} = \int^{(n)} \Psi t . dt^n,$$

en sorte que, quelles que soient les fonctions ψ, π qui peuvent être choisies arbitrairement, les fonctions Ψ, Π, et par suite les séries $\Sigma . C' e^{\beta' t}$, $\Sigma . C' e^{\beta'' t}$ se trouvent toujours déterminées.

Si l'on avait développé la série (13) suivant les puissances de x, on aurait eu

$$u = \Sigma . C e^{\alpha^2 t} + \frac{x}{1} . \Sigma . C \alpha e^{\alpha^2 t} + \frac{x^2}{1.2} . \Sigma . C \alpha^2 e^{\alpha^2 t} + \text{etc.};$$

et ce développement coïncide encore avec la série (5) quand on pose

$$\psi t = \Sigma . C e^{\alpha^2 t}, \quad \pi t = \Sigma . C \alpha e^{\alpha^2 t};$$

mais alors les deux fonctions ψ, π ne sont plus indépendantes : on a entre elles une relation qui, suivant la notation ci-dessus employée, s'exprimerait par $\pi t = \psi_{\prime} t$, ou $\pi^{\backslash} t = \psi t$; ce qui revient aussi à supposer nulle la fonction Π dans les équations (15) et (17). Conséquemment la série (13) doit être considérée, ou comme l'intégrale générale de l'équation (3), ou simplement comme une intégrale particulière, selon que cette série est conçue ordonnée suivant

---

n désignant un nombre positif et entier quelconque. On peut écrire par analogie

$$\Sigma . C' (\beta')^{\frac{1}{2}} e^{\beta' t} = \frac{d^{\frac{1}{2}} . \Psi t}{dt^{\frac{1}{2}}},$$

et, en vertu de cette notation, remplacer les équations (16) et (17) par les suivantes.

$$\pi t = \frac{d^{\frac{1}{2}} (\Psi t + \Pi t)}{dt^{\frac{1}{2}}}, \quad \int^{(\frac{1}{2})} \pi t . dt^{\frac{1}{2}} = \Psi t - \Pi t.$$

Le calcul des différentielles et des intégrales *à indices fractionnaires*, admis comme une conséquence du développement des fonctions en séries d'exponentielles, est l'objet d'un mémoire important de M. Liouville, inséré dans le 21ᵉ cahier du *Journal de l'École polytechnique*.

les puissances de t ou suivant les puissances de x : ce qui revient à déterminer les paramètres arbitraires qu'elle renferme, au moyen de la valeur de u en fonction de x pour $t=0$, au moyen des valeurs de u et de $\frac{du}{dx}$ en fonction de t pour $x=0$.

Nous ignorons si l'on a remarqué cette singulière propriété de certains développements, de représenter à la fois une intégrale générale et une intégrale particulière. Cette remarque contredit même l'assertion avancée par mégarde par Poisson ([1]), que l'on peut développer la série (13) de manière à la rendre identique avec la série (5).

558. Reprenons aussi l'équation

$$\frac{d^2u}{dxdt}=u, \tag{6}$$

qui donne pour (f), $\alpha\beta=1$ d'où

$$u=\Sigma.Ce^{\alpha x+\frac{t}{\alpha}}, \tag{18}$$

et en développant suivant les puissances de t,

$$u=\Sigma.Ce^{\alpha x}+\frac{t}{1}.\Sigma.C\frac{e^{\alpha x}}{\alpha}+\frac{t^2}{1.2}.\Sigma.C\frac{e^{\alpha x}}{\alpha^2}+\text{etc.}$$

Comme on peut poser $\varphi x=\Sigma.Ce^{\alpha x}$, il est évident que ce développement rentre dans la série (7). Seulement, quand la fonction φ a été assignée, et que les coefficients C, α sont par cela même déterminés, tous les termes des séries

$$\Sigma.C\frac{e^{\alpha x}}{\alpha}=\int\varphi x dx,\quad \Sigma.\frac{Ce^{\alpha x}}{\alpha^2}=\iint\varphi x dx^2,\ \text{etc.},$$

se trouvent aussi déterminées complétement; en sorte que les constantes arbitraires qui entrent dans les intégrales

([1]) *Théorie de la chaleur*, p. 139.

$\int\varphi x dx, \iint\varphi x dx^2$, etc., sont elles-mêmes complétement déterminées. Par conséquent, la série (18) ne donne qu'une intégrale particulière de l'équation (6), et non pas une intégrale générale ou complète, comme on le lit à la page 149 de l'ouvrage cité tout à l'heure.

L'équation (6) serait également vérifiée si l'on prenait

$$u = A \sin(\alpha x + \beta t) + B \cos(\alpha x + \beta t),$$

pourvu qu'on eût entre les paramètres α, β l'équation de condition $\alpha\beta + 1 = 0$. Donc on satisfera à l'équation (6) en posant

$$u = \Sigma\left[A \sin\left(\alpha x - \frac{t}{\alpha}\right) + B \cos\left(\alpha x - \frac{t}{\alpha}\right)\right];$$

mais ce ne sera encore qu'une intégrale particulière de la proposée; et lors même qu'on écrirait

$$u = \Sigma . A \sin\left(\alpha' x - \frac{t}{\alpha'}\right) + \Sigma . B \cos\left(\alpha'' x - \frac{t}{\alpha''}\right),$$

l'intégrale, ainsi qu'il est facile de s'en assurer, n'aurait pas plus de généralité.

559. En général, comme les constantes arbitraires C, α, β peuvent être supposées imaginaires aussi bien que réelles, il est clair qu'à toute série d'exponentielles il est permis de substituer une série de sinus et de cosinus, et réciproquement. La nature du problème détermine la nature des fonctions qui doivent rester dans la solution finale, après qu'on a déterminé toutes les constantes arbitraires et fait évanouir les signes d'imaginarité.

Si l'équation (f) était telle que les paramètres α, β ne pussent pas être réels en même temps, on serait par là même averti de la nécessité d'introduire dans la série des fonctions circulaires à la place de certaines exponentielles. Ce cas s'offrirait pour l'équation

$$\frac{d^2u}{dt^2}+\frac{d^2u}{dx^2}=0, \qquad (19)$$

à laquelle se réduit l'équation (10) quand on donne à la constante a la valeur $\sqrt{-1}$. On y satisfait en posant

$$u=\Sigma.(A'\sin\alpha'x+B'\cos\alpha'x)e^{\alpha't}$$
$$+\Sigma.(A''\sin\alpha''x+B''\cos\alpha''x)e^{-\alpha''t}.$$

Désignons par fx et par $\mathrm{f}x=\frac{d\mathrm{F}x}{dx}$ les valeurs de u et de $\frac{du}{dx}$ pour $t=0$: on aura

$$\left.\begin{aligned}\Sigma.(A'\sin\alpha'x+B'\cos\alpha'x)&=\tfrac{1}{2}(fx+\mathrm{F}x+c),\\ \Sigma.(A''\sin\alpha''x+B''\cos\alpha''x)&=\tfrac{1}{2}(fx-\mathrm{F}x-c),\end{aligned}\right\} \qquad (20)$$

c indiquant une constante arbitraire ; et quelles que soient les fonctions f, F, mathématiques ou empiriques, pourvu qu'elles ne deviennent point infinies, on pourra, d'après les formules du chapitre XII du cinquième livre, déterminer tous les coefficients A', B', α' ; A'', B'', α'', de manière à satisfaire aux équations précédentes, au moins pour les valeurs de x comprises entre des limites données.

L'intégrale sous forme finie de l'équation (19) serait, d'après la formule (12),

$$u=\frac{1}{2}\left[f(x+t\sqrt{-1})+f(x-t\sqrt{-1})\right.$$
$$\left.+\frac{\mathrm{F}(x+t\sqrt{-1})-\mathrm{F}(x-t\sqrt{-1})}{\sqrt{-1}}\right],$$

la caractéristique F ayant la même signification que dans les équations (20) ; et cette intégrale devient illusoire, du moins pour le calcul numérique des valeurs de u, lorsque les fonctions f, F n'ont pas d'expressions algébriques dans lesquelles on puisse substituer les valeurs $x\pm t\sqrt{-1}$, de manière à faire disparaître les signes d'imaginarité.

560. Les équations aux différences partielles, linéaires et à coefficients constants, s'appliquent surtout à des problèmes de mécanique et de physique mathématique, dans la résolution desquels il est permis de négliger, à cause de leur petitesse, les produits et les puissances supérieures de certaines quantités variables. Pour déterminer les fonctions arbitraires qui entrent dans les intégrales, il faut assigner les valeurs initiales de certaines fonctions dans l'étendue limitée d'un système matériel à une, deux ou trois dimensions : rien n'assujettit d'ailleurs ces fonctions à comporter une expression mathématique ; elles doivent seulement, dans l'étendue du système matériel pour lequel elles sont données, conserver des valeurs déterminées et finies, parce qu'elles mesurent des grandeurs physiques, essentiellement finies et déterminées. Les formules du chapitre XII du cinquième livre, et toutes celles qui sont propres à représenter dans une étendue limitée une fonction quelconque, mathématique ou empirique, s'appliquent donc essentiellement au développement des intégrales des équations aux différences partielles, dans lesquelles les fonctions arbitraires doivent être déterminées d'après des données physiques. Au contraire, les développements en séries d'exponentielles ne sont applicables que quand les fonctions arbitraires initiales comportent une expression analytique ; et alors, sauf l'exception résultant de la divergence des séries, ils représentent les fonctions développées pour toutes les valeurs possibles des variables.

561. L'équation la plus simple à laquelle on puisse appliquer ce que nous venons de dire sur la détermination des fonctions arbitraires d'après des données physiques, est l'équation des cordes vibrantes [539]

$$\frac{d^2u}{dt^2}=a^2\frac{d^2u}{dx^2},$$

dans laquelle t désigne le temps, x l'abscisse d'un point de la corde en mouvement, u l'ordonnée de ce point qui serait nulle dans l'état de repos, et a un coefficient qui dépend de la tension, du poids et des dimensions de la corde. Les deux extrémités de la corde vibrante ayant pour abscisses $x=0$ et $x=l$, et ces deux extrémités étant fixes, les valeurs de u et de $\frac{du}{dt}$ sont nulles pour $x=0$ et $x=l$, quel que soit t : à l'origine du mouvement, et pour les valeurs de x comprises entre 0 et l, on a $u=fx$, $\frac{du}{dt}=\mathrm{f}x$, les fonctions fx, $\mathrm{f}x$ étant assujetties à la condition d'avoir des valeurs finies et déterminées.

On satisfait à l'équation (21) en prenant

$$u=\Sigma(\mathrm{A}\sin a\alpha t+\mathrm{B}\cos a\alpha t)\sin \alpha x; \tag{22}$$

et si l'on pose

$$\alpha=\frac{i\pi}{l}, \tag{23}$$

i désignant un nombre entier quelconque, on satisfait à la condition que les fonctions u, $\frac{du}{dt}$ s'évanouissent pour $x=0$ et pour $x=l$, quel que soit t. L'équation (22) devient

$$u=\Sigma\left(\mathrm{A}\sin\frac{i\pi at}{l}+\mathrm{B}\cos\frac{i\pi at}{l}\right)\sin\frac{i\pi x}{l},$$

et il ne s'agit plus que de déterminer les coefficients A,B en fonction de l'indice i. Pour indiquer cette dépendance nous écrirons A_i,B_i au lieu de A,B.

Or, d'après les conditions exprimées, il vient

$$\Sigma.\mathrm{B}_i\sin\frac{i\pi x}{l}=fx,\quad \Sigma.\frac{i\pi a}{l}\mathrm{A}_i\sin\frac{i\pi x}{l}=\mathrm{f}x;$$

et l'on satisfera [430] à ces dernières équations entre les

limites $x=0$, $x=l$, quelles que soient les fonctions fx, $\mathrm{f}x$, si l'on prend

$$B_i=\frac{2}{l}\int_0^l \sin\frac{i\pi\xi}{l}.f\xi d\xi,\quad A_i=\frac{2}{i\pi a}\int_0^l \sin\frac{i\pi\xi}{l}.\mathrm{f}\xi d\xi.$$

562. L'équation

$$\frac{du}{dt}=a^2\frac{d^2u}{dx^2}, \tag{24}$$

qui se confond avec l'équation (3) quand on prend, pour plus de simplicité, $a=1$, a lieu entre la température u de la section droite d'une barre cylindrique homogène, le temps t et l'abscisse x de cette section, comptée de l'une des extrémités de la barre. On désigne par a un coefficient qui dépend de la conductibilité de la barre et de sa capacité pour la chaleur, par l la longueur de la barre ; et l'on prend pour zéro de l'échelle thermométrique la température (supposée constante) du milieu dans lequel elle est plongée. En conséquence il faut que, pour $x=0$ et $x=l$, on ait $u=0$, quel que soit t. Il faut de plus que, pour $t=0$, u se réduise à une fonction fx, arbitrairement donnée entre les limites $x=0$, $x=l$, et qui exprime l'état initial des températures de la barre.

On satisfait à l'équation (24) par la série

$$u=\Sigma.A\sin\alpha x e^{-\alpha^2a^2t}; \tag{25}$$

et si l'on prend, comme dans l'exemple précédent,

$$\alpha=\frac{i\pi}{l}, \tag{23}$$

on aura tenu compte des conditions qui se rapportent aux deux extrémités de la barre. Il suffira ensuite de faire

$$A_i=\frac{2}{l}\int_0^l \sin\frac{i\pi\xi}{l}.f\xi d\xi,$$

pour que la valeur de u, qui répond à $t=0$, représente l'état initial des températures de la barre.

563. Dans les deux applications qui viennent d'être faites, on peut considérer les valeurs du paramètre α données par la formule (23), comme les racines, en nombre infini, de l'équation transcendante $\sin \alpha l = 0$: en général on a pour déterminer la série infinie des valeurs de α une équation transcendante, mais de forme plus compliquée et telle qu'on n'en peut déterminer que par tâtonnements les racines consécutives.

Supposons les mêmes données que dans le problème précédent, si ce n'est que la fonction u, au lieu d'être constamment nulle pour $x=l$, devra à cette limite, et pour toutes les valeurs de t, vérifier l'équation différentielle

$$\frac{du}{dx} + hu = 0. \tag{26}$$

Ce nouveau problème se rapporte à la détermination des températures d'une sphère homogène, plongée dans un milieu dont la température est constante, et primitivement échauffée de manière que tous les points à égale distance du centre aient la même température. La variable x désigne la distance d'un point au centre de la sphère ; la fonction u est le produit de la température du point dont il s'agit par la distance x ; l est le rayon de la sphère. La condition d'avoir $u=0$, pour $x=0$, quel que soit t, résulte de ce que la température du centre ne peut pas devenir infinie [458] ; et l'existence de l'équation (26), dans laquelle h exprime un coefficient constant, est une conséquence de la déperdition de chaleur qui s'opère, par rayonnement et par contact, à la surface de la sphère.

La valeur de u sera toujours donnée par la formule (25): mais, en vertu de l'équation (26), les paramètres α devront être les racines de l'équation transcendante

$$\alpha \cos \alpha l + h \sin \alpha l = 0. \tag{27}$$

Admettons qu'on ait calculé ces racines : il s'agit de déterminer les coefficients A de manière que, pour $t=0$, u se réduise à une fonction fx, assignée arbitrairement entre les limites $x=0$, $x=l$. Voici la méthode donnée par Poisson pour effectuer cette détermination, et pour démontrer en même temps que l'équation (27) ne comporte pas de racines imaginaires.

564. Multiplions par $\sin \alpha x dx$ les deux membres de l'équation (24), et intégrons entre les limites $x=0, x=l$: il viendra

$$\frac{d.\int_0^l u \sin \alpha x dx}{dt} = a^2 \int_0^l \sin \alpha x \frac{d^2u}{dx^2} dx. \tag{28}$$

L'intégration par parties donne :

$$\int_0^l \sin \alpha x \frac{d^2u}{dx^2} dx = \left[\frac{du}{dx} \sin \alpha x\right]_0^l - \alpha \int_0^l \cos \alpha x \frac{du}{dx} dx,$$

$$\int_0^l \cos \alpha x \frac{du}{dx} dx = \left[u \cos \alpha x\right]_0^l + \alpha \int_0^l u \sin \alpha x dx,$$

d'où

$$\int_0^l \sin \alpha x \frac{d^2u}{dx^2} dx = \left[\frac{du}{dx} \sin \alpha x - \alpha u \cos \alpha x\right]_0^l - \alpha^2 \int_0^l u \sin \alpha x dx.$$

Pour $x=0$, on a $u=0$, $\sin \alpha x=0$; pour $x=l$, on a, en vertu de l'équation (26),

$$\frac{du}{dx} \sin \alpha x - \alpha u \cos \alpha x = -u(h \sin \alpha l + \alpha \cos \alpha l),$$

quantité nulle à cause de l'équation (27). En conséquence l'équation (28) se réduit à

$$\frac{d.\int_0^l u \sin \alpha x dx}{dt} = -\alpha^2 a^2 \int_0^l u \sin \alpha x dx,$$

et elle a pour intégrale

$$\int_0^l u \sin \alpha x dx = Ce^{-\alpha^2 a^2 t},$$

C désignant la valeur de

$$\int_0^l u \sin \alpha x dx,$$

qui correspond à $t = 0$, c'est-à-dire l'intégrale

$$\int_0^l fx . \sin \alpha x dx.$$

On aura donc, par l'élimination de la constante C,

$$\int_0^l u \sin \alpha x dx = e^{-\alpha^2 a^2 t} \int_0^l fx . \sin \alpha x dx. \tag{29}$$

Si nous substituons dans cette dernière équation la valeur de u en série, donnée par la formule (25), il faudra, pour l'identité, qu'il ne reste dans le premier membre que le terme correspondant à la racine α employée dans le second membre. En conséquence, pour toute autre racine α', numériquement différente de α, on aura

$$\int_0^l \sin \alpha x \sin \alpha' x dx = 0, \tag{30}$$

et l'équation (29) donnera simplement

$$A \int_0^l \sin^2 \alpha x dx = \int_0^l fx . \sin \alpha x dx,$$

ou bien, après la première intégration effectuée,

$$A = \frac{2\alpha \int_0^l fx . \sin \alpha x dx}{\alpha l - \sin \alpha l \cos \alpha l}$$

d'où

$$u = 2\Sigma . \frac{\alpha \int_0^l fx . \sin \alpha x dx}{\alpha l - \sin \alpha l \cos \alpha l} \sin \alpha x . e^{-\alpha^2 a^2 t}, \tag{31}$$

ce qui détermine complétement la valeur de u.

Il faut remarquer que, si α est une racine de l'équation (27), $-\alpha$ en est une autre ; mais on ne donnerait pas plus de généralité à la solution en tenant compte des racines négatives, puisque la somme de deux termes

$$A_1 \sin \alpha x . e^{-\alpha^2 a^2 t} + A_2 \sin (-\alpha x) . e^{-\alpha^2 a^2 t}$$

équivaut à

$$(A_1 - A_2) \sin \alpha x . e^{-\alpha^2 a^2 t} = A \sin \alpha x . e^{-\alpha^2 a^2 t},$$

le paramètre α ne devant plus recevoir maintenant que des valeurs positives.

565. Au moyen de l'équation (30) on prouve, comme nous l'avons annoncé, que l'équation (27) n'admet point de racines imaginaires. Soit en effet $\alpha = \mu + \nu \sqrt{-1}$ une racine imaginaire de l'équation (27) : celle-ci aura une autre racine imaginaire conjuguée $\alpha' = \mu - \nu \sqrt{-1}$; et l'équation (30) deviendra, après les transformations ordinaires,

$$\frac{1}{4}\int_0^l [\sin^2 \mu x (e^{\nu x} + e^{-\nu x})^2 + \cos^2 x (e^{\nu x} - e^{-\nu x})^2] dx = 0,$$

équation impossible, puisque tous les éléments de l'intégrale qui en constitue le premier membre sont essentiellement positifs.

On trouve en effectuant l'intégration :

$$\begin{aligned} \int_0^l \sin \alpha x \sin \alpha' x dx &= \frac{\sin(\alpha - \alpha')l}{2(\alpha - \alpha')} - \frac{\sin(\alpha + \alpha')l}{2(\alpha + \alpha')} \\ &= \frac{\alpha' \sin \alpha l \cos \alpha' l - \alpha \sin \alpha' l \cos \alpha l}{\alpha^2 - \alpha'^2}. \qquad (32) \end{aligned}$$

Comme α, α' désignent des racines de l'équation (27), le numérateur de cette dernière fraction est nul ; et l'on vérifie ainsi l'équation (30), déjà démontrée par un raisonnement indépendant de la forme particulière de la fonction soumise au signe $\int$.

Pour $\alpha' = \alpha$, le dernier membre de l'équation (32) se présente sous la forme $\frac{0}{0}$, et sa vraie valeur, trouvée par la méthode ordinaire, est

$$\frac{\alpha l - \sin \alpha l \cos \alpha l}{2\alpha},$$

comme on l'a obtenue en calculant directement l'intégrale $\int_0^l \sin^2 \alpha x dx$.

566. Faisons dans l'équation (31), $t = 0$: la fonction u devra se réduire à fx entre les limites $x = 0$, $u = l$, et l'on aura, en remplaçant pour plus de netteté sous le signe d'intégration la variable x par une variable auxiliaire ξ,

$$fx = 2\Sigma . \frac{\alpha \int_0^l f\xi . \sin \alpha\xi d\xi}{\alpha l - \sin \alpha l \cos \alpha l} . \sin \alpha x.$$

Ce sera une nouvelle formule de développement de la fonction fx, analogue à celles du chapitre XII du cinquième livre, et aussi rigoureusement démontrée, quoique d'une manière indirecte. Les formules de cette espèce peuvent être indéfiniment multipliées comme les équations linéaires aux différences partielles auxquelles elles correspondent; mais elles ne peuvent être employées avec sécurité qu'après qu'on a établi rigoureusement la convergence des séries qu'elles engendrent.

567. S'il y avait trois variables indépendantes x, y, t dans l'équation aux différences partielles, linéaires et à coefficients constants, on pourrait prendre pour intégrale particulière

$$u_1 = Ce^{\alpha x + \beta y + \gamma t},$$

et l'on aurait entre α, β, γ une équation de condition

$$f(\alpha, \beta, \gamma) = 0, \quad \text{ou} \quad \gamma = \varphi(\alpha, \beta),$$

qui laisserait deux de ces paramètres indéterminés. En conséquence on pourrait prendre pour intégrale générale

$$u = \Sigma\Sigma . Ce^{\alpha x + \beta y + t\varphi(\alpha, \beta)},$$

le double signe $\Sigma\Sigma$ indiquant qu'il faut combiner successivement toutes les valeurs possibles de α avec toutes les valeurs possibles de β. La valeur précédente de u subirait des transformations analogues à celles qui ont été exposées dans le courant de ce chapitre, à propos du développement des fonctions de deux variables. Mais en général de tels développements, quand le nombre des variables indépendantes surpasse deux, sont inapplicables à cause de leur prolixité. Il faut substituer alors à l'emploi des séries infinies celui des intégrales définies, et cette substitution sera l'objet du chapitre suivant.

CHAPITRE V.

DE L'INTÉGRATION DES ÉQUATIONS LINÉAIRES AUX DIFFÉRENCES PARTIELLES, PAR LE MOYEN DES INTÉGRALES DÉFINIES.

568. Nous avons trouvé [551] pour l'intégrale de l'équation

$$\frac{du}{dt}=\frac{d^2u}{dx^2}, \tag{1}$$

la série

$$u=\varphi x+\frac{t}{1}.\varphi'' x+\frac{t^2}{1.2}.\varphi^{\text{IV}} x+\frac{t^3}{1.2.3}.\varphi^{\text{VI}} x+\text{etc.}: \tag{2}$$

cette série à son tour est susceptible d'être sommée ou exprimée sous forme finie, par une intégrale définie.

En effet, d'après les formules connues [403]

$$\int_{-\infty}^{\infty} e^{-\omega^2}d\omega=\sqrt{\pi}, \quad (a) \qquad \int_{-\infty}^{\infty} e^{-\omega^2}\omega^{2i+1}d\omega=0, \quad (b)$$

$$\int_{-\infty}^{\infty} e^{-\omega^2}\omega^{2i}d\omega=\frac{1.3.5\ldots(2i-1)}{2^i}.\sqrt{\pi}, \quad (c)$$

l'équation (2) prend la forme

$$u=\frac{1}{\sqrt{\pi}}.\int_{-\infty}^{\infty}\left[\varphi x+2\omega\sqrt{t}.\varphi' x+\frac{(2\omega\sqrt{t})^2}{1.2}\varphi'' x+\frac{(2\omega\sqrt{t})^3}{1.2.3}.\varphi''' x\right.$$

$$\left.+\frac{(2\omega\sqrt{t})^4}{1.2.3.4}.\varphi^{\text{IV}} x+\text{etc.}\right]e^{-\omega^2}d\omega$$

$$=\frac{1}{\sqrt{\pi}}.\int_{-\infty}^{\infty}\varphi(x+2\omega\sqrt{t})e^{-\omega^2}d\omega. \tag{3}$$

On aurait aussi

$$u=\frac{1}{\sqrt{\pi}}.\int_{-\infty}^{\infty}\varphi(x-2\omega\sqrt{t})e^{-\omega^2}d\omega,$$

et par conséquent,

$$u = \frac{1}{2\sqrt{\pi}} \cdot \int_{-\infty}^{\infty} [\varphi(x + 2\omega\sqrt{t}, + \varphi(x - 2\omega\sqrt{t})] e^{-\omega^2} d\omega.$$

En mettant l'expression sous cette forme, on voit mieux qu'elle s'applique aux valeurs négatives de t comme aux valeurs positives : les termes affectés d'imaginarité, pour t négatif, se détruisant mutuellement sous le signe $\int$; et en effet rien n'empêche de donner à t des valeurs négatives dans la série (2), d'où l'expression (3) est dérivée.

Celle-ci se tire encore très simplement de la formule [557]

$$u = \Sigma . Ce^{\alpha x + \alpha^2 t};$$

car l'équation (a) donne, quand on y remplace ω par $\omega - \alpha\sqrt{t}$,

$$\int_{-\infty}^{\infty} e^{-\omega^2 + 2\alpha\omega\sqrt{t} - \alpha^2 t} d\omega = \sqrt{\pi},$$

d'où

$$e^{\alpha^2 t} = \frac{1}{\sqrt{\pi}} \cdot \int_{-\infty}^{\infty} e^{-\omega^2 + 2\alpha\omega\sqrt{t}} d\omega, \tag{4}$$

et par suite

$$u = \frac{1}{\sqrt{\pi}} \cdot \int_{-\infty}^{\infty} \Sigma . Ce^{\alpha(x + 2\omega\sqrt{t})} . e^{-\omega^2} d\omega,$$

formule qui coïncide avec (3) lorsqu'on remplace, comme cela est permis,

$$\Sigma . Ce^{\alpha(x + 2\omega\sqrt{t})} \quad \text{par} \quad \varphi(x + 2\omega\sqrt{t}).$$

Pour l'emploi de cette formule, la fonction φ, quoique arbitraire, doit cependant être supposée telle que le produit $\varphi(x + 2\omega\sqrt{t})\, e^{-\omega^2}$ s'évanouisse pour $\omega = \pm\infty$, quels que soient t et x, afin que l'intégrale conserve toujours une valeur finie. Au moyen de cette restriction on peut reconnaître, par un calcul direct, que l'équation (3) satisfait à la proposée.

569. L'équation $\frac{d^2u}{dxdt} = u$ a pour intégrale complète [552] :

$$u = A\left(1 + \frac{xt}{(1)^2} + \frac{x^2t^2}{(1.2)^2} + \frac{x^3t^3}{(1.2.3)^2} + \text{etc.}\right)$$
$$+ \varphi_1 x + \frac{t}{1}.\varphi_2 x + \frac{t^2}{1.2}.\varphi_3 x + \frac{t^3}{1.2.3}.\varphi_4 x + \text{etc.}$$
$$+ \psi_1 t + \frac{x}{1}.\psi_2 t + \frac{x^2}{1.2}.\psi_3 t + \frac{x^3}{1.2.3}.\psi_4 t + \text{etc.}$$

Désignons par φx, ψt les dérivées des fonctions $\varphi_1 x$, $\psi_1 t$: on aura

$$\varphi_i x = \frac{1}{1.2.3\ldots(i-1)}\int_0^x (x-\omega)^{i-1}\varphi\omega d\omega,$$
$$\psi_i t = \frac{1}{1.2.3\ldots(i-1)}\int_0^t (t-\omega)^{i-1}\psi\omega d\omega.$$

En effet, l'intégration par parties, répétée i fois, donne

$$\int (x-\omega)^{i-1}\varphi\omega d\omega = (x-\omega)^{i-1}\varphi_1\omega + (i-1)(x-\omega)^{i-2}\varphi_2\omega$$
$$+ (i-1)(i-2)(x-\omega)^{i-3}\varphi_3\omega + \ldots + (i-1)(i-2)\ldots 3.2.1\,\varphi_i\omega;$$

à la limite $\omega = 0$, toutes les fonctions $\varphi_i\,\omega$ s'évanouissent en vertu de la définition ; à la limite $\omega = x$, tous les termes du second membre qui ont $x - \omega$ pour facteur s'évanouissent aussi, et l'on trouve pour $\varphi_i x$ la valeur écrite plus haut. Le même calcul s'applique à la fonction $\psi_i t$.

Il viendra, en conséquence de cette transformation,

$$u = A\left(1 + \frac{xt}{(1)^2} + \frac{x^2t^2}{(1.2)^2} + \frac{x^3t^3}{(1.2.3)^2} + \text{etc.}\right)$$
$$+ \int_0^x \left[1 + \frac{t(x-\omega)}{(1)^2} + \frac{t^2(x-\omega)^2}{(1.2)^2} + \frac{t^3(x-\omega)^3}{(1.2.3)^2} + \text{etc.}\right]\varphi\omega d\omega$$
$$+ \int_0^t \left[1 + \frac{x(t-\omega)}{(1)^2} + \frac{x^2(t-\omega)^2}{(1.2)^2} + \frac{x^3(t-\omega)^3}{(1.2.3)^2} + \text{etc.}\right]\psi\omega d\omega.$$

En désignant toujours par i un nombre entier positif, on a [404]

$$\int_0^{\frac{\pi}{2}} \sin^{2i}\alpha d\alpha = \frac{1.3.5\ldots(2i-1)}{1.2.3\ldots 2i}\cdot\frac{\pi}{2},$$

ou

$$\frac{\pi}{1.2.3\ldots i)^2} = \frac{2^{2i+1}}{1.2.3\ldots 2i}\int_0^{\frac{\pi}{2}} \sin^{2i}\alpha d\alpha..$$

On peut donc mettre la première partie de la valeur de u sous la forme

$$\frac{2}{\pi}A\int_0^{\frac{\pi}{2}}\left(1+\frac{2^2.xt}{1.2}\sin^2\alpha+\frac{2^4.x^2t^2}{1.2.3.4}\sin_4\alpha + \text{etc.}\right)d\alpha$$

$$=\frac{1}{\pi}\int_0^{\frac{\pi}{2}}(e^{2\sqrt{xt}.\sin^2\alpha}+e^{-2\sqrt{xt}.\sin^2\alpha})d\alpha.$$

Pour les deux autres parties de la valeur de u, dont la composition est analogue, il sera plus simple de changer les exponentielles en cosinus, et l'on aura définitivement :

$$u = \frac{A}{\pi}\int_0^{\frac{\pi}{2}}(e^{2\sqrt{xt}.\sin^2\alpha}+e^{-2\sqrt{xt}.\sin^2\alpha})d\alpha$$

$$+\frac{2}{\pi}\int_0^x\left[\int_0^{\frac{\pi}{2}}\cos(2\sqrt{t(\omega-x)}\sin^2\alpha)d\alpha\right]\varphi\omega d\omega$$

$$+\frac{2}{\pi}\int_0^t\left[\int_0^{\frac{\pi}{2}}\cos(2\sqrt{x(\omega-t)}\sin^2\alpha)d\alpha\right]\psi\omega d\omega.$$

Nous tombons ici sur des intégrales définies doubles, tandis que nous avions obtenu l'intégrale de l'équation (1), exprimée par une intégrale définie simple.

570. Afin de donner un exemple de l'intégration des équations linéaires à coefficients variables, prenons l'équation

$$\frac{du}{dt}=\frac{d^2u}{dx^2}-\frac{ku}{x^2}, \tag{5}$$

qui admet pour intégrale particulière $u = ye^{\alpha t}$, pourvu que

y désigne une fonction de la seule variable x, assujettie à vérifier l'équation différentielle

$$\frac{d^2y}{dx^2} - \frac{k}{x^2} y = \alpha y. \tag{6}$$

L'intégrale de cette dernière équation renfermera deux constantes arbitraires A,B ; et l'on peut prendre pour intégrale complète de l'équation (5), $u = \Sigma.\ y e^{\alpha t}$, la somme s'étendant à toutes les valeurs possibles des constantes A,B,α.

Pour la commodité du calcul, remplaçons α par α^2 et k par $m(m-1)$: l'intégrale complète de l'équation (6) sera, d'après la formule (17) du n° 471,

$$y = \mathrm{A}x^m \int_0^\pi e^{\alpha x \cos \omega} \sin^{2m-1} \omega d\omega + \mathrm{B}x^{1-m} \int_0^\pi e^{\alpha x \cos \omega} \sin^{1-2m} \omega d\omega.$$

Substituons cette valeur de y dans l'équation $u = \Sigma . y e^{\alpha^2 t}$, et remplaçons-y ensuite $e^{\alpha^2 t}$ par sa valeur tirée de l'équation (4), en accentuant les ω qui entrent dans cette dernière équation, pour éviter de les confondre avec ceux qui entrent dans l'expression de y : il viendra

$$u = \frac{1}{\sqrt{\pi}} x^m \int_{-\infty}^{\infty} \int_0^\pi [\Sigma . \mathrm{A} e^{\alpha(x\cos\omega + 2\omega'\sqrt{t})}] e^{-\omega'^2} \sin^{2m-1}\omega d\omega' d\omega$$
$$+ \frac{1}{\sqrt{\pi}} x^{1-m} \int_{-\infty}^{\infty} \int_0^\pi [\Sigma . \mathrm{B} e^{\alpha(x\cos\omega + x'\sqrt{t})}] e^{-\omega'^2} \sin^{1-2m}\omega d\omega' d\omega ;$$

et si l'on pose

$$\frac{1}{\sqrt{\pi}} . \Sigma . \mathrm{A} . e^{\alpha x} = \varphi x, \quad \frac{1}{\sqrt{\pi}} . \Sigma . \mathrm{B} e^{\alpha x} = \psi x,$$

on aura plus simplement

$$u = x^m \int_{-\infty}^{\infty} \int_0^\pi \varphi(x \cos \omega + 2\omega'\sqrt{t}) e^{-\omega'^2} \sin^{2m-1}\omega d\omega' d\omega$$
$$+ x^{1-m} \int_{-\infty}^{\infty} \int_0^\pi \psi(x \cos \omega + 2\omega'\sqrt{t}) e^{-\omega'^2} \sin^{1-2m}\omega d\omega' d\omega.$$

D'ailleurs Poisson a démontré (¹) que, nonobstant la présence des deux signes de fonction φ, ψ, l'intégrale ne dépend que de la fonction arbitraire de x, qui représente la valeur de u pour $t = 0$.

571. Les artifices de calcul à l'aide desquels on vient d'exprimer, par des intégrales définies, les intégrales complètes de diverses équations aux différences partielles, ne procèdent point d'une méthode uniforme : on peut recourir, comme Fourier l'a fait le premier, à d'autres considérations qui se rattachent plus étroitement à la propriété fondamentale des équations linéaires.

Prenons encore pour exemple l'équation

$$\frac{du}{dt} = \frac{d^2u}{dx^2},$$

à laquelle on satisfait par la valeur particulière

$$u = Ae^{-\alpha^2 t} \cos \alpha(x - \xi),$$

A, α, ξ désignant des paramètres indéterminés. Au lieu d'attribuer à ces paramètres des valeurs séparées par des intervalles finis, rien n'empêche de supposer qu'ils passent sans discontinuité par une infinité de valeurs ; et même on peut établir entre les paramètres A, ξ une dépendance arbitraire

$$A = \pi(\xi),$$

qui, loin de restreindre la généralité de la solution, lui donnera au contraire la généralité requise par l'introduction d'un signe de fonction arbitraire dont on pourra disposer selon les exigences du problème. On doit remarquer l'analogie de cet artifice avec celui dont Lagrange et Monge se sont servis pour tirer d'une intégrale particulière, mais

(¹) *Journal de l'École polytechnique*, 19ᵉ cahier, pag. 241.

pourvue de constantes arbitraires en nombre suffisant, le système d'équations propre à représenter l'intégrale générale, en vertu des fonctions arbitraires qu'il renferme [525 *et* 535].

Ainsi l'on satisfera à la proposée, à cause de sa forme linéaire, en prenant

$$u = \iint e^{-\alpha^2 t} \cos \alpha(x - \xi) \cdot \pi(\xi) d\xi d\alpha,$$

quelles que soient la fonction π et les limites des intégrations. Admettons de plus que la fonction u doive se réduire à φx pour $t = 0$: d'après la formule de Fourier [435], il suffira de prendre

$$\pi(\xi) = \frac{1}{2\pi} \cdot \varphi(\xi),$$

en assignant aux intégrales, pour limites supérieures $+\infty$, pour limites inférieures $-\infty$; et l'on aura en conséquence

$$u = \frac{1}{2\pi} \int_{-\infty}^{\infty} \int_{-\infty}^{\infty} e^{-\alpha^2 t} \cos \alpha (x - \xi) \varphi\xi d\xi d\alpha. \qquad (7)$$

Nous avons déjà obtenu la valeur de u, exprimée par une intégrale définie simple : pour retrouver cette valeur, il n'y a qu'à effectuer, dans la formule précédente, l'intégration indiquée par rapport à α. On a en effet, d'après la formule (k) du n° 410,

$$\int_{-\infty}^{\infty} e^{-\alpha^2 t} \cos\alpha(x - \xi)\, d\alpha = \frac{\sqrt{\pi}}{\sqrt{t}} e^{-\frac{(x-\xi)^2}{4t}},$$

d'où

$$u = \frac{1}{2\sqrt{\pi t}} \int_{-\infty}^{\infty} e^{-\frac{(x-\xi)^2}{4t}} \varphi\xi d\xi ;$$

et il ne s'agit plus que de changer sous le signe la variable auxiliaire en posant

$$\frac{(x - \xi)^2}{4t} = \omega^2, \quad \text{ou} \quad \xi = x + 2\omega\sqrt{t},$$

pour retomber sur la formule (3).

Si l'on avait, au lieu de la proposée, l'équation

$$\frac{du}{dt} = a^2 \frac{d^2u}{dx^2},$$

il faudrait évidemment changer dans les formules (7) et (3), t en a^2t, ce qui donnerait

$$u = \frac{1}{2\pi}\int_{-\infty}^{\infty}\int_{-\infty}^{\infty} e^{-\alpha^2 a^2 t}\cos\alpha(x-\xi)\,\varphi\xi\, d\xi\, d\alpha,$$

$$u = \frac{1}{\sqrt{\pi}}\int_{-\infty}^{\infty}\varphi(x + 2a\omega\sqrt{t})e^{-\omega^2}d\omega.$$

572. Les équations précédentes expriment les lois de la transmission de la chaleur dans une barre cylindrique, à section droite infiniment petite, indéfiniment étendue dans le sens de sa longueur; lorsque la déperdition de la chaleur par rayonnement et par contact, à la surface latérale de la barre, est supposée nulle ou insensible. La barre étant considérée comme indéfiniment allongée, il n'y a plus de conditions relatives aux valeurs extrêmes de x : ce qui distingue en général les problèmes pour lesquels on emploie les intégrales définies prises entre les limites infinies, de ceux pour la résolution desquels on développe l'intégrale en séries dont les termes sont donnés par la suite des racines d'une équation transcendante.

Soit maintenant l'équation à quatre variables indépendantes

$$\frac{du}{dt} = a^2\left(\frac{d^2u}{dx^2} + \frac{d^2u}{dy^2} + \frac{d^2u}{dz^2}\right),$$

qui se rapporte à la propagation de la chaleur dans un solide homogène, illimité en tous sens, la fonction u devant se réduire à $\varphi(x, y, z)$ pour $t = 0$: si nous posons, dans la vue de simplifier l'écriture,

$$\varphi(\xi,\eta,\zeta).e^{-(\alpha^2+\beta^2+\gamma^2)a^2t} = \Theta,$$

la formule de Fourier, étendue aux fonctions de trois variables, donnera

$$u=\frac{1}{8\pi^3}\overline{\int\int\int\int\int\int}_{-\infty}^{\infty}\Theta\,.\cos\alpha(x-\xi)\,.\cos\beta(y-\eta)\,.\cos\gamma(z-\zeta)\,.\,d\xi d\eta d\zeta d\alpha d\beta d\gamma.$$

Par une analyse telle que celle qui vient d'être employée, l'intégrale sextuple se réduit à une intégrale triple, et l'on a

$$u=\frac{1}{\pi^{\frac{3}{2}}}.\overline{\int\int\int}_{-\infty}^{\infty}e^{-(\omega^2+\omega'^2+\omega''^2)}\varphi(x+2a\omega\sqrt{t},y+2a\omega'\sqrt{t},z+2a\omega''\sqrt{t})d\omega d\omega' d\omega''.$$

Les barres placées au-dessus et au-dessous des signes d'intégration, indiquent que toutes les intégrales sont prises entre les mêmes limites.

573. Passons à l'équation

$$\frac{d^2u}{dt^2}=a^2\frac{d^2u}{dx^2}, \tag{8}$$

à laquelle on satisfait par les valeurs particulières

$$A\cos\alpha at\cos\alpha(x-\xi),\quad B\sin\alpha at\cos\alpha(x-\xi);$$

et admettons que, pour $t=0$, les fonctions u, $\frac{du}{dt}$ doivent se réduire respectivement à

$$u=fx,\quad (9)\qquad \frac{du}{dt}=\mathrm{f}x=a\frac{d\mathrm{F}x}{dx}. \tag{10}$$

On satisfera à l'équation (8) et à la condition (9), en prenant

$$u=\frac{1}{2\pi}\int_{-\infty}^{\infty}\int_{-\infty}^{\infty}\cos\alpha at\cos\alpha(x-\xi)f\xi d\xi d\alpha;$$

mais cette valeur de u donne $\frac{du}{dt}=0$, pour $t=0$, et conséquemment ne satisfait pas à la condition (10). Au contraire la valeur

$$u = \frac{1}{2\pi a}\int_{-\infty}^{\infty}\int_{-\infty}^{\infty}\frac{\sin \alpha a t}{\alpha}\cos \alpha(x-\xi)f\xi d\xi d\alpha,$$

d'où l'on tire

$$\frac{du}{dt} = \frac{1}{2\pi}\int_{-\infty}^{\infty}\int_{-\infty}^{\infty}\cos \alpha a t \cos \alpha(x-\xi)f\xi d\xi d\alpha,$$

satisfait à l'équation (8) et à la condition (10), mais non pas à la condition (9), puisqu'elle donne $u=0$ pour $t=0$. Donc l'on satisfera à la fois à la proposée et aux conditions (9), (10), en prenant

$$u = \frac{1}{2\pi}\int_{-\infty}^{\infty}\int_{-\infty}^{\infty}\cos \alpha a t \cos \alpha(x-\xi)f\xi d\xi d\alpha$$
$$+\frac{1}{2\pi a}\int_{-\infty}^{\infty}\int_{-\infty}^{\infty}\frac{\sin \alpha a t}{\alpha}\cos \alpha(x-\xi)f\xi d\xi d\alpha.$$

On sait que l'équation (8), qui est celle des cordes vibrantes et des ondes sonores dans un tuyau cylindrique, a une intégrale sous forme finie, dont l'intégrale précédente doit être une transformation. En effet, la première partie de la valeur u peut être mise sous la forme

$$\frac{1}{4\pi}\int_{-\infty}^{\infty}\int_{-\infty}^{\infty}[\cos \alpha(x+at-\xi)+\cos \alpha(x-at-\xi)]f\xi d\xi d\alpha,$$

et par le théorème de Fourier elle se réduit à

$$\tfrac{1}{2}[f(x+at)+f(x-at)].$$

La seconde partie de la valeur de u devient, par une transformation semblable,

$$\frac{1}{4\pi a}\int_{-\infty}^{\infty}\int_{-\infty}^{\infty}\left[\frac{\sin \alpha(x+at-\xi)}{\alpha}-\frac{\sin \alpha(x-at-\xi)}{\alpha}\right]f\xi d\xi d\alpha. \quad (11)$$

L'intégrale

$$\int_{-\infty}^{\infty}\left[\frac{\sin \alpha(x+at-\xi)}{\alpha}-\frac{\sin \alpha(x-at-\xi)}{\alpha}\right]d\alpha$$

se réduit [413] à π ou à $-\pi$, suivant qu'on a

$$\xi > x - at, \quad \xi < x + at,$$

et par suite $t > 0$, ou au contraire

$$\xi > x + at, \quad \xi < x - at,$$

ce qui suppose $t < 0$. Elle s'évanouit pour les valeurs de ξ qui tombent hors des limites $\xi = x - at$, $\xi = x + at$, et qui donnent le même signe aux facteurs $x + at - \xi$, $x - at - \xi$. Donc l'intégrale (11) a pour valeur

$$\frac{1}{2a}\int_{x-at}^{x+at} \mathrm{f}\xi d\xi = \frac{1}{2}[\mathrm{F}(x + at) - \mathrm{F}(x - at)].$$

En réunissant les deux parties de la valeur de u, on retombe sur l'intégrale (12) du n° 556.

On trouve sans difficulté, pour l'équation

$$\frac{d^2u}{dt^2} = a^2\left(\frac{d^2u}{dx^2} + \frac{d^2u}{dy^2} + \frac{d^2u}{dz^2}\right)$$

qui renferme les lois de la propagation des ondes dans un milieu dont l'élasticité est la même en tous sens, ou dans un milieu *non cristallisé*, une intégrale de forme analogue à celle de l'équation (8). Soient $f(x,y,z)$, $\mathrm{f}(x,y,z)$ les fonctions auxquelles doivent se réduire u et $\frac{du}{dt}$ pour $t = 0$, et posons

$$a^2(\alpha^2 + \beta^2 + \gamma^2) = \theta^2,$$

$$f(\xi,\eta,\zeta)\cos\theta t + \mathrm{f}(\xi,\eta,\zeta)\frac{\sin\theta t}{\theta} = \Theta:$$

l'intégrale sera

$$u = \frac{1}{8\pi^3}\int\!\!\int\!\!\int\!\!\int\!\!\int\!\!\int_{-\infty}^{\infty} \cos\alpha(x - \xi)\cos\beta(y - \eta)\cos\gamma(z - \zeta).\,\Theta d\xi d\eta d\zeta d\alpha d\beta d\gamma.$$

Mais cette intégrale sextuple, dans laquelle il serait difficile de lire l'expression des lois du phénomène, se transforme, comme Poisson l'a fait voir [1], en une intégrale double

$$u = \frac{1}{4\pi}\int_0^\pi\int_0^{2\pi} f(x + at\cos\theta, y + at\sin\theta\sin\omega, z + at\sin\theta\cos\omega)t\sin\theta d\theta d\omega$$

$$+ \frac{1}{4\pi}\cdot\frac{d}{dt}\int_0^\pi\int_0^{2\pi} f(x + at\cos\theta, y + at\sin\theta\sin\omega, z + at\sin\theta\cos\omega)t\sin\theta d\theta d\omega.$$

En général, la difficulté consiste à abaisser, autant que la nature du problème le comporte, l'ordre de l'intégrale multiple à laquelle conduit immédiatement l'application du théorème de Fourier ; et cette réduction ne paraît point encore soumise à des règles générales.

574. Considérons en dernier lieu l'équation

$$\frac{d^2u}{dt^2} + a^2\frac{d^4u}{dx^4} = 0,$$

qui se rapporte à la propagation des vibrations transversales d'une verge élastique, dont nous supposerons la longueur indéfinie de part et d'autre du centre de l'ébranlement primitif. On admet toujours que l'on doit avoir $u = fx$ et $\frac{du}{dt} = \mathrm{f}x$ pour $t = 0$.

La proposée est satisfaite par la valeur particulière

$$u = A\cos\alpha^2 at\cos\alpha(x - \xi) :$$

donc, un calcul entièrement semblable à ceux qui précèdent donnera pour l'intégrale complète :

$$u = \frac{1}{2\pi}\int_{-\infty}^{\infty}\int_{-\infty}^{\infty}\cos\alpha^2 at\cos\alpha(x - \xi)f\xi d\xi d\alpha$$

$$+ \frac{1}{2\pi a}\int_{-\infty}^{\infty}\int_{-\infty}^{\infty}\frac{\sin\alpha^2 at}{\alpha^2}\cos\alpha(x - \xi)\mathrm{f}\xi d\xi d\alpha.$$

La première partie de la valeur de u se ramène à une inté-

---

[1] *Nouveaux mémoires de l'Académie des sciences*, tom. III.

grale définie simple ; car, d'après la première équation (1) du n° 411, on a

$$\int_{-\infty}^{\infty} \cos \alpha^2 at \cos \alpha(x-\xi)d\alpha$$

$$= \left[\cos\left(\frac{x-\xi}{2\sqrt{at}}\right)^2 + \sin\left(\frac{x-\xi}{2\sqrt{at}}\right)^2\right]\sqrt{\frac{\pi}{2at}};$$

et si l'on pose en conséquence

$$\xi = x + 2\omega\sqrt{at}, \tag{12}$$

la première partie de la valeur de u prendra la forme

$$\frac{1}{\sqrt{2\pi}}\int_{-\infty}^{\infty}(\sin \omega^2 + \cos \omega^2)f(x + 2\omega\sqrt{at})d\omega.$$

Donc, si la fonction fx est nulle, ou si les molécules de la verge élastique ont été écartées à l'origine de leurs positions d'équilibre, sans recevoir de vitesses initiales dans les plans perpendiculaires à l'axe de la verge, on aura simplement

$$u = \frac{1}{\sqrt{2\pi}}\int_{-\infty}^{\infty}(\sin \omega^2 + \cos \omega^2)f(x + 2\omega\sqrt{at})d\omega,$$

formule remarquable par son analogie avec l'équation (3).

Pour les plaques vibrantes, de même élasticité en tous sens, l'équation des vibrations normales est

$$\frac{d^2u}{dt^2} + a^2\left(\frac{d^4u}{dx^4} + 2\frac{d^4u}{dx^2dy^2} + \frac{d^4u}{dy^4}\right) = 0.$$

Admettons qu'à l'origine du temps la fonction u se réduise à $f(x,y)$ et que la fonction $\frac{du}{dt}$ soit nulle : on exprimera la valeur de u par l'intégrale quadruple

$$u = \frac{1}{4\pi^2}\iiiint_{-\infty}^{\infty} \cos(\alpha^2+\beta^2)at \cos\alpha(x-\xi)\cos\beta(y-\eta)f(\xi,\eta)d\xi d\eta d\alpha d\beta.$$

L'intégrale double

$$\iint_{-\infty}^{\infty} \cos(\alpha^2 + \beta^2)at \cos\alpha(x-\xi)\cos\beta(y-\eta)\,d\alpha\, d\beta$$

$$= \iint_{-\infty}^{\infty} [\cos\alpha^2 at \cos\beta^2 at - \sin\alpha^2 at \sin\beta^2 at] \cos\alpha(x-\xi)\cos\beta(y-\eta)\,d\alpha\, d\beta \quad (13)$$

peut être obtenue ; car, si l'on effectue d'abord l'intégration relative à α, en employant les formules (j) du n° 411, on trouve

$$\int_{-\infty}^{\infty} [\cos\alpha^2 at \cos\beta^2 at - \sin\alpha^2 at \sin\beta^2 at] \cos\alpha(x-\xi)\,d\alpha$$
$$= \sqrt{\frac{\pi}{at}}\left[\cos\beta^2 at \sin\left(\frac{\pi}{4}+\omega^2\right) - \sin\beta^2 at \sin\left(\frac{\pi}{4}-\omega^2\right)\right],$$

ω ayant la valeur donnée par l'équation (12). Ainsi l'intégrale (13) devient

$$\sqrt{\frac{\pi}{at}}.\sin\left(\frac{\pi}{4}+\omega^2\right)\int_{-\infty}^{\infty} \cos\beta^2 at \cos\beta(y-\eta)\,d\beta$$
$$-\sqrt{\frac{\pi}{at}}.\sin\left(\frac{\pi}{4}+\omega^2\right)\int_{-\infty}^{\infty} \sin\beta^2 at \cos\beta(y-\eta)\,d\beta.$$

Mais, dans cette dernière expression, les intégrations relatives à β s'effectuent de la même manière, et si l'on pose

$$\eta = y + 2\omega'\sqrt{at},$$

il vient pour la valeur de l'intégrale (13)

$$\frac{\pi}{at}\left[\sin\left(\frac{\pi}{4}+\omega^2\right)\sin\left(\frac{\pi}{4}+\omega'^2\right) - \sin\left(\frac{\pi}{4}-\omega^2\right)\sin\left(\frac{\pi}{4}-\omega'^2\right)\right]$$
$$= \frac{\pi}{at}\sin(\omega^2+\omega'^2).$$

Donc la valeur de u prend cette forme aussi simple qu'élégante,

$$u = \frac{1}{\pi}\int_{-\infty}^{\infty}\int_{-\infty}^{\infty} \sin(\omega^2+\omega'^2).f(x+2\omega\sqrt{at},\ y+2\omega'\sqrt{at})\,d\omega\, d\omega'.$$

CHAPITRE VI.

DE LA CONSTRUCTION DES ÉQUATIONS AUX DIFFÉRENCES PARTIELLES.

575. Considérons d'abord l'équation aux différences partielles du premier ordre et à trois variables

$$F(x,y,z,p,q)=0, \quad \text{ou} \quad q=f(x,y,z,p), \qquad (a)$$

et soit φx la valeur de z en fonction de x quand la variable y est nulle : on aura, pour $y=0$,

$$q=f(x,0,\varphi x,\varphi' x) \quad \text{ou} \quad \frac{dz}{dy}=\Phi x.$$

Par conséquent, si la fonction Φx reste finie pour toutes les valeurs de x, et si Δy désigne une quantité très petite du premier ordre, on aura, aux quantités près du second ordre, $\Delta z=\Phi x.\Delta y$; de sorte que, à ce degré d'approximation,

$$z=\varphi x+\Phi x.\Delta y=\varphi_1 x$$

est l'expression, en fonction de x, de la valeur de z qui répond à $y=\Delta y$. On déterminerait de même l'expression $z=\varphi_2 x$ qui répond à $y=2\Delta y$, et ainsi indéfiniment.

Concevons que x,y,z désignent les trois coordonnées rectangulaires d'une surface :

$$z=\varphi x \qquad (b)$$

sera l'équation de la ligne d'intersection de la surface avec le plan xz. Le plan tangent à la surface suivant cette ligne aura pour trace en xz la tangente à la courbe (b). En vertu de cette condition et de l'équation (a), la direction du plan tangent se trouve complétement déterminée pour chaque valeur de x; en sorte qu'on peut tracer dans l'espace la surface cylindrique qui enveloppe, suivant la courbe arbitraire (b), la surface qu'il s'agit de construire au moyen de l'équation (a). Si l'on coupe la surface enveloppe par un plan parallèle à celui des xz, et dont la distance à ce plan est une quantité très petite du premier ordre, l'ordonnée de la section de l'enveloppe ne diffère que par une quantité très petite du second ordre, de l'ordonnée de la trace de l'enveloppée sur le même plan : la section de l'enveloppe peut donc être prise pour la ligne de contact de la surface avec une seconde enveloppe que l'on construira comme la première, et ainsi de suite.

Au lieu d'assigner arbitrairement l'équation de la courbe d'intersection de la surface et du plan xz, on aurait pu donner celle de la section de la surface par tout autre plan parallèle.

Il résulte de là que, si l'on peut assigner une expression de z en x,y, qui satisfasse à l'équation (a), cette expression, pour avoir le même degré de généralité que l'équation aux différences partielles à laquelle elle satisfait, doit contenir une fonction arbitraire dont on puisse disposer pour faire passer la surface par une courbe donnée.

576. On arrive au même résultat quand on substitue à la construction d'une surface dans l'espace, la construction sur un plan horizontal de la série de ses lignes de niveau [126]. Supposons qu'en outre de l'équation (a), on donne la trace de la surface sur le plan horizontal des xy, ou l'équation de cette trace

$$y = \varphi x : \qquad (\beta)$$

on aura, pour tous les points de la surface qui appartiennent à la courbe (β), $p + q\varphi' x = 0$. Cette équation, jointe à la proposée (a), donne en fonction de x,y les valeurs de p,q et celle de p^2+q^2 pour chaque point de la surface appartenant à la ligne de niveau $(\mathcal{B})$. Menant des normales à chaque point de cette courbe, et prenant sur chaque normale une longueur égale à la quantité très petite du premier ordre $\frac{\Delta z}{\sqrt{p^2+q^2}}$, on tracera sur le plan xy (aux quantités près du second ordre) la projection d'une seconde ligne de niveau, pour laquelle l'ordonnée z aura la valeur Δz. En suivant le même procédé, on se servira de cette courbe pour tracer la projection d'une troisième ligne de niveau, dont l'ordonnée z aura la valeur $2\Delta z$, et ainsi de suite.

577. Ces considérations s'étendent aux équations aux différences partielles du premier ordre, entre un nombre quelconque de variables. Soit l'équation

$$\mathrm{F}\left(x,y,z,u,\frac{du}{dx},\frac{du}{dy},\frac{du}{dz}\right)=0, \quad \text{ou} \quad \frac{du}{dz}=f\left(x,y,z,u,\frac{du}{dx},\frac{du}{dy}\right), \qquad (c)$$

avec laquelle il faut construire la fonction u des trois variables indépendantes x,y,z. A cet effet, il est nécessaire qu'on assigne la fonction $u=\varphi(x,y)$ pour une valeur particulière de z, telle que $z=0$. On aura ensuite, pour $z=\Delta z$, quantité très petite du premier ordre,

$$\frac{du}{dz}=f\left[x,y,0,\varphi(x,y),\frac{d\varphi}{dx},\frac{d\varphi}{dy}\right]=\Phi(x,y),$$

d'où, aux quantités près du second ordre, $\Delta u=\Phi(x,y).\Delta z$,

$$u=\varphi(x,y)+\Phi(x,y).\Delta z=\varphi_1(x,y).$$

On déterminerait de même la valeur $u=\varphi_2(x,y)$, qui correspond à $z=2\Delta z$, et ainsi indéfiniment.

Donc, si l'on peut assigner une expression de u en x,y,z, qui satisfasse à l'équation (c), cette expression, pour avoir le même degré de généralité que l'équation aux différences partielles à laquelle elle satisfait, doit contenir une fonction arbitraire de deux quantités variables, dont on puisse disposer pour que la fonction u se réduise à une fonction donnée de deux des variables x,y,z, lorsqu'on assigne à la troisième variable une certaine valeur particulière.

La même chose se voit par la considération des surfaces de niveau [129]. Concevons, en effet, qu'on ait tracé dans l'espace une première surface de niveau

$$z=\varphi(x,y), \tag{γ}$$

pour laquelle la fonction u ait une certaine valeur particulière, telle que zéro : on aura, pour les points (x,y,z) qui appartiennent à cette surface,

$$\frac{1}{p}\cdot\frac{du}{dx}=\frac{du}{dz}=\frac{1}{q}\cdot\frac{du}{dy}, \tag{γ'}$$

p,q désignant les valeurs de $\frac{dz}{dx}$, $\frac{dz}{dy}$, qui se tirent de l'équation (γ). Les équations (c) et (γ') détermineront donc, pour les points en question, les valeurs des trois dérivées partielles $\frac{du}{dx}$, $\frac{du}{dy}$, $\frac{du}{dz}$, et, par suite, celle du radical

$$R=\sqrt{\left(\frac{du}{dx}\right)^2+\left(\frac{du}{dy}\right)^2+\left(\frac{du}{dz}\right)^2}.$$

Si maintenant on élève en chaque point de la surface (γ) une normale à cette surface, et qu'on prenne sur chaque normale une longueur égale à la quantité très petite du premier ordre $\frac{\Delta u}{R}$, on tracera dans l'espace (aux quantités près du second ordre) une seconde surface de niveau, pour laquelle la fonction u aura la valeur Δu [129, 151 *et* 238]. Par la continuation du même procédé, on construira la fonction u, en construisant la série de ses surfaces de niveau.

578. Une équation aux différences partielles du second ordre, entre la fonction z et les variables indépendantes x,y, est, dans le cas le plus général, de la forme

$$F(x,y,z,p,q,r,s,t) = 0.$$

Admettons d'abord qu'elle se réduise à

$$F(x,y,z,p,q,r) = 0: \qquad (d)$$

si on la met sous la forme

$$q = f(x,y,z,p,r),$$

on s'en servira pour construire comme précédemment [575] la fonction z, après avoir assigné arbitrairement la valeur $z = \varphi x$, pour $y = 0$.

Mais si l'on résout la même équation (d) par rapport à r, et qu'elle devienne

$$r = \frac{d^2z}{dx^2} = \mathfrak{f}(x,y,z,p,q),$$

on construira de proche en proche les valeurs de z pour $x = \Delta x$, $x = 2\Delta x$, $x = 3\Delta x$, etc., en se donnant arbitrairement les fonctions de y qui expriment les valeurs de z et de $p = \frac{dz}{dx}$ pour $x = 0$. Car, soient ψy et πy ces deux fonctions arbitraires, on aura, pour $x = 0$,

$$r = \frac{dp}{dx} = \mathfrak{f}(0,y,\psi y,\pi y,\psi' y) = \Phi y,$$

d'où, aux quantités près du second ordre,

$$\Delta p = \Phi y . \Delta x, \quad p + \Delta p = \pi y + \Phi y . \Delta x = \pi_1 y.$$

D'ailleurs, les fonctions z et q, qui ont pour valeurs ψy et $\psi' y$, quand x est nul, deviennent, pour $x = \Delta x$, toujours au même degré d'approximation,

$$z + \Delta z = \psi y + p\Delta x = \psi y + \pi y . \Delta x = \psi_1 y,$$
$$q + \Delta q = \psi'_1 y.$$

Maintenant, pour $x=2\Delta x$, la valeur de z est

$$\psi_1 y + \pi_1 y . \Delta x = \psi_2 y ;$$

et, en continuant de proche en proche le même calcul, on déterminerait la série des valeurs de z.

On voit donc que l'équation en x,y,z qui satisfait avec toute la généralité possible à l'équation (d), peut contenir une ou deux fonctions arbitraires, selon que ces fonctions arbitraires doivent être déterminées par des conditions relatives aux valeurs initiales de x, ou par des conditions relatives aux valeurs initiales de y. Ce fait d'analyse, qui a presque semblé paradoxal, la première fois qu'on en a fait la remarque sur l'équation $r=q$ [551], s'explique donc très simplement par la nature des équations aux différences partielles.

579. Admettons présentement que la dérivée s entre dans l'équation proposée qui aura la forme

$$F(x,y,z,p,q,r,s)=0. \qquad (e)$$

S'il s'agit de construire la fonction, au moyen de sa valeur initiale $z=\varphi x$, pour $y=0$, la substitution de cette valeur initiale donnera

$$F\left(x,0,\varphi x,\varphi' x,q,\varphi'' x,\frac{dq}{dx}\right)=0, \qquad (\varepsilon)$$

équation différentielle du premier ordre, d'où l'on peut tirer, par l'intégration, la valeur initiale de q en fonction de x. L'expression de cette valeur initiale dépend de la fonction arbitraire φx, et contient, en outre, une constante arbitraire introduite par l'intégration ; ce qui revient à dire que, pour la construction de la fonction z, il faut se donner, outre la fonction φx, la valeur numérique de q relative à $y=0$ et à $x=0$, ou à toute autre valeur particulière de x. Soit $q=\Phi(x,C)$ la valeur de q en fonction de x et de la constante arbitraire C, obtenue par l'intégration de l'équation (ε) : on aura, pour $y = \Delta y$, aux quantités près du second ordre,

$$z = \varphi x + \Phi(x, C) . \Delta y = \varphi_1 x.$$

Pour la même valeur de y, on aura $q = \Phi_1(x, C_1)$, C_1 désignant une nouvelle constante arbitraire, amenée par l'intégration de l'équation

$$F\left(x, \Delta y, \varphi'_1 x, q, \varphi''_1 x, \frac{dq}{dx}\right) = 0;$$

et ainsi de suite. La série des constantes arbitraires C, C_1, etc., peut être regardée comme une fonction arbitraire de y, qui doit être donnée, ainsi que la fonction φx, afin qu'on puisse construire la fonction z, assujettie à vérifier l'équation (e).

Si l'on donnait, pour $x = 0$, les valeurs initiales $z = \psi y$, $p = \pi y$, on aurait en même temps

$$r = \frac{dp}{dx} = f(0, y, \psi y, \pi y, \psi' y, \pi' y),$$

et l'on rentrerait dans le cas traité au n° précédent.

Enfin, si la dérivée t entre dans l'équation proposée aussi bien que r, la symétrie se trouvera rétablie, et le mode de construction sera le même, soit qu'on résolve l'équation par rapport à r ou par rapport à t.

Cette discussion s'étendrait aisément aux équations des ordres supérieurs, où le nombre des variables indépendantes serait quelconque.

580. Il convient de remarquer que, si le temps est l'une des variables indépendantes, c'est par rapport aux valeurs initiales de cette variable que doivent toujours être censées données les fonctions arbitraires exigées pour la construction de l'équation aux différences partielles. Par exemple, pour la construction de l'équation

$$\frac{du}{dt}=a^2\frac{d^2u}{dx^2}, \tag{1}$$

où u désigne la température au bout du temps t, de la tranche d'une barre cylindrique qui correspond à l'abscisse x [562], il faut admettre qu'on donne la fonction $u=\varphi x$ qui exprime la loi des températures de la barre, quand t a une valeur déterminée, telle que zéro. Abstraction faite de la signification des lettres u,x,t, on pourrait sans doute construire la même équation en assignant les valeurs ψt et πt de u et de $\frac{du}{dx}$ pour une valeur déterminée de x, telle que $x=0$: mais il répugne que l'on ait pour données du problème les fonctions ψt et πt ; et, au contraire, la série des valeurs de u est essentiellement déterminée en vertu de l'équation (1), jointe à la condition initiale $u=\varphi x$. Ceci est une conséquence de l'attribut de la variable t sur lequel nous avons maintes fois insisté, celui d'être indépendante par essence, et non en vertu d'une convention arbitraire.

Les procédés exposés ci-dessus seraient sans doute presque inapplicables dans la pratique : mais cet exposé a pour but de faire comprendre ce que représente en soi une équation aux différences partielles, qu'elle comporte ou non une intégrale analytique.

581. Tous ces procédés de construction arithmétique exigent que les dérivées conservent des valeurs finies. Soit, par exemple, l'équation

$$p(y-y_0)-qx=0, \tag{2}$$

qui appartient [254] aux surfaces de révolution autour d'un axe perpendiculaire au plan xy, et qui coupe l'axe des y en un point dont la distance à l'origine est désignée par y_0 : on mettra cette équation sous la forme

$$q = \frac{p(y - y_0)}{x};$$

et, en supposant qu'on donne la valeur

$$z = \varphi x, \tag{3}$$

pour $y = 0$, on pourra appliquer le procédé de construction du n° 575, mais pourvu qu'entre les limites de la construction x ne s'évanouisse pas, ce qui rendrait infinie la valeur de q. Effectivement nous avons remarqué [256] que la courbe méridienne d'une surface de révolution autour d'un axe donné, n'est pas, en général, déterminée dans toute l'étendue de son cours, parce qu'on donne la courbe d'intersection de la surface avec un plan tel que le plan xz; et que, par conséquent, la surface même ne l'est pas dans toute son étendue. D'après la direction que nous attribuons ici à l'axe de révolution, si l'on mène des plans parallèles au plan xy, par les points où la courbe (3) coupe l'axe des z, la portion de la surface de révolution comprise entre ces plans est la seule que détermine le système des équations (2) et (3). A la rigueur, la construction du n° 575 ne donne même pas toute cette portion de surface, mais celle qui est comprise entre d'autres plans parallèles au plan xy, et aussi rapprochés qu'on le veut de ceux qui ont été menés par les points où la courbe (3) coupe l'axe des z. La solution de continuité, correspondant à $x = 0$, est là pour empêcher que la construction ne puisse s'étendre à des portions de surface qu'en effet les données de la construction, à savoir les équations (2) et (3), ne doivent pas déterminer.

LIVRE HUITIÈME.

DIFFÉRENCES FINIES.

CHAPITRE PREMIER.

CALCUL DES DIFFÉRENCES FINIES ET DES INTÉGRALES AUX DIFFÉRENCES FINIES, POUR LES FONCTIONS EXPLICITES D'UNE SEULE VARIABLE.

582. Nous avons, dès le commencement de ce Traité [livre 1, ch. IV], considéré les différences finies entre les valeurs que prend successivement une quantité variable, et nous les avons désignées par la caractéristique Δ placée devant la variable ; nous avons opéré sur la série de ces différences comme sur la série primitive, en prenant les différences des termes consécutifs, de manière à former des différences du second ordre désignées par la caractéristique Δ^2, et ainsi de suite. Mais nous n'avions alors pour but que d'arriver à la théorie des différences infinitésimales des divers ordres, et de poser les principes du calcul différentiel, auquel se rattache tout ce que l'on connaît jusqu'ici de plus important dans la théorie des fonctions. Cependant il existe entre les différences finies des divers ordres et les variables dont elles dérivent, des relations qui méritent aussi d'être développées, et dont le développement donne naissance à une autre branche de la théorie des fonctions que l'on

nomme le *Calcul des différences finies*. C'est le sujet dont l'exposé sommaire terminera le présent ouvrage.

Désignons par

$$y_0, y_1, y_2, y_3, \ldots\ldots y_n, \qquad (y_n)$$

une série de valeurs de la quantité y, au nombre de $n+1$: on aura [43]

$$y_n = y_0 + \frac{n}{1}\Delta y_0 + \frac{n(n-1)}{1.2}\Delta^2 y_0 + \frac{n(n-1)(n-2)}{1.2.3}\Delta^3 y_0 + \ldots$$
$$\ldots + \Delta^n y_0. \qquad (a)$$

Cette formule, où la valeur y_n se trouve exprimée au moyen de la valeur initiale y_0 et de ses différences, jusqu'à celle de l'ordre n inclusivement, peut s'écrire symboliquement

$$y_n = (1+\Delta)^n y_0, \qquad (\alpha)$$

ainsi qu'on l'a expliqué dans le n° cité.

Réciproquement, la différence $\Delta^n y_0$ peut s'exprimer au moyen des termes de la série (y_n) : ainsi l'on trouve par des substitutions successives

$$\Delta y_0 = y_1 - y_0, \Delta^2 y_0 = y_2 - 2y_1 + y_0, \Delta^3 y_0 = y_3 - 3y_2 + 3y_1 - y_0, \text{etc.}$$

Toutes ces équations rentrent dans la formule

$$\Delta^n y_0 = y_n - \frac{n}{1} y_{n-1} + \frac{n(n-1)}{1.2} y_{n-2} - \frac{n(n-1)(n-2)}{1.2.3} y_{n-3}$$
$$+ \ldots\ldots \pm y_0, \qquad (b)$$

à laquelle s'applique sans difficulté le tour ordinaire de démonstration de proche en proche. Admettons en effet que la formule (b) subsiste pour l'indice n : on aura

$$\Delta^{n+1} y_0 = \Delta^n y_1 - \Delta^n y_0 = y_{n+1} - \frac{n}{1} y_n + \frac{n(n-1)}{1.2} y_{n-1}$$
$$- \frac{n(n-1)(n-2)}{1.2.3} y_{n-2} + \ldots - y + \frac{n}{1} y_{n-1} - \frac{n(n-1)}{1.2} y_{n-2} + \ldots\ldots$$
$$= y_{n+1} - \frac{n+1}{1} y_n + \frac{(n+1)n}{1.2} y_{n-1} - \frac{(n+1)n(n-1)}{1.2.3} y_{n-2} + \text{etc.};$$

en sorte que la formule subsistera encore pour l'indice $n+1$. D'ailleurs elle peut s'écrire symboliquement

$$\Delta^n y_0 = (y-1)^n, \qquad (\beta)$$

pourvu que l'on convienne de changer après le développement les exposants de y en indices, et d'écrire y_0 au lieu de l'unité dans le dernier terme du développement.

583. Considérons y comme une fonction d'une autre variable x, de manière que le passage de la variable x par les valeurs successives

$$x_0, x_1, x_2, x_3 \ldots\ldots x_n, \qquad (x_n).$$

entraîne le passage de la fonction y par les valeurs correspondantes

$$y_0, y_1, y_2, y_3, \ldots\ldots y_n : \qquad (y_n)$$

le calcul des différences de la fonction $y = fx$, a pour objet d'exprimer ces différences en fonction des différences de la variable x, d'après la forme assignée à la fonction f.

La supposition la plus simple qu'on puisse faire, consiste à admettre que la variable x croît par intervalles égaux, en sorte que les séries (x_n) et (y_n) deviennent

$$x_0, x_0+\Delta x, x_0+2\Delta x, x_0+3\Delta x, \ldots\ldots x_0+n\Delta x;$$
$$fx_0, f(x_0+\Delta x), f(x_0+2\Delta x), f(x_0+3\Delta x), \ldots\ldots f(x_0+n\Delta x).$$

Dans cette hypothèse, rien n'empêche de prendre $\Delta x = 1$; car si l'on avait $\Delta x = h$, h étant une constante différente de l'unité, il suffirait de poser $x = x_0 + ih$, pour que y devînt fonction d'une nouvelle variable i, qui croît par intervalles égaux à l'unité.

Si la variable x ne croissait pas par intervalles égaux, le calcul des différences de la fonction y ne deviendrait un problème déterminé qu'autant qu'on exprimerait la loi suivant laquelle se succèdent les valeurs de la quantité x. Il faudrait donc que chaque terme x_i de la série (x_n) prît une valeur déterminée par cela seul qu'on assignerait la valeur numérique de l'indice i, ou qu'on eût $x_i = fi$. Mais alors y deviendrait aussi une fonction de i, dont on pourrait prendre les différences, en admettant que la variable dont elle dépend passe par la série des nombres naturels, et en conséquence croît par différences constantes, égales à l'unité.

Cette variable i, qui désigne l'indice ou le numéro d'ordre d'un terme, dans la série à laquelle il appartient, est donc la variable essentiellement indépendante, dont on peut concevoir que toutes les autres variables dépendent, et qui remplit ici (en vertu d'une analogie philosophiquement très remarquable) le rôle que remplit la variable t désignant le temps, dans la théorie des fluxions.

En général, une série de termes qui varient d'après une loi déterminée, est susceptible de se prolonger indéfiniment dans deux sens, en avant et en arrière d'un terme pris arbitrairement pour origine ou pour point de départ. On devra donc, en général, concevoir que la variable i passe par la série des nombres entiers, tant positifs que négatifs, sauf à rejeter une portion de la série dans les applications à des questions particulières.

584. La variable i, désignant un indice ou un numéro d'ordre, est essentiellement discontinue ; mais les variables x, y peuvent représenter des grandeurs continues ; et, bien que le calcul des différences ne porte que sur des séries de valeurs séparées par des intervalles finis, les résultats du calcul doivent s'interpréter différemment, suivant qu'ils s'appliquent à des grandeurs essentiellement continues ou discontinues.

Considérons en effet les deux séries

$$\ldots y_{-3}, y_{-2}, y_{-1}, y_0, y_1, y_2, y_3, \ldots y_i, \ldots \qquad (c)$$

$$\ldots \Delta y_{-3}, \Delta y_{-2}, \Delta y_{-1}, \Delta y_0, \Delta y_1, \Delta y_2, \Delta y_3 \ldots \Delta y_i, \ldots \qquad (\gamma)$$

et pour simplifier, admettons que le *terme général* de chacune d'elles soit donné immédiatement en fonction de l'indice i. Il est clair qu'on pourrait ajouter à chaque terme de la série (c) une constante arbitraire C, sans que cela amenât de changement dans la série (γ), dérivée de la première. Réciproquement, étant donné le terme général Δy_i, ou la série (γ), si l'on peut trouver par un moyen quelconque une fonction y_i qui ait Δy_i pour différence du premier ordre, il faudra ajouter à y_i une constante arbitraire C pour construire la série (c), sans lui rien ôter de la généralité qu'elle comporte.

Par conséquent encore, la série (c) ne sera complétement déterminée au moyen de la série (γ), qu'autant qu'on assignera la valeur numérique d'un terme de la première série, par exemple la valeur numérique du terme y_0. En ceci l'analogie des différences avec les différentielles se soutient parfaitement.

Supposons maintenant qu'il ne s'agisse plus seulement de construire des séries, mais que, les variables x et y désignant des grandeurs continues, on ait pour toutes les valeurs possibles de y et de x,

$$y = fx, \quad \Delta y = f(x + \Delta x) - fx = \mathrm{f}(x, x + \Delta x): \qquad (\mathrm{f})$$

on pourra remarquer que la fonction f ne changerait pas, non-seulement si l'on ajoutait à fx une constante arbitraire C, mais encore si l'on ajoutait à fx une fonction périodique

$$\pi(x, \Delta x)$$

qui reprend les mêmes valeurs chaque fois que x augmente de Δx, et qui d'ailleurs peut avoir une forme quelconque. Donc, par réciprocité, si la fonction f est donnée, et qu'on puisse trouver par un moyen quelconque une fonction f qui ait f pour différence, la fonction y sera encore indéterminée, non-seulement quant à sa valeur numérique, mais quant à sa forme.

Pour construire, au moyen de l'équation (f), une courbe dont y est l'ordonnée, il faut concevoir que l'on ait préalablement tracé, d'une manière arbitraire, la portion de courbe MN (*fig.* 103), dont les points extrêmes ont pour abscisses $OP = x_0$, $OQ = x_0 + \Delta x$; en s'assujettissant cependant à la condition que la différence HN des deux ordonnées extrêmes soit la valeur de Δy donnée par l'équation (f) quand on y fait $x = x_0$. La courbe sera déterminée alors dans tout le surplus de son cours : car, soit $Op = x$ une abscisse quelconque comprise entre x_0 et $x_0 + \Delta x$, on prendra $pq = \Delta x$, et la différence hn des ordonnées pm, qn sera donnée en vertu de l'équation (f). Donc le tracé de l'arc MN déterminera, concurremment avec l'équation (f), le tracé de l'arc NN_1, dont les points extrêmes ont pour ordonnées $x_0 + \Delta x$, $x_0 + 2\Delta x$; et comme la même construction peut être indéfiniment répétée, tant dans le sens des x positifs que dans le sens des x négatifs, le tracé de la courbe entière se trouvera déterminé. Bien entendu que ce tracé peut offrir des solutions de continuité d'un ordre quelconque.

585. L'opération qui consiste à revenir du terme Δy_i au terme y_i, ou à construire la série (c) par le moyen de la série (γ), est une *sommation* proprement dite. En effet, l'on a identiquement

$$y_i = y_0 + \Delta y_0 + \Delta y_1 + \Delta y_2 + \dots + \Delta y_{i-1};$$

en sorte que par une simple addition algébrique, on construira la série (c) avec la série (γ), pourvu qu'on ait en outre le terme initial y_0, qui tient lieu de la constante ou de la fonction arbitraire dont il vient d'être question, selon que y est une variable discontinue ou continue.

De même qu'on emploie le signe $\int$ pour indiquer une

somme de différentielles, ou une intégrale proprement dite, on emploie le signe Σ pour indiquer une somme proprement dite, ou une *intégrale aux différences finies*. Les caractéristiques Σ, Δ sont inverses l'une de l'autre, et s'effacent réciproquement, comme les caractéristiques , d. Ainsi, de la formule précédente on tire

$$\Sigma y_i = \Sigma y_0 + y_0 + y_1 + y_2 + \ldots + y_{i-1}, \qquad (d)$$

et le terme Σy_0 désigne alors la constante ou la fonction arbitraire amenée par l'intégration.

En adoptant une notation analogue à celle qu'on emploie maintenant pour les intégrales définies ordinaires, on écrira

$$\Sigma y_i - \Sigma y_0 = \Sigma_0^i y_i,$$

et par suite

$$\Sigma_0^i y_i = y_0 + y_1 + y_2 + \ldots + y_{i-1}. \qquad (e)$$

Nous avons déjà employé, dans le cours de cet ouvrage, la caractéristique Σ comme signe de sommation; et quelquefois la notation

$$\sum_{i_0}^{i_1} y_i$$

sert à désigner d'une manière abrégée la somme des valeurs de la fonction y_i, pour toutes les valeurs de l'indice i, de $i = i_0$ jusqu'à $i = i_1$ *inclusivement*. La formule (e) montre qu'il faut exclure de cette somme le dernier terme y_i, lorsqu'on prend la caractéristique Σ pour signe d'une intégrale aux différences finies.

Dans le cas contraire, on lèvera toute ambiguïté en remplaçant Σ par S, et en écrivant

$$\mathrm{S}_{i_0}^{i_1} y_i.$$

L'opération dont Σ est l'indice, peut se répéter indéfiniment, de même que l'opération inverse, indiquée par le signe Δ, et la répétition de l'opération s'indique de la même manière par un exposant affecté à la caractéristique. Ainsi l'on tire de la formule (d)

$$\Sigma^2 y_i = \Sigma^2 y_0 + \Sigma y_0 + \Sigma y_1 + \Sigma y_2 + \ldots + \Sigma y_{i-1},$$
$$\Sigma^3 y_i = \Sigma^3 y_0 + \Sigma^2 y_0 + \Sigma^2 y_1 + \Sigma^2 y_2 + \ldots + \Sigma^2 y_{i-1}, \text{ etc.}$$

Comme Σy_1, $\Sigma y_2, \ldots \Sigma y_{i-1}$ sont déterminés en fonction de Σy_0 par la formule (d), on voit que l'expression de $\Sigma^2 y_i$ renferme deux constantes ou fonctions arbitraires, savoir $\Sigma^2 y_0$ et Σy_0. La valeur de $\Sigma^3 y_i$ dépend de ces deux quantités arbitraires, et en outre d'une troisième quantité de même nature $\Sigma^3 y_0$. En général, l'intégrale indéfinie $\Sigma^n y_i$ dépend de n constantes ou fonctions arbitraires, selon la nature de la quantité y.

586. En désignant par $u, v, w, \ldots$ des fonctions quelconques d'une même variable, et par a une constante, on a évidemment

$$\Delta(u + v + w + \ldots) = \Delta u + \Delta v + \Delta w + \ldots,$$
$$\Sigma(u + v + w + \ldots) = \Sigma u + \Sigma v + \Sigma w + \ldots,$$
$$\Delta . au = a\Delta u, \quad \Sigma . au = a\Sigma u.$$

Le procédé de l'intégration par parties [55] s'applique aux intégrales Σ comme aux intégrales ordinaires. Si l'on pose

$$\Sigma . uv = v\Sigma u + w,$$

w désignant une fonction inconnue qu'il s'agit de déterminer, on aura, en prenant les différences des deux membres,

$$uv = (v + \Delta v)\Sigma(u + \Delta u) - v\Sigma u + \Delta w,$$

d'où

$$\Delta w = - \Delta v \Sigma(u + \Delta u),$$

et par suite

$$\Sigma . uv = v\Sigma u - \Sigma[\Delta v \Sigma(u + \Delta u)],$$

ou bien, en écrivant u_1 au lieu de $u + \Delta u$,

$$\Sigma . uv = v\Sigma u - \Sigma(\Delta v \Sigma u_1).$$

Le même calcul répété donnera

$$\Sigma . uv = v\Sigma u - \Delta v \Sigma^2 u_1 + \Sigma(\Delta^2 v \Sigma^2 u_2),$$
$$\Sigma . uv = v\Sigma u - \Delta v \Sigma^2 u_1 + \Delta^2 v \Sigma^3 u_2 - \Sigma(\Delta^3 v \Sigma^3 u_3),$$
....
$$\Sigma . uv = v\Sigma u - \Delta v \Sigma^2 u_1 + \Delta^2 v \Sigma^3 u_2 - \Delta^3 v \Sigma^4 u_3 + \text{etc.}$$

On peut écrire cette dernière équation sous la forme

$$\Sigma . uv = v\Sigma u - \Delta v(\Sigma^2 u + \Sigma u)$$
$$+ \Delta^2 v(\Sigma^3 u + 2\Sigma^2 u + \Sigma u) - \Delta^3 v(\Sigma^4 u + 3\Sigma^3 u + 3\Sigma^2 u + \Sigma u) + \text{etc.}$$

Le développement s'arrêtera lorsque les différences de la fonction v, après un nombre suffisant de différentiations, deviendront constantes.

587. Admettons que $y = fx$ soit une fonction entière et rationnelle de x : cette fonction se composera d'une somme de termes de la forme Ax^m, A désignant un nombre constant et m un nombre entier positif, de sorte que la différentiation des fonctions rationnelles entières se ramène à celle de la fonction $y = x^m$.

Posons donc

$$y_0 = x^m, \quad y_1 = (x + \Delta x)^m, \text{ etc. :}$$

on aura, par la formule du binôme, en ordonnant suivant les puissances décroissantes de x,

$$\Delta y_0 = \Delta . x^m = mx^{m-1}\Delta x + \frac{m(m-1)}{1.2} x^{m-2}\Delta x^2 + \ldots \quad (g)$$

$$\Delta y_1 = m(x + \Delta x)^{m-1}\Delta x + \frac{m(m-1)}{1.2} (x + \Delta x)^{m-2}\Delta x^2 + \ldots,$$

et par suite, en ordonnant toujours de la même manière,

$$\Delta^2 y_0 = \Delta^2 . x^m = m(m-1)x^{m-2}\Delta x^2 + \ldots.$$

On trouverait de même

$$\Delta^3 . x^m = m(m-1)(m-2)x^{m-3}\Delta x^3 + \ldots,$$

et généralement

$$\Delta^i.x^m = m(m-1)(m-2)\ldots\ldots(m-i+1)x^{m-i}\Delta x^i + \ldots\ldots;$$

ce qui résulte d'ailleurs de ce que le rapport $\frac{\Delta^i.x^m}{\Delta x^i}$ doit se réduire à $\frac{d^i.x^m}{dx^i}$, quand on fait à la limite $\Delta x = 0$.

Donc

$$\Delta^m.x^m = m(m-1)(m-2)\ldots\ldots3.2.1.\Delta x^m; \quad (h)$$

et comme cette différence est constante, les différences des ordres supérieurs s'évanouissent.

D'un autre côté la formule (*b*) donne

$$\Delta^n.x^m = [x + n\Delta x]^m - \frac{n}{1}[x + (n-1)\Delta x]^m$$

$$+ \frac{n(n-1)}{1.2}[x + (n-2)\Delta x]^n - \ldots\ldots \pm x^m.$$

Si nous développons et ordonnons le second membre selon les puissances de Δx, en posant, pour simplifier,

$$n^i - \frac{n}{1}(n-1)^i + \frac{n(n-1)}{1.2}(n-2)^i$$

$$- \frac{n(n-1)(n-2)}{1.2.3}(n-3)^i + \ldots\ldots = \mathrm{N}_i,$$

il viendra

$$\Delta^n.x^m = \mathrm{N}_0 x^m + \frac{m}{1}\mathrm{N}_1 x^{m-1}\Delta x + \frac{m(m-1)}{1.2}\mathrm{N}_2 x^{m-2}\Delta x^2 + \ldots\ldots$$

$$\ldots\ldots + \mathrm{N}_m \Delta x^m.$$

Mais on vient de voir que la moins haute puissance de Δx, dans le développement de $\Delta^n.x^m$, est Δx^n ; donc la fonction N_i est identiquement nulle pour toutes les valeurs de i inférieures à n.

On a aussi, d'après la formule (*h*),

$$\Delta^n.x^n = n(n-1)(n-2)\ldots\ldots\ldots3.2.1.\Delta x^n;$$

et par conséquent

$$N_n = n(n-1)(n-2)\ldots 3.2.1.$$

588. Soit

$$y = x(x-\Delta x)(x-2\Delta x)\ldots\ldots[x-(m-1)\Delta x]:$$

il viendra

$$\Delta y = x(x-\Delta x)(x-2\Delta x)\ldots\ldots[x-(m-2)\Delta x].m\Delta x,$$

d'où il est facile de conclure

$$\Delta^2 y = x(x-\Delta x)(x-2\Delta x)\ldots\ldots[x-(m-3)\Delta x].m(m-1)\Delta x^2,$$

et plus généralement

$$\Delta^i y = x(x-\Delta x)(x-2\Delta x)\ldots\ldots[x-(m-i-1)\Delta x].m(m-1)\ldots\ldots(m-i+1)\Delta x^i.$$

Il y a donc une analogie très-remarquable entre la formule qui donne la différentielle de la puissance x^m, et celle qui donne la différence de la factorielle [417] composée de m facteurs, quand les facteurs consécutifs ont pour différence Δx, et quand le premier facteur est x.

Si l'on posait

$$y = x(x+\Delta x)(x+2\Delta x)\ldots\ldots[x+(m-1)\Delta x],$$

on trouverait de même

$$\Delta y = (x+\Delta x)(x+2\Delta x)\ldots\ldots[x+(m-1)\Delta x].m\Delta x, \qquad (i)$$

et par suite

$$\Delta^i y = (x+i\Delta x)[x+(i+1)\Delta x]\ldots\ldots[x+(m-1)\Delta x].m(m-1)\ldots\ldots(m-i+1)\Delta x^i.$$

Soit enfin

$$y = \frac{1}{x(x+\Delta x)(x+2\Delta x)\ldots[x+(m-1)\Delta x]}:$$

il viendra

$$\Delta y = -\frac{m\,\Delta x}{x(x+\Delta x)(x+2\Delta x)\ldots\ldots(x+m\Delta x)},\qquad (j)$$

$$\Delta^i y = \pm\frac{m(m+1)(m+2)\ldots\ldots(m+i-1).\Delta x^i}{x(x+\Delta x)(x+2\Delta x)\ldots\ldots[x+(m+i-1)\Delta x]},$$

les signes $+$ et $-$ correspondant respectivement à i pair et à i impair.

589. Les fonctions exponentielles et circulaires se prêtent d'une manière fort simple à l'opération indiquée par le signe Δ. On a immédiatement

$$\Delta a^x = a^x(a^{\Delta x}-1);\quad \Delta^2 a^x = a^x(a^{\Delta x}-1)^2,\ldots$$
$$\ldots\Delta^i a^x = a^x(a^{\Delta x}-1)^i,\qquad (k)$$

et, par les premières formules de la trigonométrie,

$$\left.\begin{aligned}\Delta \sin x &= 2\sin\tfrac{1}{2}\Delta x.\cos(x+\tfrac{1}{2}\Delta x),\\ \Delta\cos x &= -2\sin\tfrac{1}{2}\Delta x.\sin(x+\tfrac{1}{2}\Delta x).\end{aligned}\right\}\qquad (l)$$

On en conclut

$$\Delta^2\sin x = -4\sin^2\tfrac{1}{2}\Delta x\ \sin(x+\Delta x),$$
$$\Delta^2\cos x = -4\sin^2\tfrac{1}{2}\Delta x.\cos(x+\Delta x),$$

et plus généralement

$$\Delta^{2i}\sin x = \pm 2^{2i}\sin^{2i}\tfrac{1}{2}\Delta x.\sin(x+i\Delta x),$$
$$\Delta^{2i}\cos x = \pm 2^{2i}\sin^{2i}\tfrac{1}{2}\Delta x.\cos(x+i\Delta x),$$
$$\Delta^{2i+1}\sin x = \pm 2^{2i+1}\sin^{2i+1}\frac{1}{2}\Delta x.\cos\left(x+\frac{2i+1}{2}\Delta x\right),$$
$$\Delta^{2i+1}\cos x = \pm 2^{2i+1}\sin^{2i+1}\frac{1}{2}\Delta x.\sin\left(x+\frac{2i+1}{2}\Delta x\right).$$

On doit prendre le signe supérieur ou le signe inférieur, selon que i est pair ou impair.

590. Les intégrales (aux différences finies) des fonctions en petit nombre sur lesquelles peut s'effectuer l'opération indiquée par le signe Σ, s'obtiennent par le renversement des formules de différentiation établies ci-dessus. Considérons d'abord la fonction x^m : la formule (g) donnera, après

qu'on y aura remplacé m par $m+1$,

$$\Delta . x^{m+1} = (m+1)x^m \Delta x + \frac{(m+1)m}{1.2} x^{m-1} \Delta x^2 + \frac{(m+1)m(m-1)}{1.2.3} x^{m-2} \Delta x^3 + \text{etc.},$$

d'où

$$x^{m+1} = (m+1)\Sigma . x^m \Delta x + \frac{(m+1)m}{1.2} \Sigma . x^{m-1} \Delta x^2 + \frac{(m+1)m(m-1)}{1.2.3} \Sigma . x^{m-2} \Delta x^3 + \text{etc.}$$

et enfin

$$\Sigma x^m = \frac{x^{m+1}}{(m+1)\Delta x} - \left\{ \frac{m\Delta x}{1.2} . \Sigma x^{m-1} + \frac{m(m-1)}{1.2.3} \Delta x^2 . \Sigma x^{m-2} + \text{etc.} \right\}.$$

Si l'on fait successivement dans cette formule $m=0$, $=1$, $=2$, $=3$, etc., on trouve :

$$\left.\begin{aligned}
\Sigma x^0 &= \frac{x}{\Delta x}, \\
\Sigma x &= \frac{1}{2} . \frac{x^2}{\Delta x} - \frac{1}{2} x, \\
\Sigma x^2 &= \frac{1}{3} . \frac{x^3}{\Delta x} - \frac{1}{2} x^2 + \frac{1}{2.3} x \Delta x, \\
\Sigma x^3 &= \frac{1}{4} . \frac{x^4}{\Delta x} - \frac{1}{2} x^3 + \frac{1}{2.2} x^2 \Delta x, \\
\Sigma x^4 &= \frac{1}{5} . \frac{x^5}{\Delta x} - \frac{1}{2} x^4 + \frac{1}{3} x^3 \Delta x - \frac{1}{5.6} x \Delta x^3, \\
\Sigma x^5 &= \frac{1}{6} . \frac{x^6}{\Delta x} - \frac{1}{2} x^5 + \frac{5}{2.6} x^4 \Delta x - \frac{1}{2.6} x^2 \Delta x^3, \\
&\text{etc.}
\end{aligned}\right\} \quad (m)$$

Chaque intégrale doit d'ailleurs être complétée par une constante ou par une fonction périodique arbitraire, ainsi qu'on l'a expliqué [584]. On obtient par ces formules l'intégrale aux différences de toute fonction algébrique, rationnelle et entière.

On ne verrait pas facilement sur ce tableau la loi que suivent les termes successifs du développement de Σx^m : nous reviendrons sur ce point, par des considérations plus générales, dans le chapitre suivant.

On tire des formules (i), (j), (k), (l)

$$\Sigma \{ x(x+\Delta x)(x+2\Delta x)\ldots[x+(m-1)\Delta x] \}$$
$$= \frac{1}{(m+1)\Delta x} \{ (x-\Delta x)x(x+\Delta x)\ldots[x+(m-1)\Delta x] \} + \pi, \quad (n)$$

$$\Sigma . \frac{1}{x(x+\Delta x)(x+2\Delta x)\ldots[x+(m-1)\Delta x]} =$$
$$- \frac{1}{(m-1)\Delta x . x(x+\Delta x)(x+2\Delta x)\ldots[x+(m-2)\Delta x]} + \pi, \quad (p)$$

$$\Sigma . a^x = \frac{a^x}{a^{\Delta x}-1} + \pi, \quad (q)$$

$$\left.\begin{aligned} \Sigma \sin x &= -\frac{\cos(x-\frac{1}{2}\Delta x)}{2\sin\frac{1}{2}\Delta x} + \pi, \\ \Sigma \cos x &= \frac{\sin(x-\frac{1}{2}\Delta x)}{2\sin\frac{1}{2}\Delta x} + \pi, \end{aligned}\right\} \quad (r)$$

π désignant la constante ou la fonction périodique arbitraire.

591. Les formules du précédent numéro s'appliquent naturellement à la sommation des séries. Suivant la notation indiquée [585], désignons par $S_{i_0}^{i}$ la somme des termes de la série dont le terme général est y_i, cette somme comprenant les termes extrêmes y_{i_0}, y_i, de manière qu'on ait

$$\mathrm{S}_{i_0}^{i} y_i = \sum_{i_0}^{i} y_i + y_i, \quad \text{ou} \quad \mathrm{S}_{i_0}^{i} y_i = \sum_{i_0}^{i+1} y_i :$$

les formules (m) donneront d'abord :

$$\mathrm{S}_1^i . x = 1 + 2 + 3 + \ldots + i = \frac{1}{2} i^2 + \frac{1}{2} i,$$

$$\mathrm{S}_1^i . x^2 = 1 + 2^2 + 3^2 + \ldots + i^2 = \frac{1}{3} i^3 + \frac{1}{2} i^2 + \frac{1}{2.3} i,$$

$$S_1^i . x^3 = 1 + 2^3 + 3^3 + \ldots\ldots + i^3 = \frac{1}{4} i^4 + \frac{1}{2} i^3 + \frac{1}{2.2} i^2,$$

etc.

On sait que les séries des nombres *figurés* commencent par l'unité, comme les précédentes, et ont pour termes généraux

$$\frac{i}{1}, \frac{i(i+1)}{1.2}, \frac{i(i+1)(i+2)}{1.2.3}, \text{ etc. :}$$

on peut donc appliquer la formule (n) à la sommation de ces séries, et il vient

$$1 + 2 + 3 + 4 + \ldots + i = \frac{i(i+1)}{1.2},$$

$$1 + 3 + 6 + 10 + \ldots + \frac{i(i+1)}{1.2} = \frac{i(i+1)(i+2)}{1.2.3},$$

$$1 + 4 + 10 + 20 + \ldots + \frac{i(i+1)(i+2)}{1.2.3} = \frac{i(i+1)(i+2)(i+3)}{1.2.3.4},$$

etc.;

en sorte que la somme de l'une quelconque de ces séries est le terme général de la série de l'ordre immédiatement supérieur : relation bien connue, et qui peut être prise pour la définition des nombres figurés.

Les séries réciproques qui ont pour termes généraux

$$\frac{1}{i}, \frac{1.2}{i(i+1)}, \frac{1.2.3}{i(i+1)(i+2)}, \text{ etc.}$$

se somment au moyen de la formule (p), à l'exception de la première, pour laquelle la formule fait défaut, à cause d'un facteur qui s'évanouit au dénominateur. On trouve pour les autres

$$1 + \frac{1}{3} + \frac{1}{6} + \frac{1}{10} + \ldots + \frac{1.2}{i(i+1)} = \frac{2}{1} - \frac{2}{i+1},$$

$$1 + \frac{1}{4} + \frac{1}{10} + \frac{1}{20} + \ldots + \frac{1.2.3}{i(i+1)(i+2)} = \frac{3}{2} - \frac{3}{(i+1)(i+2)},$$

etc.

Si l'on fait $i = \infty$, on a $\frac{2}{1}$, $\frac{3}{2}$, etc., pour les sommes des séries prolongées à l'infini.

De la formule (q) l'on tire

$$a + a^2 + a^3 + \ldots + a^i = \frac{a^{i+1} - a}{a - 1},$$

c'est-à-dire, la règle élémentaire pour la sommation des progressions géométriques.

Faisons dans les formules (r) $x = p + iq$, $\Delta x = q$: elles donneront

$$\sum_0^i \sin(p + iq) = -\frac{\cos(p + iq - \frac{1}{2}q) - \cos(p - \frac{1}{2}q)}{2\sin\frac{1}{2}q},$$

$$\sum^i \cos(p + iq) = \frac{\sin(p + iq - \frac{1}{2}q) - \sin(p - \frac{1}{2}q)}{2\sin\frac{1}{2}q},$$

et par suite [406 *et* 423]

$$\mathbf{S}_0^i \sin(p + iq) = -\frac{\cos(p + iq + \frac{1}{2}q) - \cos(p - \frac{1}{2}q)}{2\sin\frac{1}{2}q},$$

$$\mathbf{S}_0^i \cos(p + iq) = \frac{\sin(p + iq + \frac{1}{2}q) - \sin(p - \frac{1}{2}q)}{2\sin\frac{1}{2}q}.$$

CHAPITRE II.

FORMULE D'EULER, POUR L'ÉVALUATION DES SOMMES PAR LES INTÉGRALES ORDINAIRES ET DES INTÉGRALES PAR LES SOMMES. — APPLICATION A LA FORMULE DE STIRLING. — DE L'INTERPOLATION.

§ 1er. Formule d'Euler pour l'évaluation des sommes par les intégrales ordinaires et des intégrales par les sommes.

592. La formule de Taylor donne

$$\Delta \mathrm{f}x = \frac{\Delta x}{1}.\mathrm{f}'x + \frac{\Delta x^2}{1.2}.\mathrm{f}''x + \frac{\Delta x^3}{1.2.3}.\mathrm{f}'''x + \text{etc.},$$

d'où

$$\mathrm{f}x = \frac{\Delta x}{1}.\Sigma\mathrm{f}'x + \frac{\Delta x^2}{1.2}.\Sigma\mathrm{f}''x + \frac{\Delta x^3}{1.2.3}.\Sigma\mathrm{f}'''x + \text{etc.},$$

et, en posant $\mathrm{f}'x = fx$,

$$\int fxdx = \frac{\Delta x}{1}.\Sigma fx + \frac{\Delta x^2}{1.2}.\Sigma f'x + \frac{\Delta x^3}{1.2.3}.\Sigma f''x + \text{etc.},$$

ou bien

$$\Sigma fx = \frac{1}{\Delta x}\int fxdx - \frac{\Delta x}{1.2}.\Sigma f'x - \frac{\Delta x^2}{1.2.3}.\Sigma f''x - \text{etc.} \qquad (a)$$

Mais, par la même raison,

$$\Sigma f'x = \frac{1}{\Delta x}.fx - \frac{\Delta x}{1.2}.\Sigma f''x - \frac{\Delta x^2}{1.2.3}.\Sigma f'''x - \text{etc.}, \qquad (a')$$

$$\Sigma f''x = \frac{1}{\Delta x}f'x - \frac{\Delta x}{1.2}.\Sigma f'''x - \frac{\Delta x^2}{1.2.3}.\Sigma f^{\text{iv}}x - \text{etc.} \qquad (a'')$$

etc.;

ce qui permet d'éliminer de la série (a) les intégrales $\Sigma f'x$, $\Sigma f''x$, etc. On fera l'élimination à la manière ordinaire, en combinant par voie d'addition les équations (a), (a'), (a''), etc., après avoir multiplié tous les termes de (a') par le facteur $A_0 \Delta x$, tous les termes de (a'') par le facteur $A_1 \Delta x^2$, et ainsi de suite; puis en égalant à zéro les multiplicateurs des intégrales qu'il s'agit d'éliminer. Ce calcul donne

$$\Sigma fx = \frac{1}{\Delta x}\int fxdx + A_0 fx + A_1 \Delta x f'x + A_2 \Delta x^2 f''x + A_3 \Delta x^3 f'''x + \text{etc.}: \qquad (1)$$

les coefficients numériques A_i étant déterminés de proche en proche, indépendamment de la forme de la fonction f, par le système des équations suivantes

$$\left.\begin{array}{l} A_0 + \dfrac{1}{1.2} = 0,\ A_1 + \dfrac{A_0}{1.2} + \dfrac{1}{1.2.3} = 0, \\ A_2 + \dfrac{A_1}{1.2} + \dfrac{A_0}{1.2.3} + \dfrac{1}{1.2.3.4} = 0, \\ A_3 + \dfrac{A_2}{1.2} + \dfrac{A_1}{1.2.3} + \dfrac{A_0}{1.2.3.4} + \dfrac{1}{1.2.3.4.5} = 0, \text{etc.} \end{array}\right\} \quad (A)$$

Prenons $fx = e^x$: il viendra

$$\Sigma e^x = \frac{e^x}{e^{\Delta x} - 1}, \int e^x dx = e^x,\ f^{(n)}x = e^x;$$

et l'équation (1) nous donnera, après la suppression du facteur commun e^x,

$$\frac{1}{e^{\Delta x} - 1} = \frac{1}{\Delta x} + A_0 + A_1 \Delta x + A_2 \Delta x^2 + A_3 \Delta x^3 + \text{etc.};$$

d'où il suit que le coefficient A_i est celui qui multiplie α^i dans le développement de la fonction

$$\frac{1}{e^\alpha - 1} - \frac{1}{\alpha} \qquad (\alpha)$$

suivant les puissances entières et positives de α.

En remettant pour A_0 sa valeur $-\frac{1}{2}$, on a

$$A_1\alpha + A_2\alpha^2 + A_3\alpha^3 + \text{etc.} = \frac{1}{e^\alpha - 1} - \frac{1}{\alpha} + \frac{1}{2}$$

$$= \frac{e^\alpha + 1}{2(e^\alpha - 1)} - \frac{1}{\alpha} = \frac{e^{\frac{\alpha}{2}} + e^{-\frac{\alpha}{2}}}{2\left(e^{\frac{\alpha}{2}} - e^{-\frac{\alpha}{2}}\right)} - \frac{1}{\alpha}.$$

Or, le dernier membre de cette équation est évidemment une fonction impaire de α : donc, dans la série qui est le développement de cette fonction impaire, les coefficients des puissances paires de α doivent disparaître. Donc, pour toutes les valeurs paires de l'indice i, autres que zéro, le coefficient A_i est nul.

Si l'on effectuait le développement dont il vient d'être question, on obtiendrait l'expression de A_i en fonction immédiate de l'indice i : mais nous n'insisterons pas sur ce calcul compliqué, quoique élégant ; les coefficients A_i pouvant être commodément calculés de proche en proche au moyen des équations (A) dont la loi est évidente.

Comme les coefficients A_{2i+1} sont alternativement positifs et négatifs, nous mettrons l'équation (1) sous la forme

$$\Sigma fx = C + \frac{1}{\Delta x}\int fx dx - \frac{1}{2}fx + A_1\Delta x.f'x - A_3\Delta x^3.f'''x + A_5\Delta x^5.f^{v}x - \text{etc.}, \quad (2)$$

C désignant la constante arbitraire qu'entraînent les signes d'intégration indéfinie Σ et $\int$. Alors les lettres A_{2i+1} représenteront toutes des nombres positifs.

593. Si l'on pose

$$B_{2i+1} = 1.2.3 \ldots (2i+2).\ A_{2i+1},$$

la suite des nombres B_{2i+1} est celle des *nombres de Bernoulli,* ainsi appelés parce que Jacques Bernoulli les a signalés le premier à l'attention des analystes. Cette suite de nombres revient souvent dans les développements en séries, et jouit de propriétés curieuses par rapport aux sommes des puissances, tant directes qu'inverses, des nombres naturels. Prenons, par exemple, $fx = x^m$: l'équation (2) nous donnera

$$\Sigma x^m = C + \frac{x^{m+1}}{(m+1)\Delta x} - \frac{1}{2}x^m + B_1 \frac{m\Delta x}{1.2} x^{m-1}$$
$$- B_3 \frac{m(m-1)(m-2)\Delta x^3}{1.2.3.4} x^{m-3} + \text{etc.},$$

ce qui met en évidence la loi des formules (m) du n° 590.

La suite

$$A_1 - A_3 + A_5 - A_7 + \text{etc.}$$

est convergente, mais la suite

$$B_1 - B_3 + B_5 - B_7 + \text{etc.}$$

ne l'est pas : les nombres B_{2i+1} croissant au-delà de toute limite. Voici les valeurs des premiers termes de cette suite, exprimées en fractions ordinaires et décimales :

$$B_1 = \frac{1}{6} = 0{,}166666\ldots, \quad B_9 = \frac{5}{66} = 0{,}075757\ldots,$$

$$B_3 = \frac{1}{30} = 0{,}033333\ldots, \quad B_{11} = \frac{691}{2730} = 0{,}253113\ldots,$$

$$B_5 = \frac{1}{42} = 0{,}023809\ldots, \quad B_{13} = \frac{7}{6} = 1{,}166666\ldots,$$

$$B_7 = \frac{1}{30} = 0{,}033333\ldots, \quad B_{15} = \frac{3617}{510} = 7{,}092156\ldots, \text{ etc.}$$

594. Admettons que l'intervalle $x - x_0$ soit un multiple exact de la différence Δx : on tire de l'équation (2), en passant des intégrales indéfinies aux intégrales définies,

$$\Sigma_{x_0}^{x} fx = \frac{1}{\Delta x}\int_{x_0}^{x} fxdx - \frac{1}{2}(fx - fx_0) + A_1\Delta x(f'x - f'x_0)$$
$$- A_3\Delta x^3(f'''x - f'''x_0) + A_5\Delta x^5(f^{v}x - f^{v}x_0) - \text{etc.} \quad (3)$$

La formule (2), communément attribuée à Euler, et désignée par le nom de ce géomètre, ou la formule (3) qui en est une transformation, comportent une double application, selon que l'intégrale $\int fxdx$ est ou n'est pas susceptible de s'exprimer en fonction de x sous forme finie. Dans le premier cas, il arrivera le plus souvent que l'intégrale $\sum_{x_0}^{x} fx$ ne rentrant pas dans la catégorie de celles auxquelles s'appliquent les procédés d'intégration indiqués ci-dessus, on n'en pourrait obtenir la valeur exacte que par une sommation effective, opération laborieuse et souvent impraticable, si la différence $x - x_0$ contient un très grand nombre de fois la différence Δx. On regardera, dans ce cas, le terme

$$\frac{1}{\Delta x}\int_{x_0}^{x} fxdx$$

comme une valeur approchée de l'intégrale $\sum_{x_0}^{x} fx$, et la correction qu'il faut apporter à cette valeur approchée sera donnée en série par la formule (3). Si, au contraire, on ne peut pas obtenir en fonction de x l'intégrale indéfinie $\int fxdx$, et qu'il s'agisse de calculer par approximation la valeur de l'intégrale définie

$$\int_{x_0}^{x} fxdx,$$

on partagera l'intervalle $x - x_0$ en parties égales Δx, assez petites pour que le produit

$$\Delta x \sum_{x_0}^{x} fx$$

fournisse une valeur approchée de l'intégrale cherchée ; de manière pourtant que la grandeur du nombre $\frac{x - x_0}{\Delta x}$ ne rende pas trop laborieuse la sommation arithmétique par laquelle on obtient $\sum_{x_0}^{x} fx$. La correction que doit subir cette valeur approchée sera encore donnée en série par l'équation (3) qui remplit ainsi le double office d'une formule de sommation et d'une formule de quadrature.

Si nous substituons le signe S au signe Σ, selon la notation convenue [585], nous aurons, au lieu des formules (2) et (3),

$$S\,fx = C + \frac{1}{\Delta x}\int fx\,dx + \frac{1}{2}fx + A_1\Delta x f'x - A_3\Delta x^3 f'''x + A_5\Delta x^5 . f^{v}x - \text{etc.}, \quad (4)$$

$$S_{x_0}^{x} fx = \frac{1}{\Delta x}\int_{x_0}^{x} fx\,dx + \frac{1}{2}(fx - fx_0) + A_1\Delta x(f'x - f'x_0) - A_3\Delta x^3(f'''x - f'''x_0) + A_5\Delta x^5(f^{v}x - f^{v}x_0) - \text{etc.} \quad (6)$$

595. Toutefois, pour légitimer en général l'emploi de ces séries qui ne sont pas toujours convergentes, il est indispensable de pouvoir assigner des limites à l'erreur que l'on commet en arrêtant la série à un terme de rang quelconque [25]. Or, Poisson a donné une méthode par laquelle, en même temps qu'on obtient la série d'Euler, on trouve l'expression en intégrale définie du reste de la série, et par suite la limite du reste. L'importance du sujet nous fait une loi d'indiquer ce perfectionnement essentiel, apporté à une formule fondamentale de l'analyse.

Admettons, pour la simplicité des calculs, que les limites des intégrales dans la formule d'Euler soient égales numériquement et de signes contraires, ce qu'on peut toujours obtenir en changeant l'origine de la variable, et reprenons la formule (m) du n° 433

$$fx = \frac{1}{2a}\int_{-a}^{a} f\xi\,d\xi + \frac{1}{a}\int_{-a}^{a}\left[\Sigma_1^{\infty}\cos\frac{i\pi(x-\xi)}{a}\right]f\xi\,d\xi \quad (7).$$

qui subsiste pour toutes les valeurs de x comprises entre les limites des intégrales. Aux limites mêmes on a

$$\frac{1}{2}[fa + f(-a)] = \frac{1}{2a}\int_{-a}^{a} f\xi\,d\xi + \frac{1}{a}\int_{-a}^{a}\left[\Sigma_1^{\infty}\cos\frac{i\pi(\xi \pm a)}{a}\right]f\xi\,d\xi . \quad (8)$$

Posons $a = n\Delta x$, et donnons successivement à x les $2n - 1$ valeurs équidifférentes

$$-(n-1)\Delta x, -(n-2)\Delta x, \ldots -\Delta x, 0, \Delta x, 2\Delta x, \ldots (n-1)\Delta x,$$

pour lesquelles l'équation (7) subsiste : en prenant la somme des valeurs correspondantes de fx, et ajoutant la demi-somme des valeurs de fx, relatives à $x = \pm a$, on a

$$\Delta x\left[\Sigma_{-a}^{a} fx + \frac{1}{2} fa - \frac{1}{2} f(-a)\right] = \frac{\Delta x}{2}[fa + f(-a)]$$
$$+ \frac{2n-1}{2n}\int_{-a}^{a} f\,xdx + \frac{1}{n}\int_{-a}^{a}\left[\Sigma_{1}^{\infty}\, p\cos\frac{i\pi x}{n\Delta x}\right] fxdx. \quad (9)$$

Nous avons remplacé ξ par x sous les signes d'intégration, ce qui peut se faire maintenant sans équivoque, et nous avons posé, pour abréger,

$$p = 1 + 2\cos\frac{i\pi}{n} + 2\cos\frac{2i\pi}{n} + 2\cos\frac{3i\pi}{n} \ldots + 2\cos\frac{(n-1)i\pi}{n}.$$

La quantité p se réduit à $2n - 1$ toutes les fois que i est un multiple de $2n$. On a d'ailleurs

$$p\cos\frac{i\pi}{n} = p + \cos i\pi - \cos\frac{(n-1)\,i\pi}{n},$$

d'où l'on tire $p = -\cos i\pi$, pour toutes les autres valeurs de i. Cela posé, on prendra la somme Σ_1^{∞} en admettant d'abord que cette valeur de p ait lieu sans exception : on fera ensuite $i = 2i'n$, et l'on prendra une seconde somme Σ_1^{∞}, relative à i', en faisant dans le cours de cette autre sommation

$$p = 2n - 1 + \cos 2i'n\pi = 2n.$$

La série périodique, contenue sous le signe $\int$, sera la somme de ces deux séries partielles, et à cause de l'équation

$$\cos i\pi \cos\frac{i\pi x}{n\Delta x} = \cos\frac{i\pi(a-x)}{a},$$

on conclura de cette remarque

$$\Sigma_1^\infty p \cos \frac{i\pi x}{n\Delta x} = -\Sigma_1^\infty \cos \frac{i\pi(a-x)}{a} + n2\Sigma_1^\infty \frac{2i'\pi x}{\Delta x}.$$

En conséquence, l'équation (9) donne

$$\Delta x\left[\Sigma_{-a}^{a} f x + \frac{1}{2} fa - \frac{1}{2} f(-a)\right] = \frac{\Delta x}{2}[fa + f(-a)]$$
$$+\left(1 - \frac{\Delta x}{a}\right)\int_{-a}^{a} fx dx - \frac{\Delta x}{a}\int_{-a}^{a}\left[\Sigma_1^\infty \cos\frac{i\pi(a-x)}{a}\right] fx dx$$
$$+ 2\int_{-a}^{a}\left[\Sigma_1^\infty \cos\frac{2i'\pi x}{\Delta x}\right] fx dx,$$

ou bien, en vertu de l'équation (8),

$$\Delta x\left[\Sigma_{-a}^{a} f x + \frac{1}{2} f a - \frac{1}{2} f(-a)\right] = \int_{-a}^{a} fx dx$$
$$+ 2\int_{-a}^{a}\left[\Sigma_1^\infty \cos\frac{2i'\pi x}{\Delta x}\right] fx dx.$$

Rien ne s'oppose maintenant à ce qu'on remplace i' par i, et à ce qu'on change l'origine de la variable x ou la forme de la fonction f, de manière que les limites des intégrales soient quelconques. Ainsi, nous écrirons

$$\Delta x\left[\Sigma_{x_0}^{x} f x + \frac{1}{2} f x - \frac{1}{2} f x_0\right]$$
$$-\int_{x_0}^{x} fx dx = 2\int_{x_0}^{x}\left[\Sigma_1^\infty \cos\frac{2i\pi x}{\Delta x}\right] fx dx. \qquad (10)$$

Posons

$$1 + \frac{1}{2^{2n}} + \frac{1}{3^{2n}} + \frac{1}{4^{2n}} + \text{etc.} \quad = \frac{1}{2}(2\pi)^{2n}\ A_{2n-1}, \qquad (11)$$

et prenons garde qu'aux limites de l'intégrale, pour lesquelles la valeur de la variable x est supposée un multiple exact de Δx, on a

$$\cos\frac{2i\pi x}{\Delta x} = 1,\ \sin\frac{2i\pi x}{\Delta x} = 0:$$

le procédé de l'intégration par parties donnera

$$2\int_{x_0}^{x}\left[\Sigma_1^\infty \cos\frac{2i\pi x}{\Delta x}\right] fx dx = -\mathrm{A}_1\Delta x^2\left(f'x - f'x_0\right)$$
$$+ \mathrm{A}_3\Delta x^4(f'''x - f'''x_0)\ldots \pm \mathrm{A}_{2n-1}\,\Delta x^{2n}(f^{(2n-1)}x - f^{(2n-1)}x_0)$$
$$\pm 2\left(\frac{\Delta x}{2\pi}\right)^{2n}\int_{x_0}^{x}\left[\Sigma_1^\infty \frac{1}{i^{2n}}\cos\frac{2i\pi x}{\Delta x}\right] f^{(2n)}x dx \qquad (12)$$

596. En rapprochant les équations (10) et (12) nous retrouvons la formule d'Euler telle que la donne l'équation (3); et de plus nous obtenons en intégrale définie la valeur du reste négligé quand on arrête la série à un terme de rang quelconque. Les coefficients A_1, A_3, etc., définis par l'équation (11), ne peuvent être autres que les coefficients donnés par les équations (A), ou par le développement de la fonction (α), suivant les puissances de α. Ainsi, l'équation (11) exprime une propriété très remarquable des coefficients A, ou des nombres de Bernoulli qui s'en déduisent.

A cause de l'équation (11) on a évidemment

$$\Sigma_1^\infty \frac{1}{i^{2n}}.\cos\frac{2i\pi x}{\Delta x} < \frac{1}{2}(2\pi)^{2n}\,\mathrm{A}_{2n-1}.$$

Désignons de plus par λ_n la plus haute valeur numérique que puisse acquérir la fonction $f^{(2n)}x$ entre les limites de l'intégrale : on aura, abstraction faite des signes,

$$\mathrm{R}_n = 2\left[\frac{\Delta x}{2\pi}\right]^{2n}\int_{x_0}^{x}\left[\Sigma_1^\infty \frac{1}{i^{2n}}\cos\frac{2i\pi x}{\Delta x}\right] f^{(2n)}x dx$$
$$< \lambda_n(x - x_0)\,\mathrm{A}_{2n-1}\,\Delta x^{2n}.$$

S'il s'agit d'appliquer la formule d'Euler à une quadrature, on pourra toujours prendre Δx assez petit pour que la limite supérieure du reste R_n tombe au-dessous de toute grandeur donnée. Si la même formule est appliquée à l'évaluation d'une somme ou d'une intégrale aux différences finies, la différence Δx étant donnée, il pourra se faire que la valeur de R_n n'aille pas en décroissant indéfiniment pour des valeurs indéfiniment croissantes de l'indice n : ce qui n'empêchera pas de faire usage de la formule, quand la limite supérieure de R_n, pour une valeur convenable de l'indice n, sera de l'ordre des quantités négligeables.

Lorsque la fonction $f^{(2n)}x$ conserve le même signe dans toute l'étendue de l'intégration, on a aussi, abstraction faite du signe,

$$R_n < A_{2n-1}\ \Delta x^{2n} \int_{x_0}^{x} f^{(2n)} x dx,$$

ou

$$R_n < A_{2n-1}\ \Delta x^{2n} (f^{(2n-1)}x - f^{(2n-1)}x_0);$$

c'est-à-dire, que le reste négligé est numériquement plus petit que le dernier terme conservé.

La formule d'Euler se trouve en défaut quand les différentielles impaires de fx s'évanouissent, ou, plus généralement, sont égales aux deux limites de l'intégrale : le second membre de l'équation (10) cesse alors de pouvoir se développer en série procédant suivant les puissances ascendantes de Δx.

597. En général, lorsque la fonction fx conserve le même signe dans toute l'étendue de l'intégration, on peut prendre Δx assez petit pour que la valeur numérique du rapport

$$\int_{x_0}^{x} \left[\Sigma_1^{\infty} \cos \frac{2i\pi x}{\Delta x}\right) fxdx : \int_{x_0}^{x} fxdx \qquad (13)$$

tombe au-dessous de toute grandeur assignée, à cause des changements de signe qu'éprouve le facteur de $fxdx$ dans la première intégrale. Si, en outre, Δx est une quantité négligeable comparativement à la distance $x - x_0$ des limites des intégrales, il est permis de négliger, non-seulement la première intégrale (13) vis-à-vis de la seconde, mais encore les termes $\Delta x\ (\frac{1}{2} fx - \frac{1}{2} fx_0)$ vis-à-vis de $\Delta x\ \Sigma_{x_0}^{x}\ fx$, et l'on a

$$\Delta x\ \Sigma_{x_0}^{x} fx = \int_{x_0}^{x} fxdx;$$

de sorte que, relativement à nos moyens d'expérimentation et de mesure, les choses se passent comme si un système de parties discontinues se transformait en un tout continu. C'est en vertu de ce principe que, s'il s'agit, par exemple, d'évaluer l'attraction d'un corps sur un autre, on considère les deux corps comme des masses continues, en faisant abstraction des pores ou interstices dont l'existence est mise hors de doute par une formule de phénomènes, mais dont les dimensions sont inappréciables pour nous. On admet que la masse des particules groupées dans un espace de dimensions inappréciables, et qui pourtant peut contenir un grand nombre de particules, se trouve uniformément répartie dans tout cet espace; et l'erreur commise doit être, par rapport à la grandeur mesurée, du même ordre que les dimensions du volume élémentaire par rapport aux dimensions des corps observés ; c'est-à-dire, que l'erreur est inappréciable par nos moyens de mesure.

Au contraire, lorsque la fonction fx change de signe dans l'étendue de l'intégration, les deux termes du rapport (13) peuvent avoir des grandeurs comparables, malgré la petitesse de Δx. Poisson a tiré de cette remarque une explication ingénieuse de quelques-unes des lois auxquelles paraît soumise la constitution moléculaire des corps.

En exposant, au commencement de ce Traité, les principes du calcul infinitésimal, nous avions pour tâche de faire bien comprendre comment l'on est parti de la notion des variations discontinues pour adapter le calcul aux variations continues qui se manifestent ou semblent se manifester dans la plupart des phénomènes naturels. Ce qui précède contient l'indication d'un procédé inverse, par lequel on introduit, pour la commodité du calcul, une continuité fictive dans des variations effectivement discontinues. Ce procédé trouve surtout son application à propos de l'évaluation des rapports de grands nombres, évaluation qui revient sans cesse dans la théorie des combinaisons et des chances, et pour laquelle on fait un usage continuel d'une formule due à Stirling, qui se déduit de celle d'Euler établie ci-dessus, comme nous allons le montrer dans le paragraphe suivant.

§ 2. Application à la formule de Stirling.

598. Proposons-nous d'appliquer la formule d'Euler à l'évaluation de la somme des logarithmes des nombres entiers, depuis 1 jusquà x inclusivement : nous aurons

$$\Delta x = 1,\quad \int \log x dx = x \log x - x + const.,$$

$$f'x = \frac{1}{x},\quad f'''x = \frac{1.2}{x^3},\quad f^{v}x = \frac{1.2.3.4}{x^5}, \text{ etc.},$$

En conséquence, la formule (4) donnera

$$\log[1.2.3\ldots..x) = C + x\log x - x + \frac{1}{2}\log x + \frac{B_1}{2x}$$
$$- \frac{B_3}{3.4.x^3} + \frac{B_5}{5.6.x^5} - \frac{B_7}{7.8.x^7} + \text{etc.} \tag{14}$$

Nous en déduirons, en remplaçant x par $2x$,

$$\log[1.2.3\ldots(2x-1)2x] = C + 2x\log 2x - 2x + \frac{1}{2}\log 2x + \frac{B_1}{4x} - \text{etc.}$$

Mais on a identiquement

$$1.2.3\ldots(2x-1)2x = 2^x.1.2.3\ldots x.1.3.5\ldots\ldots(2x-1),$$

et par conséquent,

$$\log(1.2.3\ldots..x) + \log[1.3.5\ldots..(2x-1)]$$
$$= C + x\log 2 + 2x\log x - 2x + \frac{1}{2}\log 2x + \frac{B_1}{4x} - \text{etc.}$$

En combinant, par voie de soustraction, l'équation (14)

avec celle-ci, nous obtiendrons cette formule où n'entre plus la constante C,

$$\log[1.3.5\ldots(2x-1)]=\left(x+\frac{1}{2}\right)\log 2+x\log x-x-\frac{B_1}{4x}+\text{etc.} \quad (15)$$

On a, d'autre part,

$$\frac{(1.2.3\ldots\ldots x.2^x)^2}{2x}=2.2.4.4.6.6\ldots\ldots(2x-2)(2x-2)2x,$$

$$[1.3.5\ldots.(2x-1)]^2=1.3.3.5.5.7\ldots\ldots(2x-3)(2x-1)(2x-1);$$

et en combinant ces équations avec les formules (14) et (15), d'après les règles du calcul logarithmique, on trouvera sans difficulté

$$\log\left[\frac{2.2.4.4.6.6\ldots.(2x-2)(2x-2)2x}{1.3.3.5.5.7\ldots.(2x-3)(2x-1)(2x-1)}\right]=2C-2\log 2 + \frac{3}{2}\frac{B_1}{x}+\text{etc.}$$

Maintenant, quand on fait converger x vers l'infini, le premier membre de l'équation, d'après le théorème de Wallis [404], converge vers la limite $\log\frac{\pi}{2}$, tandis que le second membre se réduit, pour $x=\infty$, à $2C-2\log 2$, d'où l'on conclut $C=\log.\sqrt{2\pi}$, et par suite

$$\log(1.2.3\ldots\ldots x)=\log\sqrt{2\pi}+x\log x-x+\tfrac{1}{2}\log x + \frac{B_1}{2x}-\frac{B_3}{3.4x^3}+\frac{B_5}{5.6x^5}-\frac{B_7}{7.8.x^7}+\text{etc.} \quad (16)$$

Faisons dans cette équation $x=1000$, multiplions par le module des tables [64] les termes non affectés du signe *log.*, afin que la somme se rapporte à des logarithmes tabulaires, et arrêtons la série au terme qui a pour coefficient B_3 : nous trouverons

$$\text{log. vulg.}(1.2.3\ldots.1000)=2567{,}6046442221328\ldots\ldots,$$

valeur exacte jusqu'à la treizième décimale. Si l'on prenait

$x=10$, et qu'on poussât jusqu'au terme affecté du coefficient B_{23}, on trouverait une valeur exacte jusqu'à la vingtième décimale (1).

Ce calcul nous apprend que le nombre 1.2.3 ... 1000, exprimé dans notre système de numération, a 2568 chiffres, dont les quatre premiers sur la gauche sont 4023 ; de sorte qu'il se trouve compris entre

$$4024.10^{2564} \quad \text{et} \quad 4023.10^{2564}.$$

Dans la théorie des chances, on a précisément à assigner les rapports de très grands nombres que les règles de l'analyse combinatoire donnent sous forme de factorielles, et dont le calcul arithmétique serait tout à fait impraticable. Or, pour assigner ces rapports avec une approximation suffisante, comparable à celle que comporte la détermination des constantes empiriques, il suffit évidemment de déterminer pour chaque terme du rapport, comme on vient de le faire pour la factorielle 1.2.3 ... 1000, la caractéristique de son logarithme et les premiers chiffres de la partie décimale.

599. Si l'on faisait dans l'équation (14) $x=1$, on en tirerait

$$C=1-\frac{B_1}{1.2}+\frac{B_3}{3.4}-\frac{B_5}{5.6}+\frac{B_7}{7.8}-\frac{B_9}{9.10}+\frac{B_{11}}{11.12}-\text{etc.},$$

ou bien, par la substitution des valeurs trouvées [593] pour les nombres de Bernoulli,

$$C=1-0{,}08333\ldots+0{,}00275\ldots-0{,}00079\ldots+0{,}00059\ldots$$
$$-0{,}00084\ldots+0{,}00209\ldots-\text{etc.};$$

(1) Voyez l'introduction placée en tête de l'opuscule intitulé : *Tabularum ad faciliorem et breviorem probabilitatis computationem utilium enneas*, par *Degen*. Copenhague, 1824.

ce qui suffit pour manifester la divergence de la série, et pour montrer qu'elle ne peut servir à déterminer la valeur de la constante C.

La série qui procède suivant les puissances impaires et négatives de x, dans les équations (14) et (15), est pareillement divergente ; mais quand on prend pour x le nombre 1000, le terme affecté de B_3 n'influe déjà plus que sur les décimales d'un ordre supérieur au 11e ; et il faudrait embrasser un nombre immense de termes pour que la divergence de cette série se manifestât, par suite de l'accroissement progressif des coefficients B. Si l'on prenait seulement $x = 10$, le terme affecté de B_5 serait moindre qu'une unité décimale du 8e ordre ; et le nombre de termes qu'il faudrait embrasser, pour rendre sensible la divergence de la série, serait encore trop grand pour qu'on pût, dans la pratique, en effectuer le calcul.

Cependant il suffit que la série finisse par diverger pour qu'on ne puisse, en l'employant, attribuer aux calculs une rigueur mathématique, que sous la condition d'assigner une limite au reste négligé [25]. Or, cette limite, dans le cas particulier, se déduit avec une grande simplicité de celle que Poisson a assignée au reste de la série d'Euler. Il faut seulement, pour obtenir des limites assez resserrées, changer l'origine de la sommation. Ainsi, nous pourrons décomposer la somme $S_1^x \log x$ en $S_1^{10} \log x + S_{11}^x \log x$, et rien n'empêchera de calculer directement la constante $S_1^{10} \log x$ avec toute l'exactitude désirable. On aura ensuite

$$S_{11}^x \log x = x \log x - x + 1 - 11 \log 11$$
$$- \frac{B_1}{1.2}\left(\frac{1}{11} - \frac{1}{x}\right) + \frac{B_3}{3.4}\left(\frac{1}{11^3} - \frac{1}{x^3}\right) - \frac{B_5}{5.6}\left(\frac{1}{11^5} - \frac{1}{x^5}\right) + \text{etc.}$$

Quand on arrête la série au terme affecté de B_5, le reste négligé tombe, d'après ce qui précède, au-dessous d'une unité décimale du 8e ordre, quelle que soit la valeur x assignée à la limite supérieure de l'intégrale.

Au surplus, M. Liouville a mis le reste de la série (16), arrêtée au terme affecté de B_{2i-1}, sous la forme

$$\frac{1}{1.2.3\ldots(2i+2)}\int_0^\infty e^{-\alpha x}\alpha^{2i}\mathrm{f}^{(2i+2)}(\theta\alpha)d\alpha,$$

$\mathrm{f}\alpha$ désignant la fonction $\frac{\alpha}{e^\alpha - 1}$ [592], et θ un nombre compris entre zéro et l'unité [1]. Si donc l'on représente par λ_{2i+2} le *maximum* numérique de la fonction $\mathrm{f}^{(2i+2)}\alpha$, entre les limites 0, ∞, le reste négligé sera numériquement plus petit que

$$\frac{\lambda_{2i+2}}{1.2.3\ldots(2i+2)}\int_0^\infty e^{-\alpha x}\alpha^{2i}d\alpha = \frac{\lambda_{2i+2}}{(2i+1)(2i+2)x^{2i+1}}.$$

Quand on ne conserve dans la série (16) que les termes indépendants des coefficients B, ce calcul donne pour l'expression du reste négligé

$$\frac{1}{1.2}\int_0^\infty e^{-\alpha x}\mathrm{f}'''(\theta\alpha)\,d\alpha,$$

et la valeur *maximum* de la fonction

$$\mathrm{f}''\alpha = \frac{e^\alpha[(\alpha-2)e^\alpha + \alpha + 2]}{(e^\alpha - 1)^3}$$

est, comme M. Liouville le fait voir, $\mathrm{f}''(0) = \frac{1}{6} = B_1$. Dans ce cas, par conséquent, le reste négligé tombe au-dessous de $\frac{B_1}{2x}$; et si x est de l'ordre des mille, le reste est moindre qu'une unité décimale du 4e ordre. Ce calcul, où l'on met à profit la détermination exacte de la constante C, a donc, sur celui que nous avons indiqué, l'avantage d'atténuer

(1) *Journal de mathématiques*, t. IV, p. 317.

la valeur assignée à la limite du reste négligé, quand on supprime dans la formule de Stirling tous les termes où entrent les nombres de Bernoulli. Mais, pour que cette suppression soit permise, il faut que x désigne un grand nombre, au moins de l'ordre des mille : au cas contraire, on arrive plus simplement, par les considérations que nous avons présentées, à une valeur de la limite du reste, dont la petitesse suffit dans toutes les applications.

§ 3. De l'interpolation.

600. Nous avons eu plusieurs occasions de parler du problème de l'interpolation [21], dont l'objet est d'assigner une fonction continue, susceptible d'une expression mathématique, laquelle prenne, pour certaines valeurs de la variable indépendante, des valeurs déterminées, qui sont celles d'une autre fonction, continue ou discontinue. Lorsque cette dernière fonction est continue, et que les valeurs entre lesquelles il s'agit d'interpoler sont suffisamment rapprochées les unes des autres, on admet que les deux fonctions se confondent sans erreur sensible dans l'intervalle de ces valeurs; par la raison que deux courbes se confondent sensiblement dans l'intervalle des points qui leur sont communs, lorsque les points communs se trouvent suffisamment rapprochés, et que ni l'une ni l'autre courbe n'éprouve de solution de continuité dans l'intervalle.

Le problème de l'interpolation est évidemment indéterminé de sa nature : à certains égards il peut être considéré comme une application de la théorie mathématique des chances; nous n'avons à en traiter ici qu'en tant qu'il se rattache au calcul des différences finies.

Reprenons la formule des n°s 43 et 582

$$y_n = y_0 + \frac{n}{1}\Delta y_0 + \frac{n(n-1)}{1.2}\Delta^2 y_0 + \frac{n(n-1)(n-2)}{1.2.3}\Delta^3 y_0 + \ldots + \Delta^n y_0,$$

où y est une fonction de la variable x, donnée pour les valeurs $x=0$, $x=\Delta x$, $x=2\Delta x, \ldots$ $x=n\Delta x$. Posons $n\Delta x=x$, $y_n=fx$, $y_0=f(0)$: cette formule deviendra

$$fx=f(0)+\frac{x}{1.\Delta x}\Delta f(0)+\frac{x(x-\Delta x)}{1.2.\Delta x^2}\Delta^2 f(0)+\text{etc.} \qquad (17)$$

Si la valeur y_0 ne correspondait pas à $x=0$, mais à $x=x_0$, il faudrait remplacer, dans le second membre de l'équation précédente, x par $x-x_0$ et $f(0)$ par fx_0.

Lorsque, dans la formule (17) dont l'analogie avec la série de Maclaurin est manifeste, on fait $x=0$, $x=\Delta x$, $x=2\Delta x, \ldots x=n\Delta x$, on retombe sur les valeurs y_0, y_1, $y_2, \ldots y_n$, qui ont servi à former les différences Δy_0, $\Delta^2 y_0, \ldots$ $\Delta^n y_0$: mais on peut admettre aussi que l'équation (17) subsiste pour toutes les valeurs intermédiaires de x, et alors cette équation remplit le but d'une formule d'interpolation. Rien ne s'oppose à ce qu'on la mette sous la forme

$$fx=A_0+A_1x+A_2x^2+A_3x^3+\text{etc.}, \qquad (18)$$

A_0, A_1, $A_2, \ldots A_n$ désignant des constantes données. Il faut supposer que les différences Δ, Δ^2, Δ^3, etc., vont en diminuant, de manière qu'on puisse s'arrêter aux différences de l'ordre n, en négligeant celles des ordres supérieurs ; et alors les formules (17) ou (18) ne contiennent qu'un nombre fini de termes ; en sorte que la fonction fx se trouve remplacée par une fonction rationnelle et entière de x.

601. Si les différences des ordres supérieurs à l'ordre n étaient rigoureusement nulles, rien ne s'opposerait à ce qu'on prolongeât indéfiniment, en avant et en arrière du terme pris pour origine, la table des valeurs de fx : soit qu'on employât à cet effet la formule (17) ; soit qu'on fît de proche en proche le calcul des différences des ordres inférieurs par de simples additions. On peut encore se permettre de prolonger la table, si les différences de l'ordre n

sont seulement très petites, en les traitant comme nulles : mais alors il est nécessaire d'avoir, au-delà des limites primitives de la table, quelques valeurs connues de fx, servant de repères, et dont l'accord avec les valeurs calculées donne une garantie suffisante de l'exactitude des valeurs intermédiaires, aux quantités près de l'ordre de celles qu'on a droit de négliger. Les limites entre lesquelles on aura été autorisé à prolonger la table, sont celles entre lesquelles on sera en droit d'employer l'équation (17), comme formule d'interpolation.

Lorsque les tables sont dressées pour des valeurs de la variable, tellement rapprochées qu'on puisse, dans une certaine étendue, considérer les différences du premier ordre comme constantes, et les différences des ordres supérieurs comme nulles, l'interpolation se réduit au calcul des parties proportionnelles, ainsi qu'on l'a déjà souvent expliqué.

602. Quand on applique la formule (3) au calcul numérique de l'intégrale définie $\int_{x_0}^{x} fxdx$, il peut arriver que la fonction fx ne soit donnée que par une table qui fournit seulement les moyens de calculer d'une manière approchée [44] les valeurs des dérivées fx, $f'x$, $f''x$, etc. Admettons que cette table donne les valeurs de fx pour des valeurs équidifférentes de x, l'intervalle des limites $x - x_0$ étant toujours un multiple de Δx. Employons comme quantités auxiliaires une variable z et une fonction

$$\mathrm{f}z = f(x+z) - f(x_0+z),$$

de sorte qu'on ait

$$\mathrm{f}^{(n)}(0) = f^{(n)}x - f^{(n)}x_0, \quad \Delta^n \mathrm{f}(0) = \Delta^n fx - \Delta^n f x_0; \qquad (19)$$

et supposons que la variable z prenne successivement les valeurs $0, \Delta x$, $2\Delta x$, $3\Delta x$, etc. : la formule (17) donnera, par le simple changement de f en f et de x en z,

$$fz = f(0) + \frac{z}{1.\Delta x}\Delta f(0) + \frac{z(z-\Delta x)}{1.2.\Delta x^2}\Delta^2 f(0) + \text{etc.}$$

Si maintenant, conformément au principe de l'interpolation, on regarde cette formule comme subsistant pour des valeurs quelconques de z, on pourra différentier les deux membres comme des fonctions continues de z ; et en faisant ensuite $z=0$, on obtiendra

$$\Delta x f'(0) = \Delta f(0) - \tfrac{1}{2}\Delta^2 f(0) + \tfrac{1}{3}\Delta^3 f(0) - \tfrac{1}{4}\Delta^4 f(0) + \text{etc.},$$
$$\Delta x^3 f'''(0) = \Delta^3 f(0) - \tfrac{3}{2}\Delta^4 f(0) + \text{etc.}, \ldots\ldots \text{etc.}$$

Remettons pour $f'(0)$, $f'''(0), \ldots, \Delta f(0)$, $\Delta^2 f(0), \ldots$ leurs valeurs données par les équations (19), et substituons dans la formule (3) : il viendra

$$\int_{x_0}^{x} fx dx = \Delta x \Big[\Sigma_{x_0}^{x} fx + \frac{1}{2}fx - \frac{1}{2}fx_0 - \frac{1}{12}(\Delta fx - \Delta fx_0)$$
$$+ \frac{1}{24}(\Delta^2 fx - \Delta^2 fx_0) - \frac{19}{20}(\Delta^3 fx - \Delta^3 fx_0)$$
$$+ \frac{3}{160}(\Delta^4 fx - \Delta^4 fx_0) - \frac{863}{60480}(\Delta^5 fx - \Delta^5 fx_0) + \text{etc.}\Big],$$

formule donnée par Laplace dans la *Mécanique céleste*. Il faut supposer que la table des valeurs de fx s'étend au-delà de la limite supérieure de l'intégrale, pour qu'elle détermine implicitement les différences Δfx, $\Delta^2 fx$, $\Delta^3 fx$, etc., relatives à cette limite supérieure.

603. Le problème inverse de l'interpolation consiste à déterminer la valeur de x qui répond à une valeur donnée fx de la fonction f. Quand on emploie, comme formule d'interpolation, l'équation (17), la solution de ce problème revient à la résolution d'une équation algébrique de degré n, $\Delta^n f(0)$ étant la plus haute différence conservée dans la formule. Mais, au lieu de faire usage pour cette résolution des méthodes générales dont l'application est si pénible, on a recours à des approximations successives. Ainsi l'on posera

$$x = \frac{\Delta x}{Fx} \cdot \frac{fx - f(0)}{\Delta f(0)},$$

Fx étant une fonction de x qui a pour valeur

$$1 + \left(\frac{x}{\Delta x} - 1\right)\frac{\Delta^2 f(0)}{1.2.\Delta f(0)} + \left(\frac{x}{\Delta x} - 1\right)\left(\frac{x}{\Delta x} - 2\right)\frac{\Delta^3 f(0)}{1.2.3.\Delta f(0)} + \text{etc.}$$

On prendra, pour une première valeur approchée de x,

$$\xi_0 = \Delta x . \frac{fx - f(0)}{\Delta f(0)},$$

pour seconde approximation

$$\xi_1 = \frac{\Delta x}{F\xi_0} \cdot \frac{fx - f(0)}{\Delta f(0)}, \quad \text{puis} \quad \xi_2 = \frac{\Delta x}{F\xi_1} \cdot \frac{fx - f(0)}{\Delta f(0)},$$

et ainsi de suite.

Le problème de l'interpolation comprend, comme cas particulier, celui de l'*intercalation*, qui consiste à insérer, entre les valeurs données par une table, un nombre *déterminé* de valeurs intermédiaires. On suppose ordinairement que les termes intercalés doivent être équidistants, comme les termes de la table primitive.

604. Si la table ne donnait pas les valeurs de la fonction pour des valeurs équidifférentes de la variable indépendante, ainsi qu'on l'a supposé dans ce qui précède, il faudrait recourir à d'autres formules d'interpolation. On pourrait en donner dont la construction se rapporte au calcul des différences finies ; mais il est plus simple, et il suffit, pour notre but, de poser directement avec Lagrange

$$y = X_0 y_0 + X_1 y_1 + X_2 y_2 + \ldots\ldots + X_n y_n :$$

$y_0, y_1, y_2, \ldots y_n$ désignant toujours les valeurs données de la fonction y, qui correspondent aux valeurs $x_0, x_1, x_2 \ldots x_n$ de la variable x ; et X_i étant une fonction de x, qui se réduit à l'unité pour $x = x_i$ et à zéro pour $x = x_{i'}$, quand l'indice

i' a toute autre valeur que i. Il est clair qu'on satisfait à cette double condition, en prenant

$$X_i = \frac{(x - x_1)(x - x_2)\ldots\ldots\ldots(x - x_n)}{(x_i - x_1)(x_i - x_2)\ldots\ldots\ldots(x_i - x_n)};$$

on pourrait d'ailleurs y satisfaire d'une infinité d'autres manières, parce que le problème de l'interpolation est essentiellement indéterminé.

CHAPITRE III.

DE L'INTÉGRATION DES ÉQUATIONS AUX DIFFÉRENCES FINIES, ENTRE DEUX VARIABLES.

---

605. Étant donnée une équation aux différences finies, entre deux variables x et y, on peut toujours supposer que l'intervalle Δx des valeurs de la variable indépendante est constant, et prendre cet intervalle pour unité [583]. Si Δx n'était pas un nombre constant, mais une fonction de x seul, ou de x et de y, on pourrait regarder x et y comme des fonctions du nombre entier i, positif ou négatif, qui fixe le rang du terme x_i dans la série des valeurs de x, et celui du terme correspondant y_i dans la série des valeurs de y. Les variables x et y seraient alors définies en fonction de l'indice i par deux équations aux différences, auxquelles on pourrait appliquer le procédé d'élimination indiqué au sujet des équations différentielles [165], de manière à arriver à une équation finale d'où l'une des variables x,y, et ses différences se trouveraient chassées. Dans cette équation finale, qui serait en général d'un ordre supérieur à celui de l'une ou de l'autre des équations proposées, la variable indépendante i varierait par intervalles constants, égaux à l'unité.

Au reste, dans la plupart des problèmes auxquels s'applique l'intégration des équations aux différences, en tant qu'elle a pour but d'exprimer le terme général d'une série, la loi de génération de la série, dont l'équation aux différences est la traduction, se trouve immédiatement exprimée au moyen de l'indice, qui remplit ainsi, sans qu'il soit besoin de transformation préalable, l'office de variable indépendante.

606. Une équation aux différences de l'ordre n, dans laquelle la variable indépendante x a des incréments constants, égaux à l'unité, peut être représentée généralement par

$$F(x,y,\Delta y,\Delta^2 y,\ldots\ldots\Delta^n y)=0\,;\text{ ou par }F(x,y,y_1,y_2,\ldots\ldots y_n)=0,$$

si l'on exprime les différences successives en fonction des valeurs consécutives de y [582]. En conséquence on tire, d'une équation du premier ordre, y_1 exprimé par le moyen de y ; d'une équation du second ordre, y_2 exprimé au moyen de y_1 et de y ; et généralement une équation du n^e ordre fait connaître la valeur numérique d'un terme de la série, au moyen de la valeur des n termes précédents. Réciproquement, l'intégrale de l'équation aux différences, ou l'expression analytique du terme général de la série engendrée, doit contenir autant de constantes arbitraires qu'il y a d'unités dans l'exposant n de l'ordre de l'équation : la détermination de ces n constantes devant équivaloir à la détermination des n termes qu'il faut se donner arbitrairement, pour pouvoir construire numériquement la série au moyen de l'équation proposée. Ces remarques sont tellement analogues à celles qui se présentent dans la théorie des équations différentielles, qu'il suffit de les indiquer ici.

607. Considérons d'abord l'équation générale du premier degré et du premier ordre

$$\Delta y + y\,fx = \text{f}x,$$

on posera, comme au n° 440, $y=\theta t$, ce qui donnera

$$\theta\Delta t + t\Delta\theta + \Delta\theta.\,\Delta t + \theta t.\,fx = \text{f}x.$$

En raison de l'indétermination des fonctions θ, t, cette équation est susceptible de se décomposer dans les deux suivantes

$$\theta\Delta t + \Delta\theta . \Delta t = \mathrm{f}x , \quad \Delta\theta + \theta f x = 0 .$$

Pour faciliter l'intégration de la seconde, faisons $\theta = e^z$: il viendra [589]

$$\Delta\theta = e^z (e^{\Delta z} - 1) = \theta (e^{\Delta z} - 1),$$

d'où

$$e^{\Delta z} = 1 - f x, \quad \Delta z = \log\ (1 - f x), \quad z = \Sigma . \log (1 - f x),$$

et enfin

$$\theta = e^z = \mathrm{F}x ,$$

en désignant par $\mathrm{F}x$ le produit de toutes les valeurs que prend la fonction $1 - fx$ entre les limites de l'intégrale Σ. Cette fonction F ainsi déterminée, on aura

$$\theta + \Delta\theta = \mathrm{F}(x + 1), \quad \Delta t = \frac{\mathrm{f}x}{\mathrm{F}(x + 1)},$$

$$y = \mathrm{F}x . \Sigma \cdot \frac{\mathrm{f}x}{\mathrm{F}(x + 1)} .$$

Dans le cas où la fonction fx se réduit à une constante $1 - a$, cette formule donne

$$y = a^x \Sigma \cdot \frac{\mathrm{f}x}{a^{x+1}} ;$$

et si la fonction $\mathrm{f}x$ se réduit aussi à une constante b, il vient

$$y = a^x \left(\frac{b}{(1 - a) a^x} + const. \right) .$$

En général, quand la fonction f devient constante, l'intégration s'effectue toutes les fois que f désigne une fonction rationnelle et entière.

On peut remarquer que, si la constante a se trouvait négative, il serait impossible de considérer y comme une fonction continue de x [2], à moins que la constante arbitraire ne vînt à s'évanouir, ce qui ferait disparaître a^x de l'équation précédente. Mais, dans l'hypothèse où y désigne le terme général d'une série, et x un indice qui ne comporte que des valeurs entières, rien ne s'oppose à ce que la constante a soit négative : il en résulte seulement que les valeurs consécutives de a^x sont alternativement positives ou négatives.

608. Considérons l'équation linéaire aux différences, d'un ordre quelconque, qui a pour forme générale

$$\Delta^n y + P.\Delta^{n-1} y + Q.\Delta^{n-2} y + \ldots\ldots + Uy = V,$$

P, Q,... U, V désignant des fonctions de x, ou (ce qui revient au même, attendu que les différences des divers ordres s'expriment en fonctions linéaires des valeurs successives de la variable indépendante)

$$y_{x+n} + Py_{x+n-1} + Qy_{x+n-2} + \ldots\ldots + Uy_x = V. \qquad (a)$$

On prouve, comme pour les équations différentielles analogues, que l'intégration de (a) se ramène à celle de l'équation

$$y_{x+n} + Py_{x+n-1} + Qy_{x+n-2} + \ldots\ldots + Uy_x = 0. \qquad (b)$$

Si l'on désigne par $y_x^{(1)}, y_x^{(2)}$, etc., des valeurs de y_x propres à vérifier l'équation (b), celle-ci a pour propriété caractéristique, comme l'équation différentielle correspondante, d'être encore vérifiée par la valeur $y_x = \Sigma.\ C_i y_x^{(i)}$, les coefficients C_i désignant des constantes arbitraires. Par conséquent, si l'on connaît n solutions ou intégrales particulières de l'équation (b), on en aura l'intégrale générale avec les n constantes exigées. L'ordre de l'équation à intégrer s'abaisse d'une unité, si l'on connaît une intégrale particulière, et ainsi de suite [462].

Les n intégrales particulières s'obtiennent très aisément quand les coefficients P, Q,...U sont des constantes ; car, si l'on pose $y_x = m^x$, d'où $y_{x+1} = m^{x+1}$, on a, pour déterminer m, l'équation algébrique

$$m^n + Pm^{n-1} + Qm^{n-2} + \ldots\ldots + U = 0; \qquad (m)$$

et si l'on en désigne les racines par $m_1, m_2, \ldots m_n$, l'intégrale générale de l'équation (b) prend la forme

$$y_x = C_1 m_1^x + C_2 m_2^x + \ldots\ldots + C_n m_n^x.$$

609. Nous appliquerons ce qui précède à un problème assez curieux d'analyse combinatoire que l'on peut énoncer comme il suit, en convenant, pour plus de brièveté, d'appeler le nombre m l'*exposant* d'une combinaison m à m :

« Sur le nombre total des combinaisons que l'on peut faire avec un nombre d'objets désigné par x, en les prenant 1 à 1, 2 à 2, 3 à 3,...x à x, déterminer séparément le nombre de celles dont les exposants, divisés par un certain module n, donnent pour reste l'un des nombres 0, 1, 2, 3,... $n-1$. »

Désignons par $y^{(0)}, y^{(1)}, y^{(2)}, \ldots y^{(n)}$ les nombres à déterminer, qui sont autant de fonctions discontinues du nombre x. Si x augmente de l'unité, il est clair que le nouvel objet à combiner, introduit dans les combinaisons de la *classe* r (ou dans celle dont l'exposant, divisé par n, donne pour résidu r), les fait passer à la classe $r+1$, et que de plus cet objet, pris seul, donne une nouvelle combinaison à exposant 1. En conséquence on a

$$\Delta y^{(0)} = y^{(n-1)}, \quad \Delta y^{(1)} = y^{(0)} + 1, \quad \Delta y^{(2)} = y^{(1)}, \ldots \\ \ldots \Delta y^{(n-1)} = y^{(n-2)}, \qquad (c_1)$$

et par suite

$$\Delta^2 y^{(0)} = \Delta y^{(n-1)}, \quad \Delta^2 y^{(1)} = \Delta y^{(0)}, \quad \Delta^2 y^{(2)} = \Delta y^{(1)}, \ldots \\ \ldots \Delta^2 y^{(n-1)} = \Delta y^{(n-2)}. \qquad (c_2)$$

En continuant de prendre les différences successives, jusqu'à ce qu'on soit arrivé à celles de l'ordre n, on trouve finalement

$$\Delta^n y^{(0)} = \Delta^{n-1} y^{(n-1)}, \Delta^n y^{(1)} = \Delta^{n-1} y^{(0)}, \ldots \Delta^n y^{(n-1)} = \Delta^{n-1} y^{(n-2)}. \quad (c_n)$$

L'élimination entre les équations (c_1), $(c_2)\ldots(c_n)$ donne

$$\Delta^n y^{(0)} = y^{(0)} + 1\,; \quad (d_0)$$

$$\Delta y^{(1)} = y^{(1)},\ \Delta^n y^{(2)} = y^{(2)}, \ldots\ldots \Delta^n y^{(n-1)} = y^{(n-1)}. \quad (d)$$

Chacune des équations (d) est de la forme $\Delta^n y_x = y_x$, d'où l'on tire, en exprimant les différences en fonction des valeurs successives [582],

$$y_{x+n} - \frac{n}{1} \cdot y_{x+n-1} + \frac{n(n-1)}{1.2} \cdot y_{x+n-2} - \ldots\ldots \pm y_x = y_x.$$

Quand n est pair, le terme en y_x disparaissant, l'ordre de l'équation s'abaisse d'une unité, et il vient

$$y_{x+n-1} - \frac{n}{1} \cdot y_{x+n-2} + \frac{n(n-1)}{1.2} \cdot y_{x+n-3} - \ldots\ldots - \frac{n}{1} \cdot y_x = 0. \quad (d_1)$$

Pour le cas de n impair on a

$$y_{x+n} - \frac{n}{1} \cdot y_{x+n-1} + \frac{n(n-1)}{1.2} \cdot y_{x+n-2} - \ldots\ldots - 2y_x = 0. \quad (d_2)$$

L'équation (m) devient dans le premier cas

$$\frac{(m-1)^n - 1}{m} = 0,$$

et dans le second

$$(m-1)^n - 1 = 0;$$

d'où [79]

$$m = 1 + \cos\frac{2i\pi}{n} \pm \sqrt{-1}\,.\sin\frac{2i\pi}{n}$$

$$= 2\cos\frac{i\pi}{n}\left(\cos\frac{i\pi}{n} \pm \sqrt{-1}\,.\sin\frac{i\pi}{n}\right),$$

et en transformant convenablement les exponentielles imaginaires,

$$\left.\begin{aligned} y_x &= C.2^x \\ &+ M_1\left(2\cos\frac{\pi}{n}\right)^x \cos\frac{\pi x}{n} + M_2\left(2\cos\frac{2\pi}{n}\right)^x \cos\frac{2\pi x}{n} + \text{etc.} \\ &+ N_1\left(2\cos\frac{\pi}{n}\right)^x \sin\frac{\pi x}{n} + N_2\left(2\cos\frac{2\pi}{n}\right)^x \sin\frac{2\pi x}{n} + \text{etc.} \end{aligned}\right\} \quad (e)$$

Maintenant, si l'on prend successivement pour y_x chacune des fonctions $y^{(1)}$, $y^{(2)}$, $y^{(n-1)}$, on déduira de la formule (e) les valeurs de toutes ces fonctions de x, qui ne différeront que par la détermination des constantes arbitraires C, M_1, N_1, M_2, N_2, etc. Quant à l'équation (d_0), il est clair que la formule (e) en donnera aussi l'intégrale, pourvu qu'on ajoute au second membre le terme constant -1. D'ailleurs, par une conséquence très connue de la formule du binôme de Newton,

$$y^{(0)} + y^{(1)} + y^{(2)} + \ldots\ldots + y^{(n-1)} = 2^x - 1.$$

En prenant, par exemple, $n = 4$, et en déterminant convenablement les constantes arbitraires, on trouve

$$y^{(0)} = \frac{1}{4} \cdot 2^x + \frac{1}{2}\left(\sqrt{2}\right)^x \cos\frac{1}{4}\pi x - 1,$$

$$y^{(1)} = \frac{1}{4} \cdot 2^x + \frac{1}{2}\left(\sqrt{2}\right)^x \sin\frac{1}{4}\pi x,$$

$$y^{(2)} = \frac{1}{4} \cdot 2^x - \frac{1}{2}\left(\sqrt{2}\right)^x \cos\frac{1}{4}\pi x,$$

$$y^{(3)} = \frac{1}{4} \cdot 2^x - \frac{1}{2}\left(\sqrt{2}\right)^x \sin\frac{1}{4}\pi x.$$

610. On parvient quelquefois à exprimer les intégrales des équations aux différences, au moyen d'intégrales finies ordinaires. Pour faire connaître l'esprit de la méthode, prenons l'équation

$$y_{x+1}(m + x) + y_x(m + 2x) = 0,$$

dans laquelle nous supposerons que m est une constante positive. Posons

$$y_x = \int \Omega\omega^x \, d\omega,$$

Ω désignant une fonction de ω dans laquelle x n'entre pas : il s'agit de déterminer cette fonction et les limites de l'intégrale, de manière à satisfaire à l'équation proposée.

Cette équation donne

$$(m+x)\int \Omega\, \omega^{x+1}\, d\omega + (m+2x)\int \Omega\, \omega^{x}\, d\omega = 0\,,$$

ou

$$m\int \Omega\,(1+\omega)\,\omega^{x}\, d\omega + \int \Omega\,(2\omega+\omega^{2})\, d.\omega^{x} = 0. \qquad (f)$$

Mais on a, en intégrant par parties,

$$\int \Omega\,(2\omega+\omega^{2})\, d.\omega^{x} = \Omega\,(2\omega+\omega^{2})\,\omega^{x} - \int \omega^{x} d\,[\Omega\,(2\omega+\omega^{2})]\,.$$

Donc, si l'on prend pour les limites de l'intégrale deux racines de l'équation

$$\Omega\,(2\omega+\omega^{2}) = 0\,,$$

l'équation (f) deviendra

$$\int \{ m\,(1+\omega)\,\Omega d\omega - d\,[\Omega\,(2\omega+\omega)\,]\,\}\,\omega^{x} = 0\,,$$

et l'on y satisfera indépendamment de x, en déterminant la fonction Ω par l'équation différentielle

$$m(1+\omega)\Omega d\omega - d[\Omega(2\omega+\omega^{2})] = 0\,,$$

qui donne

$$\Omega = C\,(2\omega+\omega^{2})^{\frac{m}{2}-1}\,,$$

C désignant une constante arbitraire. Après qu'on a substitué cette valeur de Ω dans l'équation (ω), elle devient

$$C\,(2\omega+\omega^{2})^{\frac{m}{2}} = 0\,,$$

et comme on a supposé le nombre m positif, on y satisfait en prenant pour les limites de l'intégrale

$$\omega = 0,\ \omega = -2,$$

d'où

$$y_x = C\int_0^{-2} (2\omega+\omega^{2})^{\frac{m}{2}-1}\,\omega^{x} d\omega.$$

L'expression deviendra plus élégante, si l'on fait

$$\omega = \cos\alpha - 1,\ 2\omega+\omega^{2} = -\sin^{2}\alpha,\ d\omega = -\sin\alpha\, d\alpha\,,$$

ce qui donne

$$y_x = C(-1)^x \int_0^\pi (1-\cos\alpha)^x (\sin\alpha)^{m-1}\, d\alpha.$$

On a d'ailleurs, pour déterminer la constante arbitraire C, au moyen de la valeur initiale y_0, l'équation

$$y_0 = C\int_0^\pi (\sin\alpha)^{m-1}\, d\alpha.$$

611. Pour donner un exemple d'intégration, dans le cas où l'on ne suppose pas constante la différence de l'une des variables, concevons qu'il s'agisse de déterminer en fonction de x la quantité y_x qui satisfait à l'équation

$$y_{2x} = y_x^2 - 2, \qquad (g)$$

ou le terme général de la série des valeurs de y que l'on construirait avec cette équation : les valeurs initiales de x,y étant x_0, y_0. Soit i l'indice de deux termes qui se correspondent dans la série des valeurs de x et dans celle des valeurs de y ; on aura

$$x_{i+1} = 2x_i, \quad (g_1) \qquad y_{i+1} = y_i^2 - 2. \quad (g_2)$$

L'équation (g_1) est linéaire et a pour intégrale

$$x_i = x_0 \cdot 2^i.$$

Si l'on met la valeur initiale y_0 sous la forme

$$y_0 = c + \frac{1}{c}, \qquad (h)$$

l'équation (g_2) donnera

$$y_1 = c^2 + \frac{1}{c^2},\ y_2 = c^4 + \frac{1}{c^4}, \ldots\ldots y_i = c^{2^i} + \frac{1}{c^{2^i}}$$

et par suite

$$y = c^{\frac{x}{x_0}} + c^{-\frac{x}{x_0}}.$$

On doit remarquer que la dernière équation, qui est l'intégrale complète de (g), renferme les deux constantes arbitraires et indépendantes x_0, c, ou x_0, y_0 ; parce qu'en effet l'équation (g) ne peut être construite qu'après qu'on l'a transformée dans le système des équations (g_1) et (g_2), et qu'on s'est donné arbitrairement x_0, y_0.

612. Parmi les problèmes de pure géométrie, dont la solution peut se rattacher à l'intégration d'équations aux différences, entre des variables continues, nous citerons le suivant, connu sous le nom de problème *des trajectoires réciproques*.

On demande de tracer une courbe MM′ (*fig.* 104) telle que, si l'on construisait la courbe NN′ qui lui est symétrique par rapport à l'axe des y, et si l'on imprimait à celle-ci un mouvement de translation parallèlement à l'axe des y, elle couperait toujours la première sous un angle constant $\alpha = sat$; as, at étant les tangentes aux deux courbes, menées par le point a où elles coupent l'axe des y.

Soient p, q deux points pris sur l'axe des x à égales distances de l'origine ; menons les ordonnées pm, qnn', et traçons la trajectoire $\nu\nu'$ qui passe par le point n' : l'angle $\nu n'q = \mathrm{N}nq$, puisque la trajectoire NN s'est transportée en $\nu\nu'$ en glissant parallèlement à l'axe des y ; l'angle $\mathrm{N}nq$ est égal à $\mathrm{M}mp$, à cause de la symétrie des courbes MM′, NN′ par rapport au même axe ; donc l'angle $an'\nu = an'q + qn'\nu = an'q + \mathrm{M}mp$. Mais on a aussi, par hypothèse, $an'\nu = \alpha$, et si l'on désigne par fx l'ordonnée de la courbe MM′, par x et $-x$ les abscisses Oq, Op, il viendra

$$\operatorname{tang} an'q = \frac{1}{f'x}, \quad \operatorname{tang} \mathrm{M}mp = \frac{1}{f'(-x)} ;$$

par conséquent la fonction $f'x$ doit, d'après les conditions du problème, vérifier la relation

$$\operatorname{arc\,tang} \frac{1}{f'x} + \operatorname{arc\,tang} \frac{1}{f'(-x)} = \alpha. \qquad (i)$$

Posons

$$-\frac{1}{2}\alpha + \text{arc tang}\frac{1}{f'x} = \text{f}x : \qquad (k)$$

l'équation (i) devient $\text{f}x + \text{f}(-x) = 0$, et elle exprime que la fonction f, qui d'ailleurs peut être prise arbitrairement, est une fonction impaire.

On tire de l'équation (k)

$$f'x = \frac{1}{\text{tang}(\frac{1}{2}\alpha + \text{f}x)} = \frac{1 - \text{tang}\frac{1}{2}\alpha.\ \text{tang f}x}{\text{tang}\frac{1}{2}\alpha + \text{tang f}x};$$

mais quand fx désigne une fonction impaire quelconque, *tang* fx désigne aussi une fonction impaire quelconque : donc on peut écrire plus simplement

$$f'x = \frac{1 - \text{tang}\frac{1}{2}\alpha.\text{f}x}{\text{tang}\frac{1}{2}\alpha + \text{f}x},$$

et par suite

$$fx = \int \frac{1 - \text{tang}\frac{1}{2}\alpha.\text{f}x}{\text{tang}\frac{1}{2}\alpha + \text{f}x}\,dx,$$

l'intégration amenant une constante arbitraire.

Si l'on voulait rattacher cette solution au calcul intégral aux différences, on poserait

$$\text{arc tang}\frac{1}{f'x} = y_i,\quad \text{arc tang}\frac{1}{f'(-x)} = y_{i+1},\quad x_{i+1} = -x_i,$$

d'où

$$x_i = a(-1)^i,\quad y_i = \tfrac{1}{2}\alpha + b(-1)^i,$$

et en éliminant i,

$$y_x = \frac{1}{2}\alpha + \frac{b}{a}x = \frac{1}{2}\alpha + cx.$$

Les lettres a, b, c désignent, dans le cas de la discontinuité des variables, des constantes arbitraires qui deviennent, dans le cas contraire, des fonctions de i assujetties seulement à ne pas changer de valeur lorsque i augmente de l'unité ou lorsque x se change en $-x$. Donc, dans l'équation

$$\text{arc tang } \frac{1}{f'x} = \frac{1}{2}\alpha + cx, \qquad (l)$$

c représente une fonction paire quelconque, et cx une fonction impaire quelconque de la variable x ; au moyen de quoi les résultats exprimés par les équations (k) et (l) coïncident. Ce raisonnement a la rigueur exigée, parce qu'on peut concevoir que le passage de la discontinuité à la continuité n'a lieu qu'après l'élimination de la fonction discontinu e (-1); mais on vient de voir qu'il est plus simple de n'y pas recourir.

ADDITIONS.

I. — ÉTUDE DES FONCTIONS D'UNE VARIABLE IMAGINAIRE; PAR MM. BRIOT ET BOUQUET (*).

Ce Mémoire contient les principes de la théorie des fonctions d'une variable imaginaire.

Nous adoptons la définition donnée par M. Cauchy, et nous l'expliquons par des exemples.

Nous étudions ensuite les propriétés des fonctions définies par des séries ordonnées suivant les puissances entières et croissantes de la variable.

Ceci nous permet d'établir, d'une manière nette et précise, les conditions nécessaires et suffisantes pour qu'une fonction se développe en série convergente suivant les puissances entières et croissantes de la variable. Nous faisons disparaître ainsi les nuages qui obscurcissaient encore le beau théorème de M. Cauchy.

Nous donnons ensuite les principales propriétés des fonctions, celles dont la connaissance sert, en quelque sorte, de fondement à cette nouvelle branche de l'analyse mathématique.

§ I. — Définitions.

1. M. Cauchy définit de cette manière les fonctions d'une variable imaginaire. Soit

$$z = x + yi$$

la variable imaginaire; si l'on désigne par X et Y deux fonctions réelles quelconques des deux variables réelles x et y, la quantité

$$u = X + Yi$$

pourra être considérée comme une fonction de z; car, à chaque valeur de la variable imaginaire z, c'est-à-dire à chaque système de valeurs des variables réelles x et y, correspond un système de valeurs de X et de Y, et par conséquent une valeur de u.

La variable imaginaire z est la réunion, au moyen du symbole $\sqrt{-1}$, que nous représentons par la lettre i, de deux variables réelles et indépendantes x et y. La variation de z est indéterminée, car on peut faire varier simultanément les deux variables x et y, en établissant entre elles telle relation que l'on voudra.

(*) Extrait du *Journal de l'École Polytechnique*, tome XXI, (1856).

Si les deux fonctions réelles X et Y varient d'une manière continue avec x et y, on dit que u est une fonction continue de z.

On se fait une idée très nette de ce qui précède, en imaginant que x et y soient les coordonnées rectangulaires d'un point z du plan horizontal, la variation de z sera figurée par la courbe décrite par ce point. Que l'on conçoive, en outre, deux surfaces ayant pour ordonnées verticales, l'une X, l'autre Y, ces deux surfaces représenteront la fonction u ; si le point z décrit dans le plan horizontal une certaine courbe, les extrémités des ordonnées verticales traceront, sur les surfaces, deux lignes dont l'ensemble indique la variation correspondante de la fonction u.

On peut aussi représenter la fonction u, comme la variable z, en supposant que X et Y soient les coordonnées rectangulaires d'un point u du plan horizontal. Quand le point z se meut sur une courbe, le point u décrit une courbe correspondante.

2. Concevons que la variable z reste comprise dans une certaine portion du plan ; si la fonction u prend la même valeur au même point, quel que soit le chemin suivi pour y arriver, sans sortir de la portion du plan considérée, M. Cauchy dit que la fonction est *monodrome* dans cette portion du plan. Il est clair que si le point z décrit une courbe fermée quelconque dans la portion du plan considérée, la fonction u revient à la même valeur, en d'autres termes, le point u décrit aussi une courbe fermée.

Une fonction rationnelle de z est une fonction monodrome dans toute l'étendue du plan. Il en est de même lorsque X et Y sont deux fonctions rationnelles quelconques de x et y ; plus généralement, lorsque chacune des deux surfaces par lesquelles nous représentons u couvre tout le plan horizontal par sa projection, et n'a qu'un point sur chaque verticale.

3. Considérons, comme exemple, la fonction définie par l'équation,

$$u^2 = z + 1.$$

Nous supposons que, pour $z = 0$, on a $u = +1$; faisant varier z à partir du point O sur une courbe quelconque, nous suivons la variation de z par la continuité. Marquons le point A qui correspond à la valeur $z = -1$ (*fig.* 1). Deux chemins très rapprochés OBM, OCM, allant du point O à un même point M du

Fig. 1.

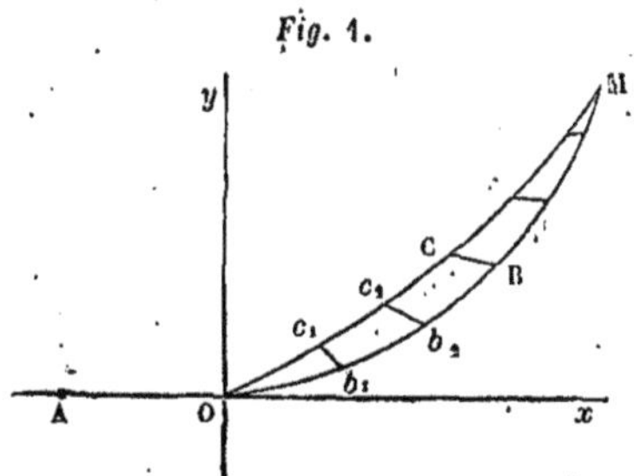

plan, et ne comprenant pas entre eux le point A, conduiront à une même valeur de u.

En effet, subdivisons les deux chemins en éléments correspondants très petits $O\,b_1, b_1 b_2, \ldots; O\,c_1, c_1 c_2, \ldots$; si l'on va du point O au point voisin b_1 par le chemin $O\,b_1$ ou par le chemin $Oc_1 b_1$, on arrivera à des valeurs de u peu différentes de la valeur initiale $u = +1$, et par conséquent peu différentes entre elles. Mais cette différence est rigoureusement nulle ; car les deux racines de l'équation $u^2 = z + 1$ ayant entre elles au point b_1 une différence finie, on a nécessairement la même racine u_1. Partons maintenant du point b_1 avec la valeur u_1 de la fonction comme valeur initiale, et allons au point voisin b_2 par les deux chemins $b_1\,b_2$, $b_1\,c_1\,c_2\,b_2$; en vertu du même raisonnement, la fonction prendra au point b_2 la même valeur u_2 : mais quand on revient de b_1 en c_1, la fonction reprend en c_1 la valeur qu'elle avait en ce point, quand on allait de O en c_1 ; ainsi les deux chemins Ob_2, $Oc_2 b_2$, conduisent à la même valeur u_2 de la fonction en b_2. En continuant ainsi de proche en proche, on voit que les deux chemins OBM, OCM, conduisent à la même valeur de la fonction en M.

Il résulte de ce qui précède, que deux courbes quelconques allant du point O au point M, et telles, que l'on puisse, par déformations successives, transformer l'une dans l'autre sans passer par le point A, conduisent à la même valeur de la fonction au point M. Ainsi la fonction u est monodrome dans toute portion du plan qui ne comprend pas le point A, par exemple, dans le cercle décrit du point O comme centre avec un rayon plus petit que l'unité.

Supposons maintenant que l'on aille du point O à un point a voisin du point A, et que l'on décrive autour de ce point une courbe fermée très petite $abcda$; les deux racines de l'équation différant très peu l'une de l'autre dans le voisinage du point A, la fonction ne revient pas à la valeur qu'elle avait primitivement en A. En effet si l'on pose

$$z = -1 + re^{\theta i},$$

on a

$$u = r^{\frac{1}{2}} e^{\frac{\theta}{2} i}.$$

Quand on décrit la droite O a (*fig.* 2), la valeur de la fonction reste réelle et

Fig. 2.

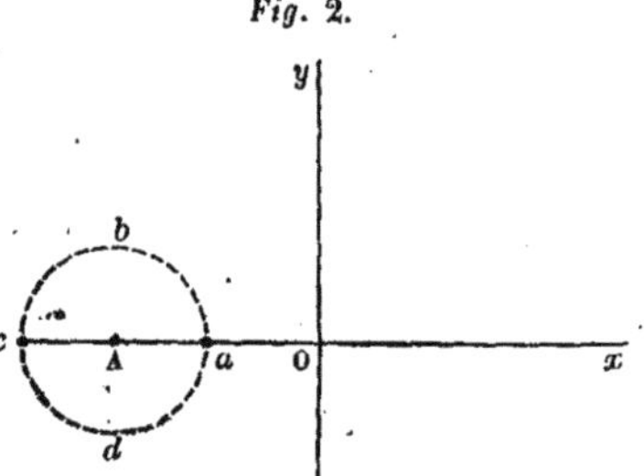

positive et diminue de $+1$ à $+r^{\frac{1}{2}}$; quand on décrit ensuite la courbe fermée *abcda*, l'angle θ varie de 0 à 2π, la fonction u acquiert en a la valeur négative $r^{\frac{1}{2}}e^{\pi i}$ ou $-r^{\frac{1}{2}}$. Si l'on revient de a en O suivant la droite aO, la fonction reste négative et arrive en O avec la valeur -1, différente de la valeur initiale $+1$.

Il est aisé, d'après cela, de comprendre comment deux chemins OBM, OCM (*fig.* 3), comprenant entre eux le point A, conduisent à des valeurs très diffé-

Fig. 3.

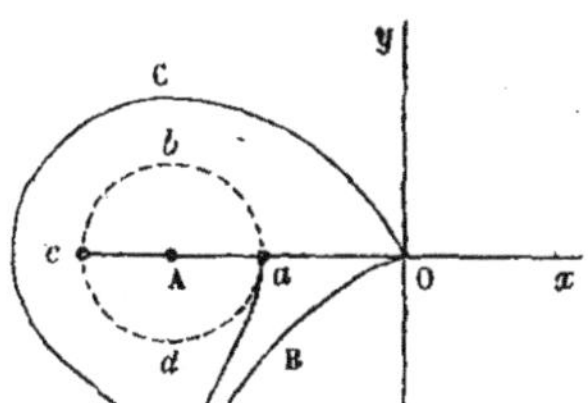

rentes de la fonction. En effet, prenons un point a voisin de A et décrivons autour du point A une courbe fermée *abcda*; le chemin OBM peut être remplacé par le chemin OaM; de même, le chemin OCM par le chemin O$abcda$M; car, en déformant le dernier, on le ramène à OCM sans passer par le point A. Suivons maintenant ces deux chemins OaM, O$abcda$M, peu différents l'un de l'autre; de O en a les valeurs de la fonction sont les mêmes de part et d'autre. Quand, suivant le second chemin, on a décrit autour du point A la courbe fermée *abcda*, la fonction revient en a avec une valeur différente de celle qu'elle avait précédemment; on part donc du point a avec des valeurs différentes pour parcourir la même ligne aM, et les deux valeurs de la fonction diffèrent de plus en plus.

Ainsi la fonction cesse d'être monodrome dès que la portion du plan considérée comprend le point A. On peut classer les chemins qui vont de l'origine à un point quelconque M du plan en deux catégories : ceux qui se ramènent au chemin rectiligne sans passer par le point A, et ceux qui s'y ramènent avec une révolution autour du point A; les premiers conduisent à la même valeur de la fonction au point M, les autres donnent une autre valeur à la fonction.

Nous avons vu qu'une circonférence décrite autour du point A change la valeur de la fonction. Un second tour reproduira la valeur primitive. Ainsi, tout chemin qui se ramène à un autre avec deux cercles autour du point A, conduit à la même valeur de la fonction.

4. Une fonction implicite définie par une équation algébrique entre z et u, présente des circonstances analogues à celles dont nous venons de parler. On part d'un point déterminé $z = z_0$ avec une valeur initiale $u = u_0$, l'une des racines de l'équation pour $z = z_0$; le point z décrivant une certaine courbe, la fonction u varie d'une manière continue. Tant que l'on reste dans une portion du plan ne comprenant aucun point pour lequel la fonction u devient égale à une autre racine de l'équation, la fonction est monodrome. Elle cesse en général de l'être dès que l'on dépasse un de ces points. Les fonctions de ce genre sont l'objet d'un remarquable travail de M. Puiseux, qui a fait voir comment les racines de l'équation se permutent les unes dans les autres quand on tourne autour des points pour lesquels l'équation a des racines égales (*).

5. Prenons pour second exemple la fonction

$$u = \log(1 + z).$$

Nous supposons que l'on parte de $z = 0$ avec la valeur initiale $u = 0$. Cette fonction est monodrome tant que l'on reste dans une portion du plan ne comprenant pas le point A qui correspond à $z = -1$. Mais si l'on tourne autour de ce point, la fonction éprouve à chaque tour un accroissement égal à $2\pi i$; elle est donc susceptible de prendre en chaque point du plan une infinité de valeurs.

6. Lorsqu'une fonction u d'une variable imaginaire z est continue, à un accroissement infiniment petit de la variable correspond un accroissement infiniment petit de la fonction, et la limite du rapport de l'accroissement de la fonction à l'accroissement de la variable est la dérivée de la fonction. On a donc

$$\frac{du}{dz} = \frac{dX + idY}{dx + idy} = \frac{\frac{dX}{dx}dx + \frac{dX}{dy}dy + \left(\frac{dY}{dx}dx + \frac{dY}{dy}dy\right)i}{dx + idy},$$

ou

$$\frac{du}{dz} = \frac{\frac{dX}{dx} + i\frac{dY}{dx} + \left(\frac{dX}{dy} + i\frac{dY}{dy}\right)\frac{dy}{dx}}{1 + i\frac{dy}{dx}}.$$

En général la dérivée dépend de la quantité $\frac{dy}{dx}$, et par conséquent de la direction du déplacement infiniment petit donné au point z. A chaque direction de déplacement correspond une dérivée particulière, et la fonction a ainsi, pour une même valeur de z, une infinité de dérivées.

Lorsque la valeur de la dérivée est indépendante de la direction du déplacement, en d'autres termes, lorsque la fonction admet une dérivée unique en chaque point, M. Cauchy dit que la fonction est *monogène*.

Pour qu'une fonction soit monogène, il est nécessaire que le rapport arbitraire $\frac{dy}{dx}$ disparaisse de l'expression de la dérivée, ce qui exige que l'on ait

$$\frac{\frac{dX}{dx} + i\frac{dY}{dx}}{1} = \frac{\frac{dX}{dy} + i\frac{dY}{dy}}{i}.$$

(*) *Journal de Mathématiques* de M. Liouville, tome XV, page 365

Les fonctions X et Y étant réelles, cette équation se décompose en deux :

$$\left.\begin{aligned}\frac{dX}{dx}&=\frac{dY}{dy},\\ \frac{dX}{dy}&=-\frac{dY}{dx}.\end{aligned}\right\}\qquad(1)$$

7. Ces conditions analytiques ont une signification géométrique très remarquable. Considérons les deux surfaces ayant pour ordonnées verticales X et Y, les relations (1) indiquent que si l'on fait tourner d'un angle droit, et de l'axe des x vers l'axe des y, la surface X autour d'une verticale quelconque, le plan tangent à cette surface au point situé sur cette verticale devient parallèle au plan tangent à la surface Y au point correspondant. En effet, les normales aux points correspondants aux deux surfaces X et Y font avec les trois axes des coordonnées des angles dont les cosinus sont proportionnels respectivement à

$$\frac{dX}{dx},\quad \frac{dX}{dy},\quad -1,$$

$$\frac{dY}{dx},\quad \frac{dY}{dy},\quad -1.$$

La rotation indiquée amène l'axe des x dans la direction de l'axe des y, et la direction de l'axe des y dans la direction inverse de l'axe des x; après cette rotation, la normale à la surface X fait donc avec les axes primitifs des angles dont les cosinus sont proportionnels respectivement à

$$-\frac{dX}{dy},\quad \frac{dX}{dx},\quad -1,$$

ou, en vertu des relations (1), aux quantités

$$\frac{dY}{dx},\quad \frac{dY}{dy},\quad -1;$$

donc elle est parallèle à la normale à la surface Y.

On voit aussi que, si, par une verticale, on mène deux plans rectangulaires quelconques, les tangentes aux sections déterminées par ces deux plans dans les deux surfaces font respectivement des angles égaux avec la verticale.

Remarquons encore que, pour que la fonction u soit monogène, aucune des deux fonctions réelles X et Y qui la composent ne peut être arbitraire; car, en vertu des relations (1), chacune des fonctions doit satisfaire à l'équation aux différences partielles du second ordre

$$\frac{d^2X}{dx^2}+\frac{d^2X}{dy^2}=0.$$

Les deux surfaces X et Y ne sont convexes en aucune de leurs parties; car leurs indicatrices aux points correspondants se projettent sur le plan horizontal suivant des hyperboles équilatères égales, dont chacune a pour axes les asymptotes de l'autre.

8. Les conditions (1) pour qu'une fonction soit monogène sont susceptibles d'une autre interprétation géométrique qui a été remarquée par M. Cauchy. Si l'on représente la fonction u, comme la variable z, par le mouvement d'un point dans le plan horizontal, quand le point z se déplace dans diverses directions le point u se déplace également suivant des directions différentes; si la fonction est monogène, les courbes décrites par le point u font entre elles les mêmes angles que les courbes correspondantes décrites par le point z. En effet, soient ds et dS deux éléments correspondants décrits par les points z et u, on a

$$(dS)^2 = (dX)^2 + (dY)^2 = \left(\frac{dX}{dx}dx + \frac{dX}{dy}dy\right)^2 + \left(\frac{dY}{dx}dx + \frac{dY}{dy}dy\right)^2,$$

et, si les conditions (1) sont remplies,

$$dS^2 = \left[\left(\frac{dX}{dx}\right)^2 + \left(\frac{dX}{dy}\right)^2\right] ds^2.$$

En posant, pour abréger,

$$\lambda^2 = \left(\frac{dX}{dx}\right)^2 + \left(\frac{dX}{dy}\right)^2,$$

on en déduit

$$dS = \lambda ds.$$

Considérons maintenant deux triangles infiniment petits formés par des éléments correspondants; les côtés étant proportionnels, les angles sont égaux.

Pour montrer une application de ce théorème, considérons la fonction

$$u = \cos z;$$

les fonctions réelles

$$X = \frac{e^y + e^{-y}}{2}\cos x, \quad Y = -\frac{e^y - e^{-y}}{2}\sin x,$$

satisfont aux conditions (1), puisque la fonction u est monogène. Supposons que le point z se meuve parallèlement à l'axe des x, et ensuite parallèlement à l'axe des y, le point u décrira deux séries de lignes orthogonales; ces lignes ont pour équations

$$\frac{X^2}{\left(\frac{e^y + e^{-y}}{2}\right)^2} + \frac{Y^2}{\left(\frac{e^y - e^{-y}}{2}\right)^2} = 1,$$

$$\frac{X^2}{\cos^2 x} - \frac{Y^2}{\sin^2 x} = 1:$$

ce sont des ellipses et des hyperboles homofocales.

9. La fonction très simple

$$u = x^2 + y^2 + 2xyi$$

est monodrome dans toute l'étendue du plan; mais elle n'est pas monogène, car les fonctions réelles

$$X = x^2 + y^2, \quad Y = 2xy,$$

ne satisfont pas aux conditions (1), excepté au point $z = 0$. Une fonction u, définie par l'équation algébrique

$$f(z,u) = 0,$$

est au contraire monogène sans être monodrome. La dérivée, pour chaque groupe de valeurs de z et u, est donnée par l'équation

$$\frac{du}{dz} = -\frac{\frac{dF}{dz}}{\frac{dF}{du}}.$$

Cette dérivée a une valeur unique et finie, excepté pour les couples de valeurs qui annulent $\frac{dF}{du}$; alors la dérivée devient infinie ou admet un nombre limité de valeurs.

§ II. — Propriétés des séries ordonnées suivant les puissances entières et croissantes de la variable.

10. Lemme. — *Lorsqu'on multiplie les termes d'une série convergente ayant tous ses termes positifs, respectivement par des nombres quelconques, mais qui n'augmentent pas à l'infini, on obtient une nouvelle série convergente.*

Soit

$$a_0 + a_1 + a_2 + \ldots$$

une série convergente ayant tous ses termes positifs ; si l'on multiplie les termes de cette série par les nombres

$$b_0, \quad b_1, \quad b_2, \ldots$$

qui n'augmentent pas à l'infini, on obtient une nouvelle série convergente

$$a_0 b_0 + a_1 b_1 + a_2 b_2 + \ldots.$$

En effet, prenons m termes à partir du terme de rang n, la somme

$$a_n b_n + a_{n+1} b_{n+1} \ldots + a_{n+m-1} b_{n+m-1}$$

égale évidemment la somme

$$a_n + a_{n+1} \ldots + a_{n+m-1}$$

multipliée par une moyenne entre les quantités

$$b_n, \quad b_{n+1}, \ldots, \quad b_{n+m-1}.$$

La série proposée étant convergente, la dernière somme a pour limite zéro, si grand que soit m, quand on fait augmenter n indéfiniment. D'autre part, les nombres par lesquels on multiplie, et par conséquent leur moyenne, conservent des valeurs finies; donc la première somme a aussi pour limite zéro, et la seconde série est convergente.

11. THÉORÈME. — *Étant donnée une série ordonnée suivant les puissances croissantes d'une variable imaginaire; si pour une valeur de la variable dont le module est* R, *les modules des termes de la série n'augmentent pas à l'infini, la série sera convergente pour toutes les valeurs de la variable dont le module est plus petit que* R.

Soit

$$u_0 + u_1 z + u_2 z^2 + \ldots$$

la série proposée, dans laquelle z désigne la variable imaginaire, $u_0, u_1, \ldots$ des coefficients réels ou imaginaires. Appelons $a_0, a_1, \ldots$ les modules des coefficients. Nous supposons que les modules

$$a_0, \quad a_1 R, \quad a_2 R^2, \ldots,$$

des différents termes de la série, pour une valeur de z dont le module est R, n'augmentent pas à l'infini. Donnons à la variable une valeur dont le module ρ soit plus petit que R, et considérons la série convergente

$$1 + \frac{\rho}{R} + \frac{\rho^2}{R^2} + \ldots;$$

si nous multiplions les termes de cette série respectivement par les nombres

$$a_0, \quad a_1 R^1, \quad a_2 R^2, \ldots,$$

qui conservent des valeurs finies, nous obtiendrons, en vertu du lemme précédent, une nouvelle série convergente

$$a_0 + a_1 \rho + a_2 \rho^2 + \ldots.$$

Ainsi, pour toute valeur de z ayant un module plus petit que R, la série des modules est convergente, et par conséquent la série proposée elle-même (*).

12. *Scolie.* — Soit R le plus grand module de z, pour lequel les modules des termes de la série n'augmentent pas à l'infini; de l'origine comme centre avec un rayon égal à R décrivons un cercle. D'après le théorème précédent, la

(*) Ce théorème a été démontré d'une autre manière par M. Cauchy dans ses nouveaux *Exercices*, tome III, page 388.

série est convergente pour toutes les valeurs de z situées dans l'intérieur de ce cercle, que nous appelerons pour cette raison *cercle de convergence*. Elle est divergente pour tous les points extérieurs ; car si l'on donne à z une valeur ayant un module plus grand que R, les modules des termes augmentent à l'infini. Sur la circonférence même la série peut être convergente en certains points, infinie ou indéterminée en d'autres.

Il importe de bien comprendre l'existence du cercle de convergence. Que l'on imagine des valeurs croissantes du module pour lesquelles les modules des termes conservent des valeurs finies. Ou ces valeurs croissantes tendent vers une limite finie et déterminée R; ou elles augmentent à l'infini. Dans le premier cas, la limite R est le rayon du cercle de convergence ; dans le second cas, la série est convergente dans toute l'étendue du plan.

Remarquons qu'en chacun des points intérieurs au cercle, non-seulement la série proposée est convergente, mais encore la série des modules de ses différents termes.

13. Appliquons à quelques exemples.

La série

$$1+\frac{z}{1}+\frac{z^2}{1.2}+\frac{z^3}{1.2.3}+\ldots$$

est convergente dans toute l'étendue du plan.

La série

$$1+\frac{z}{1}+\frac{z^2}{2}+\frac{z^3}{3}+\ldots$$

est convergente dans le cercle de rayon 1. La série est encore convergente sur la circonférence limite, excepté au point qui correspond à l'argument zéro ; en ce point la somme est infinie.

Il peut arriver que, le point z s'éloignant du centre jusqu'à la circonférence, la omme de la série tende vers une valeur finie, et que cependant en ce point extrême la série soit indéterminée. Considérons par exemple, la série

$$1+z+z^2+\ldots$$

convergente dans le cercle de rayon 1. Posons

$$z=\rho e^{\theta i},$$

et, laissant l'argument constant, faisons croître le module ρ jusqu'à l'unité. La somme de la série tend vers une valeur finie et déterminée $\frac{1}{1-e^{\theta i}}$, excepté quand $= 0$, et cependant pour $z=e^{\theta i}$ la série a une somme indéterminée.

Lorsque le rayon du cercle de convergence se réduit à zéro, la série n'est convergente pour aucune valeur de la variable, excepté pour $z = 0$; il en est ainsi de la série

$$1 + 1.z + 1.2z^2 + 1.2.3z^3 + \ldots .$$

14. Théorème. II. — *Une série, ordonnée suivant les puissances croissantes de la variable, est une fonction continue dans l'intérieur du cercle de convergence.*

Désignons par $f(z)$ la somme de la série

$$u_0 + u_1 z + u_2 z^2 + \ldots,$$

que nous supposons convergente dans l'intérieur du cercle R. Appelons $\varphi(z)$ la somme des n premiers termes de la série, et $\psi(z)$ le reste, nous aurons

$$f(z) = \varphi(z) + \psi(z).$$

De l'origine comme centre, avec un rayon R' un peu plus petit que R, décrivons un cercle. On peut assigner une valeur de n telle, que, pour cette valeur et pour toutes les valeurs plus grandes, le module du reste $\psi(z)$ soit constamment plus petit qu'une quantité très petite donnée α, dans l'intérieur du cercle R'. Il suffit, pour cela, de prendre n tel, que l'on ait

$$a_n R'^n + a_{n+1} R'^{n+1} + \cdots < \alpha ;$$

ce qui est possible, puisque la série

$$a_0 + a_1 R' + \ldots$$

est convergente. Pour tout module ρ plus petit que R', on aura, à plus forte raison,

$$a_n \rho_n + a_{n+1} \rho^{n+1} + \ldots < \alpha .$$

Le module du reste $\psi(z)$ étant plus petit que cette somme, sera lui-même moindre que α.

Supposons maintenant que nous donnions à la variable deux valeurs voisines z et z' comprises dans l'intérieur du cercle R', la fonction prendra les deux valeurs

$$f(z) = \varphi(z) + \psi(z), \qquad f(z') = \varphi(z') + \psi(z'),$$

dont la différence est

$$f(z') - f(z) = \varphi(z') - \varphi(z) + \psi(z') - \psi(z).$$

Le polynôme entier $\varphi(z)$ étant une fonction continue de la variable z, nous pouvons prendre la différence $z' - z$ assez petite pour que la variation $\varphi(z') - \varphi(z)$ du polynôme ait un module plus petit que α. Mais les modules des restes $\psi(z')$ et $\psi(z)$ sont déjà plus petits que α ; donc la variation $f(z') - f(z)$ aura un module plus petit que 3α. Cette variation pourra donc être rendue plus petite qu'une quantité donnée, si petite qu'elle soit. Ainsi la fonction, définie par la série, varie d'une manière continue dans l'intérieur du cercle de convergence. Il est évident, d'ailleurs, que cette fonction est monodrome dans le même cercle, puisqu'elle n'a qu'une valeur pour chaque valeur de z.

15. Théorème III. — *Une série ordonnée suivant les puissances croissantes de la variable est une fonction monogène dans l'intérieur du cercle de convergence.*

Soit la série

$$f(z) = u_0 + u_1 z + u_2 z^2 + \ldots$$

convergente dans le cercle de rayon R. Nous allons démontrer d'abord que la série

$$u_1 + 2u_2 z + 3u_3 z^2 + \ldots,$$

obtenue en prenant la dérivée de chacun des termes, est convergente dans le même cercle. De l'origine comme centre, avec un rayon R' un peu plus petit que R, décrivons un cercle, et donnons à z une valeur dont le module ρ soit plus petit que R'. Si l'on multiplie les termes de la série convergente

$$1 + 2\frac{\rho}{R'} + 3\frac{\rho^2}{R'^2} + \ldots,$$

respectivement par les nombres

$$a_1, \quad a_2 R', \quad a_3 R'^2, \ldots$$

qui n'augmentent pas à l'infini, on obtient une série convergente

$$a_1 + 2a_2\rho + 3a_3\rho^2 + \ldots.$$

Ainsi, la nouvelle série est convergente dans le même cercle que la première.

La série proposée étant représentée par $f(z)$, nous représenterons par $f'(z)$ a série obtenue en prenant la dérivée de chacun des termes de la première, par $f''(z)$ la série obtenue en prenant la dérivée de chacun des termes de la seconde, et ainsi de suite. Toutes ces séries sont convergentes dans le cercle de convergence R de la série proposée.

Nous allons démontrer, maintenant, que la série $f'(z)$ est la dérivée de la fonction $f(z)$.

Si l'on donne à la variable z un accroissement h, on a

$$f(z+h) = u_0 + u_1(z+h) + u_2(z+h)^2 + \ldots. \tag{1}$$

Appelons ρ le module de z, k celui de h; la série

$$a_0 + a_1(\rho + k) + a_2(\rho + k)^2 + \ldots \tag{2}$$

est convergente tant que $\rho + k$ est plus petit que R, ou k plus petit que $R - \rho$. Développons les binômes et ordonnons par rapport aux puissances de k, de telle sorte que les termes prennent la disposition

$$(a_0 + a_1\rho + a_2\rho^2 + \ldots) + (a_1 + 2a_2\rho + 3a_3\rho^2 \ldots)\frac{k}{1} + (\ldots)\frac{k^2}{1.2} + \ldots \quad (3)$$

Les termes partiels de la série (2) étant tous positifs et ayant une somme finie, la série (3), qui se compose des mêmes quantités mises dans un autre ordre, est aussi convergente, et offre une somme égale. On observe, en effet, que la somme des n premiers termes de la série (3) contient les n' premiers termes de la série (2), plus d'autres termes qui appartiennent aux termes suivants de la série (2), et qui, par conséquent, ont une somme infiniment petite pour les très grandes valeurs de n ; ces sommes des n premiers termes des deux séries, ayant une différence infiniment petite, tendent vers la même limite.

En développant de même la série (1), et ordonnant suivant les puissances croissantes de h, nous formons la série

$$f(z) + f'(z)\frac{h}{1} + f''(z)\frac{h^2}{1.2} + \ldots, \quad (4)$$

qui est aussi convergente, et qui a même somme que la série (1) ; car la différence entre la somme des n premiers termes de la série (4) et la somme des n premiers termes de la série (1), ayant un module plus petit que la différence des deux sommes correspondantes dans les séries (2) et (3), a pour limite zéro.

On a donc

$$f(z+h) = f(z) + f'(z)\frac{h}{1} + f''(z)\frac{h^2}{1.2} + \ldots;$$

on en déduit

$$\frac{f(z+h) - f(z)}{h} = f'(z) + f''(z)\frac{h}{1.2} + \ldots.$$

La série convergente, écrite dans le second membre, est une fonction continue de la variable h. Si h est très petit, elle diffère infiniment peu de $f'(z)$, et, quand h tend vers zéro, elle a $f'(z)$ pour limite. Donc

$$\lim \frac{f(z+h) - f(z)}{h} = f'(z).$$

Ainsi la série $f(z)$ admet une dérivée unique $f'(z)$, quelle que soit la direction du déplacement h. Cette série est donc une fonction monogène.

16. En résumant ce qui précède, on voit que les séries ordonnées suivant les puissances croissantes d'une variable sont des fonctions continues, monodromes et monogènes, dans l'intérieur du cercle de convergence.

Nous citerons comme exemples les séries

$$1 + \frac{z}{1} + \frac{z^2}{1.2} + \frac{z^3}{1.2.3} + \ldots,$$

$$\frac{z}{1}-\frac{z^3}{1.2.3}+\frac{z^5}{1.2.3.4.5}-\ldots,$$

$$1-\frac{z^2}{1.2}+\frac{z^4}{1.2.3.4}-\ldots,$$

par lesquelles on définit les trois fonctions

$$e^z, \quad \sin z, \quad \cos z,$$

très usitées dans l'analyse. Le rayon du cercle de convergence étant infini, ces trois fonctions sont finies, continues, monodrômes et monogènes, dans toute l'étendue du plan.

17. Une double série

$$\ldots+\frac{u_{-2}}{z^2}+\frac{u_{-1}}{z}+u_1+u_0z+u_2z^2+\ldots,$$

ordonnée suivant les puissances entières positives et négatives, et se prolongeant à l'infini des deux côtés, peut être considérée comme la réunion de deux séries ordinaires

$$u_0+u_1z+u_2z^2+\ldots,$$
$$u_{-1}z^{-1}+u_{-2}z^{-2}+\ldots.$$

Soient R le rayon de convergence de la première série, $\frac{1}{R'}$ celui de la seconde en prenant $\frac{1}{z}$ pour variable. La première série est convergente dans le cercle de rayon R, la seconde pour toute la partie du plan extérieure au cercle de rayon R'. Donc, si R est plus grand que R', la double série sera convergente dans la couronne comprise entre les cercles R' et R, et dans cette étendue elle représentera une fonction continue, monodrome et monogène.

Par exemple, la double série

$$\ldots+\frac{1}{z^2}+\frac{1}{z}+1+\frac{z}{2}+\frac{z^2}{2^2}+\ldots$$

est convergente dans la couronne comprise entre les circonférences de rayons 1 et 2.

18. La double série

$$\ldots+\frac{z^{-2}}{1.2}+\frac{z^{-1}}{1}+1+\frac{z}{1}+\frac{z^2}{1.2}+\ldots$$

est convergente dans toute l'étendue du plan, excepté au point $z=0$.

§ III. — Développement des fonctions en séries ordonnées suivant les puissances croissantes de la variable.

19. Soit $f(z)$ une fonction finie, continue, monodrome et monogène, dans une certaine portion du plan. Considérons les valeurs de l'intégrale définie

$$\int_{z_0}^{Z} f(z)\,dz$$

quand on va du point z_0 au point Z par deux chemins, z_0 CZ et z_0 DZ (*fig.* 4), très rapprochés l'un de l'autre, et situés dans la partie du plan dont il s'agit.

Fig. 4.

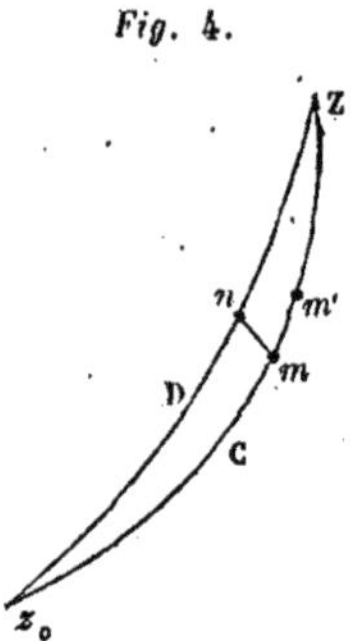

A chaque point m de la première courbe faisons correspondre un point n de la seconde courbe, de manière que le point z_0 se corresponde à lui-même ainsi que le point Z ; désignons par la lettre d un déplacement infiniment petit sur l'une des courbes, et par la lettre δ le déplacement de m en n. Si l'on va d'un point m de la première courbe à un point voisin m' de la même courbe, la fonction éprouve un accroissement marqué par $df(z)$. La fonction, étant monodrome, prendra au point n la même valeur, quand on suivra le chemin z_0mn au lieu du chemin z_0Dn ; il en résulte que la valeur de la fonction au point n dans la seconde intégrale diffère de la valeur de la fonction au point m dans la première intégrale d'une quantité égale à la variation de cette fonction correspondant au déplacement mn, variation marquée par $\delta f(z)$. D'autre part, la fonction étant monogène, c'est-à-dire admettant la même dérivée pour les deux déplacements mm' et mn, on a

$$df(z) = f'(z)\,dz, \qquad \delta f(z) = f'(z)\,\delta z,$$

d'où l'on déduit

$$\delta f(z)\,.\,dz = df(z)\,.\,\delta z. \tag{1}$$

Cela posé, calculons la variation de l'intégrale définie, quand on remplace le chemin z_0CZ par le chemin infiniment voisin z_0DZ. On a

$$\delta \int_{z_0}^{Z} f(z)\,dz = \int_{z_0}^{Z} [\delta f(z)\,.\,dz + f(z)\,.\,d\delta z] ;$$

en vertu de la relation (1), cette expression devient

$$\int_{z_0}^{Z} [df(z)\,.\,\delta z + f(z)\,.\,d\delta z],$$

ou, plus simplement,

$$\int_{z_0}^{Z} d[f(z)\delta z] = [f(z)\delta z]_{z_0}^{Z}.$$

Les deux points extrêmes étant fixes, δz_0 est nulle, ainsi que δZ ; donc la variation de l'intégrale définie est nulle.

20. Considérons maintenant deux lignes quelconques allant d'un point à un autre et comprenant entre elles une portion finie du plan dans laquelle la fonction $f(z)$ reste finie, continue, monodrome et monogène. Il est clair que ces lignes conduiront à la même valeur de l'intégrale définie ; car on peut passer de l'une de ces lignes à l'autre par une série de transformations qui n'altèrent pas la valeur de l'intégrale définie.

Il en résulte que, si, dans la portion du plan comprise dans une courbe fermée, la fonction $f(z)$ jouit des mêmes propriétés, l'intégrale définie, obtenue en parcourant ce contour, est nulle. En effet, l'intégrale le long de z_0 AZ (*fig.* 5) est la même que suivant z_0 BZ; or, quand le point Z vient en z_0, cette dernière est évidemment nulle.

Fig. 5.

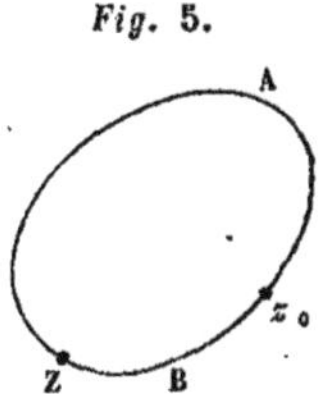

De même, si dans la portion du plan comprise entre les deux courbes fermées ABC, A'B'C' (*fig.* 6), la fonction $f(z)$ jouit des propriétés énoncées, les intégrales correspondantes ces deux contours sont égales. En effet, le chemin A'B'C'A' peut être remplacé par le chemin A'ABCAA'; mais les portions d'intégrale obtenues en parcourant la ligne A'A, d'abord de A' en A, puis, à la fin, en sens contraire, sont évidemment égales et de signes contraires; donc les deux contours ABCA, A'B'C'A', donnent la même intégrale définie.

Fig. 6.

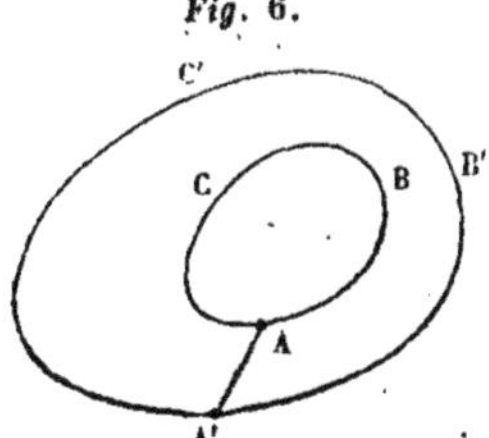

Ces théorèmes remarquables sont dus à M. Cauchy (*); nous en avons repro-

(*) Comptes rendus de l'Académie des Sciences, 1846.

duit la démonstration, afin de bien préciser les hypothèses sur lesquelles elle repose.

21. Lorsque la fonction $f(z)$ est finie, continue, monodrome et monogène, dans une certaine portion du plan, l'intégrale

$$\int_{z_0}^{z} f(z)\,dz,$$

calculée à partir d'un point fixe z_0 et prise le long d'une courbe quelconque tracée dans cette partie du plan, est aussi une fonction finie, continue, monodrome et monogène, dans la même étendue. La fonction est monodrome, puisque tous les chemins, qui vont du point z_0 au point z, conduisent à la même valeur. Il est facile de démontrer qu'elle est aussi monogène. Désignons par $\mathrm{F}(z)$ cette fonction nouvelle; si nous donnons à la variable z un accroissement h, la fonction éprouve l'accroissement

$$\mathrm{F}(z+h) - \mathrm{F}(z) = \int_{z}^{z+h} f(z)\,dz = [f(z) + \varepsilon]h,$$

la quantité ε s'annulant avec h. On en déduit

$$\frac{\mathrm{F}(z+h) - \mathrm{F}(z)}{h} = f(z) + \varepsilon,$$

$$\lim. \frac{\mathrm{F}(z+h) - \mathrm{F}(z)}{h} = f(z).$$

Ainsi la fonction $\mathrm{F}(z)$ a une dérivée unique $f(z)$, quelle que soit la direction du déplacement; c'est donc une fonction monogène.

22. Le développement en série n'offre plus aucune difficulté. Soit $f(z)$ une fonction finie, continue, monodrome et monogène, dans l'intérieur d'un cercle décrit de l'origine comme centre avec un rayon R (*fig*. 7), je dis qu'elle est déve-

Fig. 7.

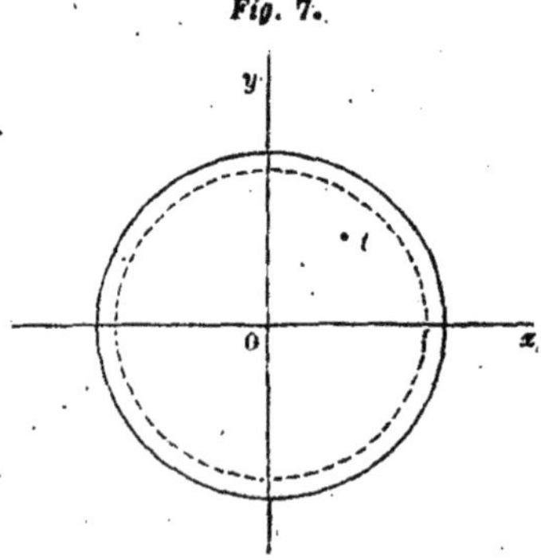

loppable en série ordonnée suivant les puissances de z et convergente dans cercle de rayon R. Soit t un point fixe pris à volonté dans l'intérieur du cercle, la fonction

$$\frac{f(z)-f(t)}{z-t},$$

dans laquelle nous regardons z comme la variable, jouit des mêmes propriétés que la fonction $f(z)$ dans l'intérieur du cercle R ; elle est évidemment finie, continue, monodrome et monogène, comme la fonction $f(z)$. On pourrait craindre cependant qu'elle ne devînt infinie pour la valeur particulière $z=t$ qui annule le dénominateur; pour éviter cet innonvénient, nous supposerons d'abord qu'au point t la dérivée $f'(z)$ de la fonction proposée a une valeur finie, si l'on donne à z une valeur voisine de t, la fonction

$$\frac{f(z)-f(t)}{z-t},$$

différant très peu de la quantité finie $f'(t)$, aura elle-même une valeur finie et sera continue. Ainsi la fonction

$$\frac{f(z)-f(t)}{z-t}$$

est finie et continue en tous les points situés à l'intérieur du cercle sans exception.

Du point O comme centre, avec un rayon r plus grand que Ot, mais plus petit que R, décrivons un second cercle.

Il résulte du théorème précédent que l'intégrale définie

$$\int \frac{f(z)-f(t)}{z-t}\,dz$$

obtenue en parcourant la circonférence r, est nulle ; on en déduit

$$\int \frac{f(t)\,dz}{z-t} = \int \frac{f(z)\,dz}{z-t},$$

les intégrales étant prises le long de la même circonférence ; et si l'on fait sortir du signe $\int$ le facteur constant $f(t)$,

$$f(t)\int \frac{dz}{z-t} = \int \frac{f(z)}{z-t}\,dz.$$

La fonction $\frac{1}{z-t}$ ne devenant infinie que pour la valeur $z=t$, on peut dans l'évaluation de l'intégrale

$$\int \frac{dz}{z-t}$$

remplacer la circonférence r par une circonférence décrite du point t comme centre avec un rayon infiniment petit ρ. Posons

$$z - t = \rho e^{\theta i};$$

le rayon ρ étant constant et l'angle θ seul variable, on a

$$dz = i\rho e^{\theta i}\, d\theta,$$

d'où

$$\frac{dz}{z-t} = i\, d\theta,$$

l'intégrale devient

$$i\int_0^{2\pi} d\theta = 2\pi i.$$

On a donc

$$f(t) = \frac{1}{2\pi i}\int \frac{f(z)}{z-t}\, dz,$$

cette dernière intégrale étant toujours prise sur la circonférence r. Mais quand le point z parcourt la circonférence r, le module de z reste constamment plus grand que le module de t; on peut donc développer la fraction

$$\frac{1}{z-t}$$

en une série convergente ordonnée suivant les puissances croissantes de t, ce qui donne

$$\frac{1}{z-t} = \frac{1}{z}\left(1 + \frac{t}{z} + \frac{t^2}{z^2} + \dots\right);$$

donc

$$f(t) = \frac{1}{2\pi i}\left[\int \frac{f(z)}{z}\, dz + t\int \frac{f(z)}{z^2}\, dz + t^2\int \frac{f(z)}{z^3}\, dz \dots\right].$$

Chacune des intégrales définies qui entrent dans le second membre, étant prise le long d'un contour fini r, a une valeur finie et déterminée, et la fonction $f(t)$ se trouve ainsi développée en une série convergente ordonnée suivant les puissances croissantes de t. En appelant u_0, u_1, u_2, ... les coefficients de la série, on a

$$f(t) = u_0 + u_1 t + u_2 t^2 + \dots \qquad (1)$$

Si l'on pose

$$z = re^{\theta i},$$

un coefficient quelconque est donné par la formule

$$u_n = \frac{1}{2\pi r^n}\int_0^{2\pi} f(re^{\theta i})\, e^{-n\theta i} d\theta,$$

dans laquelle r désigne un rayon arbitraire plus petit que le rayon R du cercle de convergence.

23. Le point t est un point quelconque intérieur au cercle de rayon R; ainsi la série représente la fonction proposée $f(t)$ en tous les points du cercle, excepté toutefois les points où la dérivée $f'(t)$ serait infinie ou discontinue : mais cette restriction est inutile. En effet, nous avons démontré (n° **14**) qu'une série, ordonnée comme la série (1), est une fonction continue de la variable t, dans le cercle de convergence, sans exception ; la fonction $f(t)$ et la série, étant continues dans toute l'étendue du cercle, et égales en tous les points, excepté en certains points particuliers, ne peuvent différer même en ces points. Donc, le développement s'applique à tous les points du cercle sans exception.

La fonction $f(t)$ et la série étant égales, leurs dérivées sont égales, et l'on a

$$f'(t) = u_1 + 2u_2 t + 3u_3 t^2 + \dots$$

pour tous les points du cercle de convergence (n° **15**).

On voit par là que la dérivée $f'(t)$ de la fonction proposée reste finie et continue dans le cercle, et que, par conséquent, il est impossible qu'elle devienne infinie ou discontinue en aucun de ses points. Ainsi la circonstance que nous avons écartée dans la démonstration, ne peut pas se présenter.

De ce qui précède résulte le beau théorème de M. Cauchy, que nous énoncerons de la manière suivante :

24. Théorème. — *Pour qu'une fonction soit développable en une série ordonnée suivant les puissances entières, positives et croissantes de la variable, et convergente dans un cercle décrit de l'origine comme centre, il est nécessaire et il suffit que la fonction soit finie, continue, monodrome et monogène, dans ce même cercle.*

Ces conditions sont nécessaires, car nous avons démontré (n° **14**) qu'une série, ordonnée suivant les puissances croissantes de la variable, jouit de ces propriétés dans le cercle de convergence. Elles sont suffisantes, car nous venons de démontrer que, lorsqu'une fonction jouit de ces propriétés dans un cercle de rayon R, elle est développable en une série ordonnée suivant les puissances croissantes de la variable et convergente dans le même cercle. Il est d'ailleurs impossible de les réduire à un moindre nombre ; les explications que nous avons données au commencement de ce Mémoire font voir, en effet, qu'une fonction peut être finie et continue sans être monodrome, monodrome sans être monogène ou monogène sans être monodrome.

25. Une fois établie la possibilité du développement, il est facile de déterminer les coefficients. Reprenons, en effet, la série (1), dans laquelle nous remplaçons t par z,

$$f(z) = u_0 + u_1 z + u_2 z^2 + u_3 z^3 + \dots. \tag{2}$$

La fonction et la série étant égales dans le cercle R, leurs dérivées des différents ordres sont égales dans le même cercle.

On a donc

$$f'(z) = u_1 + 2u_2 z + 3u_3 z^2 \ldots$$
$$f''(z) = 1.2u_2 + 2.3u_3 z + \ldots,$$
$$f'''(z) = 1.2.3u_3 + 2.3.4u_4 z \ldots,$$
$$\ldots\ldots\ldots\ldots\ldots\ldots$$

Ces diverses séries sont toutes convergentes dans le cercle R et continues ; si l'on y fait $z = 0$, on a

$$u_0 = f(0), \quad u_1 = f'(0), \quad 1.2u_2 = f''(0), \quad 1.2.3u_3 = f'''(0), \ldots$$

et l'on obtient ainsi la série de Maclaurin :

$$f(z) = f(0) + f'(0)\frac{z}{1} + f''(0)\frac{z^2}{1.2} + \ldots. \tag{3}$$

Nous avons exprimé les coefficients de la série de deux manières, par des intégrales définies et au moyen des dérivées de la fonction. La comparaison des deux développements donne la formule

$$f^n(0) = \frac{1.2.3\ldots n}{2\pi r^n}\int_0^{2\pi} f(re^{\theta i})\, e^{-n\theta i}\, d\theta. \tag{4}$$

La série de Taylor s'en déduit aisément :

Si la fonction $f(z)$ est finie, continue, monodrome et monogène, dans un cercle décrit autour du point z_0 comme centre, elle se développe en une série ordonnée suivant les puissances croissantes de $z - z_0$ et convergente dans le même cercle, et l'on a

$$f(z) = f(z_0) + f'(z_0)\frac{z - z_0}{1} + f''(z_0)\frac{(z - z_0)^2}{1.2} + \ldots. \tag{5}$$

En remplaçant z_0 par z et $z - z_0$ par h, on obtient la série de Taylor sous sa forme habituelle

$$f(z + h) = f(z) + f'(z)\frac{h}{1} + f''(z)\frac{h^2}{1.2} + \ldots, \tag{6}$$

et la formule (4) devient

$$f^n(z) = \frac{1.2\ldots n}{2\pi r^n}\int_0^{2\pi} f(z + re^{\theta i})\, e^{-n\theta i}\, d\theta, \tag{7}$$

r étant un rayon arbitraire plus petit que le rayon du cercle de convergence relatif au point z.

Application à quelques exemples.

26. Soit une fraction rationnelle

$$f(z) = \frac{\varphi(z)}{\chi(z)}.$$

Marquons les points A, B, C,. . . qui annulent le dénominateur, et qui, par conséquent, rendent la fonction infinie. Soit A celui de ces points qui est le plus rapproché de l'origine; du point O comme centre avec un rayon égal à O A décrivons un cercle; la fraction rationnelle sera développable, dans ce cercle, en une série convergente ordonnée suivant les puissances croissantes de z. Dès que l'on sort du cercle, la série est divergente, car la fonction devient infinie au point A.

De même, si d'un point z_0, pris arbitrairement dans le plan, avec un rayon égal à la distance de ce point à celui des points A, B, C, . . . qui en est le plus rapproché, on décrit un cercle, la fonction sera développable, dans ce cercle, en une série convergente, ordonnée suivant les puissances croissantes de $z-z_0$,

27. La fonction

$$e^{\sin z}$$

étant finie, continue, monodrome et monogène, dans toute l'étendue du plan, est développable en une série ordonnée suivant les puissances de z, et convergente dans toute l'étendue du plan.

La fonction

$$e^{\frac{1}{z-1}}$$

est discontinue ou indéterminée pour $z=1$; car elle devient infinie, ou nulle, ou indéterminée au point $z=1$, suivant le chemin qu'on suit pour y arriver; elle est donc développable dans le cercle de rayon 1. Il en est de même de la fonction

$$\sin\left(\frac{1}{z-1}\right),$$

qui devient indéterminée au point $z=1$.

28. Soit la fonction irrationnelle

$$\sqrt{1+z},$$

comptée à partir de $z=0$, avec la valeur initiale $+1$. Nous avons vu (n° **3**) que cette fonction cesse d'être monodrome quand on tourne autour du point $z=-1$; elle sera donc développable en une série convergente ordonnée suivant les puissances croissantes de z dans le cercle décrit de l'origine comme centre avec un rayon égal à l'unité. Il en sera de même d'une fonction implicite u définie par une équation algébrique entre u et z et comptée à partir du point z avec la valeur initiale u_0 (n° **4**). Si du point z_0 comme centre, avec un rayon égal à la distance au point le plus proche pour lequel, la racine considérée devenant égale à une autre racine de l'équation, la fonction cesse d'être monodrome, on décrit un cercle, la fonction sera développable dans ce cercle en une série convergente ordonnée suivant les puissances croissantes de $z-z_0$.

La fonction transcendante

$$\log(1+z),$$

comptée à partir de $z=0$, avec la valeur initiale zéro (n° **5**) devient infinie, et cesse d'être monodrome, au point $z=-1$; elle sera donc développable en une série convergente ordonnée suivant les puissances croissantes de z, dans le cercle décrit de l'origine comme centre avec un rayon égal à l'unité.

La fonction

$$u=x^2+y^2+2xyi,$$

n'étant pas monogène, n'est pas développable.

29. Considérons enfin la fonction

$$u=\sin z+\lambda(x^2+y^2-1),$$

dans laquelle la lettre λ représente la valeur de l'intégrale définie

$$\frac{2}{\pi}\int_0^\infty \frac{\sin t}{t}\cos\left(\frac{t}{x^2+y^2}\right)dt,$$

obtenue en donnant à t des valeurs réelles de 0 à ∞.

On sait que l'intégrale définie

$$\frac{2}{\pi}\int_0^\infty \frac{\sin t}{t}\cos gt\,dt$$

est constamment égale à l'unité quand le nombre g est moindre que 1, et qu'elle est constamment nulle quand le nombre g est plus grand que 1. De l'origine comme centre, avec un rayon égal à l'unité, décrivons un cercle ; le facteur λ sera nul tant que le point z restera dans le cercle, et il deviendra égal à l'unité pour tous les points extérieurs. La fonction est finie, continue et monodrome, dans toute l'étendue du plan ; elle est monogène dans le cercle de rayon 1, puisque la seconde partie se réduit à zéro dans l'intérieur du cercle ; mais, hors du cercle, elle n'est plus monogène, parce que la seconde partie x^2+y^2-1, n'est pas monogène. On en conclut que la fonction est developpable en série convergente dans le cercle de rayon égal à l'unité.

Les exemples précédents montrent que la limite de convergence de la série est déterminée, tantôt parce que la fonction devient infinie ou discontinue, tantôt parce qu'elle cesse d'être monodrome, tantôt parce qu'elle cesse d'être monogène.

30. Théorème II. — *Lorsqu'une fonction est finie, continue, monodrome et monogène dans la portion du plan comprise entre deux cercles ayant pour centre l'origine des coordonnées, elle est développable en une double série ordonnée suivant les puissances entières, positives et négatives, de la variable et convergente dans cette portion du plan.*

Supposons que la fonction $f(z)$ jouisse des propriétés énoncées entre les deux circonférences R et R′ décrites de l'origine comme centre, R étant plus grand que R′.

Soit t un point quelconque de cette couronne (*fig.* 8) ; du point O comme centre décrivons deux cercles, l'un avec un rayon r plus petit que R, mais plus grand que Ot, l'autre avec un rayon r' plus petit que Ot. mais plus grand que R′. L'intégrale

$$\int \frac{f(z)-f(t)}{z-t}\,dz,$$

obtenue en parcourant chacune des deux circonférences dans le même sens, a la même valeur. En distinguant par les indices r et r' ces deux intégrales définies, on a

$$\int_r \frac{f(z)-f(t)}{z-t}\,dz = \int_{r'} \frac{f(z)-f(t)}{z-t}\,dz$$

ou

$$\int_r \frac{f(z)}{z-t}\,dz - f(t)\int_r \frac{dz}{z-t} = \int_{r'} \frac{f(z)}{z-t}\,dz - f(t)\int_{r'} \frac{dz}{z-t}.$$

Fig. 8.

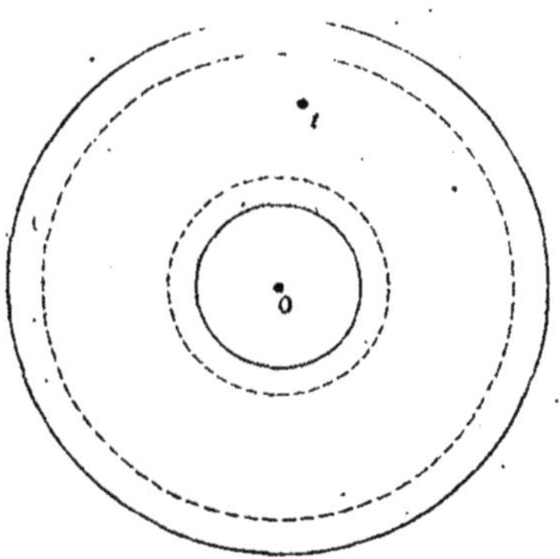

Mais $\int_{r'} \frac{dz}{z-t} = 0$; car la circonférence r' ne comprend pas le point $z=t$ qui rend infinie la fonction placée sous le signe $\int$. On sait d'ailleurs que

$$\int_r \frac{dz}{z-t} = 2\pi i.$$

Il en résulte

$$f(t) = \frac{1}{2\pi i}\left[\int_r \frac{f(z)}{z-t}\,dz + \int_{r'} \frac{f(z)}{t-z}\,dz\right].$$

Dans la première intégrale, le module de z étant plus grand que celui de t, la quantité $\frac{1}{z-t}$ peut être développée en une série convergente suivant les puissances positives croissantes de $\frac{t}{z}$. Dans la seconde, au contraire, le module de z étant plus petit que celui de t, la quantité $\frac{1}{t-z}$ se développera en une série convergente suivant les puissances croissantes de $\frac{z}{t}$.

On aura donc

$$f(t)=\frac{1}{2\pi i}\left\{\begin{array}{l}\int_r \frac{f(z)}{z}dz + t\int_r \frac{f(z)}{z^2}dz + t^2\int_r \frac{f(z)dz}{z^3}+\dots \\ \qquad + t^{-1}\int_{r'} f(z)dz + t^{-2}\int_{r'} f(z)zdz.\end{array}\right\}$$

Les intégrales définies, qui servent de coefficients à la double série, ont des valeurs finies et déterminées. On peut les prendre le long d'une circonférence arbitraire comprise entre les circonférences R et R'. Si l'on pose $z=re^{\theta i}$, et si l'on remplace t par z, on a la double série

$$\left.\begin{array}{l} f(z)=u_0+u_1 z+u_2 z^2+\dots \\ \qquad +u_{-1}z^{-1}+u_{-2}z^{-2}+\dots\end{array}\right\} \tag{8}$$

dans laquelle

$$u_{-n}=\frac{r^{-n}}{2\pi}\int_0^{2\pi} f(re^{\theta i})\,e^{-n\theta i}\,d\theta,$$

$$u_n=\frac{r_n}{2\pi}\int_0^{2\pi} f(re^{\theta i})\,e^{n\theta i}\,d\theta.$$

Cette extension du théorème de M. Cauchy a été indiquée par M. le capitaine Laurent.

31. Il est facile d'étendre les théorèmes précédents aux fonctions de plusieurs variables indépendantes. Soit $f(x, y, z)$ une fonction de trois variables imaginaires x, y, z, finie, continue, monodrome et monogène, quand chacune des variables reste comprise dans une certaine portion du plan. Donnons à x, y, z des accroissements h, k, l; la fonction $f(x+h, y+k, z+l)$ est finie, continue, monodrome et monogène, tant que les variables h, k, l, restent comprises respectivement dans des cercles de rayons R, R', R'', décrits des points x, y, z, comme centres.

Posons

$$u=x+th, \qquad v=y+tk, \qquad w=z+tl,$$

t désignant une variable dont le module est plus petit que l'unité. La fonction $f(u, v, w)$ est une fonction de t, que nous appellerons $F(t)$, finie, continue, monodrome et monogène, quand la variable t se meut dans le cercle de rayon 1, décrit de l'origine comme centre ; elle est donc développable, dans cette étendue, en une série convergente ordonnée suivant les puissances croissantes de t, et l'on a

$$F(t) = F(0) + F'(0)\frac{t}{1} + F''(0)\frac{t^2}{1.2} + \ldots.$$

Mais on a symboliquement

$$F^n(t) = (hD_u f + kD_v f + lD_w f)^n,$$

d'où

$$F^n(0) = (hD_x f + kD_y f + lD_z f)^n.$$

Si l'on remplace $F_n(0)$ par sa valeur et que l'on fasse $t = 1$, on obtient la série

$$f(x+h, y+k, z+l) = f(x, y, z) + \Sigma_1^\infty \frac{(hD_x f + kD_y f + lD_z f)^n}{1.2\ldots n},$$

ordonnée suivant les puissances croissantes de h, k, l, et convergentes dans les cercles de rayons R, R', R''.

Les coefficients s'expriment aisément au moyen d'intégrales d'infinies. En effet, si dans la formule

$$D_x^n \varphi(x) = \frac{1.2\ldots n}{2\pi r^n}\int_0^{2\pi} \varphi(x + re^{\theta i})\, e^{-n\theta i}\, d\theta,$$

on fait

$$\varphi(x) = D_y^{n'} \psi(x, y),$$

on a

$$D_{xy}^{n+n'} \psi = \frac{1.2\ldots n.1.2\ldots n'}{r^n r'^{n'}} \frac{1}{(2\pi)^2}$$
$$\times \iint_0^{2\pi} \psi(x + re^{\theta i}, y + r'e^{\theta' i})\, e^{-n\theta i - n'\theta' i}\, d\theta\, d\theta'.$$

Celle-ci donne pareillement

$$D_{xyz}^{n+n'+n''} f(x, y, z) = \frac{1.2\ldots n.1.2\ldots n'.1.2\ldots n''}{r^n r'^{n'} r''^{n''}} \frac{1}{(2\pi)^3}$$
$$\times \iiint_0^{2\pi} f(x + re^{\theta i}, y + r'e^{\theta' i}, z + r''e^{\theta'' i})\, e^{-n\theta i - n'\theta' i - n''\theta'' i}\, d\theta\, d\theta'\, d\theta''.$$

§ IV. — Propriétés des fonctions monodromes et monogènes.

32. Théorème III. — *Lorsqu'une fonction est finie, continue, monodrome et monogène, dans une certaine portion du plan, toutes ses dérivées jouissent des mêmes propriétés dans la même étendue.*

Soit z_0 un point quelconque pris dans cette portion du plan, nous avons démontré que la fonction proposée $f(z)$ se développe en une série convergente

$$f(z)=u_0+u_1(z-z_0)+u_2(z-z_0)^2+\dots$$

dans un cercle décrit du point z_0 comme centre avec un rayon convenable. On en déduit

$$f'(z)=u_1+2u_2(z-z_0)+3u_3(z-z_0)^2+\dots.$$

Cette série étant convergente dans le même cercle, la fonction $f'(z)$ est finie, continue, monodrome et monogène, dans ce cercle, et, comme le point z_0 peut être pris arbitrairement dans la portion du plan pour laquelle la fonction $f(z)$ est monodrome et monogène, la fonction $f'(z)$ jouit des mêmes propriétés dans toute cette étendue.

Le théorème étant démontré pour la première dérivée, s'étend évidemment à toutes les autres.

33. Corollaire I. — *Une fonction monodrome et monogène ne peut être constante dans une portion finie du plan, si petite qu'elle soit.*

Soit z_0 un point situé dans cette portion du plan ; la fonction étant constante dans le voisinage du point z_0, toutes ses dérivées sont nulles en ce point, et la série de Taylor se réduit à

$$f(z)=f(z_0).$$

Il en résulte que la fonction est constante dans le cercle de convergence décrit du point z_0 comme centre. Que l'on répète maintenant le même raisonnement pour un autre point du cercle, et l'on démontrera ainsi de proche en proche que la fonction reste constante dans toute l'étendue du plan pour laquelle la fonction est monodrome et monogène.

Il en serait de même si la fonction était constante le long d'une ligne si petite qu'elle soit.

Corollaire II. — *Une fonction monogène ne peut avoir toutes ses dérivées nulles en un point.*

Si cela avait lieu, la fonction serait une constante.

34. Théorème IV. — *Lorsqu'une fonction finie, continue, monodrome et monogène, s'annule pour $z=a$, elle est divisible par $(z-a)_n$, n étant un nombre entier fini.*

En développant, d'après la série de Taylor, on a en effet

$$f(z)=f'(a)\frac{z-a}{1}+f''(a)\frac{(z-a)^2}{1.2}+\dots,$$

d'où l'on déduit

$$\frac{f(z)}{z-a}=f'(a)+f''(a)\frac{z-a}{1.2}+\dots.$$

Le quotient $\frac{f(z)}{z-a}$, étant développé en série convergente dans un cercle décrit du point a comme centre, est une fomction finie, continue, monodrome et monogène dans le voisinage du point a, et par conséquent dans la même étendue du plan que la fonction proposée. Si l'on représente par $\varphi(z)$ cette fonction, on aura

$$f(z)=(z-a)\varphi(z).$$

Si la quantité a n'annule pas $f'(z)$, on dit que a est racine simple de l'équation $f(z)=0$. Mais si a annule la fonction $f(z)$ et ses $(n-1)$ premières dérivées, on a

$$f(z)=(z-a)^n\left[\frac{f^n(a)}{1.2\ldots n}+\frac{f^{n+1}(a)}{1.2\ldots(n+1)}(z-a)+\ldots\right]$$

et le quotient

$$\frac{f(z)}{(z-a)^n}$$

est une fonction finie, continue, monodrome et monogène, dans la même étendue que la fonction $f(z)$. Si l'on représente ce quotient par $\varphi(z)$, on a

$$f(z)=(z-a)^n\varphi(z).$$

Dans ce cas, on dit que la racine a est du degré n de multiplicité.

Le nombre des dérivées qui s'annulent pour $z=a$ étant nécessairement fini, toute racine est d'un degré fini et entier de multiplicité.

35. *Scolie.* — Dans une portion finie du plan, l'équation $f(z)=0$ n'admet qu'un nombre fini de racines; car, si elle en admettait une infinité, les points correspondant aux racines seraient infiniment rapprochés les uns des autres et la fonction nulle en ces points infiniment rapprochés, ce qui est impossible.

Si l'on appelle $a, b, c, \ldots, l$, les racines, la fonction $f(z)$ s'écrira

$$f(z)=\left(1-\frac{z}{a}\right)\left(1-\frac{z}{b}\right)\left(1-\frac{z}{c}\right)\ldots\left(1-\frac{z}{l}\right)\varphi(z),$$

$\varphi(z)$ étant une fonction monodrome et monogène qui ne s'annule pas dans la portion du plan considérée.

36. Théorème V.— *Quand une fonction $f(z)$, monodrome et monogène, devient infinie pour $z=a$, quel que soit le chemin suivi pour arriver à ce point, on peut la mettre sous la forme*

$$f(z)=\frac{A_0}{(z-a)^n}+\frac{A_1}{(z-a)^{n-1}}+\ldots+\frac{A_{n-1}}{z-a}+\psi(z),$$

la fonction $\psi(z)$ étant monodrome et monogène et ne devenant pas infinie pour $z=a$.

En effet, dans ce cas, la fonction $\dfrac{1}{f(z)}$ devenant nulle pour $z=a$, et restant finie et continue, on a

$$\frac{1}{f(z)}=(z-a)^n\varphi(z);$$

d'où l'on déduit

$$f(z)=\frac{\frac{1}{\varphi(z)}}{(z-a)^n}=\frac{\chi(z)}{(z-a)^n}.$$

La valeur a est un infini du degré fini et entier n de multiplicité.

Si l'on développe la fonction $\chi(z)$ en série suivant les puissances croissantes de $(z-a)$, la fonction proposée s'écrit

$$f(z)=\frac{A_0}{(z-a)^n}+\frac{A_1}{(z-a)^{n-1}}+\ldots+\frac{A_{n-1}}{z-a}+\psi(z),$$

$\psi(z)$ désignant une fonction monodrome et monogène qui ne devient plus infinie pour $z=a$.

Pour que la fonction jouisse de ces propriétés, il est nécessaire qu'elle devienne infinie pour $z=a$, quel que soit le chemin suivi pour arriver en ce point. Ceci n'a pas lieu pour la fonction $e^{\frac{1}{z}}$, qui, lorsque $z=0$, devient nulle, ou infinie, ou indéterminée, suivant le chemin suivi.

37. Théorème VI. — *Une fonction, monodrome et monogène dans toute l'étendue du plan, devient nécessairement infinie pour une valeur finie ou infinie de la variable.*

Appelons M le maximum du module de la fonction $f(z)$ dans le cercle de rayon r décrit autour de l'origine ; si dans la formule (n° **25**)

$$f^n(0)=\frac{1.2\ldots n}{2\pi r^n}\int_0^{2\pi} f(re^{\theta i})e^{-n\theta i}d\theta,$$

nous remplaçons chaque élément de l'intégrale définie par son module, ou par un module plus grand $Md\theta$, il est évident que le module de l'intégrale définie sera moindre que $\int_0^{2\pi} Md\theta$ ou que $2\pi M$, et nous aurons

$$\operatorname{mod} f^n(0)<1.2\ 3\ldots n\frac{M}{r^n}.$$

Supposons maintenant que la fonction $f(z)$ ne devienne infinie pour aucune valeur finie ou infinie de z, c'est-à-dire que le module de la fonction reste moindre qu'une quantité finie M dans toute l'étendue du plan. Dans ce cas, on pourrait prendre le rayon r plus grand que toute quantité donnée, et l'on aurait, en vertu de la formule précédente,

$$f^n(0)=0.$$

La fonction, ayant toutes ses dérivées nulles, serait une constante. Si donc la fonction n'est pas une constante, elle doit devenir infinie, soit pour une valeur finie, soit pour une valeur infinie, de la variable z.

38. Corollaire. — *Une fonction, monodrome et monogène dans toute* *l'étendue du plan, devient nécessairement nulle pour une valeur finie ou infinie de la variable.*

Car si la fonction $f(z)$ ne devenait pas nulle, la fonction $\frac{1}{f(z)}$ ne deviendrait pas infinie ; ce qui est impossible.

Il peut arriver que la même valeur de z rende la fonction à la fois nulle et infinie. Ainsi la fonction $e^{\frac{1}{z}}$ devient infinie quand le point z vient à l'origine par un chemin situé à droite de l'axe des y, et nulle quand le point z vient à l'origine par un chemin situé à gauche de l'axe des y. De même la fonction e^z devient nulle ou infinie pour des valeurs infinies de z.

39. THÉORÈME VII.—*Deux fonctions monodromes et monogènes, qui admettent les mêmes zéros et les mêmes infinis, chacun au même degré de multiplicité, sont égales, à un facteur constant près.*

Soient $f(z)$ et $F(z)$ les deux fonctions proposées. Le quotient

$$\frac{F(z)}{f(z)}$$

de ces deux fonctions, ne devenant ni nul, ni infini, est une constante. En désignant par A cette constante, on a donc

$$F(z) = Af(z).$$

Scolie.— Il résulte de là qu'une fonction est complétement définie, à un facteur constant près, quand on connaît ses zéros et ses infinis. C'est par le nombre et la distribution des zéros et des infinis dans le plan que les fonctions se distinguent les unes des autres.

40. THÉORÈME VIII. — *Toute fonction monodrome et monogène, qui ne devient infinie que pour $z = \infty$, sans devenir indéterminée, est une fonction entière.*

Soit $u = f(z)$ la fonction proposée. Posons $u = \frac{1}{t}$; la fonction s'écrit $u = f\left(\frac{1}{t}\right)$: nous l'appellerons $\varphi(t)$. Cette fonction $\varphi(t)$ devient infinie pour $t = 0$, sans devenir indéterminée. En vertu du théorème V, on peut la mettre sous la forme

$$\varphi(t) = \frac{A_0}{t^n} + \frac{A_1}{t^{n-1}} + \ldots + \frac{A_{n-1}}{t} + \psi(t).$$

La fonction $\psi(t)$, ne devenant infinie pour aucune valeur de t, est une constante A_n. On a donc

$$\varphi(t)=\frac{A_0}{t^n}+\frac{A_1}{t^{n-1}}+\ldots+\frac{A_{n-1}}{t}+A_n,$$

et, par suite,

$$f(z)=A_0z^n+A_1z^{n-1}+\ldots+A_{n-1}z+A_n.$$

Ainsi la fonction $f(z)$ est une fonction entière du $n^{ième}$ degré.

41. Théorème IX. — *Toute fonction monodrome et monogène, qui n'admet qu'un nombre limité d'infinis, est une fraction rationnelle.*

Considérons d'abord le cas où la fonction $f(z)$ admet n infinis simples $a, b, c, \ldots, l$, et prend une valeur finie et déterminée P pour $z=\infty$.

La fonction, devenant infinie pour $z=a$, s'écrira sous la forme

$$f(z)=\frac{A}{z-a}+\varphi(z),$$

la fonction $\varphi(z)$ ne devenant plus infinie pour $z=a$.

La fonction $\varphi(z)$, devenant infinie pour $z=b$, s'écrira sous la forme

$$\varphi(z)=\frac{A}{z-b}+\chi(z).$$

En continuant de cette manière, on arrivera enfin à une fonction qui n'aura plus d'infini, et qui, par conséquent, sera une constante P. On aura donc

$$u=f(z)=\frac{A}{z-a}+\frac{B}{z-b}+\ldots+\frac{L}{z-l}+P.$$

La démonstration est la même quand il y a des infinis multiples. Soit p le degré de l'infini a, q celui de b, etc. La fonction proposée pourra être mise sous la forme

$$\begin{aligned}u=&\frac{A_0}{(z-a)^p}+\frac{A_1}{(z-a)^{p-1}}+\ldots+\frac{A_{p-1}}{z-a}\\&+\frac{B_0}{(z-b)^q}+\frac{B_1}{(z-b)^{q-1}}+\ldots+\frac{B_{q-1}}{z-b}\\&+\ldots\ldots\ldots\ldots\\&+\varphi(z).\end{aligned}$$

La fonction $\varphi(z)$, ne devenant plus infinie que pour $z=\infty$, est une fonction entière.

En réduisant ces fractions simples au même dénominateur, on voit que la fonction u est une fraction rationnelle dont le terme le plus élevé est du degré n, si n désigne le nombre total des infinis. A chaque valeur de u correspondent n valeurs de z, c'est-à-dire que la fonction prend la même valeur en n points du plan. Cette fonction admet aussi n zéros. Ainsi le nombre des zéros est le même que celui des infinis.

42. Théorème X. — *Toute fonction monogène, qui admet m valeurs pour chaque valeur de z, devient nécessairement infinie.*

Désignons par u_0, u_1, $u_2, \dots, u_{m-1}$, les m valeurs que prend la fonction u pour une même valeur de z. Considérons une fonction symétrique de ces m quantités, par exemple leur somme

$$u_0 + u_1 + u_2 + \dots + u_{m-1}.$$

Quand la variable z décrit un contour fermé, ces valeurs de la fonction se permutent les unes dans les autres suivant une certaine loi ; mais la fonction symétrique ne change pas. Cette fonction symétrique est donc monodrome. Puisqu'elle doit devenir infinie, il faut que l'un des termes de la somme devienne infini.

43. Théorème XI. — *Toute fonction monogène, qui a m valeurs pour chaque valeur de z et qui n'admet qu'un nombre limité d'infinis, est racine d'une équation algébrique.*

Représentons toujours par u_0, u_1, $u_2, \dots, u_{m-1}$, les m valeurs de u, et considérons les fonctions symétriques

$$\begin{array}{l} u_0 + u_1 + u_2 + \dots + u_{m-1}, \\ u_0 u_1 + u_1 u_2 + \dots, \\ u_0 u_1 u_2 + \dots, \\ \dots\dots\dots \\ u_1 u_1 u_2 \dots u \dots, \end{array}$$

savoir, la somme des m valeurs, la somme des produits deux à deux, la somme des produits trois à trois, etc., enfin le produit des m valeurs. Chacune de ces fonctions symétriques, étant monodrome et n'ayant qu'un nombre limité d'infinis, est une fraction rationnelle en z. La fonction u satisfait donc à une équation algébrique du degré m, dont les coefficients sont des fractions rationnelles en z.

Cette équation est irréductible; car si la fonction u satisfaisait à une équation de degré moindre, elle n'aurait pas m valeurs.

Corollaire. — *Une fonction définie par une équation algébrique irréductible du $m^{ième}$ degré prend m valeurs pour chaque valeur de la variable.*

On part de la valeur $z = z_0$ avec une certaine valeur initiale $u = u_0$, et l'on suit, pour aller à un point quelconque du plan, soit le chemin rectiligne, soit des lignes comprenant un ou plusieurs points pour lesquels l'équation a des racines égales. Ces chemins donneront m valeurs différentes de la fonction ; car si elle n'en prenait qu'un nombre moindre, elle satisferait à une équation de degré inférieur.

44. Théorème XII. — *Toute fonction monodrome et monogène, dont les infinis et les zéros sont disposés par groupes égaux et équidistants suivant une certaine direction, est une fonction simplement périodique.*

Nous avons démontré qu'une fonction, monodrome et monogène dans toute l'étendue du plan, devient infinie. Si la fonction n'admet qu'un nombre limité d'infinis, elle est rationnelle. Si elle en admet une infinité, elle est transcendante. Parmi les fonctions transcendantes, les mathématiciens ont étudié d'abord les fonctions simplement périodiques. Il est évident qu'une fonction simplement périodique, monodrome et monogène, devient infinie au moins une fois dans l'intervalle de chaque période, sans quoi la fonction ne deviendrait pas infinie dans toute l'étendue du plan.

La plus simple des fonctions périodiques est la fonction

$$u = \operatorname{tang} \frac{\pi z}{\omega} = \frac{e^{\frac{\pi z i}{\omega}} - e^{-\frac{\pi z i}{\omega}}}{i\left(e^{\frac{\pi z i}{\omega}} + e^{-\frac{\pi z i}{\omega}}\right)}$$

qui a pour période ω. Si l'on partage le plan en bandes égales par des parallèles à l'axe des y, menées à la distance ω, la fonction reprendra périodiquement la même valeur dans chacune de ces bandes aux points correspondants, c'est-à-dire aux points situés sur une parallèle à une même direction et la distance ω les uns des autres. La fonction $\operatorname{tang} \frac{\pi z}{\omega}$ n'admet qu'un seul infini et un seul zéro dans chaque bande ; elle ne passe qu'une fois par la même valeur.

Au moyen d'une fonction monodrome simplement périodique $\varphi(z)$ à un seul infini, on peut former une fonction simplement périodique, ayant la même période, et dans chaque période des infinis quelconques $\alpha, \beta, \gamma, \ldots$, et des zéros quelconques en même nombre $a, b, c, \ldots$. Il suffit de prendre la fonction

$$F(z) = A \frac{\varphi(z) - \varphi(a)}{\varphi(z) - \varphi(\alpha)} \times \frac{\varphi(z) - \varphi(b)}{\varphi(z) - \varphi(\beta)} \times \ldots$$

Lorsqu'une fonction monodrome et monogène a une infinité d'infinis placés en ligne droite et à égale distance, et une infinité de zéros placés aussi sur une ligne droite parallèle à la précédente et à même distance, cette fonction est simplement périodique. Car on peut former une fonction simplement périodique ayant les infinis et les zéros donnés, et, d'après le théorème VII, la fonction proposée sera égale à cette fonction périodique multipliée par un rapport constant.

Plus généralement, concevons une fonction $f(z)$ dont les infinis et les zéros soient disposés par groupes égaux et équidistants, suivant une même direction. Je dis d'abord que, dans chaque groupe, il y a autant de zéros que d'infinis ; supposons, en effet, que la fonction $f(z)$ contienne un plus grand nombre de zéros que d'infinis ; on pourra former une fonction simplement périodique $F(z)$, admettant tous les infinis de $f(z)$ et une partie des zéros ; le quotient $\frac{f(z)}{F(z)}$ n'ayant plus d'infinis, est constant ; donc, $f(z)$ ne peut avoir plus de zéros que

$F(z)$. Supposons, au contraire, que la fonction $f(z)$ ait moins de zéros que d'infinis, on formera une fonction simplement périodique $F(z)$ admettant tous les zéros de $f(z)$ et une partie des infinis. Le quotient $\frac{F(z)}{f(z)}$ n'ayant plus d'infinis, est constant; donc $f(z)$ a autant de zéros que $F(z)$. Ainsi, dans chaque groupe, le nombre des zéros de la fonction $f(z)$ est le même que celui des infinis. Si maintenant on appelle $F(z)$ la fonction simplement périodique qui admet ces infinis et ces zéros, le quotient $\frac{f(z)}{F(z)}$ étant constant, on voit que la fonction $f(z)$ est elle-même simplement périodique.

Si la fonction périodique n'était pas monodrome et prenait m valeurs pour chaque valeur de z, elle serait racine d'une équation algébrique du degré m, ayant pour coefficients des fonctions périodiques monodromes ; car toute fonction symétrique des m valeurs de la fonction est une fonction monodrome.

45. Théorème XIII. — *Le résidu intégral de toute fonction doublement périodique, monodrome et monogène, relatif à l'aire d'un parallélogramme des périodes, est nul.*

M. Cauchy appelle *résidu intégral* d'une fonction monodrome et monogène $f(z)$, relatif à une aire plane donnée, la valeur de l'intégrale $\int f(z)\,dz$, prise le long du contour de cette aire et divisée par $2\pi i$. D'après ce qui a été dit au n° **20**, le résidu relatif à une aire quelconque est égal à la somme des résidus relatifs aux aires infiniment petites qui comprennent les points de l'aire pour lesquels la fonction $f(z)$ devient infinie.

Nous supposons la fonction $f(z)$ doublement périodique. Représentons les deux périodes par AB et AC (*fig.* 9) ; des parallèles équidistantes partageront

Fig. 9.

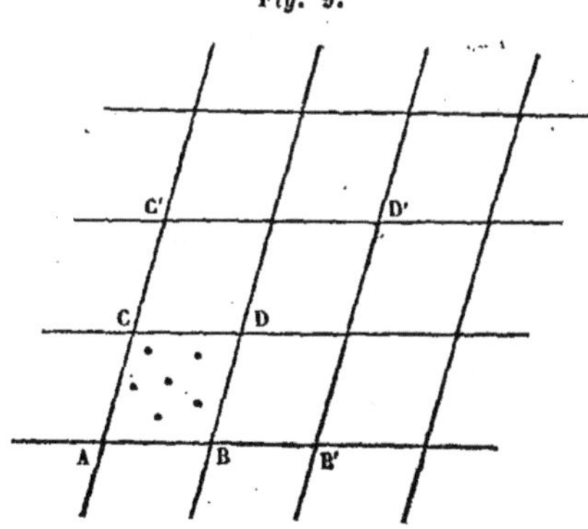

le plan en parallélogrammes dans lesquels la fonction reprendra périodiquement la même valeur. Considérons le résidu intégral de la fonction $f(z)$ relatif à l'aire du parallélogramme ABDC, et l'intégrale définie prise le long du contour de ce parallélogramme, parcouru dans le sens ABDC. On a, par définition,

$$\mathcal{E} f(z) = \frac{1}{2\pi i}\int f(z)\,dz.$$

La fonction $f(z)$ étant la même le long des deux côtés opposés AB, CD du parallélogramme, il est évident que l'intégrale définie, prise le long de ces deux lignes, acquiert la même valeur ; mais, comme les deux côtés opposés sont parcourus en sens contraire, les deux portions relatives à ces côtés, dans l'intégrale définie, se détruisent, et de même les deux portions relatives aux deux côtés opposés BD, CA. Ainsi l'intégrale définie, prise le long du contour de ce parallélogramme, est nulle, et par conséquent le résidu intégral est nul.

Ce théorème remarquable, duquel on déduit avec une grande facilité les plus importantes propriétés des fonctions doublement périodiques, a été aperçu la première fois par M. Hermite.

46. Corollaire I. — *Toute fonction doublement périodique, monodrome et monogène, admet au moins deux infinis dans chaque parallélogramme des périodes.*

La fonction, étant périodique, admet un premier infini dans chaque parallélogramme. Si elle n'avait qu'un infini simple dans chaque parallélogramme, son résidu intégral relatif à ce parallélogramme ne serait pas nul ; il y a donc au moins un second infini.

Cette propriété sert de base à la belle théorie des fonctions doublement périodiques professée par M. Liouville au Collége de France.

47. Corollaire. II. — *Chaque parallélogramme des périodes renferme autant de zéros que d'infinis.*

Considérons la fonction $\frac{f'(z)}{f(z)}$. Cette fonction, qui est doublement périodique comme la fonction proposée $f(z)$, n'admet que des infinis simples, savoir les zéros et les infinis de la fonction $f(z)$. En effet, soit a un zéro de degré p de la fonction $f(z)$, on aura, en développant en série,

$$f(z) = A(z-a)^p + A'(z-a)^{p+1} + \ldots,$$

d'où l'on déduit

$$f'(z) = pA(z-a)^{p-1} + \ldots,$$

$$\frac{f'(z)}{f(z)} = \frac{p}{z-a} + \ldots.$$

Ainsi la quantité a est un infini simple de la fonction $\frac{f'(z)}{f(z)}$. Le résidu de cette fonction, relatif à cette valeur a, est égal à p.

De même, soit α un infini de degré q de la fonction $f(z)$. On aura, en développant,

$$f(z) = \frac{B}{(z-\alpha)^q} + \frac{B'}{(z-\alpha)^{q-1}} + \ldots,$$

d'où l'on déduit

$$f'(z) = -\frac{qB}{(z-\alpha)^{q+1}} - \ldots,$$

$$\frac{f'(z)}{f(z)} = -\frac{q}{(z-\alpha)} + \ldots.$$

Ainsi la quantité α est un infini simple de la fonction $\frac{f'(z)}{f(z)}$, et le résidu est égal à $-q$.

Puisque la fonction $\frac{f'(z)}{f(z)}$ est doublement périodique, le résidu intégral de cette fonction, relatif à l'aire du parallélogramme, est nul ; on a donc

$$\Sigma p - \Sigma q = 0,$$

ou

$$\Sigma p = \Sigma q.$$

On en conclut que dans chaque parallélogramme, le nombre des zéros de la fonction $f(z)$ est égal au nombre des infinis, en tenant compte du degré de chacun d'eux.

Désignons par n le nombre des infinis de la fonction $f(z)$ dans chaque parallélogramme, le nombre des zéros est aussi n. La fonction $f(z) - A$, qui a n infinis, a aussi n zéros ; ceci montre que, dans chaque parallélogramme, la fonction $f(z)$ passe n fois par une valeur quelconque A.

48. Corollaire III. — Appelons $z_1, z_2, \ldots, z_n$ les n valeurs de z qui, dans un même parallélogramme, correspondent à la même valeur u de la fonction $u = f(z)$, et posons

$$\zeta = z_1 + z_2 + \ldots + z_n,$$

d'où

$$\frac{d\zeta}{du} = \frac{dz_1}{du} + \frac{dz_2}{du} + \ldots + \frac{dz_n}{du}.$$

A chaque valeur de u, finie ou infinie, correspond une valeur finie de ζ, augmentée de multiples des périodes, et une seule valeur du coefficient différentiel $\frac{d\zeta}{du}$ qui peut être regardé comme une fonction de u, monodrome et monogène. Cette fonction ne peut devenir infinie pour aucune valeur de u finie ou infinie ; car, si $\frac{d\zeta}{du}$ devenait infinie pour $u = a$, on aurait, en vertu du théorème V,

$$\frac{d\zeta}{du} = \frac{\varphi(u)}{(u-a)^p}$$

et ζ deviendrait infinie, ce qui est impossible. La fonction $\frac{d\zeta}{du}$ ne devenant pas infinie, est une constante ; de plus, cette constante est nulle, sans quoi on aurait $\zeta = Au + B$. Donc la quantité ζ est elle-même une constante.

49. THÉORÈME XIV. — *Deux fonctions doublement périodiques, monodromes et monogènes, ayant les mêmes périodes, et chacune un nombre limité d'infinis, sont fonctions algébriques l'une de l'autre.*

Soient u et v deux fonctions de z doublement périodiques, monodromes et monogènes, et ayant les mêmes périodes ω et ω'. Désignons par n le nombre des infinis de la première fonction dans chaque parallélogramme des périodes, par m le nombre des infinis de la seconde. A une même valeur de u correspondent n valeurs de z, augmentées de multiples quelconques des périodes ; mais à chaque valeur de z, augmentée de multiples quelconques des périodes, correspond une seule valeur de v; à une valeur de u correspondent donc n valeurs de v. On en conclut que les deux fonctions u et v sont liées entre elles par une équation algébrique entière, du degré m par rapport à u, et du degré n par rapport à v.

50. COROLLAIRE I. — Appliquons ce théorème à la recherche de la relation qui existe entre la fonction doublement périodique $u = f(z)$ et sa dérivée $u' = f'(z)$. La dérivée est une fonction doublement périodique ayant les mêmes périodes que la fonction proposée. Elle admet les mêmes infinis, le degré de chacun d'eux étant élevé d'une unité (no **47**) ; si donc on désigne par n le nombre des infinis de la fonction u, le nombre n' des infinis de la fonction u' sera au moins égal à $n + 1$ et au plus égal à $2n$. Ainsi la fonction u et sa dérivée u' sont liées par une équation algébrique entière, du degré n par rapport à u', et du degré n' par rapport à u.

Soit

$$U_0 u'^n + U_1 u'^{n-1} + U_2 u'^{n-2} + \ldots + U_n = 0 \tag{1}$$

cette équation ordonnée par rapport aux puissances décroissantes de u'.

La fonction u' ne devenant infinie pour aucune valeur finie de u, le premier coefficient U_0 est égal à l'unité. A une même valeur de u correspondent n valeurs de z dont la somme est constante (**48**), et, par suite, n valeurs de $\frac{dz}{du}$ ou de $\frac{1}{u'}$ dont la somme est nulle ; il en résulte que l'avant-dernier coefficient U_{n-1} est égal à zéro.

La plus simple des fonctions doublement périodiques est la fonction à deux infinis. Dans ce cas, l'équation se réduit à

$$u'^2 + U_2 = 0, \tag{2}$$

U_2 étant un polynôme entier en u du troisième ou du quatrième degré.

Cette liaison algébrique entre une fonction doublement périodique quelconque et sa dérivée a été remarquée par M. Méray, élève de l'École normale.

51. COROLLAIRE II. — Proposons-nous maintenant d'exprimer une fonction doublement périodique v, à m infinis, au moyen d'une fonction doublement périodique u à deux infinis et aux mêmes périodes. Les deux fonctions sont liées par une équation

$$Lv^2 - 2Mv + P = 0,$$

du second degré par rapport à v et du degré m par rapport à u.

Si l'on pose

$$v = \frac{M + w}{L},$$

cette équation devient

$$M^2 - (w^2 - LP) = 0. \tag{4}$$

La fonction w est une fonction monodrome doublement périodique par rapport à z, comme la fonction u. A chaque valeur de u correspondent deux valeurs z_1 et z_2 de z, lesquelles donnent pour u' deux valeurs égales et de signes contraires, et de même pour w. Ainsi le quotient $\frac{w}{u'}$ est monodrome par rapport à u; c'est une fonction entière. En effet, si l'on appelle s la somme constante $z_0 + z_1$, on a $f'(z) = -f'(s - z)$, et l'on voit que la fonction u' admet les quatre zéros $\frac{s}{2}$, $\frac{s}{2} + \frac{\omega}{2}$, $\frac{s}{2} + \frac{\omega'}{2}$, $\frac{s}{2} + \frac{\omega + \omega'}{2}$. La fonction w admet aussi ces quatre zéros. D'un autre côté, l'équation (4) ayant son premier coefficient égal à l'unité, la fonction w ne devient infinie pour aucune valeur finie de u. Le quotient $\frac{w}{u'}$, monodrome par rapport à u et ne devenant infini pour aucune valeur finie de u, est donc une fonction entière de u; cette fonction est du degré $m - 2$. Si nous la désignons par N, nous aurons la formule

$$v = \frac{M + Nu'}{L}, \tag{5}$$

dans laquelle L, M, N représentent des polynômes entiers en u; les deux premiers du degré m au plus, le troisième du degré $m - 2$.

Ainsi, *une fonction doublement périodique à m infinis s'exprime rationnellement au moyen d'une fonction à deux infinis aux mêmes périodes, et de sa dérivée.*

Cette proposition très importante est due à M. Liouville, qui l'a démontrée par d'autres considérations.

52. Les fonctions simplement périodiques jouissent de propriétés analogues; mais ceci suppose que les fonctions deviennent infinies sans devenir indéterminées; autrement la relation ne serait plus algébrique. Cherchons, par exemple, la relation qui existe entre une fonction simplement périodique monodrome $v = f(z)$, qui ne devient infinie pour aucune valeur finie de z, et la fonction $u = e^{\frac{2\pi z i}{\omega}}$. A chaque valeur finie de u correspond une valeur finie de v et une seule, excepté pour $u = 0$; donc, en vertu du théorème II, v est développable en une double série convergente suivant les puissances positives et négatives de u, ce qui donne le développement de Fourier.

53. THÉORÈME XV. — *Lorsqu'une fonction monodrome a ses infinis et ses zéros disposés par groupes égaux et équidistants suivant deux directions différentes, et que, dans chaque groupe, le nombre des zéros est le même que celui des infinis, et la somme des zéros la même que celle des infinis, la fonction est doublement périodique.*

M. Liouville a fait voir comment, avec une fonction monodrome doublement périodique $\varphi(z)$ à deux infinis, on peut former une fonction doublement périodique $F(z)$ ayant les mêmes périodes, un nombre quelconque d'infinis et un pareil nombre de zéros donnés, pourvu que la somme des zéros égale celle des infinis.

Il existe donc une fonction doublement périodique $F(z)$ ayant les infinis et les zéros de la fonction proposée $f(z)$; le rapport de ces deux fonctions étant constant, on en conclut que la fonction proposée est elle-même doublement périodique.

54. Nous avons cherché, dans ce premier Mémoire, à réunir les éléments et à asseoir les bases solides de la nouvelle théorie des fonctions. Dans ce but, nous avons mis à profit les travaux de MM. Cauchy, Liouville, Hermite et Puiseux. L'idée première appartient à M. Cauchy.

Les plus importantes des fonctions sont les fonctions monodromes et monogènes. Les trois premières catégories de fonctions monodromes comprennent les fonctions rationnelles, les fonctions simplement périodiques et les fonctions doublement périodiques. Toute fonction monodrome, qui ne peut être rangée dans l'une de ces trois catégories, constitue une transcendante nouvelle. Les transcendantes se distinguent les unes des autres par la loi de distribution de leurs infinis.

On peut regarder les équations différentielles comme la source inépuisable des transcendantes nouvelles. Nous nous sommes occupés ailleurs de l'étude des fonctions définies par des équations différentielles.

II. — Sur les fonctions elliptiques ;

par MM. Briot et Bouquet (*).

55. Legendre a été conduit aux fonctions elliptiques par l'étude de l'intégrale transcendante

$$z=\int_0^u \frac{du}{\sqrt{R}},$$

dans laquelle R représente un polynôme entier en u du troisième ou du quatrième degré. Mais l'intégrale n'étant pas une fonction monodrome de u, et admettant une infinité de valeurs pour chaque valeur de u, il convient, au contraire, de prendre z pour variable indépendante et de regarder u comme une fonction de z. Cette fonction sera définie par l'équation différentielle

$$\frac{du}{dz}=\sqrt{R}.$$

Nous allons démontrer d'abord que la fonction u de z définie par cette équation différentielle est une fonction monodrome, comme les fonctions e^z, $\sin z$; nous verrons ensuite qu'elle est doublement périodique.

On doit à M. Cauchy ce théorème remarquable : tant que la dérivée $\frac{du}{dz}$ reste fonction monodrome de u et de z dans le voisinage de certaines valeurs, la fonction intégrale u est elle-même une fonction monodrome de z. Nous admettons ce théorème, renvoyant le lecteur à la démonstration très simple que nous en avons donnée dans le XXIe cahier du *Journal de l'École polytechnique*, page 56.

56. Supposons d'abord le polynôme R du troisième degré et proposons-nous d'étudier la fonction définie par l'équation différentielle

$$\frac{du}{dz}=\sqrt{(u-a)(u-b)(u-c)}, \tag{1}$$

à laquelle on joint la condition $u=0$ pour $z=0$. Il faut indiquer en outre le signe avec lequel on prend le radical pour $z=0$; nous désignerons par U_0 cette valeur initiale du radical. Le radical cesse d'être monodrome pour les valeurs de u voisines de l'une des quantités a, b, c, qui annulent le radical. Il faut

---

(*) Extrait d'un ouvrage intitulé : *Théorie des fonctions doublement périodiques, et en particulier des fonctions elliptiques*, par MM. Briot et Bouquet.

examiner si, malgré cette circonstance, la fonction intégrale reste monodrome. Supposons que pour $z = z_1$ la fonction u devienne égale à a; si l'on pose $u = a + u'^2$, l'équation devient

$$\frac{du'}{dz} = \frac{1}{2}\sqrt{(a-b+u'^2)(a-c+u'^2)}.$$

Le radical étant fonction monodrome de u' pour les valeurs de u' suffisamment petites, il en résulte que u' et par suite u reprend la même valeur quand la variable z tourne autour du point z_1. Ainsi la fonction u reste fonction monodrome de z tant que cette fonction conserve une valeur finie.

Mais la fonction intégrale peut cesser d'être monodrome d'une autre manière, c'est lorsque la fonction u devient infinie pour une valeur finie de z ; et il y a lieu de tenir compte de cette circonstance, car l'intégrale

$$\int_0^u \frac{du}{\sqrt{(u-a)(u-b)(u-c)}}$$

tend vers une valeur finie, quand u augmente indéfiniment suivant une direction quelconque. Soit donc α une valeur de z pour laquelle u devient infinie. Posons

$$z = \alpha + z', \quad u = \frac{1}{v};$$

l'équation différentielle devient

$$\frac{dv}{dz'} = -\sqrt{(1-av)(1-bv)(1-cv)};$$

et l'on fait ensuite

$$v = v'^2,$$

elle se réduit à

$$\frac{dv'}{dz'} = -\frac{1}{2}\sqrt{(1-av'^2)(1-bv'^2)(1-cv'^2)} \qquad (2)$$

et l'on a $v' = 0$ pour $z' = 0$. La fonction v' définie par l'équation (2) restant monodrome dans le voisinage de $z' = 0$, il en est de même de la fonction u. On en conclut que u est une fonction monodrome de z dans toute l'étendue du plan.

57. Etudions maintenant la fonction inverse

$$z = \int_0 \frac{du}{\sqrt{(u-a)(u-b)(u-c)}}.$$

Dans le plan qui sert à figurer la variation de u, marquons les trois points a, b, c, désignons par (A), (B), (C), les trois contours élémentaires correspondants et appelons A, B, C les valeurs de l'intégrale définie relative à ces contours. Tous les chemins qui vont de l'origine à un point quelconque M du plan peuvent être ramenés au chemin rectiligne OM, ou à ce chemin rectiligne précédé de l'un des contours élémentaires ou d'une combinaison de ces contours. Appelons z la valeur de l'intégrale rectiligne OM. Tous les chemins qui se ramènent au chemin rectiligne sans passer par aucun des points a, b, c donnent la même valeur z. Supposons que la variable u décrive d'abord le contour élémentaire (A), le radical, changeant de signe,

Fig. 10.

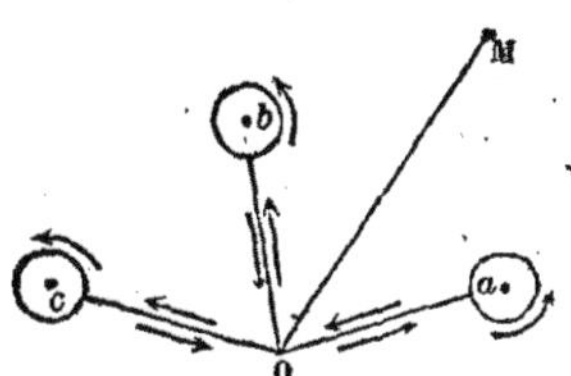

reviendra à l'origine avec la valeur $-U_0$, de sorte que si u parcourt ensuite le chemin rectiligne OM, l'intégrale prendra la valeur $-z$, en tout $A-z$. Supposons maintenant que la variable u, après avoir décrit le contour (A), décrive ensuite le contour élémentaire (B), par un second changement de signe le radical reviendra à l'origine avec sa valeur initiale U_0, l'intégrale ayant alors la valeur $A-B$; si l'on marche ensuite suivant un chemin quelconque, on voit que l'intégrale sera augmentée de la quantité constante $A-B$; par exemple, si l'on suit le chemin rectiligne OM, on aura $A-B+z$. La variable u pouvant décrire le double contour (A) + (B) autant de fois que l'on veut, l'intégrale sera augmentée d'un multiple quelconque de la quantité constante $\omega = A-B$, qui constitue ainsi une première période. On aura de même deux autres périodes $\omega' = A-C$, $\omega'' = B-C$; mais comme $\omega'' = \omega' - \omega$, cette troisième rentre dans les deux premières. Si l'on parcourait deux fois successivement le même contour (A), on reviendrait à la valeur initiale U_0 du radical; mais la valeur de l'intégrale $A-A$ serait nulle. Ainsi, il n'y a pas d'autre période que les deux que nous venons de trouver.

58. Il résulte de ce qui précède qu'à chaque valeur de u correspondent deux séries de valeurs de z représentées par les formules

$$z + m\omega + m'\omega', \quad A - z + m\omega + m'\omega',$$

dans lesquelles m et m' désignent des nombres entiers quelconques positifs ou négatifs. Les valeurs $B-z$, $C-z$, que l'on obtiendrait en parcourant d'abord l'un des contours (B) ou (C), puis le chemin rectiligne OM, rentrent dans la seconde série; car $B = A + B - A = A - \omega$, $C = A + C - A = A - \omega'$. Réciproquement, on conclut de là que u est une fonction monodrome de z doublement périodique; quand la variable z augmente ou diminue de l'une des quantités ω et ω', la fonction u reprend la même valeur.

Dans le plan qui sert à figurer la variation de z, portons à la suite les unes des autres les longueurs $oo_1, o_1 o_2, \ldots\ldots$ égales à la première période ω, les longueurs $oo', o'o'', o''o'''$, égales à la seconde période ω' ; par les points o, o', o'',

Fig. 11.

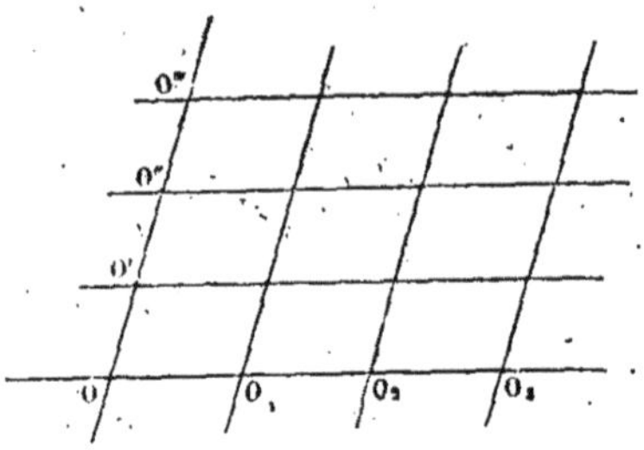

menons des parallèles à oo_1, et par les points $o_1, o_2, \ldots$ des parallèles à oo'. Ces parallèles diviseront le plan en parallélogrammes égaux, dans lesquels la fonction u reprendra périodiquement la même valeur. Dans chaque parallélogramme, la fonction u passe deux fois par tous les états de grandeur et la somme des deux valeurs de z qui correspondent à la même valeur de u est constante et égale à A, en négligeant les multiples des périodes.

La fonction, dans chaque parallélogramme, admet deux zéros simples, $z=0$, $z=\mathrm{A}$, et un infini double $z=\frac{\mathrm{A}}{2}$; car l'équation (2) montre que $z'=0$ ou $z=\alpha$ est un zéro simple pour v', et par conséquent un infini double pour u.

59. La méthode précédente s'applique sans difficulté à l'équation différentielle

$$\frac{du}{dz}=\sqrt{(u-a)(u-b)(u-c)(u-d)}, \qquad (3)$$

à laquelle on joint les conditions $u=0$, $\frac{du}{dz}=\mathrm{U}$, pour $z=0$. La fonction u reste monodrome, même dans le voisinage des valeurs a, b, c, d, pour lesquels la dérivée cesse d'être monodrome par rapport à u. Soit α une valeur de z qui rend u infini ; si l'on pose

$$z=\alpha+z', \quad u=\frac{1}{v},$$

l'équation devient

$$\frac{dv}{dz'}=-\sqrt{(1-av)(1-bv)(1-cv)(1-dv)}. \qquad (4)$$

et l'on a la condition $v=0$ pour $z'=0$. La fonction v restant monodrome dans le voisinage de $z' = 0$, il en est de même de u. Ainsi la fonction u est monodrome dans toute l'étendue du plan.

Considérons maintenant la fonction inverse

$$z = \int_0^u \frac{du}{\sqrt{(u-a)(u-b)(u-c)(u-d)}}.$$

Dans le plan relatif à la variable u, marquons les quatre points a, b, c, d, dans l'ordre où ils se présentent quand on fait tourner le rayon vecteur dans un sens déterminé, et considérons les contours élémentaires qui enveloppent ces

Fig. 12.

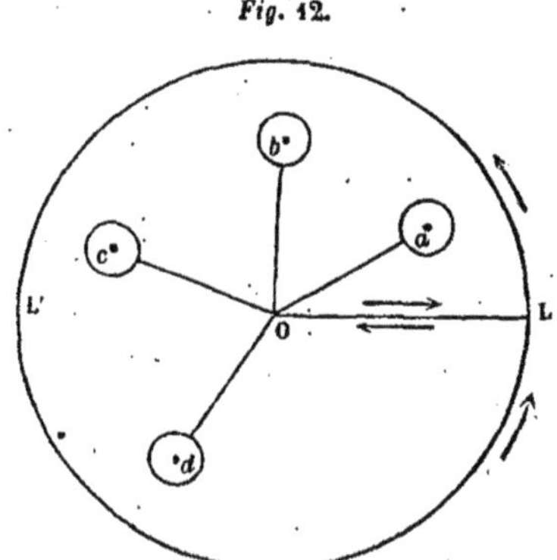

différents points. Comme nous l'avons expliqué plus haut, quand la variable u parcourt successivement deux contours élémentaires, on ramène à l'origine, par deux changements de signe, la valeur initiale du radical ; il en résulte les six périodes

$$\begin{gathered} A - B,\ A - C,\ A - D, \\ B - C,\ B - D,\ C - D; \end{gathered}$$

mais ces six périodes ne sont pas distinctes : on remarque d'abord que les trois dernières, étant des combinaisons des trois premières, rentrent dans celles-ci. Nous allons faire voir maintenant qne les trois premières périodes se réduisent à deux.

De l'origine comme centre, avec un très grand rayon OL, décrivons un cercle, et supposons que la variable u parcoure d'abord la droite OL, puis décrive la circonférence dans le sens indiqué par la flèche, et revienne à l'origine par la droite LO. Ce contour fermé équivaut évidemment à la somme des quatre contours élémentaires (A) + (B) + (C) + (D) parcourus dans l'ordre indiqué ; ce qui donne l'intégrale $A - B + C - D$. Le radical, ayant éprouvé quatre changements de signe, reprend à l'origine sa valeur initiale U_0; quand la variable après avoir parcouru la droite OL, a décrit la grande circonférence, le radical reprend donc au point L la même valeur, et, par suite, la seconde intégrale rectiligne LO détruit la première OL; il reste à évaluer l'intégrale circulaire. Si l'on pose $z = re^{\theta i}$, cette intégrale a pour expression

$$\int_{\theta_0}^{\theta_0+2\pi} \frac{ie^{-\theta i}.d\theta}{r\sqrt{\left(1-\frac{a}{r}e^{-\theta i}\right)\left(1-\frac{b}{r}e^{-\theta i}\right)\left(1-\frac{c}{r}e^{-\theta i}\right)\left(1-\frac{d}{r}e^{-\theta i}\right)}};$$

quand le rayon augmente indéfiniment, cette intégrale tend vers zéro. Ainsi l'intégrale relative au contour fermé OLL'LO est nulle. Il en résulte la relative

$$A - B + C - D = 0;$$

d'où

$$A - D = B - C = (A - C) - (A - B),$$

ce qui fait rentrer la troisième période A — D dans les deux premières. Ainsi la fonction u est doublement périodique; elle admet les deux périodes $\omega = A - C$, $\omega' = A - B$.

Si l'on néglige les multiples des périodes, on voit qu'à chaque valeur de u correspondent deux valeurs de z, savoir : l'intégrale rectiligne z et $A - z$, les autres valeurs $B - z$, $C - z$, $D - z$, rentrant dans la seconde par des additions de périodes. La somme de ces deux valeurs est constante et égale à A.

Dans chaque parallélogramme des périodes, la fonction u passe deux fois par tous les états de grandeur; elle admet deux zéros simples $z = 0$, $z = A$, et deux infinis simples $z = \alpha$, $z = \beta$. L'équation (4) montre en effet que $z = \alpha$ est zéro simple pour v, et par conséquent infini simple pour u.

60. La fonction *elliptique* est définie par l'équation différentielle

$$\frac{du}{dz} = g\sqrt{(1-u^2)(1-k^2u^2)} \tag{5}$$

dans laquelle g et k sont deux paramètres arbitraires. On suppose que pour $z = 0$, la fonction a la valeur initiale $u = 0$ et le radical la valeur $+1$. Cette équation rentre, comme cas particulier, dans celle que nous avons étudiée. Ainsi la fonction qu'elle définit est monodrome et doublement périodique. Nous désignerons par $\lambda(z)$ cette fonction, et, pour abréger, nous représenterons le radical par Δu.

La forme particulière du polynôme du quatrième degré, placé sous le radical, donne à la fonction elliptique certaines propriétés remarquables que nous allons énumérer.

On voit d'abord que la fonction est impaire; car si l'on fait varier u dans deux directions opposées, l'intégrale définie

$$z=\int_0^u \frac{du}{g\Delta u}$$

acquiert des valeurs égales et de signes contraires ; on a donc

$$\lambda(-z)=-\lambda(z).$$

Les quatre racines du polynôme, placé sous le radical sont $+1$, -1, $+\frac{1}{k}$, $-\frac{1}{k}$; à ces racines correspondent les quatre points a, c, b, d.

Fig. 13.

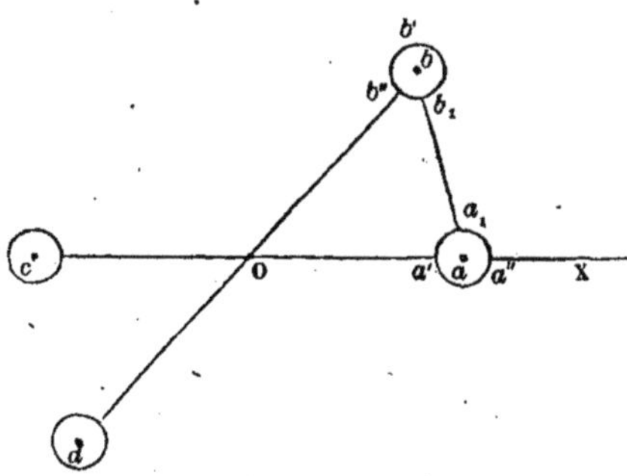

Puisque $C=-A$, la première période est

$$\omega=2A=4\int_0^1 \frac{du}{g\Delta u},$$

cette intégrale étant prise suivant le chemin rectiligne O a.

Pour évaluer la seconde période $\omega'=A-B$, il faut parcourir successivement les deux contours (A) + (B). Ce double contour équivaut au contour fermé $o\,a'\,a''\,a_1\,b_1\,b'\,b''\,b_1\,a_1\,a'\,o$; à cause des deux changements de signe, le radical reprend en a' la même valeur, de sorte que les deux portions rectilignes oa' et $a'\,o$ se détruisent. L'intégrale se réduit à la droite $a_1\,b_1$ parcourue dans un sens et dans l'autre avec des signes contraires ; on a donc

$$\omega'=2\int_1^{\frac{1}{K}} \frac{du}{g\Delta u},$$

cette intégrale étant prise suivant le chemin rectiligne $a\ b$.

Les deux valeurs de z qui, dans chaque parallélogramme, correspondent à une même valeur de u, sont, abstraction faite des périodes, z et $A-z$ ou $\frac{\omega}{2}-z$, dont la somme est constante et égale à $\frac{\omega}{2}$. On en déduit cette relation

$$\lambda\left(\frac{\omega}{2}-z\right)=\lambda(z),$$

et par suite

$$\lambda\left(\frac{\omega}{2}+z\right)=-\lambda(z). \tag{II}$$

La fonction admet les deux zéros simples $z=0$, $z=\frac{\omega}{2}$; on a aussi $\lambda\left(\frac{\omega}{4}\right)=1$, puisqu'en faisant varier u de 0 à 1 en ligne droite, l'intégrale définie z acquiert la valeur $\frac{\omega}{4}$. On voit par là que, relativement à la première période ω, la fonction $\lambda(z)$ jouit de propriétés analogues à celles de la fonction simplement périodique $\sin\frac{2\pi z}{\omega}$.

Cherchons maintenant les deux infinis. Supposons que la variable u, partant de $u=0$, s'éloigne à l'infini suivant un chemin quelconque, on obtiendra une valeur finie de z,

$$z=\int_0^{\infty}\frac{du}{g\Delta u}.$$

Posons

$$u^2=\frac{1-u'^2}{1-k^2u'^2};$$

il vient

$$\alpha=-\int_1^{\frac{1}{k}}\frac{du'}{g\Delta u'}$$

Or rien n'empêche de supposer le chemin suivi par la variable u tel que le chemin correspondant suivi par la variable u' soit rectiligne; on a donc $\alpha=-\frac{\omega'}{2}$ ou $\alpha=\frac{\omega'}{2}$. Un second chemin allant de $u=0$ à $u=\infty$ donnera $\frac{\omega}{2}-\alpha$,

Fig. 14.

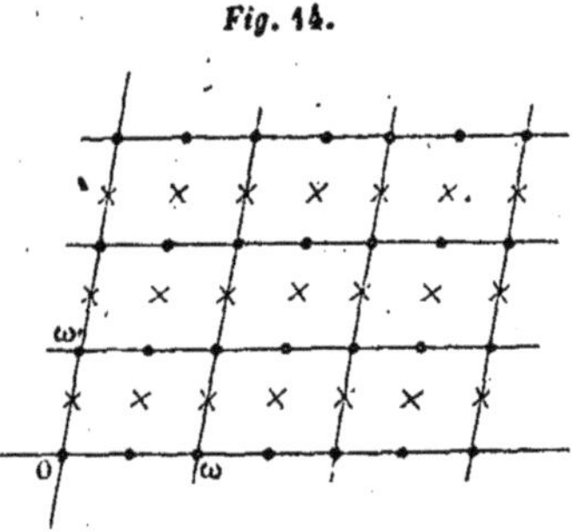

c'est-à-dire $\frac{\omega}{2}-\frac{\omega'}{2}$ ou $\frac{\omega}{2}+\frac{\omega'}{2}$. Les autres chemins conduisent aux mêmes valeurs augmentées ou diminuées de multiples des périodes. Ainsi dans chaque parallélogramme la fonction $\lambda(z)$ admet les deux infinis simples $z=\frac{\omega'}{2}, z=\frac{\omega+\omega'}{2}$.

La figure (14) indique la distribution des zéros et des infinis dans le plan relatif à la variable z, les points ronds se rapportant au zéros, les étoiles aux infinis.

Posons

$$z=\frac{\omega'}{2}+z', u=\frac{1}{kv},$$

la nouvelle fonction v satisfait à l'équation différentielle

$$\frac{dv}{dz}=-g\sqrt{(1-v^2)(1-k^2v^2)}$$

et s'évanouit pour $z'=0$, la valeur initiale du radical pour $z'=0$ étant ± 1. On a donc $v=\pm\lambda(z')$ suivant le signe du radical, ce qui donne la relation $\lambda\left(\frac{\omega}{2}+z'\right)=\pm\frac{1}{k\lambda(z')}$. Si dans cette relation on fait $z=\frac{\omega}{4}$, il vient $\lambda\left(\frac{\omega'}{2}+\frac{\omega}{4}\right)=+\frac{1}{k}$. Il est facile de déterminer le signe; on sait qu'à la valeur $u=\frac{1}{k}$, par l'intégration rectiligne suivant ob, correspond la valeur $z=\frac{\beta}{2}=\frac{\omega}{4}+\frac{\omega'}{2}$; on a donc

$$\lambda\left(\frac{\omega}{4}+\frac{\omega'}{2}\right)=\frac{1}{k},$$

ce qui nous apprend que, dans l'équation (2) le radical a la valeur initiale -1, et par suite la dérivée $\frac{dv}{dz'}$ la valeur initiale $+1$. On en conclut la relation importante

$$\lambda\left(\frac{\omega'}{2}+z\right)=\frac{1}{k\lambda(z)}, \qquad \text{(III)}$$

qui n'a pas son analogue dans le sinus, mais dans la tangente.

En résumant ce qui précède, on voit que la fonction elliptique, définie par l'équation (5) est une fonction monodrome doublement périodique impaire, ayant pour périodes

$$\omega=4\int_0^1\frac{du}{gu}, \quad \omega'=2\int_1^{\frac{1}{k}}\frac{du}{g\Delta u}.$$

Elle admet dans chaque parallélogramme deux zéros $z=0$, $z=\frac{\omega}{2}$, et deux infinis simples $z=\frac{\omega+\omega'}{2}, z=\frac{\omega'}{2}$; elle passe deux fois par chaque valeur, et les deux valeurs de z, qui correspondent à une même valeur de la fonction, présentent une somme constante et égale à $\frac{\omega}{2}$. Elle jouit des propriétés suivantes :

$$\lambda\left(\frac{\omega}{2}+z\right)=-\lambda(z), \quad \lambda\left(\frac{\omega'}{2}+z\right)=\frac{1}{k\,\lambda(z)}.$$

On a d'ailleurs

$$\lambda\left(\frac{\omega}{4}\right)=1, \quad \lambda\left(\frac{\omega}{4}+\frac{\omega'}{2}\right)=\frac{1}{k}.$$

61. L'équation (5), par laquelle nous avons défini la fonction elliptique, renferme deux paramètres arbitraires g et k, et l'on conçoit que les deux périodes ω et ω', qui s'en déduisent, puissent recevoir toutes les valeurs possibles ; nous désignerons cette fonction par le signe $\lambda\,(z, g, k)$, indiquant ainsi les deux paramètres g et k dont elle dépend.

Mais on peut ramener la question au cas où $g=1$; l'équation différentielle

$$\frac{du}{dz}=\sqrt{(1-u^2)(1-k^2u^2)} \tag{6}$$

ne renferme plus alors qu'un seul paramètre k, auquel on donne le nom de *module ;* la fonction elliptique qu'elle définit sera représentée par le symbole $\lambda\,(z, 1, k)$, ou plus simplement $\lambda\,(z, k)$, en sous-entendant le premier paramètre qui est égal à l'unité. L'équation (5) pouvant se mettre sous la forme

$$\frac{du}{d(gz)}=\sqrt{(1-u^2)(1-k^2u^2)},$$

on voit que

$$\lambda(z,g,k)=\lambda\,(gz,k).$$

Si l'on appelle ω et ω' les deux périodes de la fonction $\lambda\,(z, k)$, celles de la fonction $\lambda\,(gz, k)$ seront $\frac{\omega}{g}$ et $\frac{\omega'}{g}$; ainsi, quand on change la valeur du paramètre g, les deux périodes varient dans le même rapport. Il résulte de là que la valeur du module k ne dépend que du rapport des périodes ; après avoir déterminé ce module de manière que le rapport des périodes ait une valeur donnée, on pourra disposer du paramètre g de manière que les périodes aient des valeurs données.

62. La fonction elliptique a été l'objet des remarquables travaux de Legendre, Abel et Jacobi. Mais ces grands géomètres se sont bornés au cas où le module est réel et moindre que l'unité.

Dans ce cas, la fonction inverse, donnée par l'intégrale définie

$$z=\int_0^u \frac{du}{\sqrt{(1-u^2)(1-k^2u^2)}}$$

ne reste réelle que si u varie du -1 à $+1$; si l'on pose $u=\sin\varphi$, il vient

$$z=\int_0^\varphi \frac{d\varphi}{\sqrt{1-k^2\sin^2\varphi}}=\int_0^\varphi \frac{d\varphi}{\Delta\varphi},$$

en désignant par $\Delta\varphi$ le radical $\sqrt{1-k^2\sin.^2\varphi}$. Legendre, qui ne s'occupait que de la quadrature ou de la fonction inverse, regardait l'angle φ comme l'amplitude de la valeur z de l'intégrale définie. Jacobi, qui, avec Abel, a le premier envisagé la fonction directe u, a été conduit, d'après cela, à représenter cette fonction directe par le symbole *sin am* z, (c'est-à-dire $\sin\varphi$, ou sinus amplitude z); il représentait de même la fonction $\mu(z)$ ou $\cos\varphi$ par *cos am* z et la fonction $\nu(z)$, ou $\Delta\varphi$ par Δ *am* z. Mais nous préférons conserver, même dans ce cas particulier, pour représenter les trois fonctions directes, les signes $\lambda(z)$, $\mu(z)$ $\nu(z)$, qui sont beaucoup plus simples et plus commodes dans le calcul.

Lorsque le paramètre k est réel et moindre que l'unité, la première période

$$\omega=4\int_0^1\frac{du}{\sqrt{(1-u^2)(1-k^2u^2)}}=4\int_0^{\frac{\pi}{2}}\frac{d\varphi}{\sqrt{1-k^2\sin^2\varphi}}$$

est réelle, la seconde

$$\omega'=2\int_1^{\frac{1}{k}}\frac{du}{\sqrt{(1-u^2)(1-k^2u^2)}}=-2i\int_1^{\frac{1}{k}}\frac{du}{\sqrt{(u^2-1)(1-k^2u^2)}}$$

est imaginaire. Si l'on pose $k^2+k'^2=1$, $k^2u^2+k'^2u'^2=1$, cette dernière intégrale devient

$$\omega'=-2i\int_0^1\frac{du}{\sqrt{(1-u'^2)(1-k'^2u'^2)}}=-2i\int_0^{\frac{\pi}{2}}\frac{d\varphi}{\sqrt{1-k'^2\sin^2\varphi}}.$$

Le module complémentaire k' étant aussi réel et moindre que l'unité, la fonction $\lambda(z,k')$ admet également une période réelle ω_1 et une imaginaire ω'_1. En vertu de la formule précédente, on a $\omega'=\frac{\omega_1}{2i}$. La période imaginaire de la fonction $\lambda(z,k)$ égale la moitié de la période réelle de la fonction $\lambda(z,k')$ divisée par i.

FIN.

TABLE DES MATIÈRES

DU SECOND VOLUME.

LIVRE V.

DES INTÉGRALES.

Pages.

LIVRE VI.

INTÉGRATION DES ÉQUATIONS DIFFÉRENTIELLES A UNE SEULE VARIABLE INDÉPENDANTE.

LIVRE VII.

INTÉGRATION DES ÉQUATIONS DIFFÉRENTIELLES A PLUSIEURS VARIABLES INDÉPENDANTES.

LIVRE VIII.

DIFFÉRENCES FINIES.

ADDITIONS.

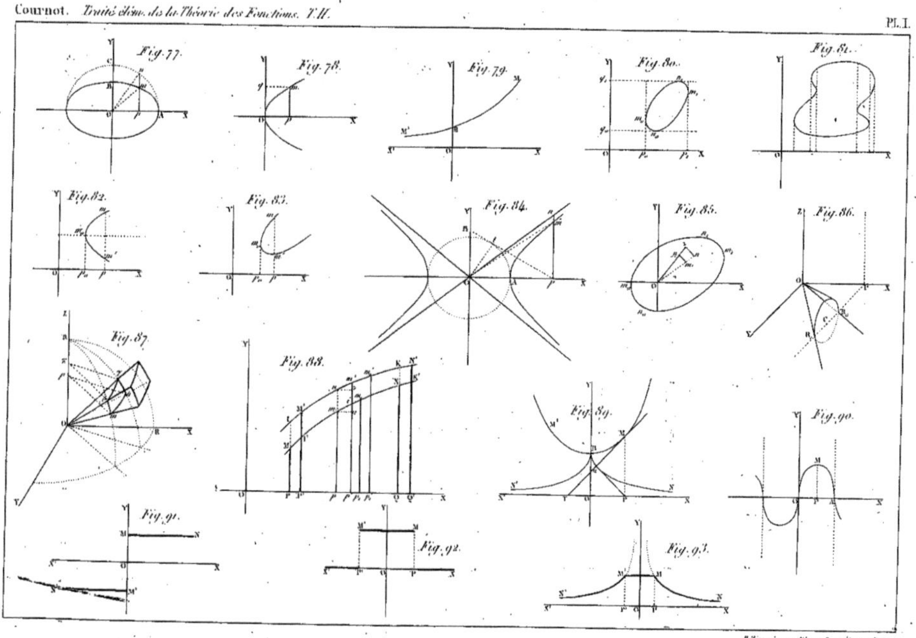

Fig. 77. Fig. 78. Fig. 79. Fig. 80. Fig. 81.

Fig. 82. Fig. 83. Fig. 84. Fig. 85. Fig. 86.

Fig. 87. Fig. 88. Fig. 89. Fig. 90.

Fig. 91. Fig. 92. Fig. 93.

Bétier, imp. r. Pierre Sarrazin, 4. Paris.

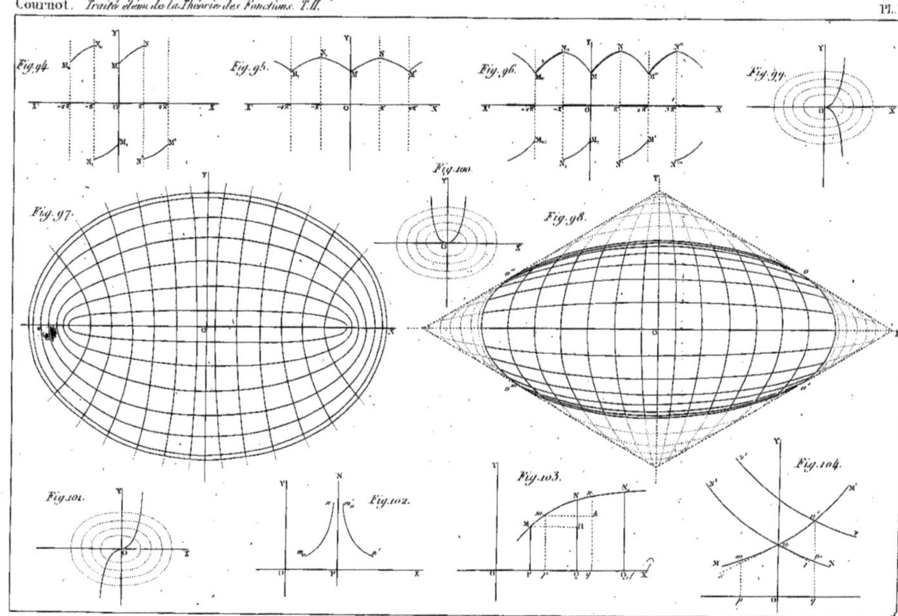
Fig. 94.
Fig. 95.
Fig. 96.
Fig. 99.
Fig. 100.
Fig. 97.
Fig. 98.
Fig. 101.
Fig. 102.
Fig. 103.
Fig. 104.

www.ingramcontent.com/pod-product-compliance
Ingram Content Group UK Ltd.
Pitfield, Milton Keynes, MK11 3LW, UK
UKHW022320190726
13856UKWH00001B/120

9 782013 409346